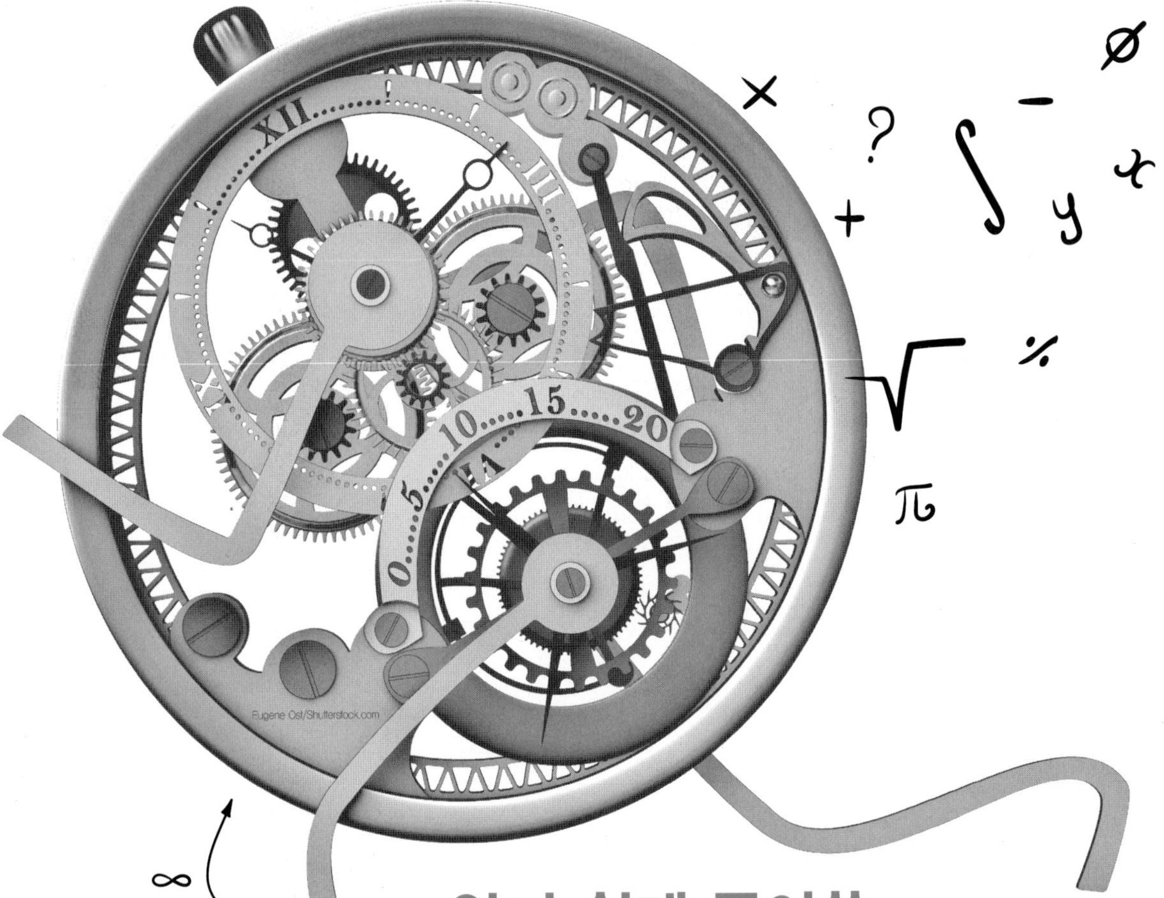

알기 쉽게 풀어쓴

기초공학수학

김동식 지음

BASIC ENGINEERING MATHEMATICS

생능출판

저자 소개

김동식(金東植)

1986년 고려대학교 전기공학과 공학사 취득(고려대학교 전체 수석)
1988년 고려대학교 일반대학원 전기공학과 공학석사 취득
1992년 고려대학교 일반대학원 전기공학과 공학박사 취득
1997년~1998년 University of Saskatchewan, Visiting Professor
2004년 LG 연암문화재단 해외 연구교수 선정
2005년~2006년 University of Ottawa, Visiting Professor
2013년~2014년 고려대학교 전력시스템기술연구소 연구교수
1992년~현재 순천향대학교 전기공학과 교수

〈연구분야〉
웹기반 교육용 컨텐츠 및 가상/원격실험실, 비선형제어시스템, 지능제어시스템 등

〈저서〉
전자회로(생능출판사), Multisim으로 배우는 전자회로 실험(생능출판사), 공업수학 Express(생능출판사), 회로이론 Express(생능출판사), 알기 쉽게 풀어쓴 기초공학수학(생능출판사)

알기 쉽게 풀어쓴 기초공학수학

초판발행 2018년 12월 17일
제1판5쇄 2023년 1월 5일

지은이 김동식
펴낸이 김승기
펴낸곳 (주)생능출판사 / **주소** 경기도 파주시 광인사길 143
출판사 등록일 2005년 1월 21일 / **신고번호** 제406-2005-000002호
대표전화 (031)955-0761 / **팩스** (031)955-0768
홈페이지 www.booksr.co.kr

책임편집 신성민 / **편집** 이종무, 김민보, 유제훈 / **디자인** 유준범, 표혜린
마케팅 최복락, 김민수, 심수경, 차종필, 백수정, 송성환, 최태웅, 명하나, 김민정
인쇄 · 제본 (주)상지사P&B

ISBN 978-89-7050-965-5 93410
정가 25,000원

- 이 도서의 국립중앙도서관 출판예정도서목록(CIP)은 서지정보유통지원시스템 홈페이지(http://seoji.nl.go.kr)와 국가자료공동목록시스템(http://www.nl.go.kr/kolisnet)에서 이용하실 수 있습니다.
(CIP제어번호: 2018038935)

머리말

PREFACE

필자는 대학 2학년 학생들에게 판서 수업으로 공업수학을 25년간 강의해 왔다. 판서 수업은 진행 속도가 비교적 느리지만 학생들과 소통하며 차근차근 그들의 눈높이를 고려할 수 있기 때문에, 한 명의 학생이라도 더 이해시킬 수 있다는 즐거움이 있다. 한편으로 공업수학을 강의하면서 아쉬웠던 점은 학생들이 수학 기초지식이 부족하여 관련 내용을 다시 복습하는 데 수업 시간의 많은 부분을 할애하여야 하는 우리의 교육 현실이었다.

공학 분야를 전공으로 선택한 학생들 가운데 고등학교 시절에 수학의 기초지식을 탄탄히 쌓지 못했던 학생들이 적지 않다. 그러한 학생들이 대학 1학년 과정의 미적분학이나 선형대수 등을 충분히 습득하여 이해한다는 것은 교수자의 희망 사항일 수도 있다. 이러한 현실을 인정하더라도 부족한 수학 지식으로는 심도 있는 전공 수업이 어려울 수밖에 없다. 필자가 이 책을 집필하게 된 동기가 바로 여기에 있다.

이 책을 쓰면서 필자는 대학 1학년 과정의 기초수학 중 반드시 알아야만 하는 필수적인 내용만을 엄선하기 위해 많은 고민을 하였으며, 지나치게 복잡하고 어려운 내용은 과감히 생략하였다. 너무 어려운 내용을 포함시키는 것보다는 꼭 필요한 내용만을 개념 위주로 구성하는 것이 학생들의 학습 의욕을 고취시키고 학습 효율을 높일 수 있을 것이다.

이 책은 전체 10개의 단원으로 구성되어 있다. 필자의 다양한 경험을 살려 최대한 쉽게 기술하여 학생들의 눈높이에 맞추려고 노력하였다. 각 학기별로 5개 단원을 강의하면 두 학기에 10개 단원이 완료될 수 있도록 구성하였다. 특히 목차에서 별표(*)로 표시된 절은 제한된 시간 조건에서는 생략하여도 강의의 전체적인 흐름을 유지하는 데 큰 문제가 없다는 의미이니 교수자의 상황에 따라 강의 여부를 결정하면 될 것이다.

이 책의 주요 특징은 다음과 같다.

① 개념과 원리를 그림이나 표로 일목요연하게 제시하여 최대한 이해하기 쉽게 구성하였다. 또한 각 단원에서 중요하게 다룬 내용을 각 절의 끝에 요약하여 제시

함으로써 학생들로 하여금 학습한 내용을 복습하여 정리할 수 있도록 하였다.

② 『**여기서 잠깐!**』이라는 코너에서는 과거에 학습한 기억이 희미하거나 주의해야 할 부분을 다시 간략하게 언급함으로써 굳이 학생들이 다른 교재를 찾아보는 수고를 덜어 학습의 연속성을 유지할 수 있도록 하였다.

③ 부록에는 각 장에 엄선된 모든 연습문제의 정답을 수록하여, 학생들이 연습문제를 푼 다음 정답과 비교할 수 있도록 하였다. 또한 필자가 직접 풀이 과정을 기술한 연습문제 풀이집을 교수자에게 제공함으로써 교육보조 자료로 활용할 수 있도록 하였다.

⑤ 교수자를 위하여 각 단원의 핵심내용과 예제 등을 잘 디자인된 파워포인트로 제공함으로써 강의 준비에 대한 부담을 줄이고자 하였다. 파워포인트 강의 자료는 필요에 따라 학생들에게 배포하여 강의 보조 자료로 병행할 수 있을 것이다.

이 책을 집필하기 위해 많은 시간과 노력을 들여 500장이 넘는 원고를 완성하였다. 지금까지 출판된 여타의 책들과 차별성이 있는 '이해하기 쉬운 교재'를 출판하고자 집필을 시작하였으나, 원고가 완성되어 출판할 시점이 되니 한편으로는 무거운 책임감을 느낀다. 신뢰할 수 있는 교재를 만들기 위해 교정과 편집을 거듭하여 교재의 완성도를 높이는 데 최선을 다하였다. 앞으로 이 책에 대한 질책과 비판을 겸허하게 수용하여 필요한 경우 수정하고 보완하여 더욱 알찬 내용으로 재구성할 것을 약속드린다.

마지막으로 이 책이 출판될 수 있도록 도와주시고 격려해 주신 생능출판사의 김승기 대표이사님, 그리고 방대한 원고의 편집 작업에 정성을 다해 주신 생능출판사 관계자 여러분께 깊이 감사드린다. 이 책이 기초공학수학을 처음 공부하는 학생들에게 올바른 길잡이가 되기를 바라는 마음으로 이 글을 마친다.

2018년 11월

나눔교육을 실천하는 대학 순천향에서

피닉스의 비상을 꿈꾸며

김동식

강의 계획표

1. 두 학기 강의용

[1학기/16주 기준]

강의 차수	강의 단원	주요 강의 내용
1주차	1장	• 실수의 체계와 표현, 실수의 대소관계와 절댓값 • 실수의 지수법칙과 n 제곱근
2주차	1장	• 복소수의 연산, 복소평면, 극형식, Euler 공식 • 복소수의 거듭제곱과 De Moivre 정리
3주차	2장	• 함수의 정의와 그래프, 함수의 사칙연산 • 단사함수와 전사함수
4주차	2장	• 전단사함수와 일대일 대응 • 합성함수와 역함수
5주차	3장	• 1차 및 2차 다항함수 • 삼각함수, 덧셈정리와 삼각함수의 합성
6주차	3장	• 단위계단함수와 램프함수 • 임펄스(델타)함수
7주차	3장	• 지수함수와 로그함수 • 함수의 특성: 주기성과 대칭성
8주차		• 중간 평가
9주차	4장	• 극한의 정의, 극한의 존재 • 극한의 성질과 계산 방법
10주차	4장	• 삼각함수의 극한
11주차	4장	• 지수 및 로그함수의 극한 • 함수의 연속성과 중간값의 정리
12주차	5장	• 미분계수와 도함수의 정의 • 미분법의 기본 법칙
13주차	5장	• 삼각함수와 지수함수의 미분
14주차	5장	• 고차 도함수 • 합성함수와 역함수 미분법
15주차	5장	• 음함수와 매개변수함수의 미분법 • 로피탈 정리
16주차		• 기말 평가

[2학기/16주 기준]

강의 차수	강의 단원	주요 강의 내용
1주차	6장	• 부정적분의 정의 • 여러 가지 함수의 적분
2주차	6장	• 치환적분법, 부분적분법 • 부분분수 적분법
3주차	6장	• 정적분의 정의 • 정적분의 성질과 계산
4주차	7장	• 다변수함수의 정의 • 편도함수와 편미분
5주차	7장	• 전미분과 합성함수의 편미분법 • 이중적분의 정의와 기본 성질
6주차	7장	• 이중적분의 계산 방법 • 삼중적분의 정의와 계산
7주차	8장	• 벡터와 스칼라, 벡터의 덧셈과 뺄셈, 스칼라 곱 • 벡터의 내적과 외적
8주차		• 중간 평가
9주차	8장	• 공간에서의 직선과 평면 • 공간직교좌표계
10주차	9장	• 행렬의 정의와 기본 연산 • 특수한 정방행렬
11주차	9장	• 행렬식의 정의와 성질 • 행렬식의 Laplace 전개
12주차	9장	• 역행렬의 정의와 성질 • 역행렬의 계산법
13주차	10장	• 기본행연산 • Gauss 소거법, Gauss-Jordan 소거법
14주차	10장	• Gauss-Jordan 소거법에 의한 역행렬의 계산
15주차	10장	• 선형연립방정식의 해법
16주차		• 기말 평가

2. 한 학기 강의용

[1학기/16주 기준]

강의 차수	강의 단원	주요 강의 내용
1주차	1장	• 복소수의 연산, 복소평면, 극형식, Euler 공식 • 복소수의 거듭제곱과 De Moivre 정리
2주차	2장	• 1차 및 2차 다항함수 • 삼각함수, 덧셈정리와 삼각함수의 합성
3주차	3장	• 단위계단함수와 램프함수 • 임펄스(델타)함수
4주차	4장	• 극한의 정의, 극한의 존재 • 극한의 성질과 계산 방법
5주차	4장	• 삼각함수의 극한
6주차	5장	• 미분계수와 도함수의 정의 • 미분법의 기본 법칙
7주차	5장	• 삼각함수의 미분 • 합성함수 미분법, 로피탈 정리
8주차		• 중간 평가
9주차	6장	• 치환적분법, 부분적분법 • 부분분수 적분법
10주차	6장	• 정적분의 정의 • 정적분의 성질과 계산
11주차	7장	• 다변수함수의 정의 • 편도함수와 편미분
12주차	8장	• 벡터와 스칼라, 벡터의 덧셈과 뺄셈, 스칼라 곱 • 벡터의 내적과 외적
13주차	9장	• 행렬의 정의와 기본 연산 • 특수한 정방행렬
14주차	9장	• 행렬식의 정의와 성질 • 행렬식의 Laplace 전개
15주차	10장	• 선형연립방정식의 해법
16주차		• 기말 평가

학습 연계도

『알기 쉽게 풀어쓴 기초공학수학』에서는 해석학과 선형대수학 중에서 공학을 전공하는 대학 1학년생이 반드시 학습해야 하는 내용만을 엄선하여 총 10개의 단원으로 구성하였다. 독자들은 다음의 학습 연계도를 통하여 함수와 극한, 미분과 적분 그리고 벡터와 행렬과 관련된 주제들이 어떤 연관 관계를 가지는지를 전체적으로 파악할 수 있을 것이다.

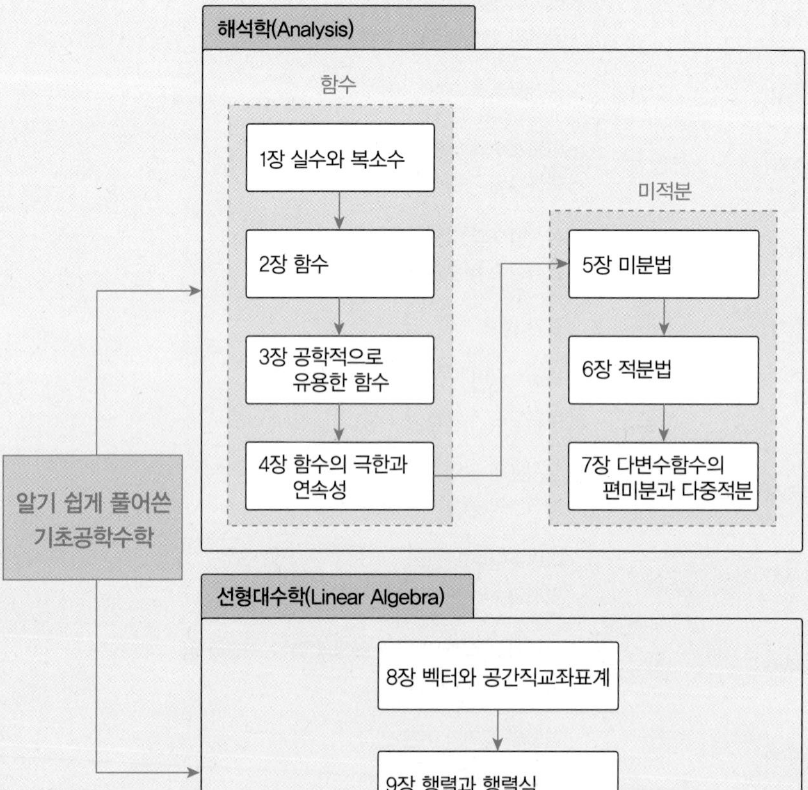

독자들이 본 교재를 학습하는데 있어 다음에 제시된 단계에 따라 충실하고 우직하게 학습한다면 수학과 많이 친근해질 수 있을 것이다. 수학은 공식을 암기하여 대입하는 과목이 아니라 문제의 풀이과정을 고민하면서 논리적인 사고력과 문제해결력을 함양하는 학문이다.

① 기초적인 개념과 원리를 반복하여 학습함으로써 정확하게 이해하기

② 예제나 연습문제를 눈으로 풀지 말고 직접 연습장에 풀어서 풀이과정의 오류를 반드시 확인하기

③ 각 절의 마지막 부분에 요약된 학습내용을 복습하면서 전체 학습내용 정리하기

여기서 잠깐! 차례

C O N T E N T S

CONTENTS

CONTENTS

CONTENTS

차례

CONTENTS

CHAPTER 03 공학적으로 유용한 함수

CHAPTER 04 함수의 극한과 연속성

CONTENTS

C O N T E N T S

CONTENTS

CHAPTER 01

실수와 복소수

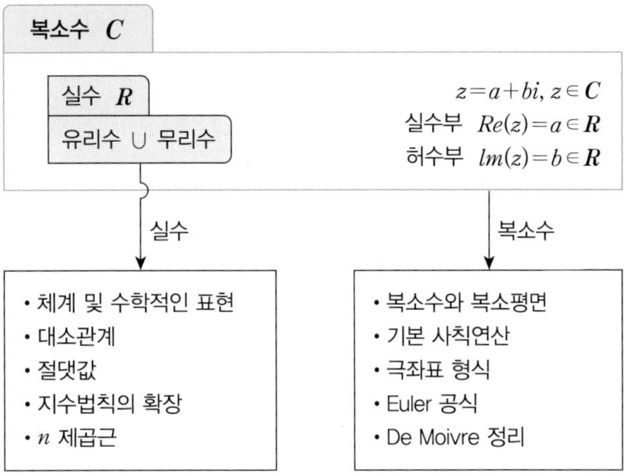

CHAPTER 01

실수와 복소수

▶ 단원 개요

본 장에서는 실수와 복소수의 체계를 이해하고, 수학적인 표현방식에 대해 학습한다. 실수에 대한 대소관계, 절댓값, 지수법칙, n 제곱근 등에 대해 살펴보고, 복소수의 기본 연산, 극좌표 형식, Euler 공식, De Moivre 정리 등에 대해 소개한다. 공학수학을 이해하기 위한 가장 기초적인 내용이므로 충분한 학습을 통하여 정확하게 이해하는 것이 필수적이다.

1.1* 실수의 체계와 표현

보통 실수(Real Number; $\boldsymbol{R}$)는 우리가 중고등학교에서 학습하였던 유리수(Rational Number; $\boldsymbol{Q}$)와 무리수(Irrational Number; $\boldsymbol{P}$)의 합집합으로 정의한다. 실수라는 용어에서 유추할 수 있듯이 실수란 실제로 이 세상에 존재한다는 의미에서 유래한 것이다. [그림 1.1]에 실수의 체계를 그림으로 나타내었으며, [그림 1.1]로부터 식(1)이 성립한다는 것을 알 수 있다.

$$\boldsymbol{R} = \boldsymbol{Q} \cup \boldsymbol{P}, \ \boldsymbol{Q}^c = \boldsymbol{P} \tag{1}$$

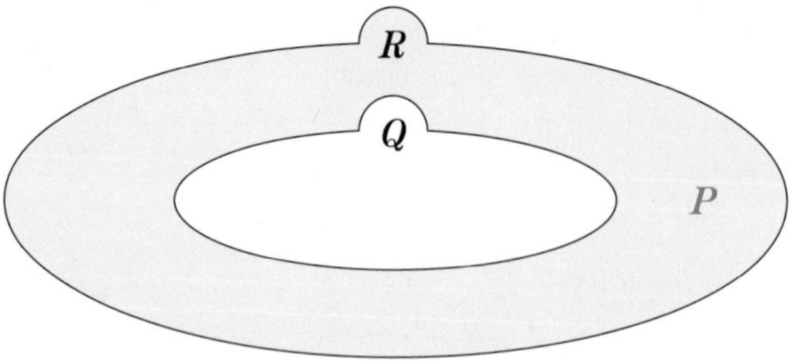

[그림 1.1] 실수, 유리수, 무리수의 포함관계

[그림 1.1]에서 실수 $\boldsymbol{R}$을 전체집합으로 생각하면, 유리수의 여집합 $\boldsymbol{Q}^c$는 무리수의 집합 $\boldsymbol{P}$가 됨을 알 수 있다. 한편, 실수는 연속이므로 임의의 실수를 직선 위의 한 점

과 대응시킬 수 있으며, 모든 실수를 직선 위에 대응시키게 되면 직선을 모두 채울 수 있게 된다. [그림 1.2]에 실수와 직선의 대응관계를 그림으로 나타내었다.

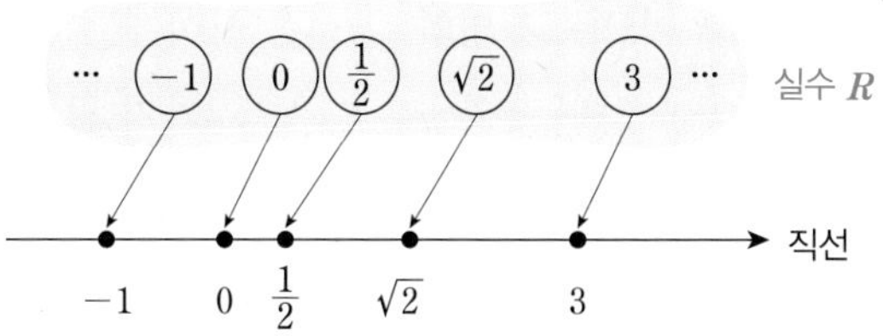

[그림 1.2] 실수와 직선 간의 대응관계

[그림 1.2]로부터 실수는 유리수와 무리수가 빈틈이 없이 모든 직선 위의 점에 대응된다는 것을 알 수 있으며, 빈틈이 없다는 의미로 실수는 연속적(Continuous)이라고 정의한다.

여기서 잠깐! 유리수는 조밀하다

임의의 두 유리수 $a, b(a < b)$ 사이에는 항상 또 다른 유리수 $c(a < c < b)$가 존재한다. 따라서 직선에 대응되는 유리수는 아무리 작은 선분에도 항상 존재하는데 이를 유리수의 조밀성(Density)이라고 한다.

그러나 유리수가 직선상에 조밀하게 있는데도 불구하고 유리수가 아닌 무리수들도 조밀성을 만족하여 서로 다른 두 무리수 사이에는 항상 또 다른 무리수가 존재한다. 심지어는 무리수가 유리수보다 훨씬 더 조밀하다.

결과적으로 직선상의 유리수는 빽빽하게 들어차 있는데도 불구하고 빈틈 투성이인 이상한 수 체계인 것이다.

요약 실수의 체계와 표현

- 실수 $\boldsymbol{R}$은 유리수 $\boldsymbol{Q}$와 무리수 $\boldsymbol{P}$의 합집합이다. $\boldsymbol{R}=\boldsymbol{Q}\cup\boldsymbol{P}$, $\boldsymbol{Q}^c=\boldsymbol{P}$
- 임의의 실수는 직선상의 한 점에 대응시킬 수 있으며, 모든 실수를 직선상에 대응시키면 직선상에 빈틈은 존재하지 않는다. → 실수는 연속이다.

1.2* 실수의 대소관계와 절댓값

(1) 실수의 대소관계

실수는 실제로 존재하는 수이므로 임의의 두 실수 사이에는 대소관계를 정의할 수 있다. x와 y를 임의의 실수라고 하면, x와 y는 다음의 3가지 관계중에서 하나를 반드시 만족한다.

$$x < y, \quad x = y, \quad x > y \tag{2}$$

식(2)를 다시 표현하면

$$x-y < 0, \quad x-y = 0, \quad x-y > 0 \tag{3}$$

이 성립하므로 임의의 두 실수 x, y의 대소관계는 x와 y의 차 $x-y$와 0과의 대소관계로부터 판별할 수 있다.

예제 1.1

$x > 0,\ y > 0$일 때 다음 두 실수 A와 B의 대소관계를 결정하라.

$$A = \frac{x+y}{2}, \quad B = \frac{2xy}{x+y}$$

풀이

두 실수의 대소관계를 결정하기 위해서는 식(3)으로부터 두 실수의 차를 구해본다.

$$A-B = \frac{x+y}{2} - \frac{2xy}{x+y} = \frac{(x+y)^2-4xy}{2(x+y)} = \frac{(x-y)^2}{2(x+y)}$$

$(x-y)^2 \geq 0$이고 $x > 0,\ y > 0$이므로 다음의 관계가 얻어진다.

$$A-B \geq 0 \qquad \therefore A \geq B$$

등호는 $x = y$인 경우에만 성립한다.

예제 1.2

양의 실수 $x<y<z$에 대하여 다음 두 실수 A와 B의 대소관계를 결정하라.

$$A=\frac{x}{z},\quad B=\frac{x+y}{y+z}$$

풀이

두 실수 A와 B의 차 $A-B$를 구하면

$$A-B=\frac{x}{z}-\frac{x+y}{y+z}=\frac{x(y+z)-z(x+y)}{z(y+z)}=\frac{xy-yz}{z(y+z)}=\frac{y(x-z)}{z(y+z)}$$

$x<z$의 조건으로부터

$$A-B=\frac{y(x-z)}{z(y+z)}<0$$

이므로 $A-B<0$, 즉 $A<B$의 관계가 얻어진다.

(2) 실수의 절댓값

어떤 실수 x를 직선상에 대응시켰을 때, 직선상의 대응점과 원점 사이의 거리를 실수 x의 절댓값(Absolute Value) $|x|$라고 정의한다. $|x|$는 거리의 개념이므로 $|x|\geq 0$이 항상 성립한다.

[그림 1.3]에 실수 2와 -2의 절댓값을 직선에 나타내었다.

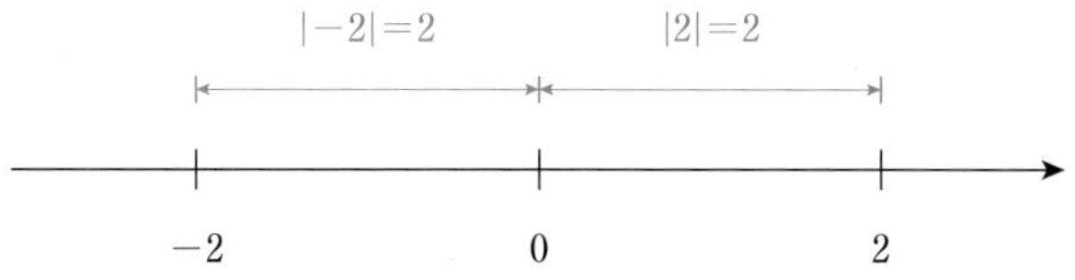

[그림 1.3] 실수 2와 −2의 절댓값

예를 들어, 실수 0은 원점 그 자체이며 원점으로부터의 거리가 0인 실수이므로

$|0|=0$이 된다. -5와 3은 원점으로부터의 거리가 각각 5와 3만큼 떨어져 있으므로 $|-5|=5$, $|3|=3$이 된다.

[그림 1.3]으로부터 실수 x가 양수일 때는 $|x|=x$이지만, 실수 x가 음수일 때는 $|x|=-x$가 됨을 알 수 있다.

따라서 임의의 실수 x에 대한 절댓값은 다음과 같다는 것을 알 수 있다.

$$|x|=\begin{cases} x, & x \geq 0 \\ -x, & x < 0 \end{cases} \tag{4}$$

실수의 절댓값에 대한 몇 가지 성질을 소개하면 다음과 같다.

정리 1.1 절댓값의 성질

(1) $|x|=0 \iff x=0$

(2) $|x|+|y|=0 \iff x=0,\ y=0$

(3) $|xy|=|x||y|$

(4) $\left|\dfrac{y}{x}\right|=\dfrac{|y|}{|x|}$

(5) $|x+y| \leq |x|+|y|$ (삼각부등식)

[정리 1.1]에서 (1)~(4)는 명확하므로 증명은 생략하고, (5)의 삼각부등식(Triangle Inequality)만을 예제를 통하여 증명해보기로 한다.

예제 1.3

x와 y가 실수일 때 다음의 삼각부등식을 증명하라.

$$|x+y| \leq |x|+|y|$$

풀이

임의의 실수 x에 대하여 $|x|^2=x^2$이 성립하므로 부등식의 양변을 제곱하여 차를 구해본다.

$$|x+y|^2-(|x|+|y|)^2$$

$$
\begin{aligned}
&= (x+y)^2-(|x|+|y|)^2\\
&=x^2+2xy+y^2-|x|^2-2|x||y|-|y|^2\\
&=2(xy-|x||y|)\le 0
\end{aligned}
$$

따라서 $|x+y|^2 \le (|x|+|y|)^2$이 얻어지므로 다음의 관계가 성립한다.

$$\therefore\ |x+y| \le |x|+|y|$$

단, 등호는 $x = y$인 경우에만 성립한다.

예제 1.4

실수 x가 $2<x<4$일 때 다음을 계산하라.

$$p(x)=|x-4|-2|x-1|+4|x-2|$$

풀이

$2<x<4$이므로 다음의 관계가 각각 성립한다.

$$x-4<0, \quad 1<x-1<3, \quad 0<x-2<2$$

$$
\begin{aligned}
p(x)&=|x-4|-2|x-1|+4|x-2|\\
&=-(x-4)-2(x-1)+4(x-2)\\
&=x-2
\end{aligned}
$$

여기서 잠깐! **제곱근 또는 절댓값이 포함된 대소관계**

제곱근이나 절댓값이 포함된 A와 B의 대소관계를 판별하기 위하여 제곱의 차 A^2-B^2을 계산하여 간접적으로 대소관계를 판별하는 것이 편리할 때가 많다. 예를 들어, $a>0$, $b>0$이라 할 때 다음의 A, B의 대소관계를 판별해보자.

$$A=\sqrt{ab},\ B=\frac{2ab}{a+b}$$

$$A^2-B^2=(\sqrt{ab})^2-\frac{4a^2b^2}{(a+b)^2}=\frac{ab(a+b)^2-4a^2b^2}{(a+b)^2}$$

$$= \frac{ab(a^2+2ab+b^2)-4a^2b^2}{(a+b)^2} = \frac{ab(a-b)^2}{(a+b)^2} \geq 0$$

따라서 $A^2-B^2=(A+B)(A-B)\geq 0$은 $A>0$, $B>0$이므로 $A\geq B$가 됨을 알 수 있다.

$$\therefore \sqrt{ab} \geq \frac{2ab}{a+b}$$

요약 **실수의 대소관계와 절댓값**

- 임의의 두 실수 x, y의 대소관계는 두 실수의 차 $x-y$로부터 결정할 수 있다.
- 어떤 실수 x를 직선상에 대응시켰을 때, 직선상의 대응점과 원점 사이의 거리를 x의 절댓값 $|x|$로 정의한다.
- 임의의 실수 x의 절댓값은 다음과 같다.

$$|x| = \begin{cases} x, & x \geq 0 \\ -x, & x < 0 \end{cases}$$

1.3 실수의 지수법칙과 n 제곱근

(1) 실수의 지수법칙

실수 a를 n번 반복하여 제곱한 결과를 a의 n 거듭제곱(Power)이라 부르며, a^n으로 표현한다. 즉,

$$a^n \triangleq \underbrace{a \cdot a \cdots a}_{n\text{번}} \tag{5}$$

예를 들어, 실수 3을 4번 반복하여 제곱하면 $3\cdot3\cdot3\cdot3=3^4$이 된다. 거듭제곱과 관련하여 성립되는 중요한 성질들을 지수법칙(Law of Exponents)이라고 부른다. 이미 고등학교 과정에서 학습한 내용이므로 본 절에서는 결과만을 제시한다.

정리 1.2 지수법칙(자연수 m, n)

임의의 실수 a와 b, 자연수 m과 n에 대하여 다음의 관계가 성립한다.

(1) $a^m a^n = a^{m+n}$

(2) $(a^m)^n = a^{mn}$

(3) $(ab)^n = a^n b^n$, $\left(\frac{b}{a}\right)^n = \frac{b^n}{a^n}$ (단, $a \neq 0$)

(4) $a^m \div a^n = \frac{a^m}{a^n} = \begin{cases} a^{m-n}, & m > n \\ 1, & m = n \\ \frac{1}{a^{n-m}}, & m < n \end{cases}$

[정리 1.2]의 지수법칙을 일반적으로 확장하기 위하여 다음을 정의한다.

$$n = 0, \quad a^0 \triangleq 1 \qquad a^{-n} \triangleq \frac{1}{a^n} \tag{6}$$

식(6)으로부터 [정리 1.2]의 지수법칙 (4)는 다음과 같이 m과 n의 대소에 관계없이 다음과 같이 표현될 수 있다.

$$a^m \div a^n = \frac{a^m}{a^n} = a^{m-n} \tag{7}$$

예제 1.5

다음을 음의 지수를 이용하여 표현하라.

(1) $\frac{d^2}{ab^3c^4}$ (2) $\frac{1}{xyz^2}$

풀이

(1) $\frac{d^2}{ab^3c^4} = a^{-1}b^{-3}c^{-4}d^2 = a^{-1}b^{-3}c^{-4}(d^{-1})^{-2}$

(2) $\frac{1}{xyz^2} = x^{-1}y^{-1}z^{-2}$

(2) 실수의 n 제곱근

어떤 실수 a를 n번 거듭제곱하여 얻은 결과가 b일 때, 즉

$$a^n = b$$

일 때 a를 b의 n 제곱근(nth Root)이라 하며 다음과 같이 표현한다.

$$a \triangleq \sqrt[n]{b} \triangleq b^{\frac{1}{n}} \tag{8}$$

식(8)에서 $n=2$ 인 경우 a를 b의 제곱근(Square Root)이라 부르며, 간단히 $a = \sqrt{b} = b^{\frac{1}{2}}$ 로 표현한다. 제곱근인 경우 $\sqrt[2]{b}$를 $\sqrt{b}$로 간단히 표기함에 유의하라.

한편, 식(6)과 식(8)을 이용하면 유리수 p와 q에 대하여 지수법칙을 확장하여 다음의 [정리 1.3]으로 표현할 수 있으며, 이에 대한 증명은 독자에게 연습문제로 남긴다.

정리 1.3 지수법칙(유리수 p, q)

임의의 양의 실수 a와 b, 유리수 p와 q에 대하여 다음의 관계가 항상 성립한다.

(1) $a^p a^q = a^{p+q}$

(2) $(a^p)^q = a^{pq}$

(3) $(ab)^p = a^p b^p$

(4) $\left(\frac{a}{b}\right)^p = \frac{a^p}{b^p} = a^p b^{-p}$

(5) $a^p \div a^q = a^{p-q}$

예제 1.6

다음을 간단히 하라.

(1) $\sqrt{\sqrt[4]{64}}$

(2) $\sqrt{(729)^{\frac{1}{3}}}$

풀이

(1) $64 = 8 \times 8 = 2^6$ 이므로

$$\sqrt{\sqrt[4]{64}} = (\sqrt[4]{64})^{\frac{1}{2}} = (\sqrt[4]{2^6})^{\frac{1}{2}} = (2^{\frac{6}{4}})^{\frac{1}{2}} = 2^{\frac{3}{4}}$$

(2) $729 = 3^6$ 이므로

$$\sqrt{(729)^{\frac{1}{3}}} = \sqrt{(3^6)^{\frac{1}{3}}} = \sqrt{3^2} = 3$$

요약 **실수의 지수법칙과 n 제곱근**

- 실수 a를 n번 반복하여 제곱한 결과를 a의 n 거듭제곱이라고 부르며, a^n으로 표현한다.
- 어떤 실수 a를 n번 거듭제곱한 결과가 b일 때, a를 b의 n 제곱근이라 하며 $a = \sqrt[n]{b} = b^{\frac{1}{n}}$로 표현한다.
- 양의 실수 a와 b, 유리수 p와 q에 대하여 일반적인 지수법칙이 성립한다([정리 1.3] 참고).

1.4 복소수와 복소평면

(1) 복소수의 정의

복소수(Complex Number)를 도입하기 위하여 다음과 같은 성질을 가진 수 i를 생각한다.

$$i^2 = -1 \quad \text{또는} \quad i = \sqrt{-1} \tag{9}$$

실수의 집합에서는 실수를 제곱하여 음수를 얻을 수 없다는 것은 이미 알고 있으므로 i는 실수가 아니며, 우리는 이것을 허수(Imaginary Number)라고 부른다.

허수 i를 이용하여 x와 y를 실수라 할 때, 다음과 같은 형태로 표현되는 수 z를 복소수라고 정의한다.

$$z = x + iy, \quad x \in \mathbf{R}, \quad y \in \mathbf{R} \tag{10}$$

여기서 x를 복소수 z의 실수부(Real Part), y를 복소수 z의 허수부(Imaginary Part)라고 부르며 다음과 같이 표기한다.

$$\begin{aligned} x &= Re(z) \\ y &= lm(z) \end{aligned} \tag{11}$$

복소수는 우리 실생활에서 존재하는 수체계가 아니기 때문에 복소수간의 대소관계를 정의하지는 않지만, 2개의 복소수가 서로 같은지 또는 다른지에 대해서만 정의한다.

정의 1.1 복소수의 상등

두 복소수 $z_1 = x_1 + iy_1$, $z_2 = x_2 + iy_2$에서 다음의 관계가 만족될 때, 두 복소수 z_1과 z_2는 서로 상등이라고 정의하고 $z_1 = z_2$라고 표기한다.

$$\begin{aligned} Re(z_1) &= Re(z_2) \\ lm(z_1) &= lm(z_2) \end{aligned} \quad \text{또는} \quad \begin{aligned} x_1 &= x_2 \\ y_1 &= y_2 \end{aligned}$$

예제 1.7

다음 두 복소수 z_1과 z_2가 서로 상등이 되도록 실수 a와 b의 값을 각각 구하라.

$$\begin{aligned} z_1 &= (3a + 2b) - i3 \\ z_2 &= 13 + i(a - 3b) \end{aligned}$$

풀이

복소수의 상등에 대한 [정의 1.1]에 의하여

$$\begin{aligned} 3a + 2b &= 13 \\ a - 3b &= -3 \end{aligned}$$

을 얻을 수 있다. 앞의 연립방정식의 첫 번째 방정식에 $a=3b-3$의 관계를 대입하면

$$3(3b-3)+2b=13 \quad \therefore\ b=2$$

$b=2$를 연립방정식에 대입하면 $a=3$이 된다.

예제 1.8

다음 관계를 만족하는 실수 a와 b를 각각 구하라.

(1) $(a+3)+i(2b-4)=0$

(2) $(a+1)+i(2b-1)=(4-a)+i(b+4)$

풀이

(1) 복소수 상등의 정의에 의하여 $0=0+i0$이므로

$$a+3=0,\ 2b-4=0$$
$$\therefore\ a=-3,\ b=2$$

(2) 복소수 상등의 정의에 의하여

$$\begin{cases} a+1=4-a \\ 2b-1=b+4 \end{cases}$$

$$\therefore\ a=\frac{3}{2},\ b=5$$

한편, 복소수 $z=x+iy$의 공액(Conjugate) 복소수 $\overline{z}$는 z에서 허수부의 부호를 바꾼 것으로 다음과 같이 정의한다.

정의 1.2 공액(켤레) 복소수

복소수 $z=x+iy$에서 허수부의 부호를 바꾼 것을 공액(켤레) 복소수라고 정의하며 $\overline{z}$로 표현한다.

$$z=x+iy,\ \overline{z} \triangleq x-iy$$

다음 절에서 고찰하겠지만 공액 복소수는 복소수의 기본 연산에 있어 복소수를 실수로 변환하는 방법을 제공한다는 점에서 매우 중요하다.

예제 1.9

다음 두 복소수에서 $z_1 = \overline{z_2}$가 되도록 실수 a와 b의 값을 구하라.

$$z_1 = (a+1) + i2b$$
$$z_2 = b - i(a-1)$$

풀이

$\overline{z_2} = b + i(a-1)$이므로 주어진 조건과 복소수 상등의 정의로부터

$$(a+1) + i(2b) = b + i(a-1)$$
$$a+1 = b,\ \ 2b = a-1$$

의 관계식을 얻을 수 있다. 위의 연립방정식을 풀면

$$2(a+1) = a-1 \qquad \therefore\ a = -3$$

$a = -3$을 연립방정식에 대입하면 $b = -2$가 얻어진다.

(2) 복소평면

1.1절에서 실수는 직선상의 한 점으로 대응될 수 있기 때문에 실수는 기하학적으로는 직선으로 표현이 가능하다고 설명하였다. 그렇다면 복소수는 기하학적으로 어떻게 표현할 수 있을까? 복소수는 식(10)과 같이 실수부 x와 허수부 y의 결합으로 이루어져 있다. 그런데 복소수의 실수부와 허수부는 각각 실수이기 때문에 실수부와 허수부를 각각 직선상에 표시하면 충분할 것이다. [그림 1.3]에서와 같이 실수부와 허수부를 표시하는 2개의 직선을 수직으로 교차하면 xy-평면과 유사한 평면이 얻어지는데, 우리는 이 평면을 복소평면(Complex Plane)이라고 한다.

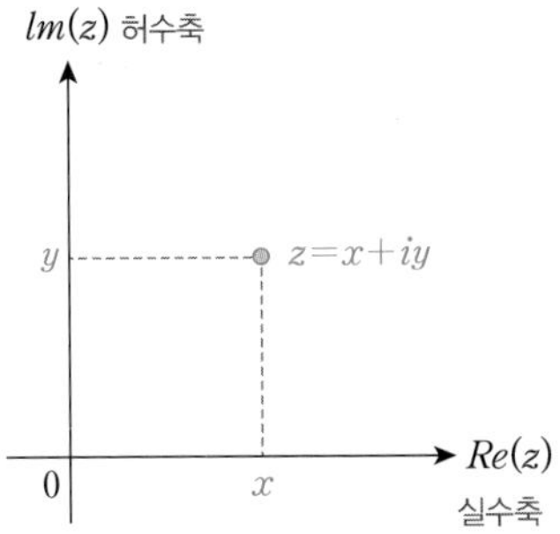

[그림 1.4] 복소평면상에 복소수의 표현

[그림 1.4]에서 알 수 있듯이 결국 복소수 z는 복소평면상에서 실수축 값이 x, 허수축 값이 y인 한 점으로 표시되며, 이는 좌표평면에서의 한 점을 표현하는 방법과 유사하다.

여기서 잠깐! 복소평면과 좌표평면의 비교

복소평면은 실수축과 허수축으로 이루어진 2차원 평면이며, 좌표평면은 x좌표축과 y좌표축으로 구성된 2차원 평면이다.

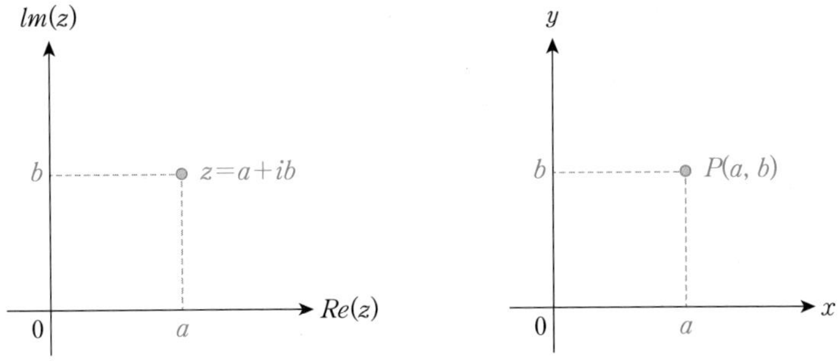

(a) 복소평면; z–평면　　(b) 좌표평면; xy–평면

다시 말하면 2차원 평면상에 놓인 점은 복소수를 나타낼 수도 있고, 또한 한 점을 나타낼 수도 있는 것이다. 결과적으로 복소수와 점에 대한 기하학적인 표현은 각 축의 의미만이 다른 것이지 수학적인 표현방식은 동일하다는 사실에 주목하라.

복소평면을 이용하여 임의의 복소수 z와 z의 공액 복소수 $\overline{z}$를 표현하면 [그림 1.5]와 같다.

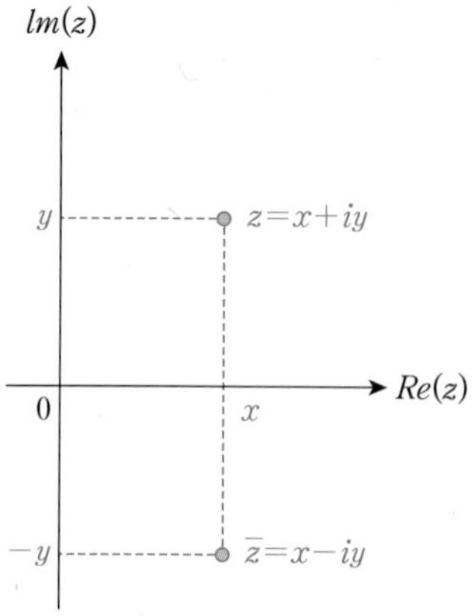

[그림 1.5] 복소수 z와 $\overline{z}$ 의 기하학적인 표현

[그림 1.5]로부터 z와 $\overline{z}$는 실수축을 기준으로 하여 서로 대칭인 위치에 존재하는 복소수 쌍임을 알 수 있다. 이러한 사실로부터 z와 $\overline{z}$를 신발 한 켤레와 비유하여 켤레 복소수라고도 한다.

여기서 잠깐! **복소평면에서 ∞의 정의**

실수의 집합은 직선으로 표현할 수 있으므로 무한대의 개념은 $-\infty$ 또는 $+\infty$의 두 가지를 의미한다. 그런데 복소평면에서의 무한대란 무엇일까?
다음의 그림을 살펴보자.

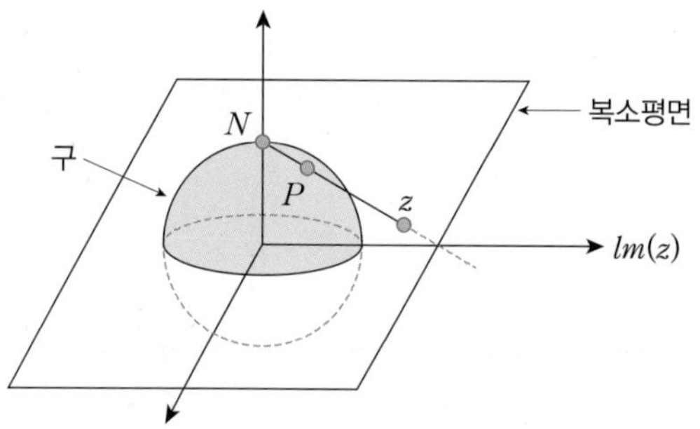

위의 그림은 구의 적도면을 복소평면이 관통하도록 되어 있다. 만일 구의 북극점 N에서 직선을 그리게 되면 구의 상반면상의 한 점 P를 관통하면서 복소평면의 한 점을 지나가게 되는데, 이때의 복소수를 z라 하자. 이런 방법으로 구의 극점 N에서 선을 그을 때마다 상반면상의 한

점과 복소평면의 한 점이 서로 대응됨을 알 수 있다.
따라서 상반구(Upper Hemisphere) 표면의 한 점과 복소평면의 한 점은 일대일로 대응되는데, 이때 상반구의 극점 N에 대응되는 복소평면의 점을 무한대(Infinity) ∞라고 정의한다. 이렇게 정의하게 되면 앞의 그림으로부터 상반구의 극점 N에 대응되는 복소평면 위의 복소수는 무수히 많이 존재하므로 무수히 많은 무한대가 존재한다는 것을 알 수 있다.

요약 **복소수와 복소평면**

- 임의의 두 실수 x, y에 대하여 $z = x + iy$의 형태로 표현되는 수 z를 복소수라고 정의한다.

$$z = x + iy, \quad x = Re(z)\,;\text{실수부}$$
$$y = lm(z)\,;\text{허수부}$$

- 복소수는 실제로 존재하는 수가 아니므로 대소관계는 정의하지 않으며, 단지 상등관계만 정의한다.
- 두 복소수 z_1과 z_2에서 다음의 관계를 만족할 때 $z_1 = z_2$라고 정의한다.

$$z_1 = z_2 \Longleftrightarrow Re(z_1) = Re(z_2)$$
$$lm(z_1) = lm(z_2)$$

- 복소수 $z = x + iy$의 공액 복소수 $\overline{z}$는 z에서 허수부의 부호를 바꾼 것으로 정의한다.

$$z = x + iy, \quad \overline{z} \triangleq x - iy$$

- 복소수는 실수부와 허수부의 결합으로 이루어져 있기 때문에 실수부와 허수부를 각각 직선상에 표시하여 2개의 직선을 수직으로 교차하면 평면이 얻어지는데, 이를 복소평면이라고 부른다.
- 복소수 z와 공액 복소수 $\overline{z}$를 복소평면에 표시하면, 실수축을 기준으로 서로 대칭인 위치에 존재하는 복소수 쌍이므로 $\overline{z}$를 켤레 복소수라고도 한다.

1.5 복소수의 기본 사칙연산

이미 고등학교에서 학습한 바와 같이 복소수들은 서로 더하거나 빼거나 곱하거나 나눌 수 있다. $z_1 = x_1 + iy_1$, $z_2 = x_2 + iy_2$ 일 때 복소수의 기본 연산인 사칙연산은 다음과 같이 정의한다.

$$\text{덧셈 : } z_1 + z_2 = (x_1 + iy_1) + (x_2 + iy_2) = (x_1 + x_2) + i(y_1 + y_2) \tag{12}$$

$$\text{뺄셈 : } z_1 - z_2 = (x_1 + iy_1) - (x_2 + iy_2) = (x_1 - x_2) + i(y_1 - y_2) \tag{13}$$

$$\text{곱셈 : } z_1 z_2 = (x_1 + iy_1)(x_2 + iy_2) = (x_1 x_2 - y_1 y_2) + i(x_1 y_2 + x_2 y_1) \tag{14}$$

$$\text{나눗셈 : } \frac{z_1}{z_2} = \frac{x_1 + iy_1}{x_2 + iy_2} = \frac{x_1 x_2 + y_1 y_2}{x_2^2 + y_2^2} + i\frac{x_2 y_1 - x_1 y_2}{x_2^2 + y_2^2} \tag{15}$$

복소수의 연산도 실수와 마찬가지로 덧셈과 곱셈에 대하여 교환법칙, 결합법칙, 배분법칙이 성립한다. 이러한 법칙들이 성립되기 때문에 복소수의 사칙연산은 쉽게 수행할 수 있다. 예를 들어, 복소수의 덧셈과 뺄셈은 단순히 두 복소수의 실수부와 허수부들을 각각 더하거나 빼면 된다. 복소수의 곱셈도 배분법칙을 사용하여 전개한 다음 식(9)의 $i^2 = -1$의 관계를 이용하면 된다. 즉,

$$\begin{aligned} z_1 z_2 &= (x_1 + iy_1)(x_2 + iy_2) \\ &= x_1 x_2 + ix_1 y_2 + ix_2 y_1 + i^2 y_1 y_2 \\ &= (x_1 x_2 - y_1 y_2) + i(x_1 y_2 + x_2 y_1) \end{aligned} \tag{16}$$

또한 복소수의 나눗셈은 분모에 있는 복소수의 공액(켤레) 복소수를 분모와 분자에 각각 곱해서 정리하면 된다. 즉,

$$\begin{aligned} \frac{z_1}{z_2} = \frac{x_1 + iy_1}{x_2 + iy_2} &= \frac{(x_1 + iy_1)(x_2 - iy_2)}{(x_2 + iy_2)(x_2 - iy_2)} \\ &= \frac{x_1 x_2 - ix_1 y_2 + ix_2 y_1 - i^2 y_1 y_2}{x_2^2 - i^2 y_2^2} \\ &= \frac{x_1 x_2 + y_1 y_2}{x_2^2 + y_2^2} + i\frac{x_2 y_1 - x_1 y_2}{x_2^2 + y_2^2} \end{aligned} \tag{17}$$

[그림 1.6]은 식(12)로 정의된 복소수의 덧셈을 복소평면상에 표현한 것이며, 이는 10장에서 학습할 위치벡터의 덧셈 연산과 기하학적으로 동일하다는 것을 알 수 있다.

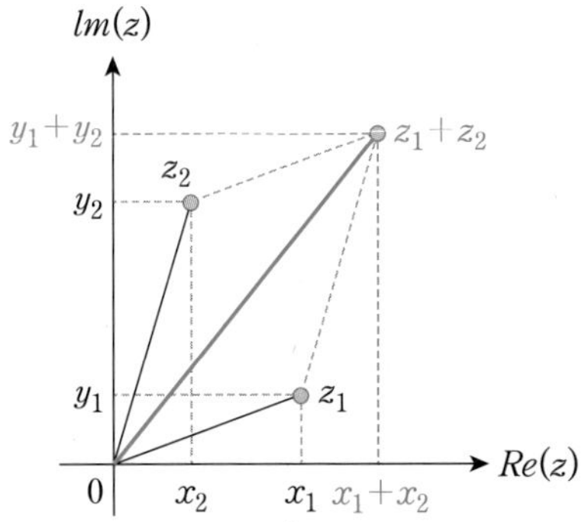

[그림 1.6] 복소수의 덧셈과 기하학적 표현

또한 [그림 1.7]은 식(13)으로 정의된 복소수의 뺄셈을 복소평면에 표현한 것이며, 이는 10장에서 학습할 위치벡터의 뺄셈 연산과 기하학적으로 동일하다는 것을 알 수 있다.

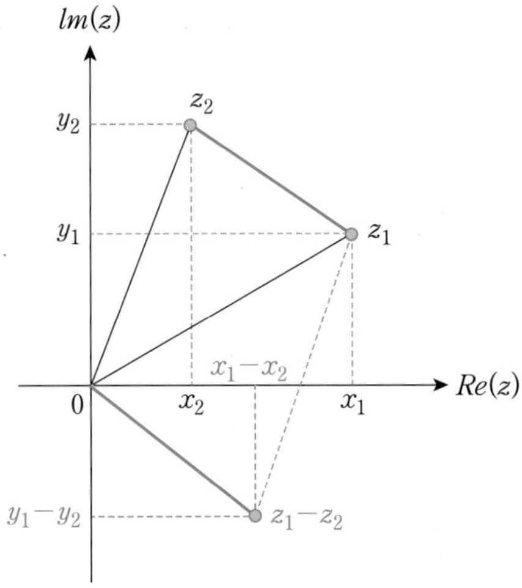

[그림 1.7] 복소수의 뺄셈과 기하학적 표현

한편, 1.4절에서 공액 복소수는 복소수 연산에 있어서 복소수를 실수로 변환하는 방법을 제공한다는 점에서 매우 중요하다는 언급을 하였다. 예를 들면,

$$z\overline{z} = (x+iy)(x-iy) = x^2+y^2 \in \boldsymbol{R} \tag{18}$$

$$\frac{1}{2}(z+\overline{z}) = \frac{1}{2}(x+iy+x-iy) = x = Re(z) \in \boldsymbol{R} \tag{19}$$

$$\frac{1}{2i}(z-\overline{z}) = \frac{1}{2i}(x+iy-x+iy) = y = Im(z) \in \boldsymbol{R} \tag{20}$$

가 된다는 것에 주목하라.

일반적으로 공액 복소수에 관련된 다음의 정리가 성립하며, 증명은 독자에게 연습 문제로 남긴다.

정리 1.4 공액 복소수의 성질

임의의 복소수 z_1과 z_2에 대하여 다음의 관계가 항상 성립한다.

(1) $\overline{\overline{z_1}} = z_1$

(2) $\overline{z_1+z_2} = \overline{z_1}+\overline{z_2}$

(3) $\overline{z_1-z_2} = \overline{z_1}-\overline{z_2}$

(4) $\overline{z_1 z_2} = \overline{z_1}\,\overline{z_2}$

(5) $\overline{\left(\frac{z_2}{z_1}\right)} = \frac{\overline{z_2}}{\overline{z_1}}$ (단, $z_1 \neq 0$)

예제 1.10

$z_1 = 1+i$, $z_2 = 1-i$일 때 다음을 계산하라.

(1) $\overline{z_1+z_2}$

(2) $\frac{z_2}{z_1}$

(3) $z_1 z_2$

(4) $Re(z_1-z_2)$

풀이

(1) 먼저 z_1+z_2를 계산하면

$$z_1+z_2 = (1+i)+(1-i) = 2$$

이므로 z_1+z_2의 공액 복소수는 다음과 같다.

$$\therefore\ \overline{z_1+z_2} = 2$$

(2) $\frac{z_2}{z_1}$ 를 계산하기 위하여 분모와 분자에 $\overline{z_1}$ 를 각각 곱한다.

$$\frac{z_2}{z_1}=\frac{1-i}{1+i}=\frac{(1-i)(1-i)}{(1+i)(1-i)}=\frac{1-2i+i^2}{1^2-i^2}=\frac{-2i}{2}=-i$$

(3) $z_1 z_2=(1+i)(1-i)=1^2-i^2=2$

(4) 먼저 z_1-z_2 를 계산하면

$$z_1-z_2=(1+i)-(1-i)=2i$$

이므로 $Re(z_1-z_2)=0$ 이다.

예제 1.11

복소수 $z=a+ib$ 일 때 다음을 계산하라.

$$lm\left(\frac{1}{z}\right)+Re\left(\frac{z}{\bar{z}}\right)$$

풀이

먼저 $\frac{1}{z}$ 를 계산하면 다음과 같다.

$$\frac{1}{z}=\frac{1}{a+ib}=\frac{a-ib}{(a+ib)(a-ib)}=\frac{a}{a^2+b^2}-i\frac{b}{a^2+b^2}$$

다음으로 $\frac{z}{\bar{z}}$ 를 계산하기 위하여 분모와 분자에 z 를 곱하면

$$\frac{z}{\bar{z}}=\frac{zz}{\bar{z}z}=\frac{(a+ib)^2}{(a-ib)(a+ib)}=\frac{a^2-b^2+i2ab}{a^2+b^2}$$

이므로 주어진 식은 다음과 같다.

$$lm\left(\frac{1}{z}\right)+Re\left(\frac{z}{\bar{z}}\right)=-\frac{b}{a^2+b^2}+\frac{a^2-b^2}{a^2+b^2}=\frac{a^2-b^2-b}{a^2+b^2}$$

예제 1.12

다음 복소수의 거듭제곱을 계산하라.

$$(1+i)^{10}$$

풀이

먼저 $(1+i)^2$을 계산해 보면 다음과 같다.

$$(1+i)^2 = 1+2i+i^2 = 2i$$
$$(1+i)^{10} = \{(1+i)^2\}^5 = (2i)^5 = 2^5 \cdot i^5 = 32(i^2)^2 i = 32i$$

여기서 잠깐! **i^n의 계산**

허수 $i=\sqrt{-1}$로 정의되므로 $i^2=-1$이 된다. n의 값에 따라 i^n을 계산해보면 다음과 같다.

$$\begin{aligned}
&n=1 \quad i^1 = i\\
&n=2 \quad i^2 = -1\\
&n=3 \quad i^3 = i^2 \cdot i = -i\\
&n=4 \quad i^4 = i^2 \cdot i^2 = (-1)(-1) = 1\\
&n=5 \quad i^5 = i^4 \cdot i = (1)i = i\\
&n=6 \quad i^6 = i^5 \cdot i = i \cdot i = -1
\end{aligned}$$

위의 관계를 이용하여 i^n을 복소평면에 나타내면 다음과 같다.

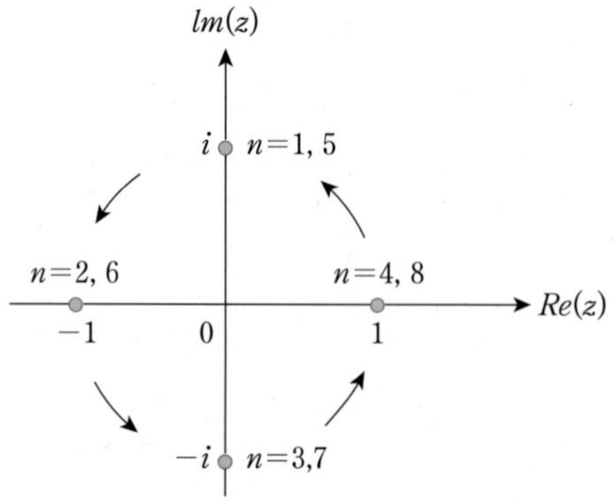

i^n은 복소수의 계산과정에서 많이 나타나므로 충분히 숙지하여 두기 바란다.

요약	복소수의 기본 사칙연산

- 복소수의 연산도 실수와 마찬가지로 덧셈과 곱셈에 대하여 교환법칙, 결합법칙, 배분법칙이 성립하므로 복소수의 사칙연산은 쉽게 계산할 수 있다.
- 복소수의 덧셈과 뺄셈은 단순히 두 복소수의 실수부와 허수부를 각각 더하거나 빼면 된다.
- 복소수의 곱셈은 배분법칙을 사용하여 전개한 다음, $i^2 = -1$의 관계를 이용하여 정리하면 된다.
- 복소수의 나눗셈은 분모에 있는 복소수의 공액 복소수를 분모와 분자에 각각 곱해서 정리하면 된다.
- 공액 복소수는 복소수 연산에 있어서 복소수를 실수로 변환하는 방법을 제공한다는 점에서 중요하다.

1.6 복소수의 극좌표 형식과 Euler 공식

(1) 복소수의 극좌표 형식

[그림 1.8]에 나타낸 바와 같이 직각좌표 $P(x, y)$를 극좌표(Polar Coordinates) $P(r, \theta)$로 표현하는 것은 때때로 유용하다. 왜냐하면 직각좌표계에서 표현하기 복잡하고 어려운 문제를 극좌표를 이용하면 간단하고 쉽게 문제를 표현할 수 있기 때문이다.

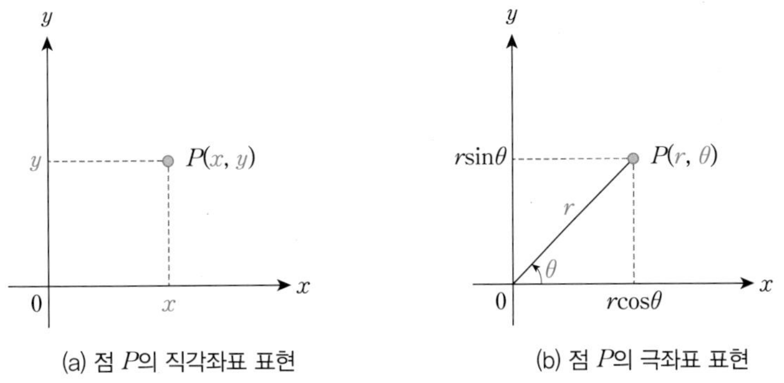

[그림 1.8] 직각좌표와 극좌표의 비교

[그림 1.8(a)]의 직각좌표에서는 점 P를 매개변수 x, y를 이용하여 $P(x, y)$ 형태로 표현하지만, [그림 1.8(b)]의 극좌표에서는 점 P를 매개변수 r, θ를 이용하여 표현한다. 직각좌표와 극좌표 사이에는 다음의 관계가 성립함을 알 수 있다.

$$x = r\cos\theta \tag{21}$$

$$y = r\sin\theta \tag{22}$$

결국, 평면상에 위치한 한 점 P의 위치는 어떤 좌표를 사용하는가에 따라 수학적인 표현이 달라지게 되지만, 점 P의 위치 자체가 변한 것은 아니라는 것에 유의하라.

앞 절에서 복소수 $z = x + iy$를 복소평면에서 한 점으로 표현하였기 때문에 결과적으로는 [그림 1.8(a)]의 직각좌표를 이용하여 표현한 것과 동일하다. 따라서 복소평면상의 복소수를 [그림 1.8(b)]의 극좌표를 이용하여 표현할 수 있는데, 이를 복소수의 극좌표 형식 또는 극형식(Polar Form)이라 부른다.

[그림 1.9]에 복소수의 극형식을 복소평면상에 나타내었다.

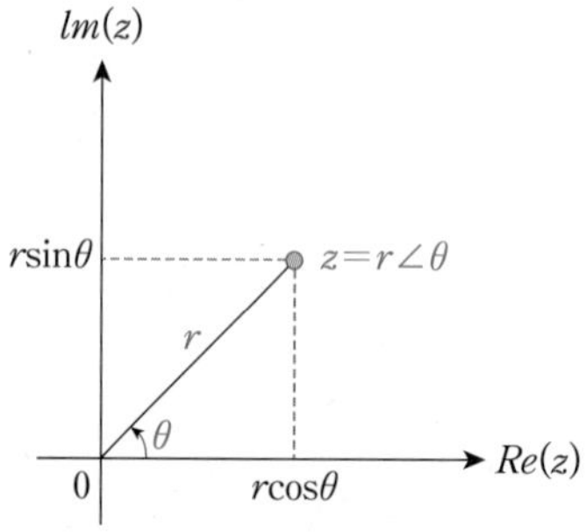

[그림 1.9] 복소수 z의 극형식 $z = r\angle\theta$

[그림 1.9]에 나타낸 것과 같이 복소수의 극형식은 원점과 복소수간의 거리를 나타내는 r과 실수축을 기준으로 하여 반시계방향으로 측정한 각 θ를 이용하여 다음과 같이 표현한다.

$$z = r\angle\theta \tag{23}$$

식(23)에서 r을 복소수 z의 절댓값(Absolute Value), θ를 복소수 z의 편각

(Argument)이라 정의하며, 다음과 같이 표기한다.

$$r \triangleq |z| = \sqrt{x^2 + y^2} \tag{24}$$

$$\theta \triangleq arg(z) = \tan^{-1}\left(\frac{y}{x}\right) \tag{25}$$

식(25)에서 편각 θ는 복소평면의 실수축 $Re(z)$을 기준으로 하여 반시계방향으로 회전한 각을 양(+)의 값으로 정의하고 라디안(Radian)으로 표시한다. 만일 θ가 시계방향으로 회전한 경우 그 각은 음(−)의 값으로 정의하고 라디안으로 표시한다.

예를 들어, [그림 1.10]에 나타낸 두 복소수 z_1과 z_2의 편각의 부호에 대하여 살펴본다.

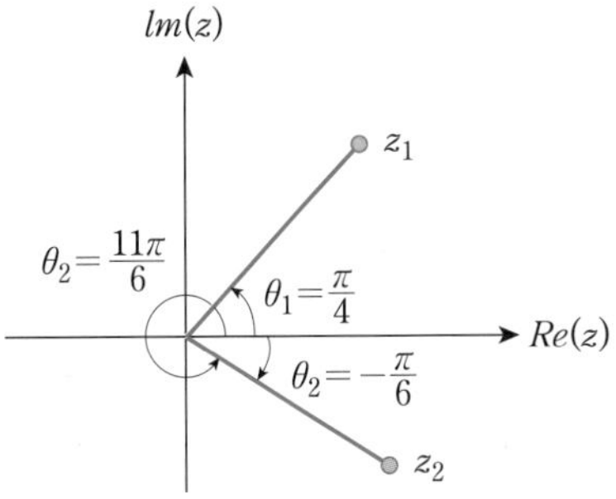

[그림 1.10] 편각의 부호 정의

[그림 1.10]에서 복소수 z_1의 편각은 반시계방향으로 측정한 각이므로 양의 값 $\theta_1 = \frac{\pi}{4}$rad이며, 복소수 z_2의 편각은 시계방향으로 측정한 각이므로 음의 값 $\theta_2 = -\frac{\pi}{6}$rad이 된다. 만일 복소수 z_2의 편각을 반시계방향으로 측정한다면 $\theta_2 = \frac{11\pi}{6}$rad이 될 수도 있다는 것에 유의하라.

여기서 잠깐! **극형식에서 편각의 범위**

복소수 z를 극형식으로 표현하는 경우 $Re(z)$ 축에서 측정한 각을 편각이라 하는데 반시계방향으로 측정하는 경우가 양의 각, 시계방향으로 측정하는 경우가 음의 각이라고 정의하였다. 그렇다면 아래 그림에서 다음 편각은 어떻게 표현해야 할까? 예를 들어, 반시계방향으로 측정한 θ값이 $\theta = \frac{\pi}{4}$rad이라 가정해보자.

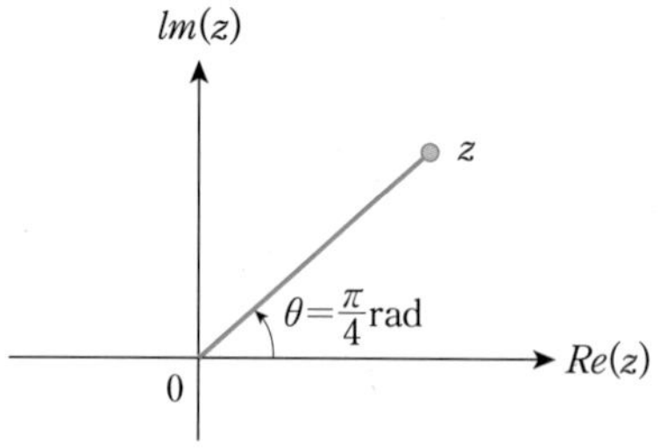

위의 그림에서 알 수 있듯이 다음의 값들은 복소수 z의 편각 $arg(z)$가 될 수 있을 것이다.

$$\frac{\pi}{4},\ -\frac{7}{4}\pi,\ \frac{\pi}{4}\pm 2\pi,\ -\frac{7\pi}{4}\pm 2\pi,\ \cdots$$

결국, $\theta = \frac{\pi}{4} + 2k\pi\theta$ (k는 정수)의 형태는 모두 복소수 z의 편각을 표시하므로 $arg(z)$는 다음과 같이 표현할 수 있다.

$$\theta = arg(z) = \frac{\pi}{4} + 2k\pi, \quad k\text{는 정수}$$

따라서 복소수의 편각은 일반적인 형태를 가지게 되며, 편각의 범위를 $-\pi < \theta \le \pi$로 제한하는 경우 그때의 편각을 주편각(Principal Argument)이라 부르며 대문자를 써서 $Arg(z)$로 표기한다.
주편각의 개념을 이용하게 되면, 위의 그림의 복소수의 주편각은 다음과 같이 표현될 수 있을 것이다.

$$Arg(z) = \frac{\pi}{4}$$

결론적으로 말하면, $arg(z)$는 일반각으로 표시된 복소수 z의 편각이지만 $Arg(z)$는 주편각으로 $-\pi < Arg(z) \le \pi$의 범위에 있는 각이다. 본 교재에서는 $arg(z)$와 $Arg(z)$를 서로 구분하지 않고 주편각을 주로 사용할 것이다.

예제 1.13

다음의 복소수를 극좌표 형식(극형식)으로 표현하라.

(1) $z_1 = 1+i$

(2) $z_2 = 1-\sqrt{3}\,i$

풀이

(1) z_1의 절댓값; $r_1 = \sqrt{1^2+1^2} = \sqrt{2}$

z_1의 편각; $\tan\theta_1 = 1 \quad \therefore\ \theta_1 = \frac{\pi}{4}$

따라서 z_1의 극형식은 다음과 같다.

$$z_1 = \sqrt{2}\angle\frac{\pi}{4}$$

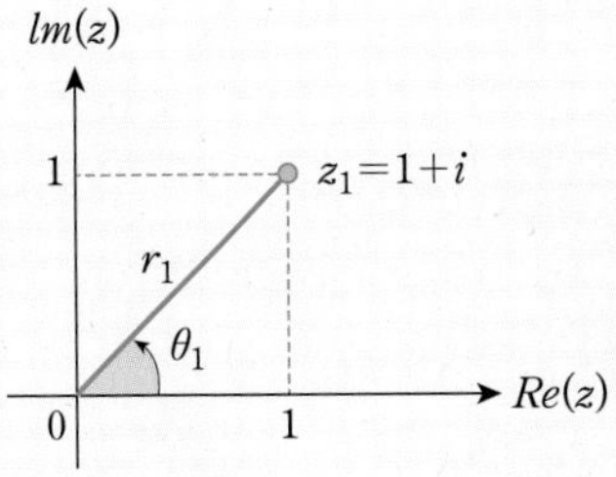

(2) z_2의 절댓값; $r_2 = \sqrt{1+3} = 2$

z_2의 편각; $\tan\theta_2 = -\sqrt{3} \quad \therefore\ \theta_2 = -\frac{\pi}{3}$

따라서 z_2의 극형식은 다음과 같다.

$$z_2 = 2\angle-\frac{\pi}{3}$$

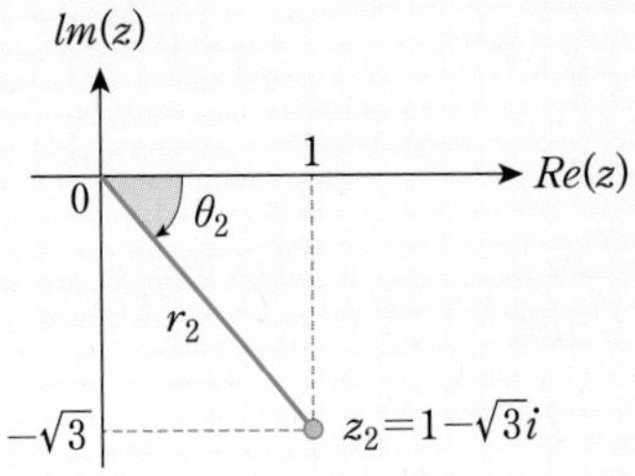

예제 1.14

극좌표 형식으로 표현된 다음의 복소수를 직각좌표 표현으로 변환하라.

(1) $z_1 = 2\angle\frac{\pi}{6}$ (2) $z_2 = 1\angle\pi$

풀이

(1) $r=2,\ \theta = \frac{\pi}{6}\text{rad}$ 이므로 z_1의 실수부와 허수부를 [그림 1.9]로부터 구하면 다음과 같다.

$$Re(z_1) = r_1\cos\theta_1 = 2\cos\frac{\pi}{6} = 2\times\frac{\sqrt{3}}{2} = \sqrt{3}$$

$$lm(z_1) = r_1\sin\theta_1 = 2\sin\frac{\pi}{6} = 2\times\frac{1}{2} = 1$$

$$\therefore\ z_1 = Re(z_1) + i lm(z_1) = \sqrt{3} + i$$

(2) $r_2 = 1,\ \theta_2 = \pi$ rad이므로

$$Re(z_2) = r_2 \cos\theta_2 = 1\cos\pi = -1$$
$$lm(z_2) = r_2 \sin\theta_2 = 1\sin\pi = 0$$

$$\therefore\ z_2 = Re(z_2) + i lm(z_2) = -1$$

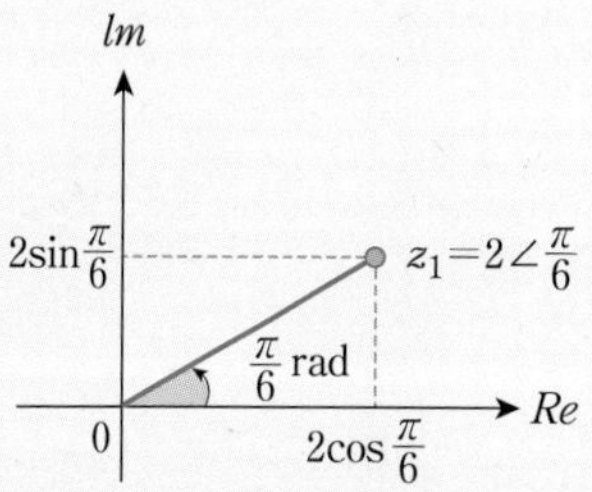

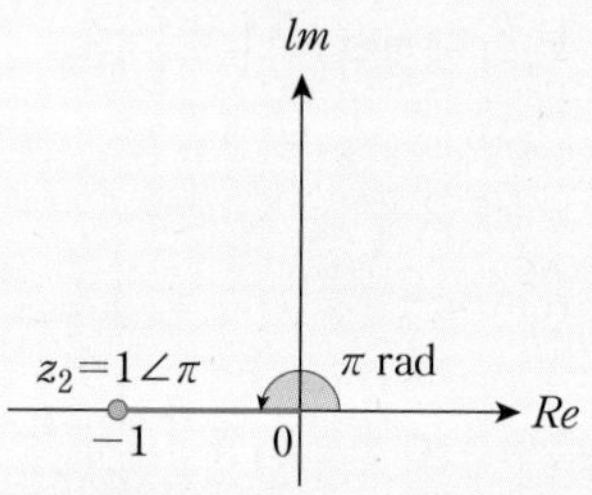

(2) Euler 공식

[그림 1.9]에 나타낸 복소수의 극형식을 좀더 편리한 형태로 변환해보도록 한다. 주어진 복소수 z의 절댓값 r과 편각 θ를 이용하여 〈예제 1.14〉에서와 마찬가지 방법으로 복소수 z의 실수부와 허수부를 각각 구하면 다음과 같다.

$$Re(z) = r\cos\theta \tag{26}$$
$$lm(z) = r\sin\theta \tag{27}$$

식(26)~(27)을 이용하여 복소수 $z = r\angle\theta$를 직각좌표 형식으로 표현하면

$$\begin{aligned} z = r\angle\theta &= r\cos\theta + i\,r\sin\theta \\ &= r(\cos\theta + i\,r\sin\theta) \end{aligned} \tag{28}$$

가 얻어진다.

식(28)에서 괄호 부분을 따로 분리하여 $e^{i\theta}$로 정의하면, 즉

$$e^{i\theta} \triangleq \cos\theta + i\sin\theta \tag{29}$$

가 되는데 이를 스위스의 수학자 L. Euler의 이름을 따서 Euler 공식이라고 부른다.

식(29)의 Euler 공식(Euler's Formula)을 이용하면 식(28)의 극형식은 다음과 같은 복소지수함수 형태로 변형할 수 있다.

$$z = r\angle\theta = r(\cos\theta + i\sin\theta) \triangleq re^{i\theta} \tag{30}$$

식(30)은 복소수 z의 또 다른 극좌표 형식이며 본 교재에서는 두 가지 표현을 모두 사용할 것이다.

$$z = r\angle\theta = re^{i\theta} \tag{31}$$

식(31)에서 알 수 있듯이 복소수 z의 극형식을 표현하는데 필수적인 파라미터는 r과 θ이므로 $r\angle\theta$로 표현하나 $re^{i\theta}$로 표현하나 모두 동일하다는 것에 유의하라.

여기서 잠깐! | **Euler 공식**

다음의 Euler 공식을 살펴본다.

$$e^{i\theta} \triangleq \cos\theta + i\sin\theta$$

θ 대신에 $-\theta$를 Euler 공식에 대입하면

$$e^{i(-\theta)} = e^{-i\theta} = \cos(-\theta) + i\sin(-\theta)$$
$$\therefore\ e^{-i\theta} = \cos\theta - i\sin\theta$$

가 얻어지므로 $e^{-i\theta}$는 $e^{i\theta}$의 공액 복소수임을 알 수 있다. 또한 $e^{i\theta}$와 $e^{-i\theta}$를 다음과 같이 표현할 수 있음에 주의하라.

$$e^{i\theta} = \cos\theta + i\sin\theta = 1\angle\theta$$
$$e^{-i\theta} = \cos\theta - i\sin\theta = 1\angle-\theta$$

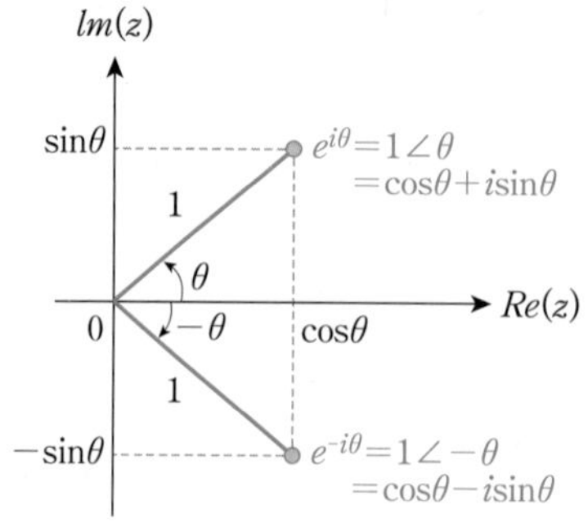

복소수의 극형식 $z = re^{i\theta}$ 의 표현을 이용하면, 복소수의 곱셈이나 나눗셈을 실수에서 지수함수를 다루는 것과 유사하게 간편하게 계산할 수 있게 된다. 매우 유용한 형식이니 독자들은 친근한 마음을 가지고 접하기 바란다.

(3) 극형식에서의 곱셈과 나눗셈

복소수의 극형식은 복소수의 덧셈이나 뺄셈을 계산할 때는 극형식을 직각좌표 표현으로 변환하여야 하기 때문에 불편하다. 그러나 복소수의 극형식에 대한 경력한 힘은 곱셈과 나눗셈 연산에서 발휘된다.

예를 들어, 극형식으로 표현된 두 복소수 z_1 과 z_2 가 다음과 같다고 하자.

$$z_1 = r_1 e^{i\theta_1} = r_1(\cos\theta_1 + i\sin\theta_1) \tag{32}$$

$$z_2 = r_2 e^{i\theta_2} = r_2(\cos\theta_2 + i\sin\theta_2) \tag{33}$$

z_1 과 z_2 의 곱 $z_1 z_2$ 를 계산하면

$$\begin{aligned} z_1 z_2 &= (r_1 e^{i\theta_1})(r_2 e^{i\theta_2}) = r_1 r_2 e^{i(\theta_1+\theta_2)} \\ &= r_1 r_2\{\cos(\theta_1+\theta_2) + i\sin(\theta_1+\theta_2)\} \end{aligned} \tag{34}$$

가 되므로 극형식으로 표현된 두 복소수의 곱셈은 두 복소수의 절댓값은 곱하고 편각은 더하면 된다는 것을 알 수 있다. 식(34)로부터 다음의 관계가 성립된다.

$$|z_1 z_2| = |z_1||z_2| \tag{35}$$

$$arg(z_1 z_2) = arg(z_1) + arg(z_2) \tag{36}$$

또한 z_1과 z_2의 나눗셈을 계산하면

$$\begin{aligned} \frac{z_1}{z_2} &= \frac{r_1 e^{i\theta_1}}{r_2 e^{i\theta_2}} = \frac{r_1}{r_2} e^{i(\theta_1 - \theta_2)} \\ &= \frac{r_1}{r_2}\{\cos(\theta_1 - \theta_2) + i\sin(\theta_1 - \theta_2)\} \end{aligned} \tag{37}$$

가 되므로, 극형식으로 표현된 두 복소수의 나눗셈은 두 복소수의 절댓값은 나누고 편각은 빼면 된다는 것을 알 수 있다. 식(37)로부터 다음의 관계가 성립된다.

$$\left|\frac{z_1}{z_2}\right| = \frac{|z_1|}{|z_2|} \tag{38}$$

$$arg\left(\frac{z_1}{z_2}\right) = arg(z_1) - arg(z_2) \tag{39}$$

예제 1.15

다음 복소수 z_1과 z_2에 대하여 주어진 연산을 수행하라.

$z_1 = 3e^{i\frac{\pi}{4}}, \quad z_2 = 5e^{i\frac{\pi}{3}}$

(1) $(z_1 z_2)^2$ (2) $\left(\frac{z_1}{z_2}\right)^3$

풀이

(1) $z_1 z_2 = \left(3e^{i\frac{\pi}{4}}\right)\left(5e^{i\frac{\pi}{3}}\right) = 15e^{i\left(\frac{\pi}{4}+\frac{\pi}{3}\right)} = 15e^{i\frac{7\pi}{12}}$

$(z_1 z_2)^2 = (z_1 z_2)(z_1 z_2) = \left(15e^{i\frac{7\pi}{12}}\right)\left(15e^{i\frac{7\pi}{12}}\right) = 225e^{i\frac{7}{6}\pi}$

(2) $\frac{z_1}{z_2} = \frac{3e^{i\frac{\pi}{4}}}{5e^{i\frac{\pi}{3}}} = \frac{3}{5}e^{i\left(\frac{\pi}{4}-\frac{\pi}{3}\right)} = \frac{3}{5}e^{-i\frac{\pi}{12}}$

$\left(\frac{z_1}{z_2}\right)^3 = \left(\frac{z_1}{z_2}\right)\left(\frac{z_1}{z_2}\right)\left(\frac{z_1}{z_2}\right) = \left(\frac{3}{5}e^{-i\frac{\pi}{12}}\right)\left(\frac{3}{5}e^{-i\frac{\pi}{12}}\right)\left(\frac{3}{5}e^{-i\frac{\pi}{12}}\right)$

$\therefore \left(\frac{z_1}{z_2}\right)^3 = \frac{27}{125}e^{-i\frac{\pi}{4}}$

요약 복소수의 극좌표 형식과 Euler 공식

- 복소수 z의 극형식은 원점과 z 사이의 거리를 나타내는 절댓값 r과 실수축을 기준으로 하여 반시계방향으로 측정한 편각 θ를 파라미터로 하여 다음과 같이 표현한다.

$$z = r\angle\theta = re^{i\theta}$$
$$r \triangleq |z| = \sqrt{x^2+y^2}\ ;\ \text{절댓값}$$
$$\theta \triangleq arg(z) = \tan^{-1}\left(\frac{y}{x}\right);\ \text{편각}$$

- 복소수 z의 편각은 반시계방향으로 회전한 각을 양(+)의 각으로 정의하고, 시계방향으로 회전한 각은 음(−)의 각으로 정의한다.
- 극좌표 형식에서 편각은 주편각의 개념을 이용하여 $-\pi \le Arg(z) \le \pi$의 범위에서 선택한다.
- $e^{i\theta} \triangleq \cos\theta + i\sin\theta$를 Euler 공식이라고 부르며, $e^{-i\theta}$는 $e^{i\theta}$의 공액 복소수이다.

$$e^{i\theta} = \cos\theta + i\sin\theta = 1\angle\theta$$
$$e^{-i\theta} = \cos\theta - i\sin\theta = 1\angle -\theta$$

- 복소수의 극좌표 형식은 덧셈이나 뺄셈을 계산할 때는 직각좌표 표현으로 변환해야 하므로 불편하지만, 곱셈이나 나눗셈에서는 매우 강력한 힘을 발휘한다.
- 극좌표 형식으로 표현된 두 복소수의 곱셈은 두 복소수의 절댓값은 곱하고 편각은 더하면 된다.
- 극좌표 형식으로 표현된 두 복소수의 나눗셈은 두 복소수의 절댓값은 나누고 편각은 빼면 된다.

1.7 복소수의 거듭제곱과 De Moivre 정리

1.3절에서 실수의 거듭제곱을 살펴보았는데, 이를 복소수의 경우로 확장하도록 한다.

n을 양의 정수라 하고 $z = re^{i\theta}$라 가정한다. z를 n번 반복하여 제곱한 z^n을 z의 거듭제곱이라고 부르며 다음과 같이 정의한다.

$$z^n = \underbrace{z \cdot z \cdots z}_{n\text{개}} = (re^{i\theta})(re^{i\theta})\cdots(re^{i\theta}) = r^n e^{in\theta}$$

$$\therefore \ z^n = r^n(\cos n\theta + i\sin n\theta) \tag{40}$$

식(40)에 $z = r(\cos\theta + i\sin\theta)$를 대입하면

$$\{r(\cos\theta + i\sin\theta)\}^n = r^n(\cos n\theta + i\sin n\theta) \tag{41}$$

가 되며, 식(41)의 양변을 비교하면 다음의 관계를 얻을 수 있다.

$$(\cos\theta + i\sin\theta)^n = \cos n\theta + i\sin n\theta \tag{42}$$

식(42)를 De Moivre 정리(De Moivre Theorem)라고 부르며, 복소수 이론에서 매우 중요한 결과 중의 하나이다. 또한 n이 양의 정수가 아니라 일반적으로 유리수인 경우에도 성립하지만 이 책의 범위를 벗어나므로 결과만을 활용하도록 하며 증명은 생략하도록 한다.

예제 1.16

De Moivre 정리를 이용하여 $n=2$인 경우를 전개하여 $\sin 2\theta$와 $\cos 2\theta$에 대한 공식을 유도하라.

$$(\cos\theta + i\sin\theta)^2 = \cos 2\theta + i\sin 2\theta$$

풀이

$(\cos\theta + i\sin\theta)^2$을 전개하여 De Moivre 공식을 이용하면

$$\begin{aligned}(\cos\theta + i\sin\theta)^2 &= \cos^2\theta + 2i\sin\theta\cos\theta + i^2\sin^2\theta \\ &= \cos^2\theta - \sin^2\theta + i(2\sin\theta\cos\theta) \\ &= \cos 2\theta + i\sin 2\theta\end{aligned}$$

이므로 다음의 관계를 얻을 수 있다.

$$\begin{aligned}\cos 2\theta &= \cos^2\theta - \sin^2\theta \\ \sin 2\theta &= 2\sin\theta\cos\theta\end{aligned}$$

예제 1.17

다음을 De Moivre 정리를 이용하여 간단히 하라.

(1) $(\cos 4\theta + i\sin 4\theta)(\cos 2\theta + i\sin 2\theta)$

(2) $\dfrac{\cos 6\theta + i\sin 6\theta}{\cos 3\theta + i\sin 3\theta}$

풀이

(1) De Moivre 정리에 의하여

$$\cos 4\theta + i\sin 4\theta = (\cos\theta + i\sin\theta)^4$$
$$\cos 2\theta + i\sin 2\theta = (\cos\theta + i\sin\theta)^2$$

이므로 주어진 식은 다음과 같다.

$$\begin{aligned}&(\cos 4\theta + i\sin 4\theta)(\cos 2\theta + i\sin 2\theta)\\&= (\cos\theta + i\sin\theta)^4(\cos\theta + i\sin\theta)^2 = (\cos\theta + i\sin\theta)^6\\&= \cos 6\theta + i\sin 6\theta\end{aligned}$$

(2) De Moivre 정리에 의하여 다음과 같다.

$$\begin{aligned}\frac{\cos 6\theta + i\sin 6\theta}{\cos 3\theta + i\sin 3\theta} &= \frac{(\cos\theta + i\sin\theta)^6}{(\cos\theta + i\sin\theta)^3} = (\cos\theta + i\sin\theta)^3\\&= \cos 3\theta + i\sin 3\theta\end{aligned}$$

여기서 잠깐! 복소수를 왜 정의하는가?

복소수는 실세계에서는 존재하지 않는 수이기 때문에 눈으로 보이는 수는 아니지만 눈으로 볼 수 없다고 하여 그 존재를 부정하거나 불필요한 것으로 간주해버리면 매우 근시안적인 시각을 가지게 된다. 복소수는 공학문제를 해결하는데 매우 유용한 도구로서의 역할을 수행하며, 복잡한 실적분을 계산하거나 미분방정식의 해를 구하거나 전기회로를 해석하는데 활용될 수 있다. 너무나 많은 공학분야에서 복소수가 활용되고 있어 일일이 나열하기가 어려울 정도이다. 어떤 수학자는 "복소수는 신이 인간에게 준 가장 큰 선물 중의 하나이다."라는 말을 할 정도로 매우 매력적이고 유용한 도구임을 알 수 있다.

예제 1.18

다음 복소수의 거듭제곱을 계산하라.

(1) $\left(\dfrac{1+i}{1-i}\right)^4$ (2) $(3+i4)^{10}$

풀이

(1) 분자와 분모를 극좌표 형식으로 변환하면

$$1+i=\sqrt{2}\,e^{i\frac{\pi}{4}}$$
$$1-i=\sqrt{2}\,e^{-i\frac{\pi}{4}}$$

이므로 주어진 식은 다음과 같다.

$$\frac{1+i}{1-i}=\frac{\sqrt{2}\,e^{i\frac{\pi}{4}}}{\sqrt{2}\,e^{-i\frac{\pi}{4}}}=e^{i\frac{\pi}{2}}$$
$$\left(\frac{1+i}{1-i}\right)^4=\left(e^{i\frac{\pi}{2}}\right)^4=e^{i2\pi}=1$$

(2) 먼저 $3+i4$를 극좌표 형식으로 변환하면

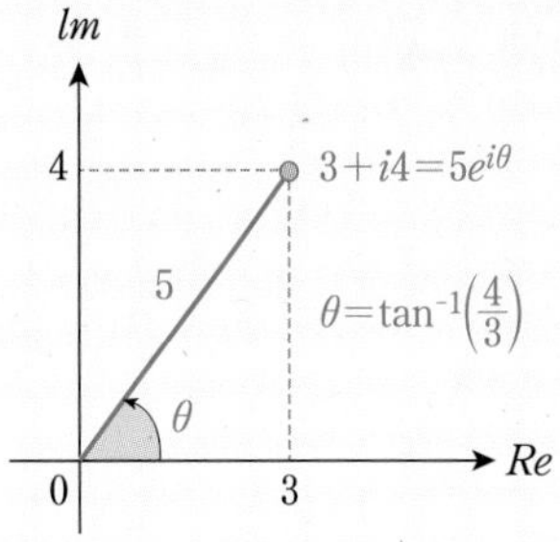

$$3+i4=\sqrt{3^2+4^2}\,e^{i\theta}=5e^{i\theta}$$
$$\theta=\tan^{-1}\left(\frac{4}{3}\right)$$

이므로 주어진 식은 다음과 같다.

$$(3+i4)^{10}=(5e^{i\theta})^{10}=5^{10}e^{i10\theta}$$

요약 **복소수의 거듭제곱과 De Moivre 정리**

- 복소수 $z=re^{i\theta}$일 때 z의 거듭제곱 z^n은 다음과 같다.

$$z^n=\underbrace{z\cdot z\cdots z}_{n\text{개}}=r^n e^{in\theta}$$

- De Moivre 정리는 n이 정수는 물론 유리수일 때도 항상 성립한다.

$$(\cos\theta+i\sin\theta)^n=\cos n\theta+i\sin n\theta$$

연습문제

01 다음의 두 양의 실수 a와 b에 대하여 A와 B의 대소관계를 결정하고 등호의 성립조건을 설명하라.

$$A = \sqrt{ab}, \quad B = \frac{a+b}{2}$$

02 실수 x가 $2 \le x \le 3$일 때 다음 $p(x)$의 최댓값과 최솟값을 각각 구하라.

$$p(x) = \sum_{k=1}^{3} k^2 |x-k|$$

03 실수 a가 $1 \le a \le 3$일 때 다음 수식을 간단히 하라.

$$q(a) = |1-a| + 3|a-3| + \frac{|2-a|}{|a-2|}$$

04 다음 수식을 음의 지수만을 이용하여 표현하라.

(1) $\dfrac{xy^2}{z^3}$ (2) $\dfrac{(x^2)^3 w}{y^5 z^2}$

05 다음 수식을 양의 지수만을 이용하여 표현하라.

(1) $\dfrac{x^{-3} y^2}{z^4}$ (2) $x^{-1} y^{-2} z^{-3}$

06 다음 수식을 가능한한 단순하게 표현하라.

(1) $\dfrac{3x^2 y}{(3xy)^3}$ (2) $\sqrt{a^2 b^8 c^4}$

(3) $\left(\dfrac{yz}{x^3}\right)^{\frac{1}{3}} y^2 z$ (4) $\sqrt[3]{a^2 b}$

07 다음 복소수의 공액 복소수를 구하라.

(1) $\dfrac{1+i3}{1+i}$ (2) $\left(\dfrac{1-i}{1+i}\right)^{99}$

08 $f(z)=\dfrac{1+z}{1-z}$ 에서 $z_0=\dfrac{1-i}{1+i}$ 일 때 $f(z_0)$의 값을 계산하라.

09 다음 복소수를 직각좌표 형식으로 표현하라.

(1) $\dfrac{3-i}{1+i}$ (2) $\left(\dfrac{3-i}{1+i}\right)^2$ (3) $\overline{\left(\dfrac{3-i}{1+i}\right)}$

10 다음 복소수를 계산한 다음, 극좌표 형식으로 나타내어라.

(1) $\left(\cos\dfrac{\pi}{9}+i\sin\dfrac{\pi}{9}\right)^{12}\left\{2\left(\cos\dfrac{\pi}{6}+i\sin\dfrac{\pi}{6}\right)\right\}^5$

(2) $\dfrac{\left\{8\left(\cos\dfrac{3\pi}{8}+i\sin\dfrac{3\pi}{8}\right)\right\}^3}{\left\{2\left(\cos\dfrac{\pi}{16}+i\sin\dfrac{\pi}{16}\right)\right\}^{10}}$

11 $z=\cos\theta+i\sin\theta$ 라 할 때 다음의 관계가 성립되는 것을 보여라.

$$z+\frac{1}{z}=2\cos\theta$$

$$z-\frac{1}{z}=i\,2\sin\theta$$

12 $f(z)=z^{10}-4z^6$ 일 때 $f\left(\dfrac{1+i}{\sqrt{2}}\right)$를 계산하라.

13 다음 복소수를 De Moivre 정리를 이용하여 간단히 하라.

$$\left(\frac{1-i}{1+i}\right)^{100}-\left(\frac{1+i}{1-i}\right)^{100}$$

14 i의 거듭제곱 $i^n(n=1,\ 2,\ 3,\ 4)$을 각각의 n에 대하여 복소평면에 대응시킨 점을 P_n 이라고 할 때, 네 점 $P_1,\ P_2,\ P_3,\ P_4$를 꼭짓점으로 하는 사각형의 면적을 계산하라.

15 Euler 공식을 이용하여 다음의 관계가 성립하는 것을 증명하라.

$$\cos\theta = \frac{1}{2}(e^{i\theta} + e^{-i\theta})$$

$$\sin\theta = \frac{1}{i2}(e^{i\theta} - e^{-i\theta})$$

CHAPTER 02

함수

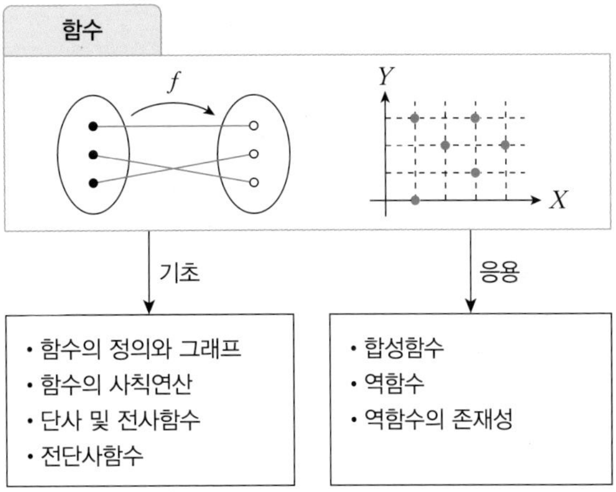

CHAPTER 02

함수

▶ 단원 개요

함수란 정의구역에 있는 임의의 한 원소를 공변역에 있는 한 원소에만 대응시키는 관계를 의미한다. 본 장에서는 함수의 정의와 그래프에 대해 학습하고 함수의 사칙연산에 대해 다룬다. 또한 단사 및 전사함수, 전단사함수와 일대일 대응, 합성함수 등에 대해서 학습한다. 마지막으로 역함수와 항등함수의 개념과 역함수가 존재하기 위한 조건에 대하여 살펴본다.
함수는 공학적으로 매우 유용하며 다양하게 응용될 수 있기 때문에 기초적인 개념의 이해는 필수적이니 반복학습을 통해 충분히 습득하기 바란다.

2.1 함수의 정의와 그래프

(1) 함수의 정의

임의의 두 집합 X와 Y에서 원소들간의 대응은 [그림 2.1]에 나타낸 것처럼 여러 가지 경우가 발생할 수 있다.

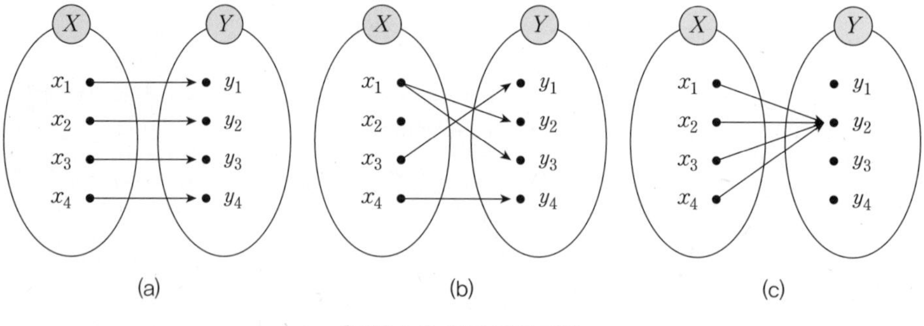

[그림 2.1] 여러 가지 대응

[그림 2.1]에 나타낸 것과 같은 원소들의 대응은 두 집합 X와 Y의 원소 개수에 따라 다양한 대응 형태가 존재할 수 있으며, 우리는 이를 수학적으로 X에서 Y로의 관계(Relation)라고 부른다.

이러한 X에서 Y로의 관계 중에서 다음의 간단한 대응규칙을 만족하는 특별한 관계를 함수(Function)라고 정의한다.

정의 2.1 **함수의 규칙**

두 집합을 X와 Y라 할 때, X에 있는 임의의 한 원소 x에 대하여 오로지 Y의 한 원소 y만을 대응시키는 관계를, 특히 함수관계 또는 함수라고 정의한다.

[정의 2.1]에 따라 [그림 2.1]의 각각의 대응관계가 함수관계인가를 살펴보자. 먼저 [그림 2.1(a)]는 X의 각 원소가 Y의 원소 하나에만 대응되고 있으므로 함수관계이다. [그림 2.1(b)]는 X의 원소 x_1이 Y의 y_2와 y_3의 2개의 원소에 대응되므로 함수관계가 아니다. 또한 X의 원소 x_2에 대응되는 Y의 원소가 없기 때문에도 함수관계가 아니다.

마지막으로 [그림 2.1(c)]는 X의 원소 x_1이 Y의 원소 y_2 하나에 대응되며 나머지 X의 원소 x_2, x_3, x_4도 Y의 원소 y_2 하나에만 대응되므로 함수관계라고 할 수 있다. 결국 X의 원소 하나와 Y의 원소 하나가 대응되는 특별한 관계를 함수라고 부르는 것이다.

또 다른 예를 들면, 한 학급에서 학생들의 학번을 모아 놓은 집합(X)과 학생들의 이름을 모아 놓은 집합(Y)에서 X의 한 원소(학번)와 Y의 한 원소(이름)를 자연스럽게 대응시키는 관계는 [정의 2.1]의 함수의 규칙을 만족하므로 함수라고 할 수 있다.

여기서 잠깐! **함수의 대응규칙**

[정의 2.1]에서 함수의 규칙을 세밀히 살펴보자.
X의 원소 x에 Y의 원소 하나만을 대응시키는 것이 함수의 규칙이므로 다음의 경우도 함수가 되는 것이다.

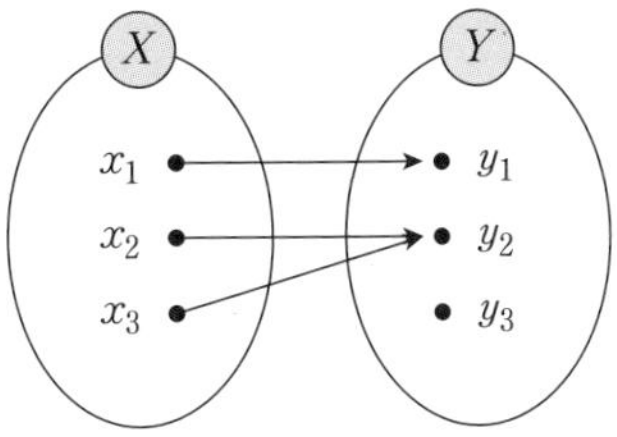

① X의 x_1의 경우 Y의 y_1에 대응한다. → 함수규칙 만족!
② X의 x_2의 경우 Y의 y_2에 대응한다. → 함수규칙 만족!
③ X의 x_3의 경우 Y의 y_2에 대응한다. → 함수규칙 만족!

x_2와 x_3의 경우 Y의 같은 원소 y_2에 대응되어도 [정의 2.1]이 반드시 다른 원소 하나에 대응되어야 한다는 의미는 아니기 때문에 함수이다. 혼동하지 않도록 한다.
또한, X에서 대응되지 않는 원소가 존재한다면 [정의 2.1]에서 "X에 있는 임의의 한 원소 x에 대하여~"라는 문구에 위배되므로 함수가 아닌 것이다. 그러나 위의 함수관계에서처럼 Y의 원소 y_3에 대응되는 X의 원소가 없어도 무관하므로 함수규칙을 만족하는 것이다. [정의 2.1]의 내용을 천천히 음미하면서 읽어보라! 수학은 무엇보다 정의를 정확하게 이해하는 것이 매우 중요하다.

예제 2.1

다음의 대응관계에서 함수를 찾고 그 이유를 설명하라.

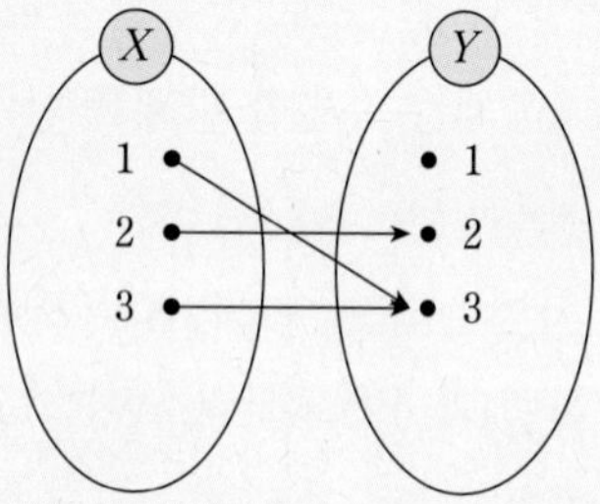

(a)

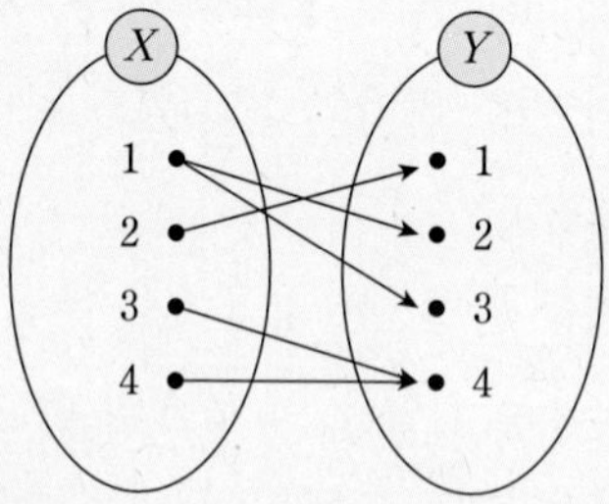

(b)

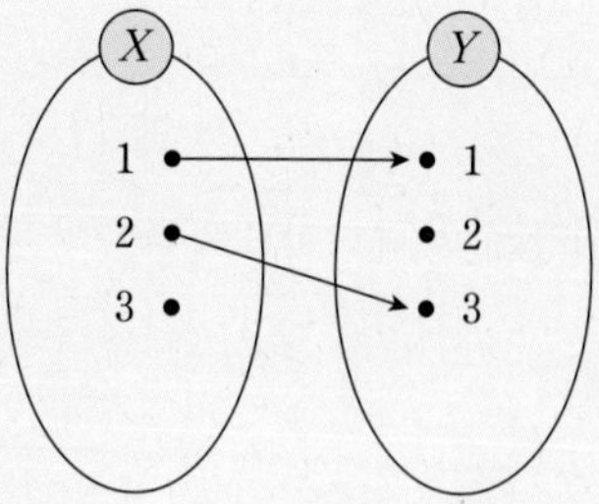

(c)

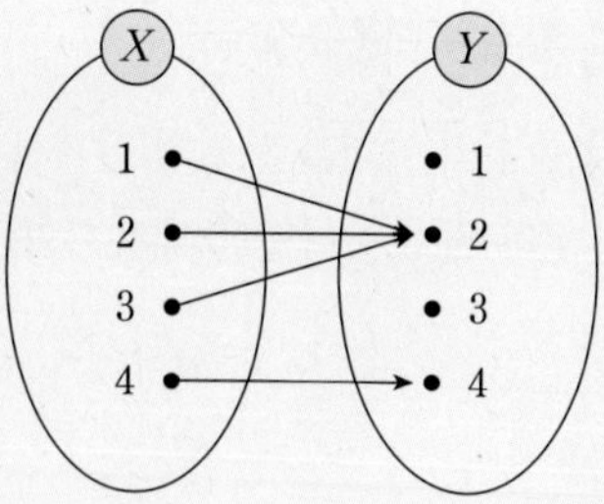

(d)

풀이

(a) X의 각 원소에 Y의 한 원소를 대응시키는 규칙이므로 함수이다.

(b) X의 원소 1이 Y의 원소 2개, 즉 2와 3에 대응시키는 규칙이므로 함수가 아니다.

(c) X의 원소 3이 대응되지 않기 때문에 [정의 2.1]의 함수규칙을 만족하지 않는다. 따라서 함수가 아니다.

(d) X의 각 원소에 Y의 한 원소를 대응시키는 규칙이므로 함수이다.

다음에 함수의 수학적인 정의를 구체적으로 기술한다.

정의 2.2 함수의 정의

집합 X의 임의의 한 원소 x에 대하여 오로지 집합 Y의 한 원소 y만을 대응시키는 대응관계 f를 집합 X에서 집합 Y로의 함수라고 정의하며 다음과 같이 나타낸다.

$$f\colon X \to Y$$

이 때 집합 X를 함수 f의 정의역(Domain), 집합 Y를 함수 f의 공변역(Codomain)이라 한다. 또한, 함수 f에 대하여 X의 한 원소 x에 대응되는 Y의 원소 y를 $y = f(x)$로 나타내며, x의 함숫값이라고 정의한다.

[정의 2.2]에 따라 함수 f를 그림으로 도시하면 다음과 같다.

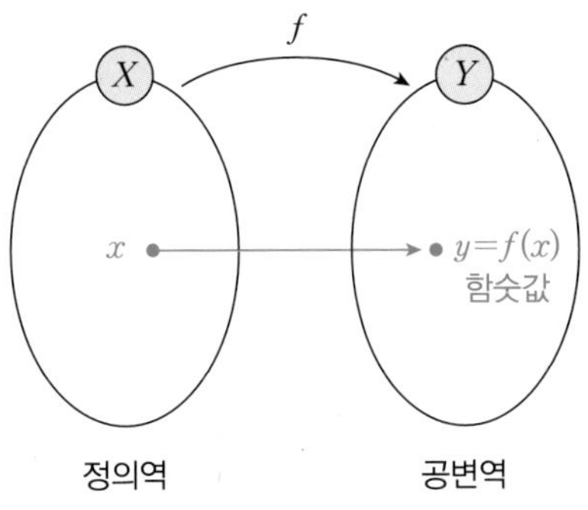

[그림 2.2] 함수와 함숫값

[그림 2.2]에서 $y = f(x)$는 f에 의한 x의 상(Image) 또는 x에서의 함숫값이라 부르며, 결과적으로는 x에 대한 함숫값을 결정하는 대응규칙을 나타낸다.

한편, 집합 X의 모든 원소에 대한 함숫값을 구하여 집합으로 모아 놓은 것을 f의 치역(Range)이라고 부르며, 기호로는 $f(X)$로 표기한다. 즉,

$$f(X) \triangleq \{y;\ y = f(x),\ \forall x \in X\} \tag{1}$$

식(1)에서 $\forall x$는 '임의의 x' 또는 '모든 x'라는 의미이며, 영어의 'All'에서 알파벳 A를 뒤집어 놓은 모양을 사용한다. 또한 식(1)에서 정의된 치역은 일반적으로 공변역 Y의 부분집합이며, 이를 [그림 2.3]에 나타내었다.

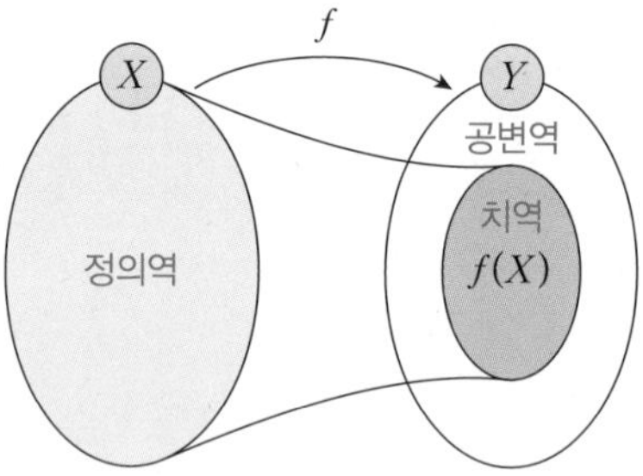

[그림 2.3] 치역과 공변역, $f(X) \subseteq Y$

일반적으로 공학적으로 다루는 함수는 보통 실수 $\boldsymbol{R}$에서 실수 $\boldsymbol{R}$로의 함수가 대부분이므로 함수를 간결하게 표기하기 위하여 정의역 $\boldsymbol{R}$과 공변역 $\boldsymbol{R}$은 생략하고 대응규칙 $y = f(x)$만을 표기한다.

여기서 잠깐! | **집합의 표현**

집합을 표현하는 방법에는 2가지 방법이 있으며, 필요에 따라 적절히 사용하면 된다.

① 원소나열법: 집합의 원소를 일일이 나열하여 집합기호 { }로 나타낸 것으로 원소의 개수가 많은 경우에는 불편하다.

$A = \{1,\ 2,\ 3,\ 4,\ 5,\ 6\}$, $B = \{x_1,\ x_2,\ x_3\}$

② 조건제시법: 집합을 규정하는 데 적절한 조건을 제시하여 표현하는 방식으로 다음의 형식에 따른다.

{변수; 변수에 대한 조건 제시}

변수에 대한 조건을 만족하는 변수들의 집합

$A=\{x;\ 1\le x\le 4,\ x$는 자연수$\}\ \rightarrow\ A=\{1,\ 2,\ 3,\ 4\}$

$B=\{(x,\ y);\ x^2+y^2=1,\ x,\ y\in \boldsymbol{R}\}\ \rightarrow\ B=$ 반지름이 1인 원주상의 점집합

예제 2.2

다음의 함수에 대하여 물음에 답하라.

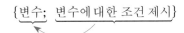

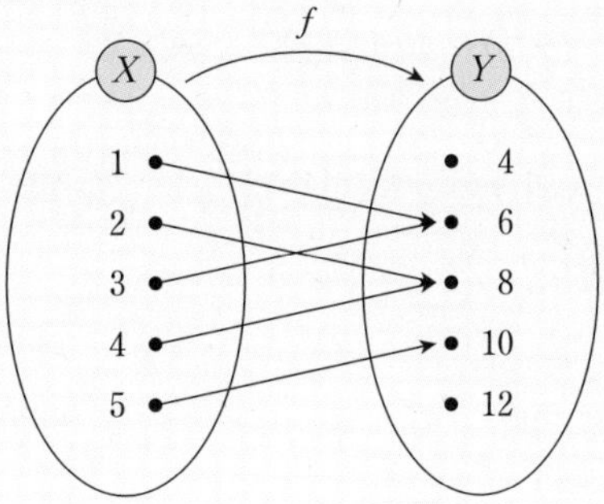

(1) 함수 f의 정의역과 공변역을 구하라.

(2) 함숫값 $f(2)$, $f(3)$을 각각 구하라.

(3) 함수 f의 치역 $f(X)$를 구하라.

풀이

(1) 정의역 $X=\{1,2,3,4,5\}=\{x; 1\le x\le 5,\ x$는 자연수$\}$

공변역 $Y=\{4,6,8,10,12\}=\{y; 4\le y\le 12,\ y$는 짝수$\}$

(2) 원소 $x=2$는 8에 대응되므로 $f(2)=8$이며, 원소 $x=3$은 6에 대응되므로 $f(3)=6$이다.

(3) 치역 $f(X)$는 X의 모든 원소들에 대한 함숫값들의 집합이므로 $f(X)=\{6,8,10\}$이 된다.

(2) 함수의 그래프

지금까지 함수를 표현하기 위하여 [그림 2.2]에서와 같이 두 집합의 원소들에 대한 대응관계를 화살표로 도식적으로 표시하였다. 이러한 방법은 함수의 개념을 이해하는데는 편리하지만 정의역과 공변역의 원소 개수가 많을 때는 번거롭고 표현이 어렵게 된다.

이를 해결하기 위한 방법이 함수의 그래프(Graph)이며, 정의역과 공변역이 실수로 주어지는 경우 매우 편리하고 간편하게 함수를 표현하는 방법을 제공한다.

1.1절에서 실수를 직선으로 표현하는 방법을 학습하였다. 함수 f의 정의역과 공변역이 실수인 경우, 정의역을 가로축의 직선으로 하고 공변역을 수직인 세로축의 직선으로 하여, 대응관계를 좌표평면상의 순서쌍(Ordered Pair)으로 다음과 같이 표현하는 것을 함수의 그래프 G라고 정의한다.

$$G = \{(x,y);\ y = f(x),\ \forall x \in X\} \tag{2}$$

식(2)의 의미는 정의역 X의 x와 x의 함숫값 $y = f(x)$를 순서쌍으로 모든 X에 대해 도시한다는 것을 의미한다.

여기서 잠깐! | 함수의 그래프 의미

식(2)의 의미를 조건제시법에 따라 이해해보자.

$$G = \{\underbrace{(x,y)}_{①};\ \underbrace{y = f(x)}_{②},\ \underbrace{\forall x \in X}_{③}\}$$

① (x,y) : 순서쌍 (x,y)의 집합을 나타낸다.
   x는 정의역 원소이고 y는 ②에 제시되어 있다.

② $y=f(x)$: y는 정의역 원소 x에 대한 함숫값 $f(x)$를 나타낸다.

③ $\forall x \in X$: $\forall$ 는 임의의 또는 모든을 나타내는 수학기호이므로 정의역의 모든 원소를 의미한다.

①~③을 종합하면, 함수의 그래프는 정의역에 있는 임의의 한 원소와 그 원소의 함숫값에 대한 순서쌍을 구하여 집합 G로 표시한 것이며, 이를 좌표평면에 도시한 것을 함수의 그래프라고 한다.

식(2)의 함수의 그래프에서 정의역에 속하는 원소 x는 수많은 값을 가질 수 있으므로 변수(Variable)라고 부르며, x를 독립변수(Independent Variable)라고 정의한다. 또한 공변역의 원소 y도 x에 따라 여러 값을 가질 수 있으므로 변수라고 부르며, x에 따라 y가 결정되므로 종속변수(Dependent Variable)라고 정의한다.

정의역과 공변역이 실수 $\boldsymbol{R}$인 경우 f의 그래프의 개념도를 [그림 2.4]에 나타내었다.

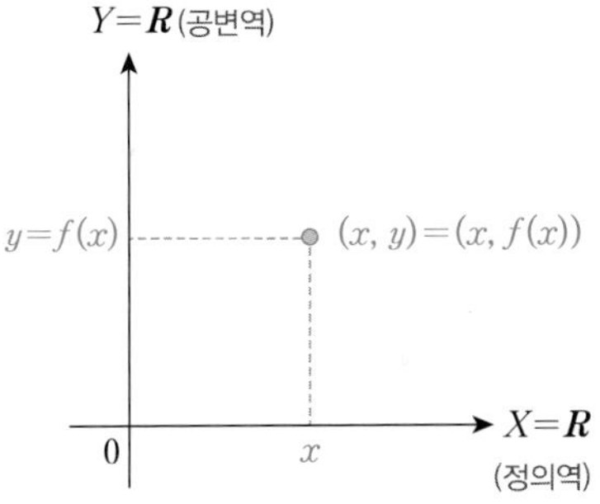

[그림 2.4] 함수 f의 그래프 G

예제 2.3

다음 함수의 그래프 G를 순서쌍으로 표시하고, 좌표평면에 도시하라.

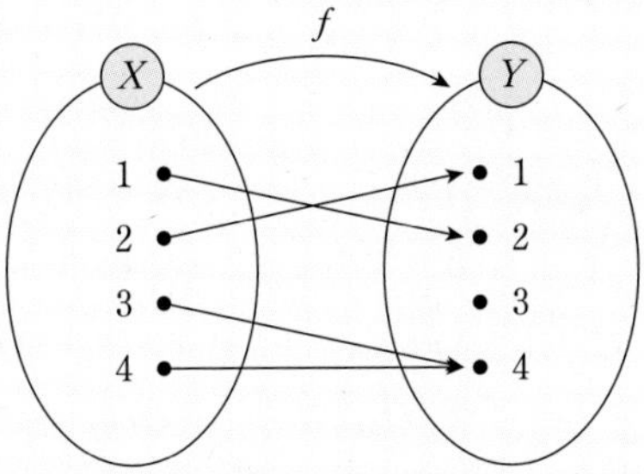

풀이

그래프의 정의에 따라 f의 그래프 G를 순서쌍으로 표현하여 좌표평면에 나타내면 다음과 같다.

$$G=\{(1,2),\ (2,1),\ (3,4),\ (4,4)\}$$

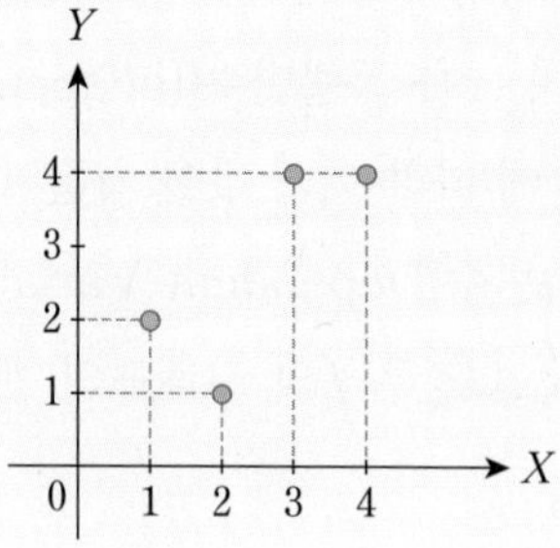

예제 2.4

$\boldsymbol{R}$에서 $\boldsymbol{R}$로의 함수 f가 다음과 같을 때 f의 그래프 G를 좌표평면에 나타내어라.

$$f\colon \boldsymbol{R}\to\boldsymbol{R}$$
$$y=f(x)=-x+1$$

풀이

함수 f의 그래프 G를 순서쌍으로 표현하면 다음과 같다.

$$G=\{(x,y);\ y=-x+1,\ \forall x\in\boldsymbol{R}\}$$

정의역에 있는 몇 개의 x값에 대하여 순서쌍을 구하면 다음과 같다.

$x=-1$일 때 $y=f(-1)=-(-1)+1=2 \quad \therefore (-1,2)$
$x=0$일 때 $y=f(0)=-0+1=1 \quad \therefore (0,1)$
$x=1$일 때 $y=f(1)=-1+1=0 \quad \therefore (1,0)$
$x=2$일 때 $y=f(2)=-2+1=-1 \quad \therefore (2,-1)$

정의역이 실수 $\boldsymbol{R}$이므로 위의 순서쌍들이 포함되도록 하는 직선을 그리면 f의 그래프 G가 된다.

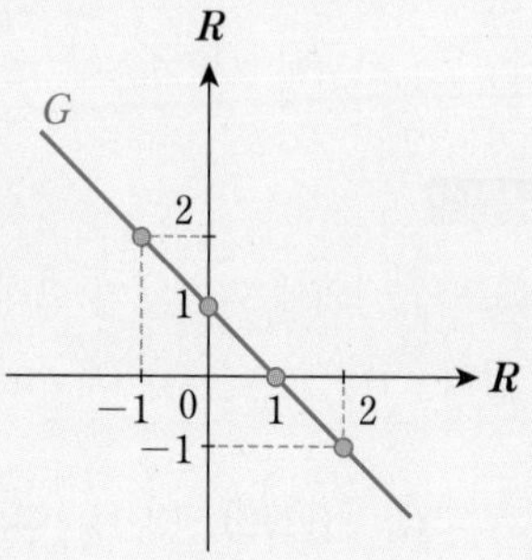

요약 함수의 정의와 그래프

- 집합 X의 임의의 한 원소 x에 대하여 오로지 집합 Y의 한 원소 y만을 대응시키는 대응 관계를 함수라고 정의하며, 다음과 같이 표현한다.

$$f: X \to Y$$
$$y = f(x)$$

- 함수 f에서 X의 원소 x에 대응되는 Y의 원소 y를 $y = f(x)$로 나타내며, x의 함숫값이라고 정의한다.
- 정의역의 모든 원소에 대한 함숫값을 구하여 집합으로 모아놓은 것을 f의 치역 $f(X)$라고 한다.

$$f(X) \triangleq \{y;\ y = f(x),\ \forall x \in X\}$$

- 함수 f의 대응관계를 순서쌍으로 표현하여 좌표평면에 나타낸 것을 함수 f의 그래프 G라고 정의한다.

$$G = \{(x, y);\ y = f(x),\ \forall x \in X\}$$

- 함수의 그래프에서 정의역에 있는 원소 x를 독립변수, 공변역에 있는 원소 y를 종속변수라고 부른다.

2.2* 함수의 사칙연산

1장에서 실수와 복소수의 사칙연산에 대하여 학습하였다. 예를 들어, 1.5절에서 언급한 복소수는 기본적으로 덧셈, 뺄셈, 곱셈, 나눗셈의 사칙연산이 가능하며, 연산의 결과는 복소수로 표현될 수 있다는 것을 기술하였다. 그러면 복소수는 아니지만 함수의 경우는 사칙연산을 할 수 있을까? 결론적으로 이야기하면, 함수의 사칙연산은 가능하다. 다만, 함수의 사칙연산에 대한 결과 또한 새로운 함수이기 때문에 대응규칙이 어떻게 되는가를 명시해주면 되는 것이다.

(1) 함수의 덧셈

함수의 덧셈을 정의하기 위하여 다음의 두 함수 f와 g를 고찰한다.

$$\begin{aligned} f&: X\rightarrow Y \\ y&=f(x) \end{aligned}, \qquad \begin{aligned} g&: X\rightarrow Y \\ y&=g(x) \end{aligned} \tag{3}$$

함수 f와 g의 합은 $f+g$로 표시하며, $f+g$의 정의역은 함수 f와 g의 각각의 정의역과 동일하다. 두 함수 f와 g를 합한 결과로서 새로운 함수 $f+g$가 얻어졌으므로 $f+g$라는 새로운 함수의 대응규칙이 어떻게 정의되는가를 명시하면 함수의 덧셈이 정의되는 것이다. 즉,

$$\begin{aligned} &f+g: X\rightarrow Y \\ &(f+g)(x) \triangleq f(x)+g(x) \end{aligned} \tag{4}$$

식(4)의 의미는 두 함수인 합인 $f+g$라는 함수는 X의 원소 x를 Y의 $f(x)+g(x)$에 대응시킨다는 것이다. 이것으로 함수의 합에 대한 덧셈이 완전하게 기술되었으며, [그림 2.5]에 개념도를 나타내었다.

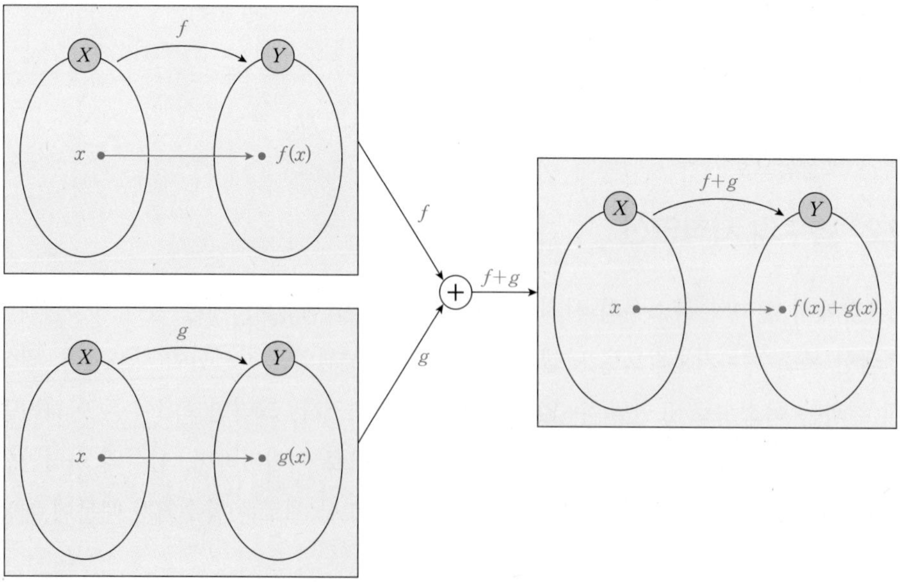

[그림 2.5] 두 함수 f와 g의 합($f+g$)

정의역이 다른 두 함수 f와 g의 합 $f+g$는 $f+g$의 정의역을 함수 f와 g의 정의역 간 교집합(Intersection)으로 제한함으로써 마찬가지로 정의할 수 있으며, 독자들의 연습문제로 남겨둔다.

(2) 함수의 뺄셈

함수의 뺄셈을 정의하기 위하여 다음의 두 함수 f와 g를 고찰한다.

$$\begin{array}{l} f:\ X \to Y \\ \quad y = f(x) \end{array}, \qquad \begin{array}{l} g:\ X \to Y \\ \quad y = g(x) \end{array} \tag{5}$$

함수 f와 g의 차는 $f-g$로 표시하며, $f-g$의 정의역은 함수 f와 g의 각각의 정의역과 동일하다. 두 함수 f와 g를 뺀 결과로서 새로운 함수 $f-g$가 얻어졌으므로 $f-g$라는 새로운 함수의 대응규칙을 다음과 같이 정의하여 함수의 뺄셈을 정의한다.

$$\begin{array}{l} f-g:\ X \to Y \\ (f-g)(x) \triangleq f(x)-g(x) \end{array} \tag{6}$$

식(6)의 의미는 두 함수의 차인 $f-g$라는 함수는 X의 원소 x를 Y의 $f(x)-g(x)$에 대응시킨다는 것이며, [그림 2.6]을 참고하라.

정의역이 다른 두 함수 f와 g의 차 $f-g$는 $f-g$의 정의역을 함수 f와 g의 정의역간 교집합으로 제한함으로써 마찬가지로 정의할 수 있다.

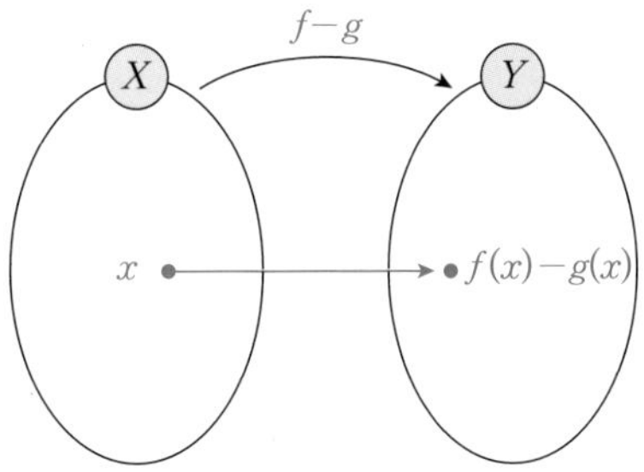

[그림 2.6] 두 함수 f와 g의 차($f-g$)

(3) 함수의 곱셈

함수의 곱셈을 정의하기 위하여 다음의 두 함수 f와 g를 고찰한다.

$$\begin{aligned} f:\ & X \rightarrow Y \\ & y = f(x) \end{aligned}, \qquad \begin{aligned} g:\ & X \rightarrow Y \\ & y = g(x) \end{aligned} \tag{7}$$

함수 f와 g의 곱은 fg로 표시하며, fg의 정의역은 함수 f와 g의 각각의 정의역과 동일하다. 두 함수 f와 g를 곱한 결과로서 새로운 함수 fg가 얻어졌으므로 fg라는 새로운 함수의 대응규칙을 다음과 같이 정의하여 함수의 곱셈을 정의한다.

$$\begin{aligned} fg:\ & X \rightarrow Y \\ & (fg)(x) \triangleq f(x)g(x) \end{aligned} \tag{8}$$

식(8)의 의미는 두 함수의 곱인 fg라는 함수는 X의 원소 x를 Y의 $f(x)g(x)$에 대응시킨다는 것이며, [그림 2.7]을 참고하라.

정의역이 다른 두 함수 f와 g의 곱 fg는 fg의 정의역을 함수 f와 g의 두 정의역에 대한 교집합으로 제한함으로써 마찬가지로 정의할 수 있다.

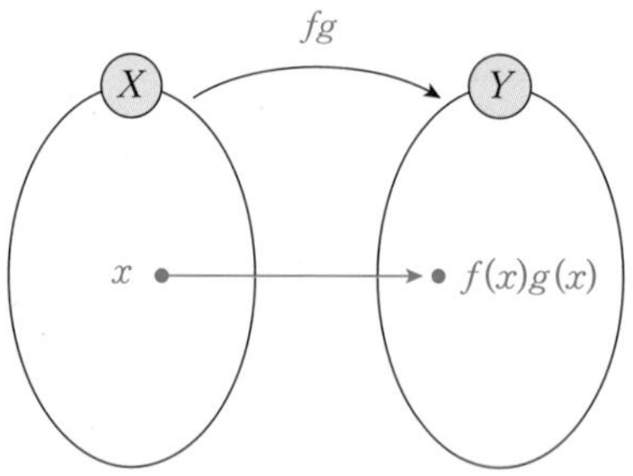

[그림 2.7] 두 함수 f와 g의 곱(fg)

마지막 연산으로 함수의 나눗셈에 대해 기술하고 본 절을 마친다.

(4) 함수의 나눗셈

함수의 나눗셈을 정의하기 위하여 다음의 두 함수 f와 g를 고찰한다.

$$\begin{aligned} f:\ & X \to Y \\ & y = f(x) \end{aligned}, \qquad \begin{aligned} g:\ & X \to Y \\ & y = g(x) \end{aligned} \tag{9}$$

함수 f와 g의 나누기는 $\frac{f}{g}$로 표시하며, $\frac{f}{g}$의 정의역 D는 $X-\{x;\ g(x)=0\}$이 된다. 두 함수 f와 g를 나눈 결과로서 새로운 함수 $\frac{f}{g}$가 얻어졌으므로 $\frac{f}{g}$라는 새로운 함수의 대응규칙을 다음과 같이 정의하여 함수의 나눗셈을 정의한다.

$$\begin{aligned} & \frac{f}{g}:\ D \to Y \\ & \left(\frac{f}{g}\right)(x) \triangleq \frac{f(x)}{g(x)} \end{aligned} \tag{10}$$

식(10)의 의미는 두 함수의 나누기인 $\frac{f}{g}$라는 함수는 정의구역의 원소 x를 Y의 $\frac{f(x)}{g(x)}$에 대응시킨다는 것이다. 식(10)의 대응규칙에서 $g(x)$가 분모이므로 $g(x)=0$이 되는 경우는 함숫값이 존재하지 않게 된다. 따라서 $\frac{f}{g}$의 정의역에는 $\{x;\ g(x)=0\}$이 제외되어야 하므로 정의역 D를 $X-\{x; g(x)=0\}$의 차집합(Difference Set)으로 정의하는 것은 자명하다. [그림 2.8]에 함수의 나눗셈에 대한 개념도를 나타내었다.

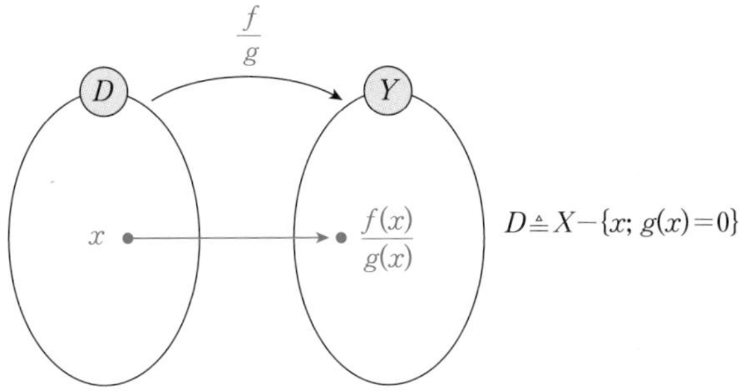

[그림 2.8] 두 함수 f와 g의 나누기$\left(\frac{f}{g}\right)$

예제 2.5

두 함수 f와 g가 다음과 같이 주어질 때 $f+g$, $f-g$, fg, $\frac{f}{g}$의 치역을 각각 구하라.

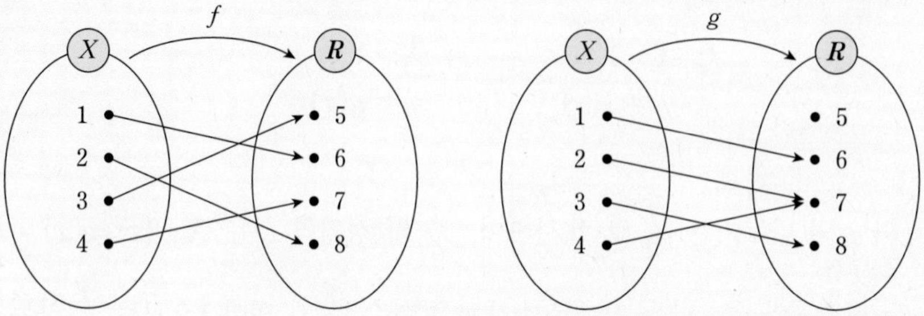

풀이

(1) $(f+g)(1)=f(1)+g(1)=6+6=12$

$(f+g)(2)=f(2)+g(2)=8+7=15$

$(f+g)(3)=f(3)+g(3)=5+8=13$

$(f+g)(4)=f(4)+g(4)=7+7=14$

따라서 $f+g$의 치역은 $\{12, 13, 14, 15\}$이다.

(2) $(f-g)(1)=f(1)-g(1)=6-6=0$

$(f-g)(2)=f(2)-g(2)=8-7=1$

$(f-g)(3)=f(3)-g(3)=5-8=-3$

$(f-g)(4)=f(4)-g(4)=7-7=0$

따라서 $f-g$의 치역은 $\{-3, 0, 1\}$이다.

(3) $(fg)(1)=f(1)g(1)=6\cdot 6=36$

$(fg)(2)=f(2)g(2)=8\cdot 7=56$

$(fg)(3)=f(3)g(3)=5\cdot 8=40$

$(fg)(4)=f(4)g(4)=7\cdot 7=49$

따라서 fg의 치역은 $\{36, 40, 49, 56\}$이다.

(4) $\left(\frac{f}{g}\right)(1)=\frac{f(1)}{g(1)}=\frac{6}{6}=1$

$\left(\frac{f}{g}\right)(2)=\frac{f(2)}{g(2)}=\frac{8}{7}$

$$\left(\frac{f}{g}\right)(3) = \frac{f(3)}{g(3)} = \frac{5}{8}$$

$$\left(\frac{f}{g}\right)(4) = \frac{f(4)}{g(4)} = \frac{7}{7} = 1$$

따라서 $\frac{f}{g}$의 치역은 $\left\{\frac{5}{8}, 1, \frac{8}{7}\right\}$이다.

예제 2.6

정의역과 공변역이 실수 $\boldsymbol{R}$인 두 함수 f와 g에 대하여 $(f+g)(x)$와 $(fg)(x)$를 각각 그래프로 나타내어라.

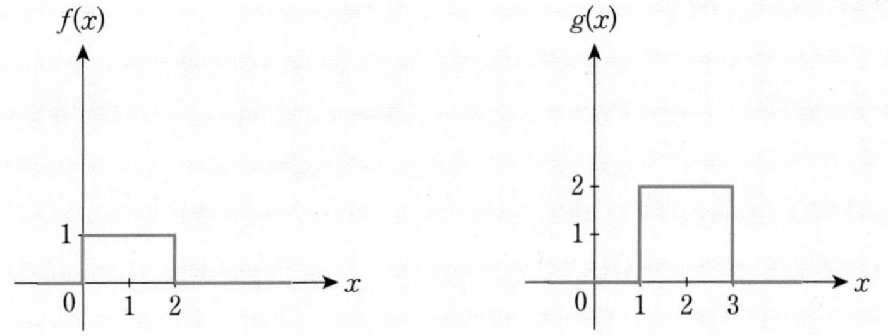

풀이

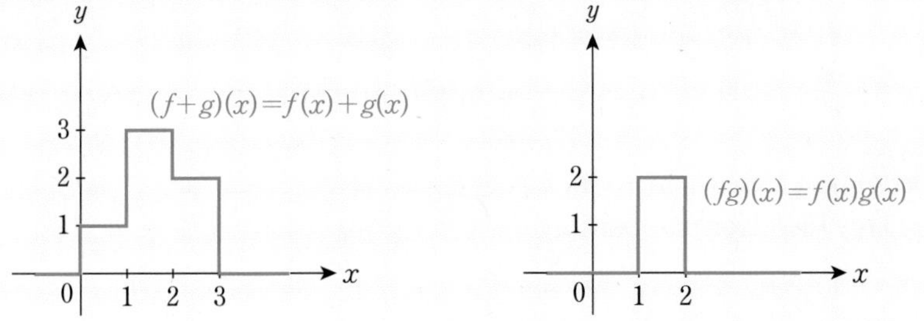

요약 **함수의 사칙연산**

- 함수의 사칙연산은 연산의 결과로서 얻어지는 새로운 함수들의 대응규칙을 명시해줌으로써 정의될 수 있다.
- 두 함수의 합 $f+g$는 정의역의 원소 x를 공변역의 $f(x)+g(x)$에 대응시키는 새로운 함수이다.

- 두 함수의 차 $f-g$는 정의역의 원소 x를 공변역의 $f(x)-g(x)$에 대응시키는 새로운 함수이다.
- 두 함수의 곱 fg는 정의역의 원소 x를 공변역의 $f(x)g(x)$에 대응시키는 새로운 함수이다.
- 두 함수의 나누기 $\frac{f}{g}$는 정의역의 원소 x를 공변역의 $\frac{f(x)}{g(x)}$에 대응시키는 새로운 함수이다.
- 함수 $\frac{f}{g}$의 정의역에는 $\{x;\ g(x)=0\}$이 제외되어야 한다.

2.3 단사함수와 전사함수

(1) 단사함수

함수 $f: X \to Y$에서 정의역 X의 서로 다른 두 원소 x_1, x_2에 대하여 대응되는 두 함숫값도 다른 함수를 단사(Injective)함수 또는 일대일(One-to-One) 함수라고 부른다. 즉,

$$x_1 \neq x_2 \Longrightarrow f(x_1) \neq f(x_2) \tag{11}$$

다시 말하면, 단사함수란 정의역의 원소가 다르면 대응되는 함숫값도 다른 함수를 의미한다.

식(11)은 대우(Contraposition) 명제를 이용하면 다음과 같이 표현할 수 있다.

$$f(x_1) = f(x_2) \Longrightarrow x_1 = x_2 \tag{12}$$

여기서 잠깐! | 대우 명제

주어진 명제 $p \to q$에서 p를 가정, q를 결론이라고 하는데 q의 부정 $\sim q$를 가정으로 하고 p의 부정 $\sim p$를 결론으로 하는 새로운 명제를 원래 명제의 대우 명제(Contrapositive Proposition)라고 정의한다.

원 명제 : $p \longrightarrow q$
대우 명제 : $\sim q \longrightarrow \sim p$

일반적으로 원 명제가 참(True)이면, 대우 명제도 참이 된다는 사실에 유의하라. 또한 원 명제가 거짓(False)이면, 대우 명제도 거짓이 된다. 단사함수의 정의를 예로 들면,

원 명제 : $x_1 \neq x_2 \longrightarrow f(x_1) \neq f(x_2)$
대우 명제 : $f(x_1) = f(x_2) \longrightarrow x_1 = x_2$

은 서로 같은 의미의 명제이다.

예를 들어, [그림 2.9]에 나타낸 두 함수 f와 g를 생각해본다.

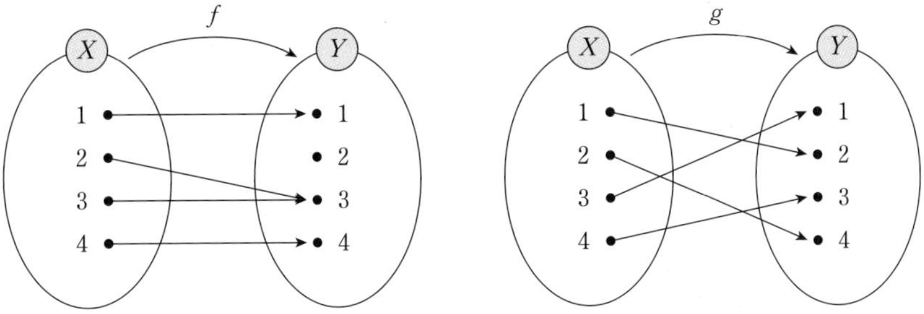

(a) 비단사함수　　(b) 단사함수

[그림 2.9] 단사와 비단사함수

[그림 2.9(a)]의 함수 f는 X의 원소 2와 3이 서로 다른 원소임에도 $f(2)=f(3)$이 되어 식(11)의 조건을 만족하지 못하므로 단사함수가 아니다. 한편, [그림 2.9(b)]의 함수 g는 X의 서로 다른 원소는 서로 다른 함수값에 대응되므로 식(11)의 조건을 만족하여 단사함수임을 알 수 있다.

(2) 전사함수

일반적으로 함수 f: $X \rightarrow Y$에서 치역과 공변역 사이에는 $f(X) \subseteq Y$가 성립되지만, 치역과 공변역이 같아지는 특별한 함수가 존재할 수 있는데 이 함수를 전사(Surjective)함수 또는 Onto 함수라고 부른다.

따라서 Y의 임의의 원소 $y \in Y$에 대하여 $y = f(x)$를 만족하는 원소 x가 정의역 X에 존재할 때 함수 f를 전사함수로 정의한다.

여기서 잠깐! **전사함수의 의미**

치역과 공변역이 같은 함수를 전사함수라고 정의하였다. 이 정의의 의미를 좀더 깊이 이해해 보자.

함수 $f: X \to Y$의 치역 $f(X)$가 공변역 Y와 같은 집합이라는 말은 정의역의 모든 원소들에 대한 함숫값이 바로 공변역의 원소들과 동일하다는 의미이다. 다시 말하면, 공변역 Y에 있는 임의의 원소 y에 대하여 $f(x)=y$가 되는 원소 x가 정의역 X에 반드시 존재한다는 의미이다. 전사함수의 의미를 그림으로 도시하면 다음과 같다.

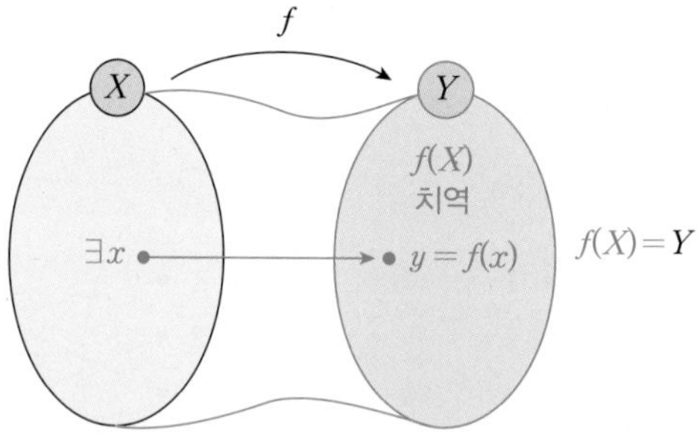

여기서 $\exists$의 기호는 '존재한다'는 수학적인 기호이며 $\exists x$는 'x가 존재한다'라는 의미이다.

예를 들어, [그림 2.10]에 나타낸 두 함수 f와 g를 생각해본다.

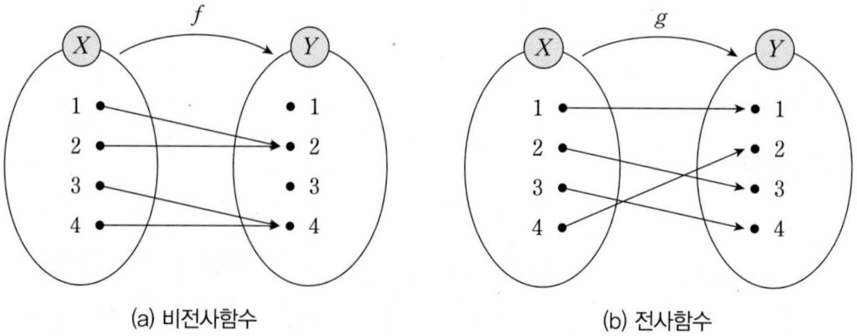

[그림 2.10] 전사함수와 비전사함수

[그림 2.10(a)]의 함수 f의 치역 $f(X)=\{2,4\}$이고, 공변역 $Y=\{1,2,3,4\}$이므로 치역과 공변역이 일치하지 않아 f는 전사함수가 아니다. 한편, [그림 2.10(b)]의 함수 g의 치역 $g(X)=\{1,2,3,4\}$와 공변역 $Y=\{1,2,3,4\}$가 일치하므로 g는 전사함수임을 알 수 있다.

예제 2.7

함수 f: $\boldsymbol{R}\to\boldsymbol{R}$가 다음의 대응규칙을 가질 때 단사함수인지 전사함수인지를 판별하라.

(1) $f(x)=x^2$

(2) $f(x)=2x+2$

풀이

(1) $f(x)=x^2$의 그래프에서 정의역의 서로 다른 두 원소 -1과 1에 대한 함숫값이 $f(-1)=f(1)$이므로 단사함수가 아니다. 또한, 치역 $f(X)$는 0을 포함하는 양의 실수이고 공변역은 전체 실수이므로 전사함수가 아니다(y축 음영 부분은 f의 치역 $f(X)$를 나타낸다).

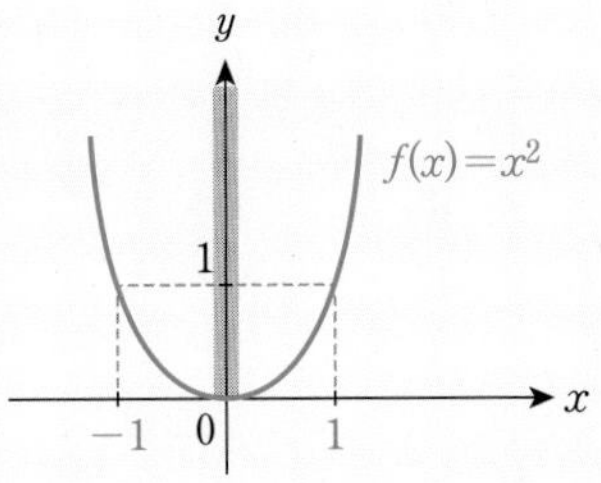

(2) $f(x)=2x+2$의 그래프에서 정의역의 서로 다른 두 원소에 대한 함숫값도 항상 다르기 때문에 단사함수이다. 또한, 치역과 공변역이 모두 전체 실수이므로 전사함수이다(y축 음영 부분은 f의 치역 $f(X)$를 나타낸다).

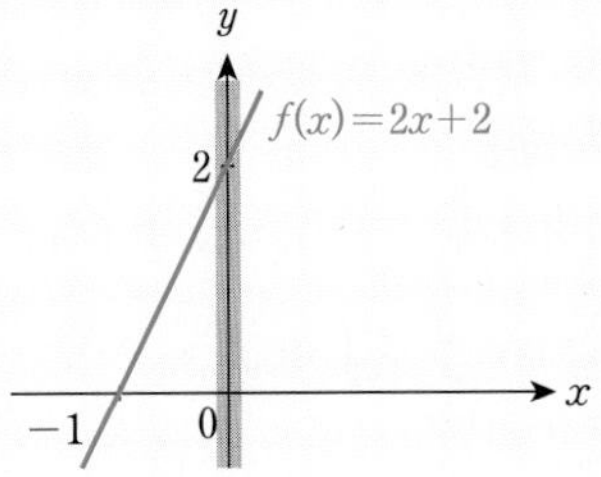

예제 2.8

다음 함수 f에 대하여 단사함수인지 전사함수인지를 판별하라.

$$f\colon \boldsymbol{R}\to\boldsymbol{R}$$
$$y=f(x)=|x-1|$$

풀이

먼저 $y = |x-1|$ 의 그래프를 도시한다. 정의역의 서로 다른 두 원소 0과 2에 대한 함숫값이 $f(0) = f(2)$ 이므로 단사함수가 아니다. 또한 치역 $f(X)$는 0을 포함하는 양의 실수이고 공변역은 전체 실수이므로 전사함수가 아니다(y축 음영 부분은 f의 치역 $f(X)$를 나타낸다).

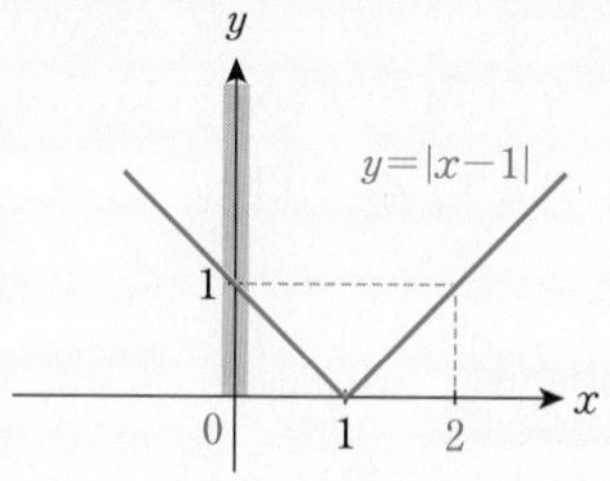

예제 2.9

다음과 같은 함수 $f: X \to Y$ 가 단사함수인지 전사함수인지를 판별하라.

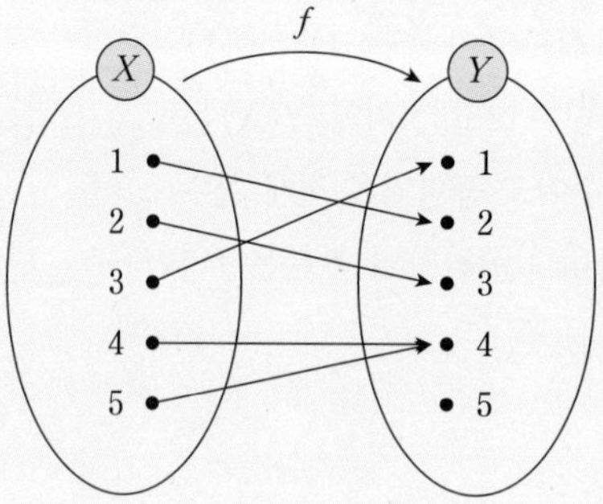

풀이

정의역의 서로 다른 두 원소 4와 5에 대한 함숫값이 $f(4) = f(5) = 4$ 이므로 단사함수가 아니다. 또한 f의 치역 $f(X) = \{1, 2, 3, 4\}$ 이고, 공변역 $Y = \{1, 2, 3, 4, 5\}$ 이므로 전사함수가 아니다.

요약 | 단사함수와 전사함수

- 단사함수란 정의역의 원소가 다르면 대응되는 함숫값도 다른 함수를 의미한다. 즉,

$$x_1 \neq x_2 \Longrightarrow f(x_1) \neq f(x_2)$$

- 치역과 공변역이 일치하는 함수를 전사함수라고 정의한다.
  단사함수는 일대일 함수, 전사함수는 Onto 함수라고도 한다.

2.4 전단사함수와 일대일 대응

어떤 함수 $f\colon X \to Y$가 단사함수이면서 전사함수인 조건을 동시에 만족하는 경우 f를 전단사(Bijective)함수 또는 일대일 대응(One-to-One Correspondence) 함수라고 부른다.

예를 들어, [그림 2.11]에 나타낸 두 함수 f와 g를 생각해본다.

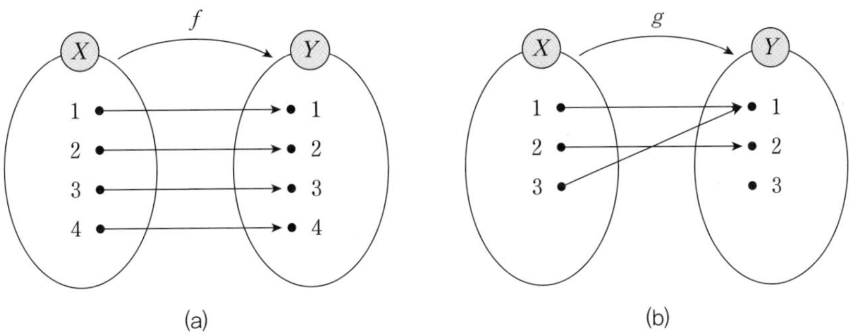

[그림 2.11] 전단사함수와 비전단사함수

[그림 2.11(a)]의 함수 f는 정의역의 서로 다른 원소들에 대한 함숫값이 서로 다르며, 치역과 공변역이 일치하므로 전단사함수임을 알 수 있다. [그림 2.11(b)]의 함수 g는 정의역의 서로 다른 두 원소 1과 3에 대한 함숫값 $f(1) = f(3)$이므로 단사함수가 아니며, 치역과 공변역이 일치하지 않으므로 전사함수도 아니다. 따라서 전단사함수가 아니다.

일반적으로 함수 $f\colon X \to Y$가 전단사함수이고 정의역과 공변역이 유한집합(Finite Set)이라면 두 집합 X와 Y의 원소의 개수는 동일하다. 이는 전사함수와 단사함수의 개념으로부터 쉽게 이해할 수 있을 것이다.

여기서 잠깐! **유한집합과 무한집합**

수학에서 유한집합(Finite Set)이란 집합의 원소의 개수가 한정되어 원소의 개수가 유한개인 집합을 의미한다. 또한 무한집합(Infinite Set)은 원소의 개수가 무한히 많은 집합을 의미하며, 자연수, 정수, 유리수, 무리수, 실수의 집합은 모두 무한집합이다.

예제 2.10

다음과 같이 정의되는 함수 f에 대하여 단사, 전사, 전단사함수인지를 판별하라. 단, $\boldsymbol{R}^*$는 1 이상의 실수 전체 집합을 나타내고, $\boldsymbol{R}^+$는 음이 아닌 실수 전체의 집합을 나타낸다.

(1) $f: \boldsymbol{R} \to \boldsymbol{R}^*, \quad y = f(x) = |x|+1$

(2) $f: \boldsymbol{R}^+ \to \boldsymbol{R}, \quad y = f(x) = |x|+1$

(3) $f: \boldsymbol{R}^+ \to \boldsymbol{R}^*, \quad y = f(x) = |x|+1$

풀이

(1) 정의역 $\boldsymbol{R}$의 서로 다른 원소에 대한 함숫값이 동일하므로 단사함수가 아니다. 한편, $f(\boldsymbol{R}) = \boldsymbol{R}^*$이므로 f는 전사함수이다(x축과 y축 음영 부분은 각각 정의역과 공변역을 나타낸다).

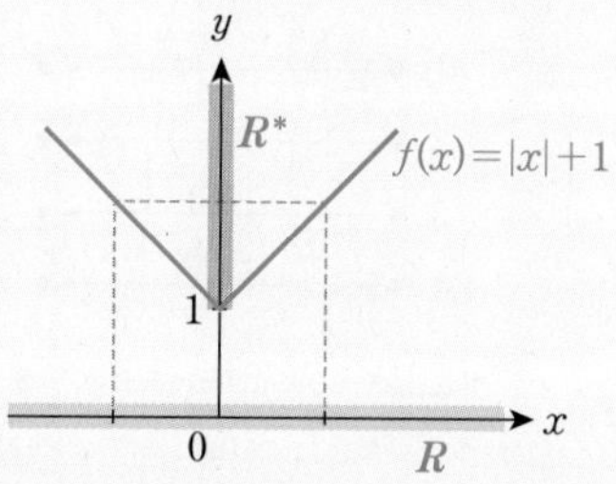

(2) 정의역 $\boldsymbol{R}^+$의 서로 다른 원소에 대한 함숫값이 서로 다르기 때문에 단사함수이다. 한편 $f(\boldsymbol{R}^+) = \boldsymbol{R}^* \neq \boldsymbol{R}$이므로 전사함수는 아니다($x$축과 y축 음영 부분은 각각 정의역과 공변역을 나타낸다).

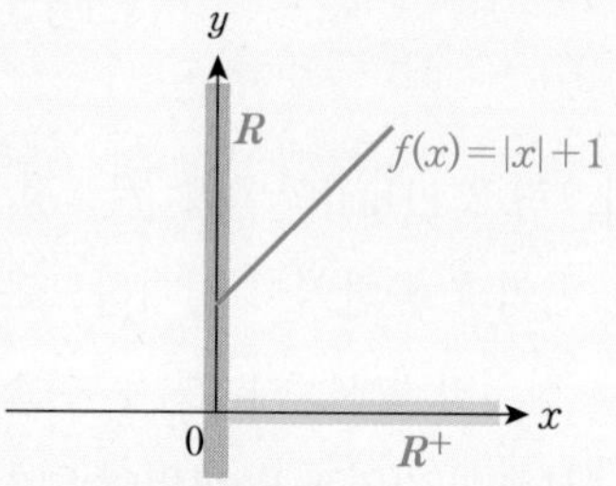

(3) 정의역 $\boldsymbol{R}^+$의 서로 다른 원소에 대한 함숫값이 서로 다르기 때문에 단사함수이다. 한편, $f(\boldsymbol{R}^+) = \boldsymbol{R}^*$이므로 전사함수가 된다. 따라서 함수 f는 전단사함수이다(x축과 y축 음영 부분은 각각 정의역과 공변역을 나타낸다).

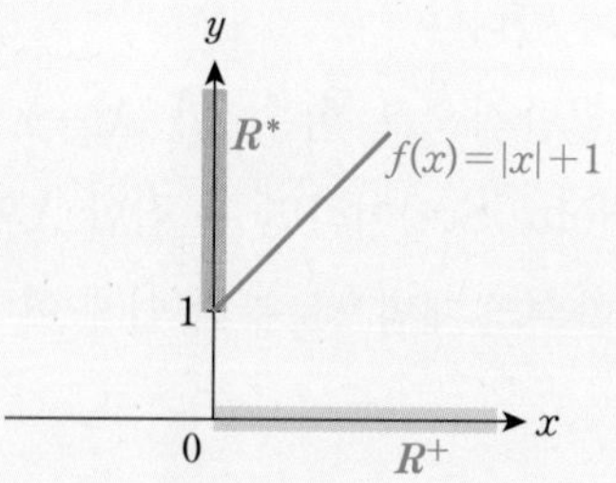

두 개의 집합 X와 Y 사이에 전단사함수가 정의되어 있다는 것은 X에 속하는 원소와 Y의 원소 사이에 일대일 대응관계가 성립된다는 의미이다. 즉, $x \in X$에 대하여 대응되는 $y \in Y$가 유일하게 하나로 결정된다는 것이다.

예를 들어, X가 학생들의 학번으로 구성되는 집합이라 하고, Y가 학생들의 이름으로 구성되는 집합이라 한다면, X와 Y 사이에 정의되는 함수는 하나의 학번과 그 학번에 대응되는 학생의 이름이 유일하게 대응되는 일대일 대응관계이다. 따라서 그 함수는 전단사함수라고 할 수 있으며, 수학적 관점으로 볼 때 X와 Y는 그 구성 원소는 서로 다르지만 동일한 수학적인 구조를 가진다고 해석할 수 있다.

결국 중요한 포인트는 X와 Y의 수학적인 구조가 동일하므로 X에서의 문제를 Y에서의 문제로 변환하여 해석하여도 전혀 문제가 없다는 것이다. 대학교수들의 입장에서 보면, 학생의 학번을 기억하는 것보다는 이름을 기억하는 것이 훨씬 더 간편하므로 학번 대신에 학생의 이름으로 모든 문제를 다루게 되는 것과 유사한 이치이다.

이와 같이 전단사함수는 공학적인 문제가 주어져 있는 공간을 간편한 새로운 공간으로 변환하여 쉽게 문제를 해결할 수 있다는 사실에 주목하라.

여기서 잠깐! **일대일 함수와 일대일 대응 함수**

일대일(One-to-One) 함수와 일대일 대응(One-to-One Correspondence) 함수는 전혀 다른 개념이므로 주의를 요한다.

일대일 함수 = 단사함수
일대일 대응 함수 = 전단사함수

여기서 잠깐! **$f(x)$와 $f(ax)$의 비교**

$f(x)$가 다음과 같이 주어져 있다고 가정하고 $f(2x)$와 $f\left(\frac{1}{2}x\right)$를 각각 구해 보자.

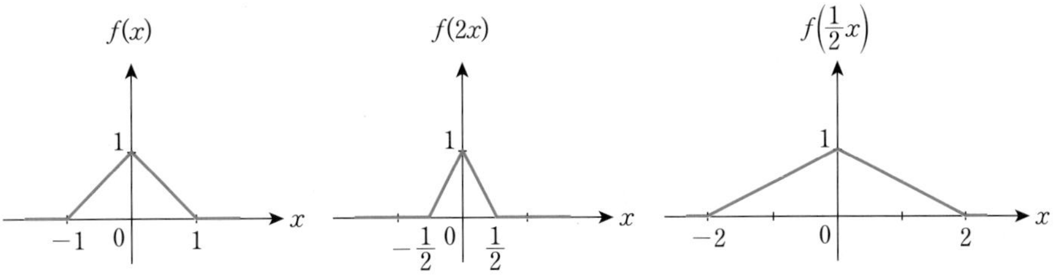

위의 그림에서 $f(2x)$는 x축에 대해 $f(x)$를 $\frac{1}{2}$배로 축소한 함수이며, $f\left(\frac{1}{2}x\right)$는 x축에 대해 $f(x)$를 2배로 확장한 함수이다.
일반적으로 a를 상수라고 할 때 $f(ax)$는 $f(x)$와 x축에 대해 다음의 관계를 가진다.

① $|a|>1$인 경우

$f(ax)$는 $f(x)$를 x축에 대해 $\frac{1}{|a|}$배 축소한 함수이다.

② $|a|<1$인 경우

$f(ax)$는 $f(x)$를 x축에 대해 $\frac{1}{|a|}$배 확장한 함수이다.

따라서 $f(ax)$는 $f(x)$를 a값에 따라 x축에 대해 확장시키거나 축소시킨 함수를 의미한다.

예를 들어, $f(x)=x^2$이라고 할 때 $f(2x)=(2x)^2=4x^2$과 $f\left(\frac{1}{2}x\right)=\left(\frac{1}{2}x\right)^2=\frac{1}{4}x^2$의 그래프를 나타내면 다음과 같다.

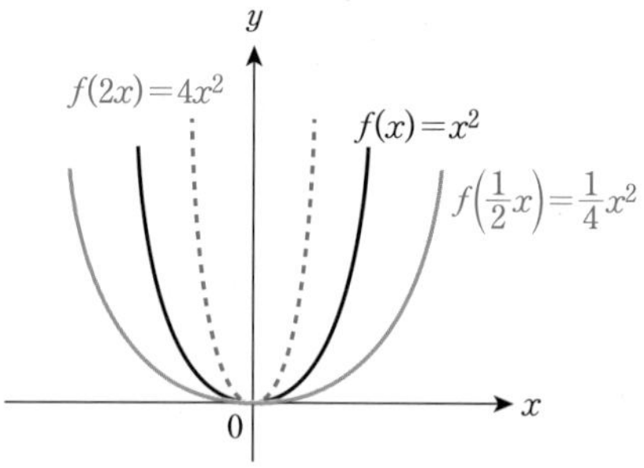

요약	전단사함수와 일대일 대응

- 어떤 함수 f: $X \to Y$가 단사함수이면서 전사함수의 조건을 동시에 만족하는 경우 f를 전단사함수 또는 일대일 대응 함수라고 부른다.
- 어떤 두 집합 사이에서 전단사함수를 발견할 수 있다면, 수학적으로 두 집합은 동일한 구조로 이해할 수 있다.
- 전단사함수는 공학적인 문제가 주어져 있는 공간을 간편한 새로운 공간으로 변환하여 해결할 수 있도록 도움을 준다.

2.5 합성함수

2.2절에서 두 함수 f와 g의 곱인 fg에 대하여 기술하였다. 본 절에서는 함수의 곱

은 아니지만 두 함수를 이용하여 새로운 연산인 합성함수(Composite Function)를 소개한다.

먼저, [그림 2.12]에 나타낸 두 함수 f와 g를 생각해본다.

$$f:\ X \to Y, \qquad g:\ Y \to Z \tag{13}$$

식(13)에서 함수 f의 공변역과 함수 g의 정의역이 동일함에 유의하라.

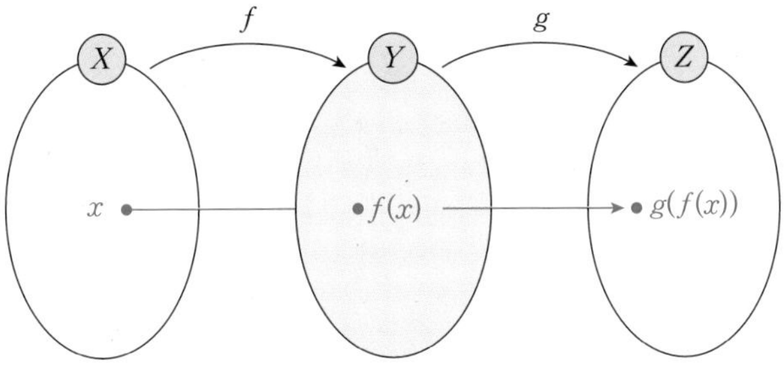

[그림 2.12] 합성함수의 정의

[그림 2.12]에 나타낸 것처럼 정의역 X의 원소 x에 대한 함숫값 $f(x)$가 결정된 다음, 함수 g에 대한 함숫값 $g(f(x))$가 순차적으로 결정되는 과정에 주목하자. 이로부터 정의역이 X이고, 공변역이 Z인 새로운 함수를 [그림 2.13]과 같이 정의할 수 있으며 이를 합성함수 $g \circ f$ 라고 부른다.

$$\begin{gathered} g \circ f:\ X \to Z \\ (g \circ f)(x) = g(f(x)) \end{gathered} \tag{14}$$

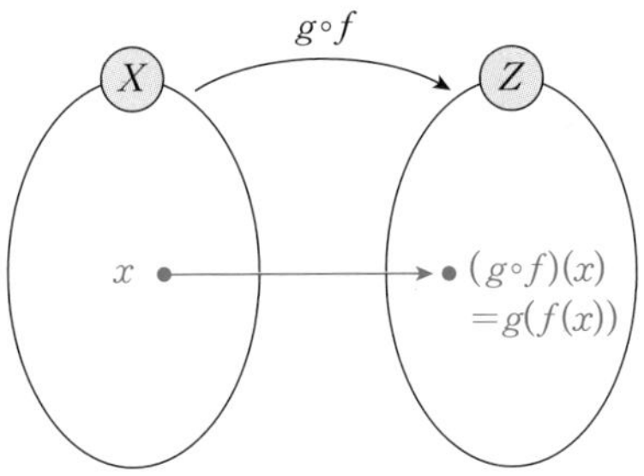

[그림 2.13] 합성함수 $g \circ f$

결국 합성함수 $g \circ f$ 는 $x \in X$ 가 집합 Y를 중간매개로 하여 $z \in Z$ 와 대응하는 새로운 형태의 함수인 것이다.

합성함수의 정의에서 알 수 있듯이 $f \circ g$ 와 $g \circ f$ 는 서로 다른 함수임을 추측할 수 있다. 즉, $f(g(x)) \neq g(f(x))$ 이므로 $f \circ g \neq g \circ f$ 임을 알 수 있다.

예를 들어, [그림 2.14]에 나타낸 것처럼 f는 독립변수를 제곱하는 함수이고 g는 독립변수를 5배하는 함수라고 가정한 다음, 합성함수 $f \circ g$ 와 $g \circ f$ 를 각각 구해본다.

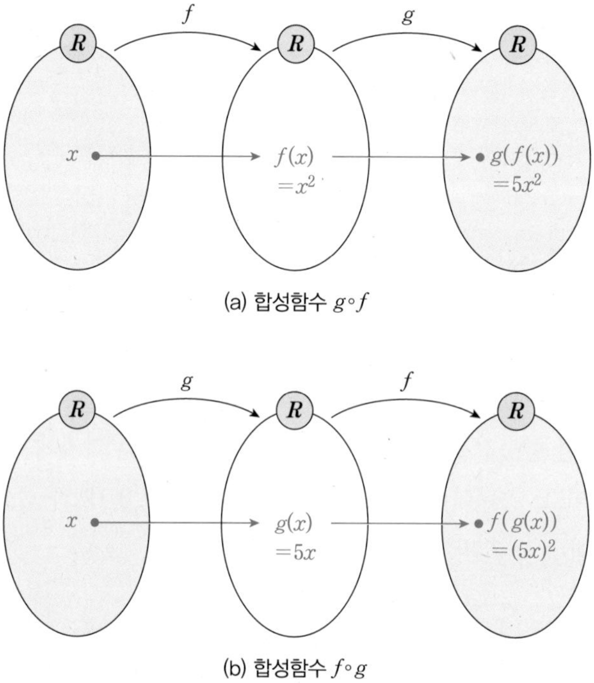

[그림 2.14] 합성함수 $g \circ f$ 와 $f \circ g$ 의 비교

[그림 2.14]에서 각 합성함수에 대한 함숫값을 계산하면

$$(g \circ f)(x) = g(f(x)) = g(x^2) = 5x^2 \tag{15}$$

$$(f \circ g)(x) = f(g(x)) = f(5x) = (5x)^2 = 25x^2 \tag{16}$$

이 되므로 $g \circ f \neq f \circ g$ 임을 알 수 있다. 결론적으로 말하면, 함수의 합성연산에는 교

환법칙(Commutative Law)이 성립하지 않는다. 한편, 3개 이상의 함수를 합성하는 과정도 같은 방식으로 정의될 수 있으며, 일반적으로 세 함수 f, g, h에 대하여 다음의 관계가 성립된다.

$$[f\circ(g\circ h)](x) = f((g\circ h)(x)) = f(g(h(x))) \tag{17}$$

$$[(f\circ g)\circ h](x) = (f\circ g)(h(x)) = f(g(h(x))) \tag{18}$$

식(17)과 식(18)로부터 함수의 합성연산에는 결합법칙(Associative Law)이 성립함을 알 수 있다.

여기서 잠깐! **결합법칙**

어떤 연산 $*$에 대하여 다음의 관계가 성립하는 경우 결합법칙이 성립한다고 정의한다.

$$(a*b)*c = a*(b*c)$$

다시 말하면, 괄호안의 연산 $(a*b)$와 $(b*c)$ 중에서 어떤 것을 먼저 계산하여도 결과는 동일하다는 의미이다. 만일 어떤 연산 $*$가 실수의 사칙연산 중에서 $+$와 $\times$연산이라면

$$(a+b)+c = a+(b+c)$$
$$(a\times b)\times c = a\times(b\times c)$$

이 성립하므로 실수의 덧셈과 곱셈연산에 대해서 결합법칙이 성립한다는 것을 알 수 있다.
어떤 연산에 있어서 결합법칙이 성립한다는 것은 연산 순서에 무관하므로 괄호를 없애도 연산 결과에는 영향을 미치지 않기 때문에 다음의 3가지 연산은 모두 동일하다.

$$(a*b)*c,\quad a*(b*c),\quad a*b*c$$

예제 2.11

다음과 같은 두 함수 $f: X\to Y$와 $g: Y\to Z$에 대하여 $(g\circ f)(x)$를 구하고 $g\circ f$의 치역 $(g\circ f)(X)$를 구하라.

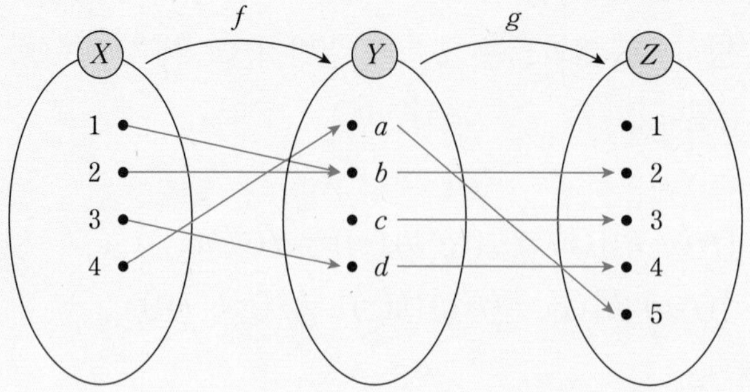

풀이

합성함수 $g \circ f$ 의 함숫값을 구하면

$$(g \circ f)(1) = g(f(1)) = g(b) = 2$$
$$(g \circ f)(2) = g(f(2)) = g(b) = 2$$
$$(g \circ f)(3) = g(f(3)) = g(d) = 4$$
$$(g \circ f)(4) = g(f(4)) = g(a) = 5$$

이므로 $g \circ f$ 의 치역 $(g \circ f)(X)$는 다음과 같다.

$$(g \circ f)(X) = \{2, 4, 5\}$$

예제 2.12

세 함수의 함숫값이 각각 다음과 같을 때 물음에 답하라.

$$f(x) = 2x + 1, \quad g(x) = 3x^2, \quad h(x) = \sin x$$

(1) $(f \circ g)(x)$와 $(g \circ f)(x)$를 구하라.
(2) $(f \circ g \circ h)(x)$를 구하라.

풀이

(1) $(f \circ g)(x) = f(g(x)) = f(3x^2) = 2(3x^2) + 1 = 6x^2 + 1$
$(g \circ f)(x) = g(f(x)) = g(2x + 1) = 3(2x + 1)^2$

(2) 결합법칙이 성립하므로

$$\begin{aligned}(f\circ g\circ h)(x) &= [(f\circ g)\circ h](x)\\ &= (f\circ g)(h(x))\\ &= (f\circ g)(\sin x) = 6(\sin x)^2+1 = 6\sin^2 x+1\end{aligned}$$

이 얻어진다.

예제 2.13

$f(x)=ax+2$, $g(x)=-2x-a$ 일 때 $f\circ g = g\circ f$ 를 만족하는 양의 상수 a를 구하라.

풀이

$(f\circ g)(x) = f(g(x)) = f(-2x-a) = a(-2x-a)+2 = -2ax-a^2+2$

$(g\circ f)(x) = g(f(x)) = g(ax+2) = -2(ax+2)-a = -2ax-4-a$

$(f\circ g)(x) = (g\circ f)(x)$의 조건으로부터 양의 상수 a는 다음과 같다.

$$\begin{aligned}-2ax-a^2+2 &= -2ax-4-a\\ a^2-a-6 &= 0\\ (a-3)(a+2) &= 0\\ \therefore\ a &= 3\end{aligned}$$

예제 2.14

$f(x)=x+1$, $h(x)=x^2+3$ 일 때 $(f\circ g)(x)=h(x)$를 만족하는 $g(x)$를 구하라.

풀이

$(f\circ g)(x) = h(x)$의 조건으로부터

$(f\circ g)(x) = f(g(x)) = h(x)$

$$\begin{aligned}g(x)+1 &= x^2+3\\ \therefore\ g(x) &= x^2+2\end{aligned}$$

요약 **합성함수**

- 두 함수 f: $X \to Y$, g: $Y \to Z$가 주어진 경우 합성함수 $g \circ f$는 다음과 같이 정의된다.

$$g \circ f: X \to Z$$
$$(g \circ f)(x) = g(f(x))$$

- 함수의 합성연산에서는 교환법칙은 성립하지 않지만 결합법칙은 성립한다.

$$f \circ g \neq g \circ f$$
$$(f \circ g) \circ h = f \circ (g \circ h)$$

2.6* 역함수

본 절에서는 함수의 대응관계를 반대로 뒤집어 놓은 역함수에 대하여 소개한다. [그림 2.15]에 나타낸 두 함수를 살펴보자.

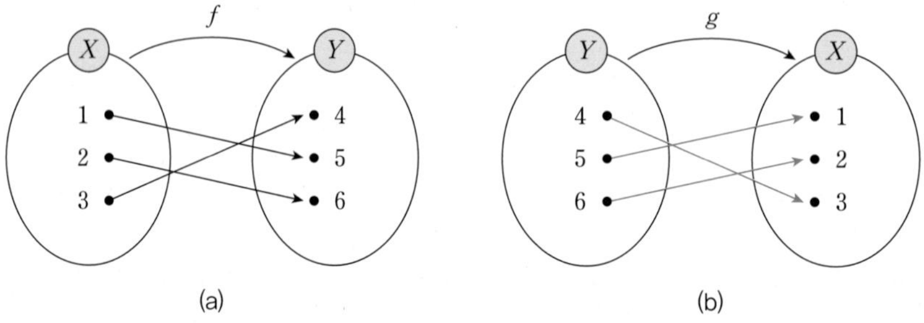

[그림 2.15] 함수와 역함수

[그림 2.15]에서 (b)는 함수 f의 대응관계를 반대로 뒤집어 놓은 것이며, 함수의 요건을 만족하므로 g도 마찬가지로 함수이다. 이와 같이 주어진 함수 f의 대응관계를 반대로 뒤집어 놓은 새로운 함수 g를 f의 역함수(Inverse Function)라고 부르고 f^{-1}로 표기한다. 즉,

$$f: X \to Y, \quad y = f(x) \tag{19}$$

$$f^{-1}: Y \to X, \quad x = f^{-1}(y) \tag{20}$$

식(19)와 식(20)에 대한 대응관계를 [그림 2.16]에 나타내었다.

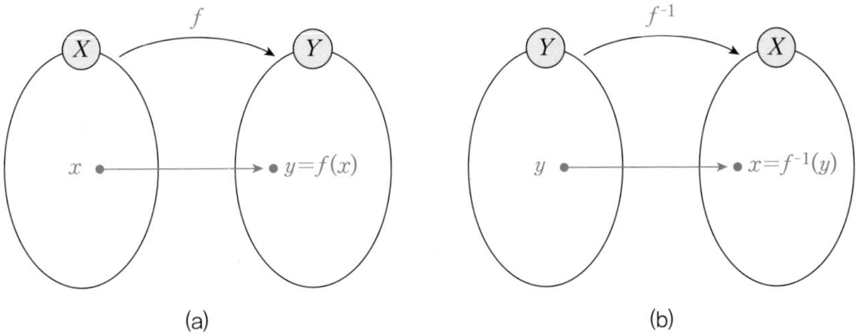

[그림 2.16] f와 f^{-1}의 대응관계

[그림 2.16]으로부터 함수 f와 f^{-1}는 정의역과 공변역이 서로 반대이며 다음의 관계가 성립된다는 것을 알 수 있다.

$$y = f(x) = f(f^{-1}(y)) = (f \circ f^{-1})(y) \tag{21}$$

$$x = f^{-1}(y) = f^{-1}(f(x)) = (f^{-1} \circ f)(x) \tag{22}$$

식(21)과 식(22)로부터 합성함수 $f \circ f^{-1}$와 $f^{-1} \circ f$는 항등함수(Identity Function)임을 알 수 있다.

여기서 잠깐! 항등함수

함수 f: $X \to X$라고 가정하자.
이 때 함수 f의 대응규칙이 정의역 X의 원소 x를 공변역 X의 원소 x에 대응시킬 때, 즉 $f(x) = x$일 때 함수 f를 항등함수라고 정의한다.

$$f: X \to X, \quad f(x) = x$$

한편, [그림 2.15]의 두 함수 f와 g에 대한 그래프를 [그림 2.17]에 나타내었다.

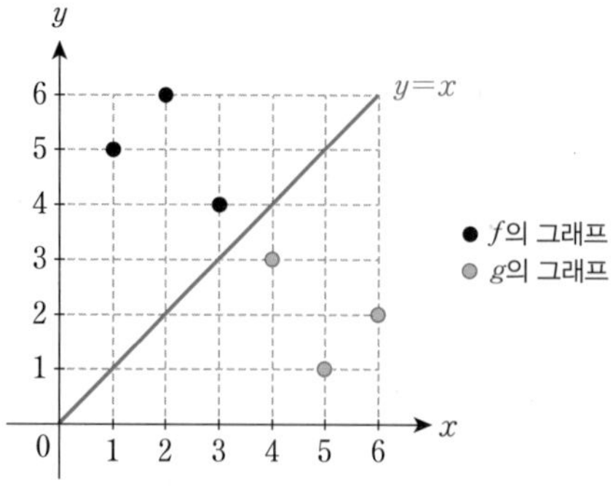

[그림 2.17] f와 g의 그래프 비교

[그림 2.17]에서 알 수 있듯이 함수 f와 $g(=f^{-1})$의 그래프는 $y=x$라는 직선에 대하여 대칭이며, 이는 일반적으로 성립한다. 따라서 $y=f(x)$와 $y=g(x)$가 역함수 관계를 가진다면, [그림 2.18]에 나타낸 것처럼 두 함수는 직선 $y=x$에 대하여 대칭인 그래프를 갖는다.

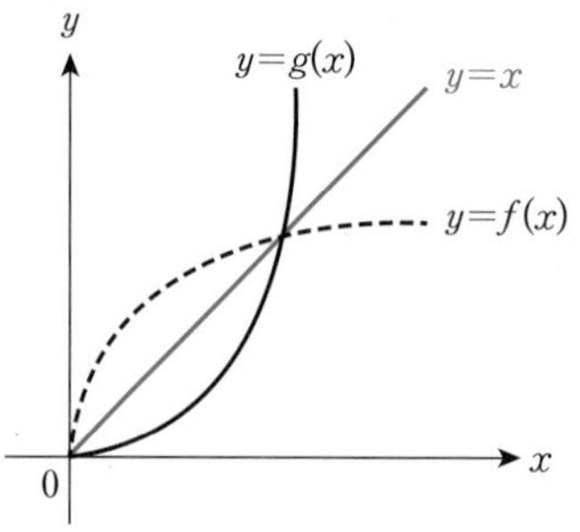

[그림 2.18] 역함수의 대칭성

이미 고등학교 교육과정에서 학습한 내용이지만 복습하는 의미로 역함수를 구하는 과정에 대하여 살펴본다. 이미 학습한 바와 같이 $y=f(x)$의 역함수는 다음의 과정에 따라 구하면 된다.

① $y=f(x)$에서 x에 대하여 식을 정리한다. 즉,

$$x=f^{-1}(y) \tag{23}$$

② x에 대하여 정리한 식에서 역함수는 정의역과 공변역이 서로 바뀐 함수이므로

식(23)에서 x와 y를 서로 바꾼다.

$$x \leftrightarrow y \Longrightarrow y = f^{-1}(x) \tag{24}$$

③ 함수 f의 정의역과 치역을 서로 바꾼다.

여기서 주의할 점은 ①의 과정에서 반드시 x에 대하여 식을 정리한 다음에 역함수를 구하기 위하여 x와 y를 서로 바꾸어 주어야 한다는 사실에 유의하라.

예를 들어, $y = 2x - 1$의 역함수를 위에서 기술한 과정에 따라 구해본다.

① $y = 2x - 1$에서 x에 대하여 정리한다.

$$2x = y + 1 \qquad \therefore x = \frac{1}{2}(y+1) \tag{25}$$

② x와 y를 서로 바꾼다.

$$x = \frac{1}{2}(y+1) \longrightarrow y = \frac{1}{2}(x+1) = \frac{1}{2}x + \frac{1}{2} \tag{26}$$

③ $y = 2x - 1$의 역함수는 $y = \frac{1}{2}x + \frac{1}{2}$이다.

예제 2.15

다음 함수들의 역함수를 구하라.

(1) $y = x^3$

(2) $y = 4x + 3$

풀이

(1) $y = x^3$에서 x에 대하여 정리한 다음, x와 y를 서로 바꾸면 다음과 같다.

$$x^3 = y \qquad \therefore x = y^{\frac{1}{3}}$$

$$\longrightarrow y = x^{\frac{1}{3}}$$

따라서 $y=x^3$ 의 역함수는 $y=x^{\frac{1}{3}}$ 이 된다.

(2) $y=4x+3$ 에서 x에 대하여 정리한 다음, x와 y를 서로 바꾸면 다음과 같다.

$$4x=y-3 \qquad \therefore x=\frac{1}{4}(y-3)$$
$$\longrightarrow y=\frac{1}{4}(x-3)$$

따라서 $y=4x+3$ 의 역함수는 $y=\frac{1}{4}(x-3)$ 이 된다.

다음으로 역함수의 존재성 문제를 살펴보자. [그림 2.15]에 주어진 f는 역함수 f^{-1}이 존재한다는 것이 명확하다. 역함수는 원 함수의 정의역과 공변역을 반대로 뒤집어서 정의하기 때문에 [그림 2.19(a)]에 나타낸 것처럼 만일 원 함수가 전사함수가 아니라면 함수의 구성 요건이 충족되지 않기 때문에 역함수가 정의되지 않는다. 또한 [그림 2.19(b)]에 나타낸 것처럼 원 함수가 단사함수가 아니라면 함수의 구성 요건이 충족되지 않기 때문에 마찬가지로 역함수가 정의되지 않는다는 것을 알 수 있다. 결과적으로 원 함수가 전단사함수이어야만 역함수가 존재한다는 것을 알 수 있다.

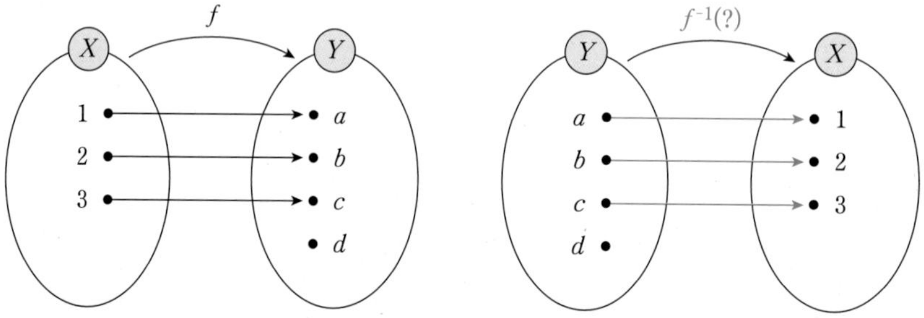

(a) 비전사함수에 대한 역함수 존재성

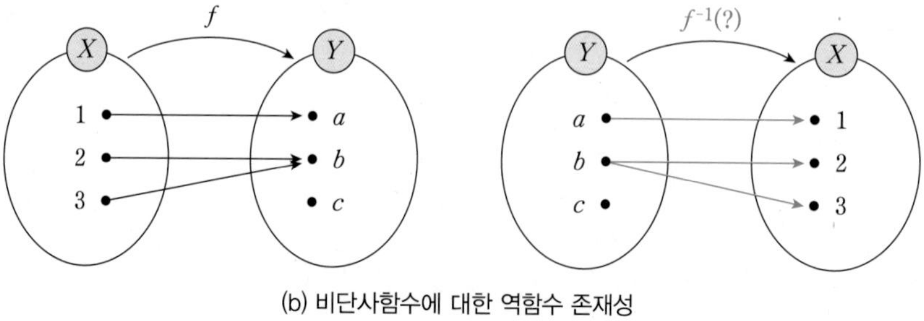

(b) 비단사함수에 대한 역함수 존재성

[그림 2.19] 역함수의 존재성 조건

예제 2.16

함수 f와 g의 합성함수 $f \circ g$의 역함수가 다음과 같다는 것을 증명하라.

$$(f \circ g)^{-1} = g^{-1} \circ f^{-1}$$

풀이

원 함수 f와 f의 역함수 f^{-1}에 대한 합성함수는 항등함수이므로 다음과 같이 증명한다.

$$(f \circ g) \circ (f \circ g)^{-1} = \text{항등함수}$$

① $(f \circ g) \circ (g^{-1} \circ f^{-1}) = f \circ (g \circ g^{-1}) \circ f^{-1} = f \circ f^{-1} = \text{항등함수}$
② $(g^{-1} \circ f^{-1}) \circ (f \circ g) = g^{-1} \circ (f^{-1} \circ f) \circ g = g^{-1} \circ g = \text{항등함수}$

위의 ①과 ②로부터 $(f \circ g)^{-1} = g^{-1} \circ f^{-1}$가 성립한다.

여기서 잠깐! **항등함수와의 합성**

함수 f: $X \to X$는 임의의 함수이고, 함수 g: $X \to X$는 항등함수라고 할 때 f와 g를 합성해 보자.

$$(f \circ g)(x) = f(g(x)) = f(x) \quad \therefore\ f \circ g = f$$
$$(g \circ f)(x) = g(f(x)) = f(x) \quad \therefore\ g \circ f = f$$

따라서 임의의 함수 f와 항등함수 g를 합성하면 임의의 함수 f가 얻어진다. 한편, f와 g가 모두 항등함수라고 가정하여 $f \circ g$와 $g \circ f$를 계산하면 다음과 같다.

$$(f \circ g)(x) = f(g(x)) = f(x) = x$$
$$(g \circ f)(x) = g(f(x)) = g(x) = x$$

따라서 임의의 두 항등함수의 합성함수는 또다시 항등함수가 된다는 것을 알 수 있다.

예제 2.17

$f(x) = 3x + 4$, $g(x) = 4x + 1$일 때 다음을 구하라.

(1) $f^{-1}(1)$
(2) $(f^{-1})^{-1}(1)$
(3) $(g \circ f)^{-1}(1)$
(4) $(f^{-1} \circ g^{-1})(1)$

풀이

(1) $f(-1)=3\times(-1)+4=1$ 이므로 역함수의 정의에 의하여 $f^{-1}(1)=-1$ 이다.

(2) 역함수를 다시 역함수를 취하면 원래의 함수가 되므로

$(f^{-1})^{-1}(1)=f(1)=3\times1+4=7$ 이다.

(3) 먼저 $(g\circ f)(x)$ 를 계산하면 다음과 같다.

$(g\circ f)(x)=g(f(x))=g(3x+4)=4(3x+4)+1=12x+17$

$(g\circ f)(x)=1$ 이 되는 x 를 계산하면

$$(g\circ f)(x)=12x+17=1 \qquad \therefore\ x=-\frac{4}{3}$$

이므로 $(g\circ f)\left(-\frac{4}{3}\right)=1$ 이 된다.

따라서 역함수의 정의에 따라 $(g\circ f)^{-1}(1)=-\frac{4}{3}$ 이다.

(4) $(f^{-1}\circ g^{-1})(1)=(g\circ f)^{-1}(1)=-\frac{4}{3}$

요약 **역함수**

- 원 함수 f 의 대응관계를 반대로 뒤집어 놓은 것을 역함수 f^{-1} 로 표기하며 다음과 같이 정의한다.

$$f:\ X\rightarrow Y,\ \ y=f(x)$$
$$f^{-1}:\ Y\rightarrow X,\ \ x=f^{-1}(y)$$

- 함수 f 의 대응규칙이 정의역 X 의 원소 x 를 공변역 X 의 원소 x 에 대응시킬 때 함수 f 를 항등함수라 정의한다.

$$f: X\rightarrow X,\ \ f(x)=x$$

- 역함수는 원 함수가 전단사함수인 경우에만 존재하며, 원 함수와 역함수의 그래프는 직선 $y=x$ 에 대하여 대칭이다.
- 두 함수 f 와 g 의 합성함수 $f\circ g$ 의 역함수는 다음과 같다.

$$(f\circ g)^{-1}=g^{-1}\circ f^{-1}$$

연습문제

01 다음 함수 f에 대하여 물음에 답하라.

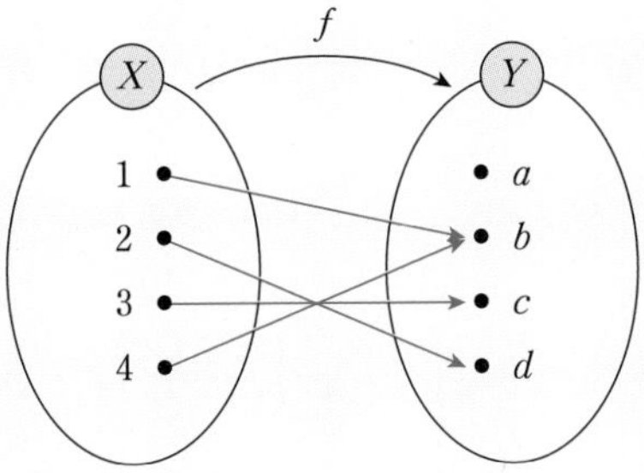

(1) 함수 f의 치역을 구하라.

(2) 함숫값 $f(1)$, $f(3)$을 각각 구하라.

(3) 함수 f가 단사 또는 전사함수인가를 판별하라.

(4) 함수 f의 그래프 G를 순서쌍으로 표시하라.

02 다음의 대응관계가 함수인가를 판별하고, 함수인 경우 치역을 구하라.

(1)

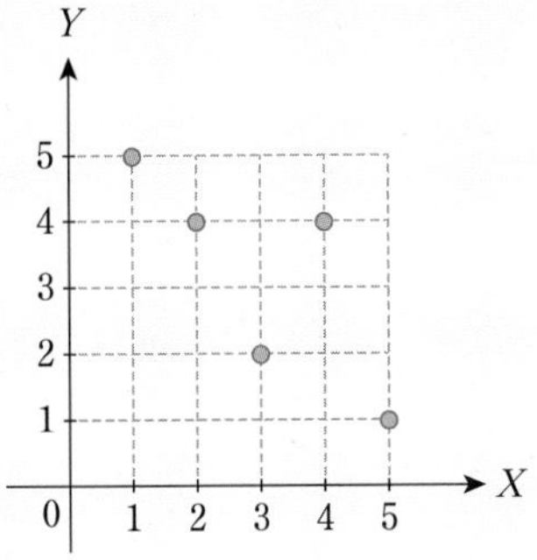

(2)

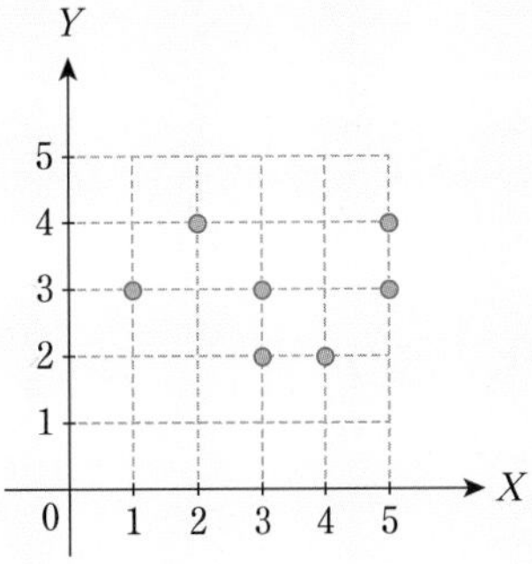

03 $f\left(\dfrac{x-1}{x+1}\right)=2x+1$ 일 때, $f(2)$와 $f(3)$을 각각 계산하라.

04 정의역과 공변역이 실수 $\boldsymbol{R}$인 두 함수 f와 g가 다음과 같을 때, 두 함수의 곱 fg의 대응규칙 $(fg)(x)$를 그래프로 나타내어라.

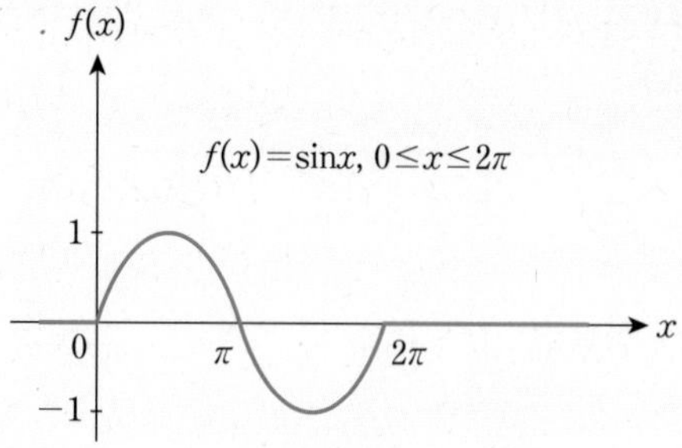

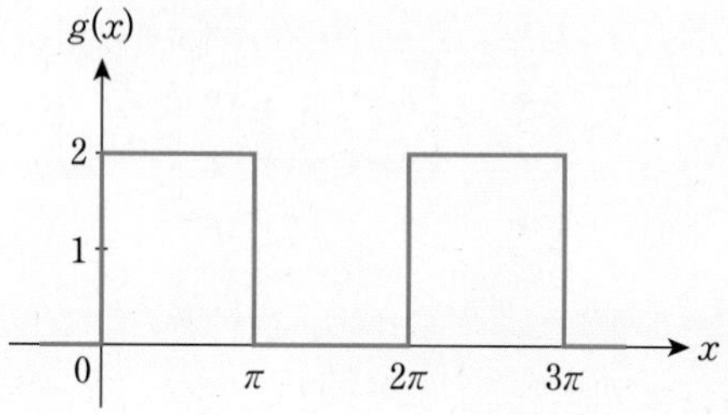

05 다음과 같이 정의되는 함수 f에 대하여 단사, 전사, 전단사함수인지를 판별하라. 단, $\boldsymbol{R}^+$는 음이 아닌 실수 전체의 집합을 나타낸다.

(1) $f: \boldsymbol{R} \to \boldsymbol{R}, \quad y = f(x) = |x|$

(2) $f: \boldsymbol{R}^+ \to \boldsymbol{R}^+, \quad y = f(x) = x^2$

06 세 함수 $f(x) = x-1$, $g(x) = x^2$, $h(x) = \dfrac{1}{x}$ 에 대하여 다음 합성함수의 함숫값을 구하라.

(1) $(f \circ g \circ h)(x)$

(2) $[(f \circ f) + (g \circ g) + (h \circ h)](x)$

07 $f(x) = x+3$ 일 때 $f \circ f$, $f \circ f \circ f$ 를 각각 구하라.

08 $f(x) = x+1$, $g(x) = 3-x$ 일 때 다음을 계산하라.

(1) $f^{-1}(1)$

(2) $g^{-1}(2)$

(3) $(f \circ g)^{-1}(3)$

(4) $(f \circ f \circ f)(1)$

09 두 함수 $f(x) = -x^2+2x+3$, $g(x) = x+a$ 일 때, 합성함수 $g \circ f$ 가 모든 실수 x에 대하여 $(g \circ f)(x) \leq 0$ 이 되도록 실수 a의 조건을 구하라.

10 함수 $f(x)=\frac{2x-1}{x+1}$ 일 때 $f^{-1}(x)=\frac{cx+d}{ax+b}$ 가 되도록 상수 a, b, c, d의 값을 구하라.

11 다음 두 함수 f와 g에 대하여 각각의 역함수를 구하라.

(1) $f(x)=3x+2$

(2) $g(x)=2-x$

12 세 함수 f, g, h가 전단사함수라고 할 때 다음 관계를 증명하라.

$$(f\circ g\circ h)^{-1}=h^{-1}\circ g^{-1}\circ f^{-1}$$

13 실수 x보다 크지 않은 가장 큰 정수를 $[x]$라고 나타낼 때, 함수 f가 다음과 같이 정의된다고 가정한다.

$$f:\ \{x;\ -3<x\le 3\}\to \boldsymbol{R}$$
$$f(x)=[x]$$

이 때 함숫값 $f\left(\frac{5}{2}\right)$, $f\left(-\frac{3}{2}\right)$을 각각 계산하고, f의 치역을 구하라.

14 $f(x)=ax+1$ 일 때 $(f\circ f)(x)=4x+3$ 이 되도록 상수 a의 값을 구하라.

15 어떤 집합 X를 정의역으로 가지는 두 함수 $f(x)=x^2+x+1$, $g(x)=3x+4$ 가 동일한 치역을 가진다고 할 때, 정의역 X를 구하라.

CHAPTER 03

공학적으로 유용한 함수

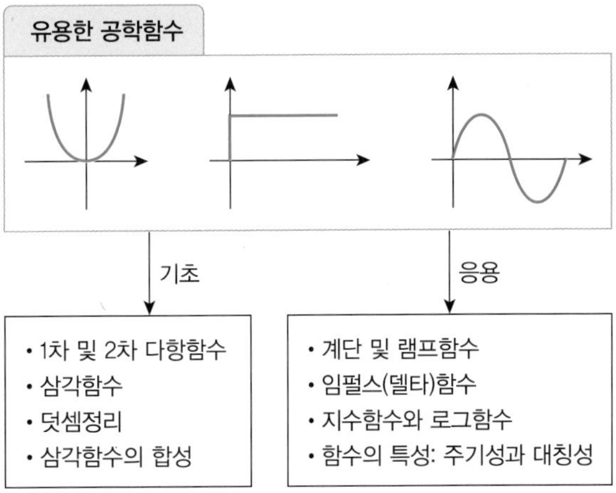

CHAPTER

03 공학적으로 유용한 함수

▶ 단원 개요

본 장에서는 공학적으로 활용도가 높은 여러 가지 함수를 다룬다. 가장 기본적인 1차 및 2차 다항함수, 삼각함수, 덧셈정리와 삼각함수의 합성에 대하여 학습한다. 또한 시스템 해석에 널리 사용되는 단위계단함수, 램프함수, 임펄스함수, 지수함수 및 로그함수에 대해서도 다룬다.
마지막으로 주기성(Periodicity)과 대칭성(Symmetry)과 관련된 주기함수, 우함수 및 기함수 등에 대해서도 소개한다. 본 장에서 다루는 공학함수는 실제 시스템을 해석하는 데 매우 유용한 함수들이므로 충분한 이해는 필수적이다.

3.1 1차 및 2차 다항함수

본 절에서는 공학적으로 많이 활용되는 1차 및 2차 다항함수에 대해 살펴본다. 이미 고등학교 과정에서 학습한 내용이지만 복습하는 의미로 학습하도록 한다.

(1) 1차 다항함수

a와 b가 상수이고 $a \neq 0$일 때 $y = ax + b$의 형태로 표현되는 함수를 1차 다항함수 또는 간단히 1차함수라고 정의한다. 이 때 a를 기울기, b를 y축 절편(Intercept)이라고 부른다.

주어진 1차함수의 x축 절편과 y축 절편은 함수의 그래프가 각각 x축 및 y축과 교차하는 교점을 의미하므로 다음과 같이 결정할 수 있다.

① x축 절편 m: 1차함수의 그래프와 x축과의 교점이므로 점$(m, 0)$를 1차함수에 대입하여 구한다.

$$0 = am + b \qquad \therefore\ m = -\frac{b}{a}$$

② y축 절편 n: 1차함수의 그래프와 y축과의 교점이므로 점$(0, n)$을 1차함수에 대

입하여 구한다.

$n = a \cdot 0 + b \quad \therefore\ n = b$

[그림 3.1]에 1차함수의 그래프와 각 축에 대한 절편을 나타내었다.

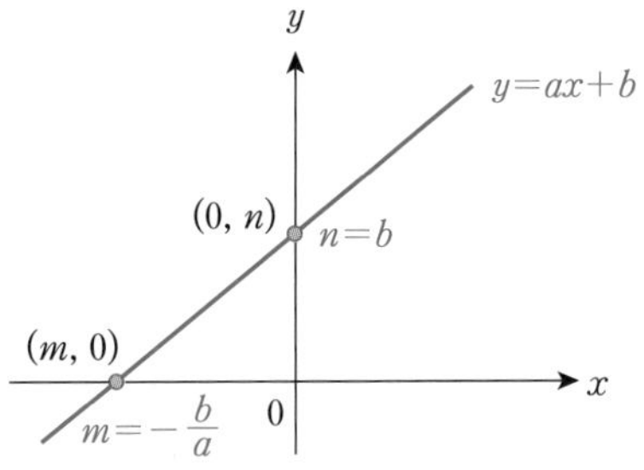

[그림 3.1] 1차함수의 그래프와 절편

다음으로 두 점을 지나는 1차함수의 식을 구해본다.

정리 3.1 두 점을 지나는 1차함수

두 점 $P(x_1, y_1)$와 $Q(x_2, y_2)$를 지나는 1차함수의 식은 다음과 같이 결정된다.

$$y - y_1 = \frac{y_2 - y_1}{x_2 - x_1}(x - x_1) \tag{1}$$

증명

두 점 P와 Q를 지나는 1차함수의 식을 다음과 같다고 가정한다.

$$y = ax + b \tag{2}$$

식(2)가 두 점 $P(x_1, y_1)$와 $Q(x_2, y_2)$를 지나기 때문에 두 점의 좌표를 대입하면

$$y_1 = ax_1 + b \tag{3}$$

$$y_2 = ax_2 + b \tag{4}$$

가 얻어지는데, 식(3)과 식(4)를 연립하여 a와 b에 대하여 정리하면 다음과 같다.

$$a = \frac{y_2 - y_1}{x_2 - x_1},\ b = y_1 - \frac{y_2 - y_1}{x_2 - x_1}x_1 \tag{5}$$

식(5)를 식(2)에 대입하여 정리하면 다음과 같다.

$$y = \left(\frac{y_2 - y_1}{x_2 - x_1}\right)x + \left(y_1 - \frac{y_2 - y_1}{x_2 - x_1}x_1\right)$$

$$\therefore y - y_1 = \frac{y_2 - y_1}{x_2 - x_1}(x - x_1)$$

예제 3.1

한 점 $P(1, 2)$를 지나고 기울기가 3인 1차함수에서 x축과 y축 절편을 각각 구하라.

풀이

점 $P(1, 2)$를 지나고 기울기가 3인 1차함수의 식을 다음과 같이 가정한다.

$$y = 3x + b$$

위의 1차함수 식에 점 $P(1, 2)$를 대입하면

$$2 = 3 \times 1 + b \qquad \therefore b = -1$$

이 되므로 구하려는 1차함수는 $y = 3x - 1$이 된다.

따라서 $y = 3x - 1$의 x축 절편 $m = \frac{1}{3}$이고, y축 절편 $n = -1$이다.

예제 3.2

다음 조건을 만족하는 1차함수의 식을 각각 구하라.

(1) x축과 y축 절편이 -3과 6인 1차함수

(2) 두 점 $P(1, 2)$와 $Q(3, 4)$를 지나는 1차함수

풀이

(1) x축과 y축 절편이 -3과 6이므로 결과적으로 점$(-3, 0)$과 점$(0, 6)$을 지나는 1차함수이다. 식(1)에 두 점의 좌표를 대입하면

$$y-0=\frac{6-0}{0-(-3)}(x-(-3))$$
$$\therefore\ y=2x+6$$

(2) 식(1)에 두 점의 좌표를 대입하면 다음의 1차함수가 얻어진다.

$$y-2=\frac{4-2}{3-1}(x-1)$$
$$\therefore\ y=x+1$$

(2) 2차 다항함수

a, b, c가 상수이고 $a\neq 0$일 때 $y=ax^2+bx+c$의 형태로 표현되는 함수를 2차 다항함수 또는 간단히 2차함수라고 정의한다.

일반적으로 2차함수는 일반형 또는 완전제곱형으로 표현이 가능하며, 완전제곱형은 2차함수의 그래프를 그리는데 매우 편리하다. 예를 들어, $y=2x^2+4x+3$을 완전제곱형으로 변형해보자.

$$\begin{aligned} y=2x^2+4x+3 &= 2(x^2+2x)+3 \\ &= 2(x^2+2x+1-1)+3 \\ &= 2(x^2+2x+1)+1 \\ &= 2(x+1)^2+1 \end{aligned} \tag{6}$$

따라서 주어진 일반형의 2차함수 $y=2x^2+4x+3$을 완전제곱형 $y=2(x+1)^2+1$로 변환할 수 있다.

식(6)의 완전제곱형 $y=2(x+1)^2+1$은 2차함수 $y=2x^2$의 그래프를 x축을 따라 -1만큼, y축을 따라 1만큼 평행이동한 함수이므로 [그림 3.2]와 같이 함수의 그래프로 나타낼 수 있다.

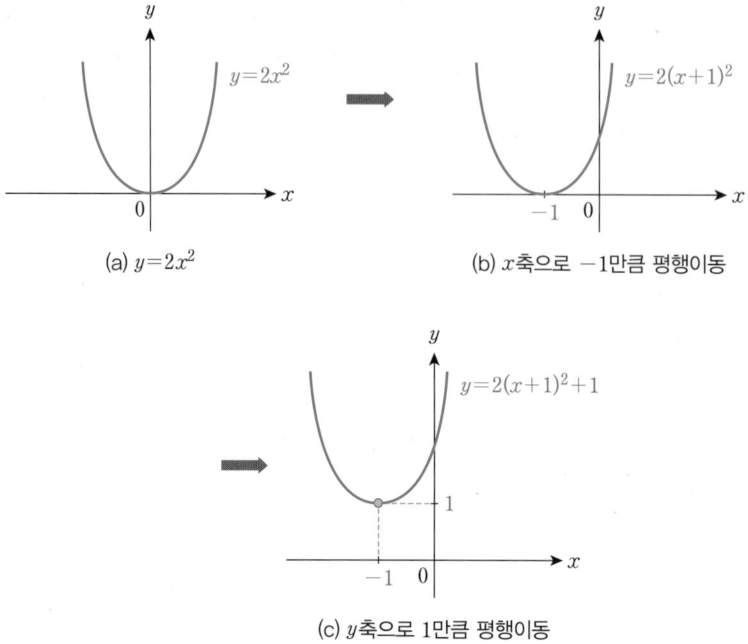

[그림 3.2] 완전제곱형 2차함수의 그래프

[그림 3.2]에서와 같이 완전제곱형 2차함수는 x축과 y축 방향의 평행이동을 통하여 쉽게 그래프를 그릴 수 있다.

여기서 잠깐! 함수의 평행이동

주어진 함수 $y=f(x)$를 x축 방향으로 x_0만큼 평행이동한 함수는 고등학교 과정에서 이미 학습한 바와 같이 x 대신에 $x-x_0$를 대입하면 된다. 즉, $y=f(x-x_0)$가 얻어진다.

또한 $y=f(x)$를 y축 방향으로 y_0만큼 평행이동한 함수는 y 대신에 $y-y_0$를 대입하면 된다. 즉, $y-y_0=f(x)$가 얻어진다.

위의 결과들을 종합하면, $y=f(x)$의 그래프를 x축 방향으로 x_0만큼, y축 방향으로 y_0만큼 평행이동한 함수의 그래프는 $y-y_0=f(x-x_0)$가 된다. 지금까지 설명한 내용을 그림으로 나타내면 다음과 같다.

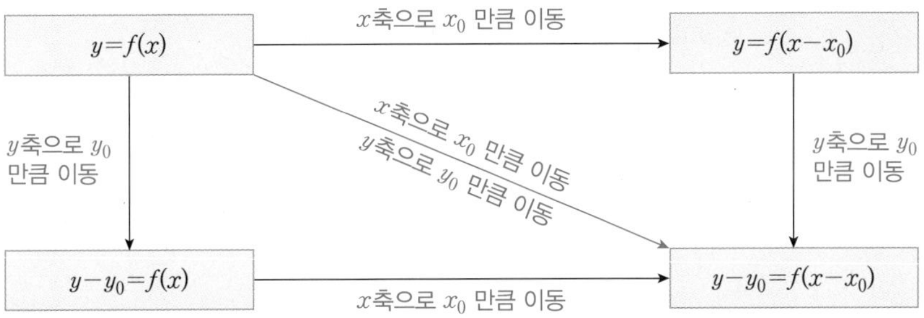

예제 3.3

다음 2차함수의 그래프를 그리고 꼭지점의 좌표를 구하라.

(1) $y = x^2 + 2x + 3$

(2) $y = -x^2 + 6x - 8$

풀이

(1) 일반형 2차함수를 완전제곱형으로 변형한다.

$$\begin{aligned} y = x^2 + 2x + 3 &= (x^2 + 2x) + 3 \\ &= (x^2 + 2x + 1 - 1) + 3 \\ &= (x+1)^2 + 2 \end{aligned}$$

따라서 $y = (x+1)^2 + 2$는 $y = x^2$의 그래프를 x축 방향으로 -1만큼, y축 방향으로 2만큼 평행이동한 것이다.

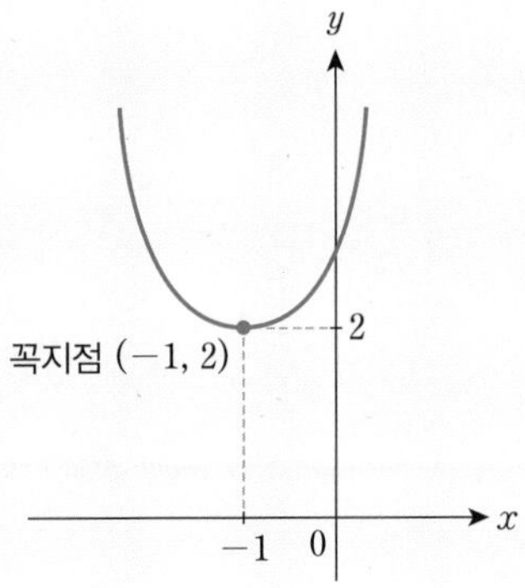

(2) 일반형 2차함수를 완전제곱형으로 변형한다.

$$y = -x^2 + 6x - 8 = -(x^2 - 6x) - 8$$
$$= -(x^2 - 6x + 9 - 9) - 8$$
$$= -(x-3)^2 + 1$$

따라서 $y = -(x-3)^2 + 1$은 $y = -x^2$의 그래프를 x축 방향으로 3만큼, y축 방향으로 1만큼 평행이동한 것이다.

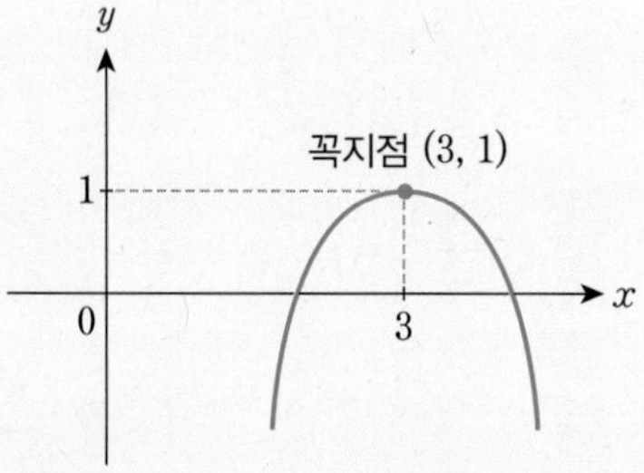

요약 **1차 및 2차 다항함수**

- a와 b가 상수이고 $a \neq 0$일 때 $y = ax + b$의 형태로 표현되는 함수를 1차함수라고 정의하며, a를 기울기, b를 y축 절편이라고 부른다.
- 두 점 $P(x_1, y_1)$와 $Q(x_2, y_2)$를 지나는 1차함수의 식은 다음과 같다.

$$y - y_1 = \frac{y_2 - y_1}{x_2 - x_1}(x - x_1)$$

- a, b, c가 상수이고 $a \neq 0$일 때 $y = ax^2 + bx + c$의 형태로 표현되는 함수를 2차함수라고 정의한다.
- 일반형으로 표현된 2차함수 $y = ax^2 + bx + c$는 다음과 같은 완전제곱형으로 변형할 수 있다.

$$y = a(x - x_0)^2 + y_0$$

- $y = a(x - x_0)^2 + y_0$의 그래프는 $y = ax^2$의 그래프를 x축 방향으로 x_0만큼, y축 방향으로 y_0만큼 평행이동한 것이다.

3.2 삼각함수

본 절에서는 공학적으로 가장 많이 활용되는 삼각함수에 대하여 살펴본다. 삼각함수에서는 각도의 표현 방법이 중요하므로 먼저 각도의 표현 방법에 대해 소개한다.

(1) 각의 방향

평면상의 두 반직선이 이루는 각도는 양(+)의 값 또는 음(−)의 값으로 나타낼 수 있다. [그림 3.3]에서 각 θ가 반시계방향(Counterclockwise)으로 회전하면 양의 방향이라 하고, 시계방향(Clockwise)으로 회전하면 음의 방향이라고 관례적으로 정의한다.

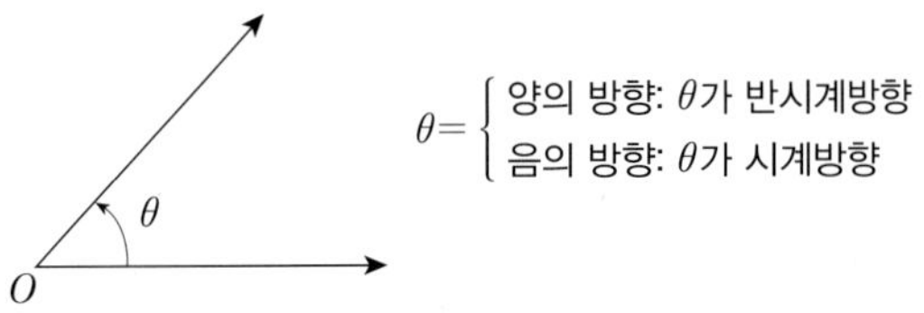

[그림 3.3] 각 θ의 방향

예를 들어, [그림 3.4]에 나타낸 것처럼 θ를 반직선 $\overrightarrow{OA}$ 에서 반직선 $\overrightarrow{OB}$ 까지 반시계방향으로 회전하여 생긴 각도는 +40°이며, θ를 반직선 $\overrightarrow{OA}$ 에서 반직선 $\overrightarrow{OB}$ 까지 시계방향으로 회전하여 생긴 각도는 −320°이다.

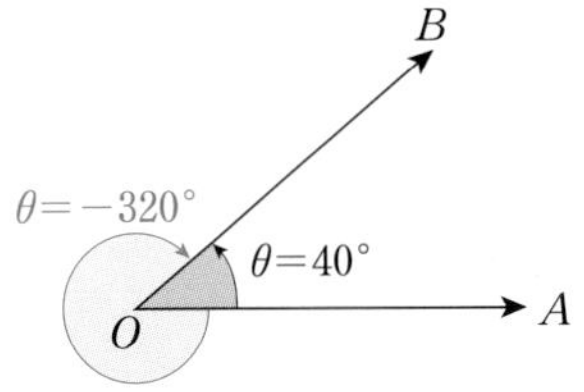

[그림 3.4] 각 θ의 두 가지 가능한 값

(2) 각도의 표현 방법

각도를 표현하는 방법에는 360분법과 호도법(Circular Measure)이라는 두 가지 방법이 있는데, 먼저 360분법이란 원주를 360개의 조각으로 나누어 한 조각을 1°로

정의하여 각도를 표현하는 방법이다. 보통 일상생활에서도 흔히 접할 수 있는 각도의 표현방법이다.

한편, 호도법이란 말 그대로 호의 길이로부터 각도를 표현하는 방법으로 단위로는 rad(라디안)을 사용한다. 1rad은 호의 길이가 반지름의 1배가 되는 각이며, 2rad은 호의 길이가 반지름의 2배가 되는 각을 의미한다.

결국 θrad은 [그림 3.5(a)]에 나타낸 것처럼 호의 길이 l이 반지름 r의 θ배가 되는 각을 의미한다.

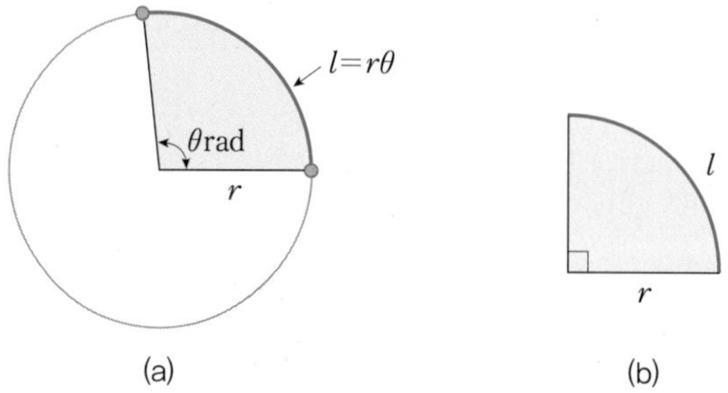

[그림 3.5] 호도법의 정의

예를 들어, 360분법에서 90°에 해당되는 각은 호도법으로는 얼마일까? [그림 3.5(b)]에서 호의 길이가 반지름의 몇 배가 되는지를 알아야 하므로 먼저 호의 길이를 구해보자.

호의 길이 l은 원주의 길이 $2\pi r$의 $\frac{1}{4}$에 해당하므로

$$l = \frac{1}{4}(2\pi r) = \frac{\pi}{2}r$$

이 되어, l은 반지름 r의 $\frac{\pi}{2}$배가 됨을 알 수 있다. 따라서 90°는 $\frac{\pi}{2}$rad이 된다. 마찬가지로 180°는 πrad, 360°는 2πrad이 된다. π는 대략 3.14로 주어지는 무리수이다.

다음으로 360분법과 호도법 사이의 변환관계를 살펴본다. πrad은 180°이므로 θrad은 360분법으로 x°가 된다고 가정하여 다음의 비례식을 사용하여 x°를 계산할 수 있다.

$$\pi\text{rad} : 180^\circ = \theta\text{rad} : x^\circ$$
$$\therefore\ x^\circ = \frac{\theta\text{rad}}{\pi\text{rad}} \times 180^\circ = \frac{\theta}{\pi} \times 180^\circ \qquad (7)$$

식(7)을 이용하면 호도법을 360분법으로 변환할 수 있다.

마찬가지 방법으로 x°는 호도법으로 θrad이 된다고 가정하여 다음의 비례식을 사용하여 θrad을 계산할 수 있다.

$$180^\circ : \pi\text{rad} = x^\circ : \theta\text{rad}$$
$$\therefore\ \theta\text{rad} = \frac{x^\circ}{180^\circ} \times \pi\text{rad} = \frac{x}{180} \times \pi\text{rad} \qquad (8)$$

식(8)을 이용하면 360분법을 호도법으로 변환할 수 있다.

예제 3.4

다음의 각에 대하여 360분법은 호도법으로 호도법은 360분법으로 변환하라.

(1) 45° (2) $\frac{4}{3}\pi\text{rad}$

풀이

(1) 45°를 θrad이라고 가정하면 식(8)에 의하여 다음과 같다.

$$\theta = \frac{45}{180} \times \pi = \frac{\pi}{4}\text{rad}$$

(2) $\frac{4}{3}\pi\text{rad}$을 x°라고 가정하면 식(7)에 의하여 다음과 같다.

$$x^\circ = \frac{\frac{4}{3}\pi}{\pi} \times 180^\circ = 240^\circ$$

(3) 삼각함수

원래 삼각함수는 직각삼각형에서 세 변의 길이에 대한 비율로 정의하였으나 앞에서 언급한 각도의 표현으로부터 일반적으로 다음과 같이 정의한다.

정의 3.1 **삼각함수**

x축의 양의 방향과 반직선 $\overrightarrow{OP}$ 가 이루는 각을 θ라고 할 때 삼각함수를 다음과 같이 정의한다.

$$\sin\theta = \frac{b}{r}$$

$$\cos\theta = \frac{a}{r}$$

$$\tan\theta = \frac{b}{a}$$

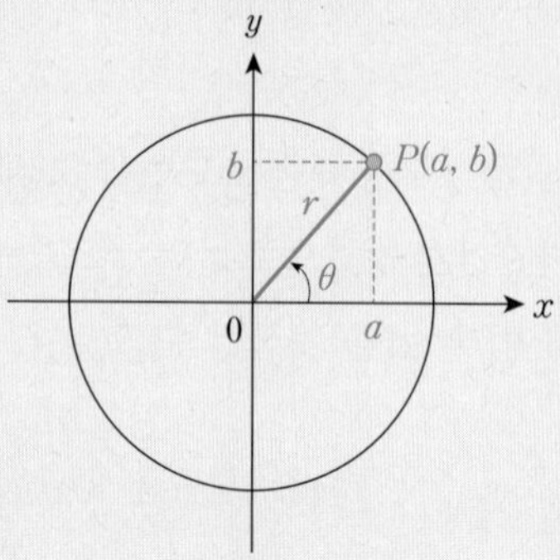

[그림 3.6] 삼각함수의 정의

[정의 3.1]에서 정의한 3개의 삼각함수에 대하여 각각 역수를 취하면 $\operatorname{cosec}\theta$, $\sec\theta$, $\cot\theta$를 다음과 같이 정의할 수 있다.

$$\operatorname{cosec}\theta = \frac{1}{\sin\theta} = \frac{r}{b},\quad \sec\theta = \frac{1}{\cos\theta} = \frac{r}{a},\quad \cot\theta = \frac{1}{\tan\theta} = \frac{a}{b} \tag{9}$$

[정의 3.1]에서 정의한 삼각함수는 각 θ에 따라 삼각함수가 정의되는 사분면이 다르기 때문에 양 또는 음을 값을 가진다. 좌표평면의 각 사분면에서 삼각함수의 부호를 다음 〈표 3.1〉에 나타내었다.

〈표 3.1〉 삼각함수의 부호

	제1사분면	제2사분면	제3사분면	제4사분면
a, b의 부호	$a > 0$ $b > 0$	$a < 0$ $b > 0$	$a < 0$ $b < 0$	$a > 0$ $b < 0$
$\sin\theta$	양	양	음	음
$\cos\theta$	양	음	음	양
$\tan\theta$	양	음	양	음

예제 3.5

다음의 삼각함수의 값을 계산하라.

(1) $\cos 330^\circ$　　　(2) $\sin \frac{5}{4}\pi$

풀이

(1) 330°는 제4사분면에 있는 각이므로

$$\cos 330^\circ = \frac{\sqrt{3}}{2}$$

이다.

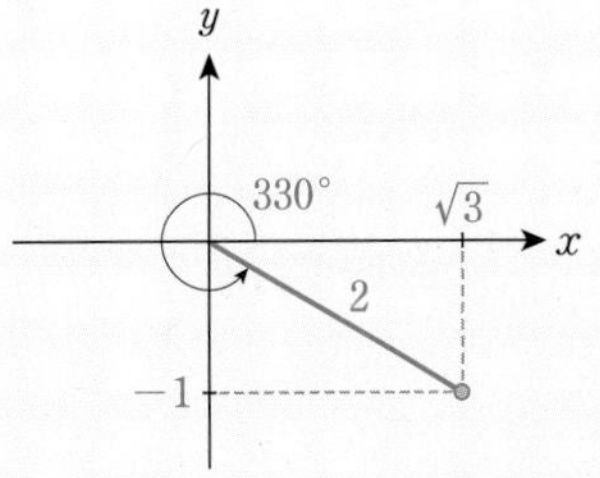

(2) $\frac{5}{4}\pi$ 는 제3사분면에 있는 각이므로

$$\sin \frac{5}{4}\pi = -\frac{1}{\sqrt{2}}$$

이다.

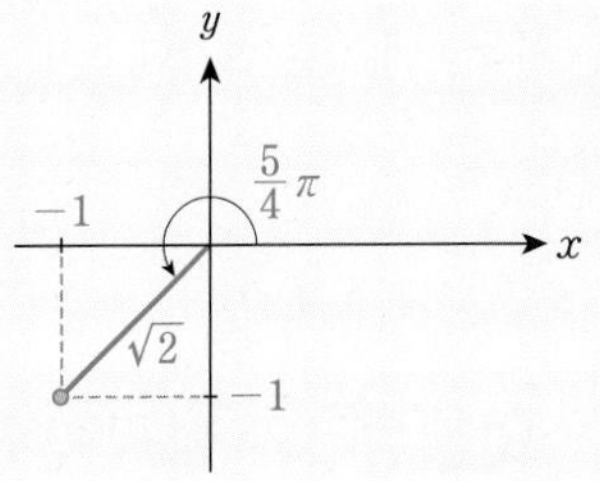

〈예제 3.5〉에서 알 수 있듯이 삼각함수의 함숫값은 먼저 각이 어떤 사분면에 위치하는가를 판단한 다음, 삼각함수의 정의와 〈표 3.1〉을 참고하여 계산할 수 있다.

요약 삼각함수

- 각도는 반시계방향으로 회전하는 경우는 양(+)의 값으로, 시계방향으로 회전하는 경우는 음(−)의 값으로 관례적으로 정의한다.
- 360분법은 원주를 360개의 조각으로 나누어 한 조각을 1°로 정의하여 각을 표현하는 방법이다.
- 호도법은 호의 길이로부터 각을 표현하는 방법으로 단위로는 rad(라디안)을 사용한다.
- 호도법(θ rad) ⟶ 360분법(x°)

$$x^\circ = \frac{\theta}{\pi} \times 180^\circ$$

• 360분법(x°) ⟶ 호도법(θrad)

$$\theta\text{rad} = \frac{x}{180} \times \pi\text{rad}$$

• 삼각함수는 x축의 양의 방향과 반직선 $\overrightarrow{OP}$ 가 이루는 각을 θ라고 할 때, 다음과 같이 정의된다.

$$\sin\theta = \frac{b}{r}$$

$$\cos\theta = \frac{a}{r}$$

$$\tan\theta = \frac{b}{a}$$

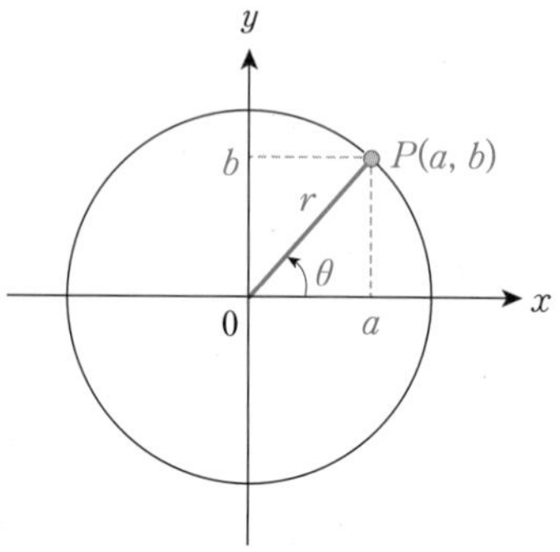

• 사분면에 따른 삼각함수의 부호의 변화에 유의하라(〈표 3.1〉 참고).

3.3 덧셈정리와 삼각함수의 합성

(1) 덧셈정리

특수각의 합이나 차로 이루어진 각에 대한 삼각함수는 덧셈정리를 이용하여 계산할 수 있으나, 복잡하여 일일이 기억하기가 어렵다. 그러나 기본적인 삼각함수의 덧셈정리에 대한 것만 기억하면 많은 삼각함수 공식이 쉽게 유도된다.

정리 3.2 삼각함수의 덧셈정리

(1) $\sin(x+y) = \sin x\cos y + \cos x\sin y$ (10)

$\sin(x-y) = \sin x\cos y - \cos x\sin y$ (11)

(2) $\cos(x+y) = \cos x\cos y - \sin x\sin y$ (12)

$\cos(x-y) = \cos x\cos y + \sin x\sin y$ (13)

(3) $\tan(x+y) = \dfrac{\tan x + \tan y}{1 - \tan x\tan y}$ (14)

$\tan(x-y) = \dfrac{\tan x - \tan y}{1 + \tan x\tan y}$ (15)

예제 3.6

다음 삼각함수의 값을 덧셈정리를 이용하여 구하라.

(1) $\cos\frac{\pi}{12}$　　　　(2) $\sin\frac{7}{12}\pi$

풀이

(1) $\cos\frac{\pi}{12} = \cos\left(\frac{\pi}{3} - \frac{\pi}{4}\right)$

$= \cos\frac{\pi}{3}\cos\frac{\pi}{4} + \sin\frac{\pi}{3}\sin\frac{\pi}{4}$

$= \frac{1}{2}\cdot\frac{1}{\sqrt{2}} + \frac{\sqrt{3}}{2}\cdot\frac{1}{\sqrt{2}} = \frac{1+\sqrt{3}}{2\sqrt{2}} = \frac{\sqrt{2}+\sqrt{6}}{4}$

(2) $\sin\frac{7}{12}\pi = \sin\left(\frac{\pi}{3} + \frac{\pi}{4}\right)$

$= \sin\frac{\pi}{3}\cos\frac{\pi}{4} + \cos\frac{\pi}{3}\sin\frac{\pi}{4}$

$= \frac{\sqrt{3}}{2}\cdot\frac{1}{\sqrt{2}} + \frac{1}{2}\cdot\frac{1}{\sqrt{2}} = \frac{1+\sqrt{3}}{2\sqrt{2}} = \frac{\sqrt{2}+\sqrt{6}}{4}$

식(10)에서 $y = x$로 대체하면 다음의 2배각 공식을 얻을 수 있다.

$$\begin{aligned}\sin(x+x) &= \sin x\cos x + \cos x\sin x = 2\sin x\cos x \\ \sin 2x &= 2\sin x\cos x\end{aligned} \tag{16}$$

마찬가지 방법으로 식(12)에서 $y = x$로 대체하면

$$\cos(x+x) = \cos x\cos x - \sin x\sin x = \cos^2 x - \sin^2 x$$

가 얻어지는 데 $\cos^2 x + \sin^2 x = 1$의 관계를 이용하면 다음과 같다.

$$\begin{aligned}\cos 2x &= (1-\sin^2 x) - \sin^2 x = 1 - 2\sin^2 x \\ \therefore\ \sin^2 x &= \frac{1-\cos 2x}{2}\end{aligned} \tag{17}$$

$$\begin{aligned}\cos 2x &= \cos^2 x - (1-\cos^2 x) = 2\cos^2 x - 1 \\ \therefore\ \cos^2 x &= \frac{1+\cos 2x}{2}\end{aligned} \tag{18}$$

식(17)과 식(18)을 반각공식이라고 부른다.

한편, $\sin(x+y)$와 $\sin(x-y)$의 양변을 더하면 다음과 같다.

$$\begin{array}{rl} & \sin(x+y) = \sin x \cos y + \cos x \sin y \\ +) & \underline{\sin(x-y) = \sin x \cos y - \cos x \sin y} \\ & \sin(x+y) + \sin(x-y) = 2\sin x \cos y \\ \therefore & \sin x \cos y = \frac{1}{2}\{\sin(x+y) + \sin(x-y)\} \end{array} \tag{19}$$

마찬가지로 $\cos(x+y)$와 $\cos(x-y)$의 양변을 더하면 다음과 같다.

$$\begin{array}{rl} & \cos(x+y) = \cos x \cos y - \sin x \sin y \\ +) & \underline{\cos(x-y) = \cos x \cos y + \sin x \sin y} \\ & \cos(x+y) + \cos(x-y) = 2\cos x \cos y \\ \therefore & \cos x \cos y = \frac{1}{2}\{\cos(x+y) + \cos(x-y)\} \end{array} \tag{20}$$

만일 $\cos(x+y)$와 $\cos(x-y)$의 양변을 빼면 다음과 같다.

$$\sin x \sin y = -\frac{1}{2}\{\cos(x+y) - \cos(x-y)\} \tag{21}$$

식(19)~식(21)을 삼각함수의 곱을 합으로 변환하는 공식이라고 부르며, 삼각함수의 적분에서 많이 사용되는 중요한 공식이다. 이와 같이 삼각함수의 공식을 무조건 암기하려고 하지 말고 이해하려고 노력하는 자세가 중요하다. 이것이 수학을 학습하는 올바른 방법이라고 할 수 있을 것이다.

(2) 삼각함수의 합성

삼각함수의 덧셈정리를 이용하면 $a\sin x + b\cos x$ 형태의 삼각함수를 한 종류의 삼각함수로 표현할 수있다. 물리학에서는 삼각함수의 합성을 단진동의 합성이라고 부른다.

a, b가 실수일 때 $a\sin x + b\cos x$는 다음과 같이 변형할 수 있다.

$$a\sin x + b\cos x = \sqrt{a^2+b^2}\left(\frac{a}{\sqrt{a^2+b^2}}\sin x + \frac{b}{\sqrt{a^2+b^2}}\cos x\right) \tag{22}$$

식(22)로부터 밑변이 a이고 높이가 b인 [그림 3.7]의 직각삼각형을 도입한다.

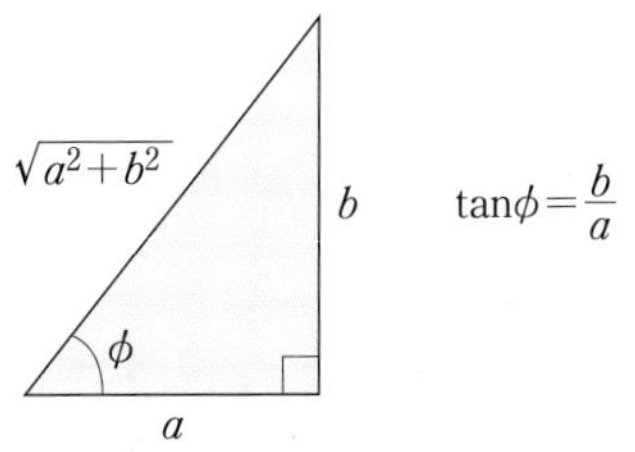

[그림 3.7] 밑변과 높이가 각각 a, b인 직각삼각형

[그림 3.7]의 직각삼각형에서 다음의 관계가 성립한다.

$$\cos\phi = \frac{a}{\sqrt{a^2+b^2}}, \quad \sin\phi = \frac{b}{\sqrt{a^2+b^2}} \tag{23}$$

여기서 각 ϕ는 다음과 같이 구해진다.

$$\phi = \tan^{-1}\left(\frac{b}{a}\right) \tag{24}$$

식(23)을 식(22)에 대입하면

$$\begin{aligned} a\sin x + b\cos x &= \sqrt{a^2+b^2}\left(\frac{a}{\sqrt{a^2+b^2}}\sin x + \frac{b}{\sqrt{a^2+b^2}}\cos x\right) \\ &= \sqrt{a^2+b^2}(\sin x\cos\phi + \cos x\sin\phi) \\ &= \sqrt{a^2+b^2}\sin(x+\phi) \end{aligned} \tag{25}$$

가 얻어진다. 위의 기술한 내용을 요약하면 다음과 같다.

$$a\sin x + b\cos x = \sqrt{a^2+b^2}\sin(x+\phi) \tag{26}$$

$$\phi = \tan^{-1}\left(\frac{b}{a}\right) \tag{27}$$

식(26)과 식(27)을 삼각함수의 합성(또는 단진동 합성)이라고 부른다.

예제 3.7

a와 b가 실수일 때 $a\sin x+b\cos x$를 cosine 함수만을 이용하여 합성하면 다음과 같이 표현된다는 것을 증명하라.

$$a\sin x+b\cos x=\sqrt{a^2+b^2}\cos(x-\theta)$$
$$\theta=\tan^{-1}\left(\frac{a}{b}\right)$$

풀이

삼각함수를 합성하는 과정에서 [그림 3.7]과는 다르게 밑변이 b이고 높이가 a인 직각삼각형을 도입한다.

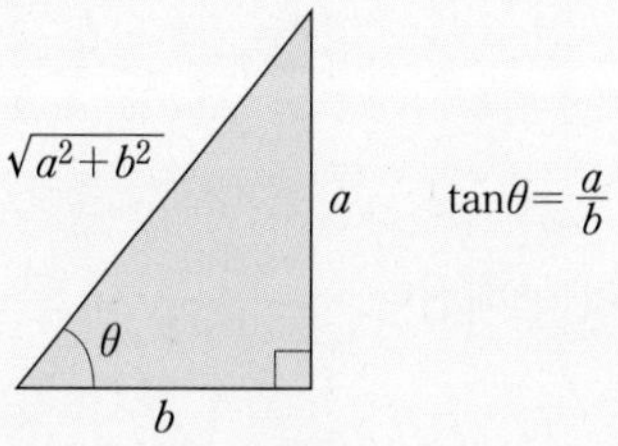

위의 직각삼각형에서 다음의 관계가 성립한다.

$$\sin\theta=\frac{a}{\sqrt{a^2+b^2}},\quad \cos\theta=\frac{b}{\sqrt{a^2+b^2}}$$

여기서 각 θ는 다음과 같이 구해진다.

$$\theta=\tan^{-1}\left(\frac{a}{b}\right)$$

$$\begin{aligned}a\sin x+b\cos x&=\sqrt{a^2+b^2}\left(\frac{a}{\sqrt{a^2+b^2}}\sin x+\frac{b}{\sqrt{a^2+b^2}}\cos x\right)\\&=\sqrt{a^2+b^2}(\sin x\sin\theta+\cos x\cos\theta)\\&=\sqrt{a^2+b^2}\cos(x-\theta)\end{aligned}$$

여기서 잠깐! 삼각함수의 합성

지금까지 설명한 삼각함수의 합성을 정리하면 다음과 같다.

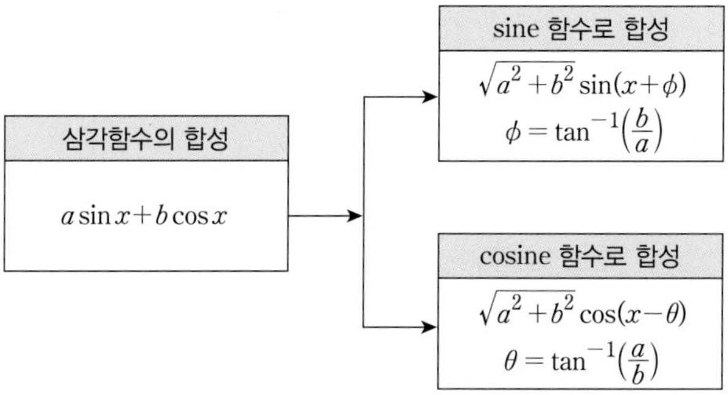

삼각함수의 합성에서 ϕ 또는 θ를 계산하는데 a와 b의 부호에 따라 $\tan^{-1}$ 함수의 값이 달라지므로 주의하여 계산하도록 한다.

예제 3.8

다음을 sine 함수만을 이용하여 합성하라.

(1) $\sin x+\cos x$ (2) $\sqrt{3}\sin x+\cos x$

풀이

(1) $\sin x+\cos x=\sqrt{2}\sin(x+\phi)$

$\phi=\tan^{-1}(1)=\frac{\pi}{4}$

$\therefore\ \sin x+\cos x=\sqrt{2}\sin\left(x+\frac{\pi}{4}\right)$

(2) $\sqrt{3}\sin x+\cos x=\sqrt{4}\sin(x+\phi)=2\sin(x+\phi)$

$\phi=\tan^{-1}\left(\frac{1}{\sqrt{3}}\right)=\frac{\pi}{6}$

$\therefore\ \sqrt{3}\sin x+\cos x=2\sin\left(x+\frac{\pi}{6}\right)$

예제 3.9

다음을 cosine 함수만을 이용하여 합성하라.

(1) $\sqrt{3}\sin x + \cos x$ (2) $\sin x - \cos x$

풀이

(1) $\sqrt{3}\sin x + \cos x = \sqrt{4}\cos(x-\theta) = 2\cos(x-\theta)$

$\theta = \tan^{-1}\left(\frac{\sqrt{3}}{1}\right) = \frac{\pi}{3}$

$\therefore\ \sqrt{3}\sin x + \cos x = 2\cos\left(x - \frac{\pi}{3}\right)$

(2) $\sin x - \cos x = \sqrt{2}\cos(x-\theta)$

$\theta = \tan^{-1}\left(\frac{1}{-1}\right) = \frac{3}{4}\pi$

$\therefore\ \sin x - \cos x = \sqrt{2}\cos\left(x - \frac{3}{4}\pi\right)$

여기서 잠깐! **삼각함수 합성에서 $\tan^{-1}\left(\frac{b}{a}\right)$의 계산**

$\theta = \tan^{-1}\left(\frac{b}{a}\right)$의 계산은 a와 b의 부호에 따라 주의해야 한다.

① a와 b의 부호에 따라 θ가 어떤 사분면에 위치하는 각인지를 판별한다.

② 해당되는 사분면에서의 각도를 계산한다.

예를 들어, $a=1$, $b=-1$인 경우 θ는 제4사분면에 위치하는 각이다.

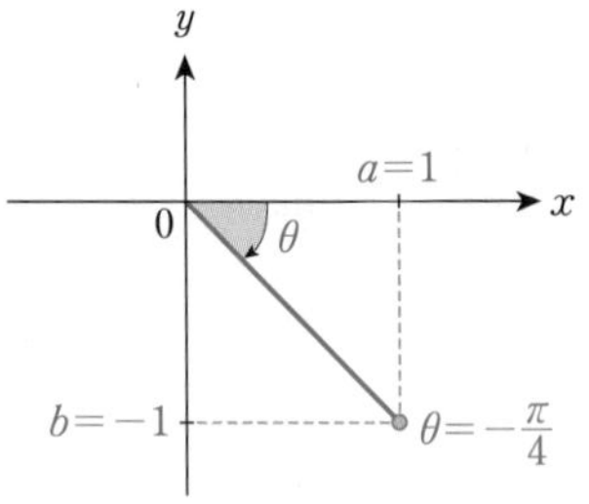

$$\theta = \tan^{-1}\left(\frac{b}{a}\right) = \tan^{-1}\left(\frac{-1}{1}\right)$$

$$\therefore\ \theta = -\frac{\pi}{4} \quad \text{또는} \quad \frac{7}{4}\pi$$

만일 $a=-1$, $b=-1$인 경우 θ는 제3사분면에 위치하는 각이다.

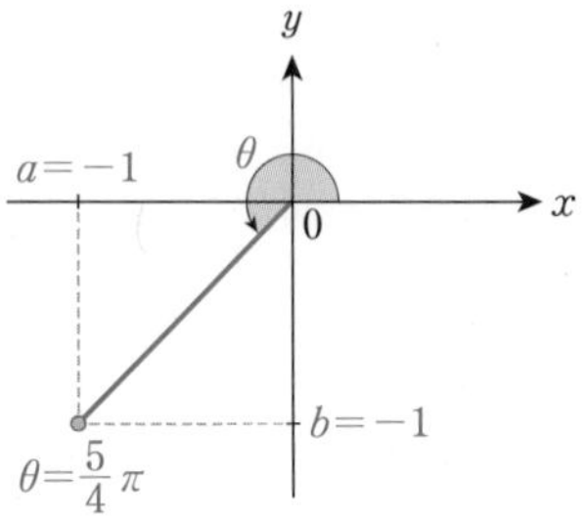

$$\theta = \tan^{-1}\left(\frac{b}{a}\right) = \tan^{-1}\left(\frac{-1}{-1}\right)$$

$$\therefore\ \theta = \frac{5}{4}\pi \quad \text{또는} \quad -\frac{3}{4}\pi$$

요약 **덧셈정리와 삼각함수의 합성**

- 특수각의 합이나 차로 이루어진 각에 대한 삼각함수는 덧셈정리를 이용하여 계산할 수 있다.
- $\sin(x\pm y)=\sin x\cos y\pm\cos x\sin y$ (복호동순)

  $\cos(x\pm y)=\cos x\cos y\mp\sin x\sin y$ (복호동순)

  $\tan(x\pm y)=\dfrac{\tan x\pm\tan y}{1\mp\tan x\tan y}$ (복호동순)
- 삼각함수의 덧셈정리를 이용하면 $a\sin x+b\cos x$ 형태의 삼각함수를 한 종류의 삼각함수로 합성할 수 있다.

$$a\sin x+b\cos x=\sqrt{a^2+b^2}\sin(x+\phi)$$
$$\phi=\tan^{-1}\left(\frac{b}{a}\right)$$

$$a\sin x+b\cos x=\sqrt{a^2+b^2}\cos(x-\theta)$$
$$\theta=\tan^{-1}\left(\frac{a}{b}\right)$$

- $\theta=\tan^{-1}\left(\frac{a}{b}\right)$는 a와 b의 부호에 따라 어떤 사분면에 위치하는가를 판별한 다음, 해당되는 사분면에서의 각도를 계산해야 한다.

3.4* 단위계단함수와 램프함수

본 절에서는 선형시스템을 해석하는데 필수적인 단위계단(Unit Step)함수 $u(t)$와 램프(Ramp)함수 $r(t)$를 소개한다.

(1) 단위계단함수 $u(t)$

단위계단함수 $u(t)$는 다음과 같이 정의된다.

$$u(t)=\begin{cases}1, & t>0\\ 0, & t<0\end{cases} \tag{28}$$

식(28)의 단위계단함수는 $t=0$에서는 정의되지 않는다는 사실에 유의하라.

$u(t)$를 t축을 따라 a만큼 평행이동하면 $u(t-a)$를 정의할 수 있다.

$$u(t-a)=\begin{cases}1, & t>a\\ 0, & t<a\end{cases} \tag{29}$$

식(28)과 식(29)를 그래프로 표시하면 [그림 3.8]과 같이 나타낼 수 있다.

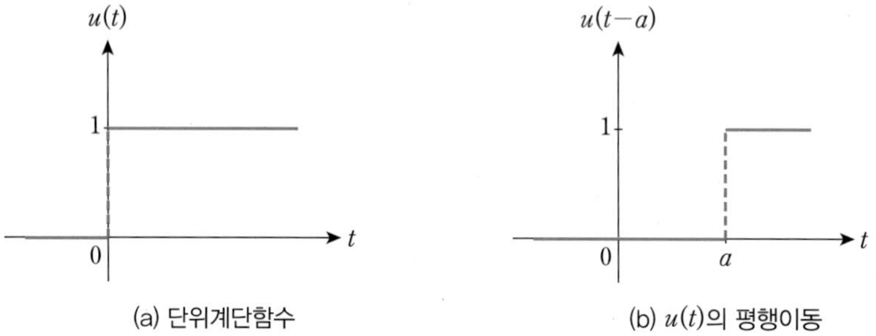

[그림 3.8] 단위계단함수와 평행이동

단위계단함수는 전형적인 공학함수(Engineering Function)인데, 보통 어떤 특정시간에서 스위치의 ON 또는 OFF의 두 가지 상태를 나타내는 데 주로 사용된다.

실수 전체의 집합 $\boldsymbol{R}$에서 정의된 어떤 함수 $f(t)$에 단위계단함수를 곱해 보자. 즉,

$$f(t)u(t)=\begin{cases}f(t), & t>0\\ 0, & t<0\end{cases} \tag{30}$$

이 성립한다. 식(30)으로부터 어떤 함수 $f(t)$에 단위계단함수 $u(t)$를 곱하면, t가 음이 되는 구간에 대한 함숫값을 강제적으로 0으로 만드는 효과가 있음을 알 수 있다. 이를 [그림 3.9]에 나타내었다.

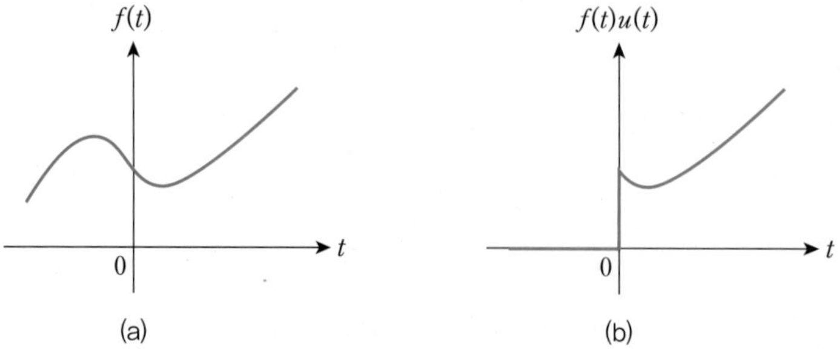

[그림 3.9] 단위계단함수의 효과

예제 3.10

$u(t)$를 다음과 같은 단위계단함수라고 할 때 $u(-t)$와 $u(a-t)$의 그래프를 각각 나타내어라. 단, a는 상수이다.

$$u(t)=\begin{cases}1, & t>0\\ 0, & t<0\end{cases}$$

풀이

단위계단함수의 정의에 따라 $u(-t)$는 다음과 같이 표현할 수 있다.

$$u(-t)=\begin{cases}1, & -t>0\\ 0, & -t<0\end{cases}$$

즉,

$$u(-t)=\begin{cases}1, & t<0\\ 0, & t>0\end{cases}$$

마찬가지 방법으로 $u(a-t)$는 다음과 같다.

$$u(a-t)=\begin{cases}1, & a-t>0\\ 0, & a-t<0\end{cases}$$

즉,

$$u(a-t)=\begin{cases}1, & t<a\\ 0, & t>a\end{cases}$$

따라서 $u(-t)$와 $u(a-t)$의 그래프는 다음과 같다.

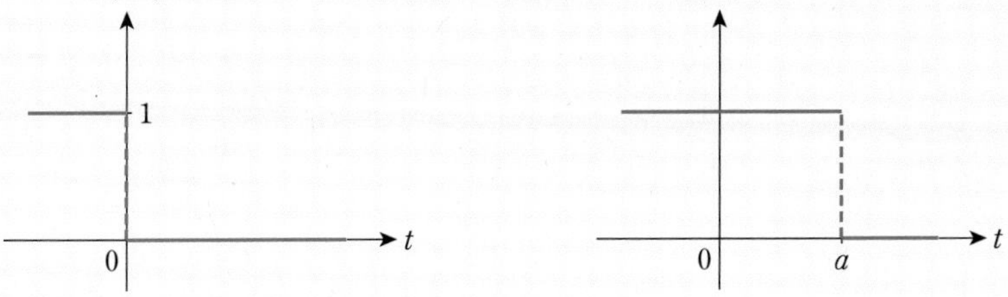

예제 3.11

다음 함수 $f(t)$를 단위계단함수를 이용하여 표현하라.

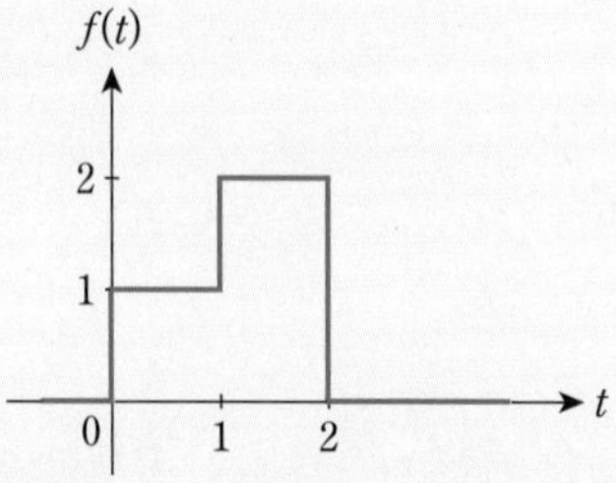

풀이

주어진 함수 $f(t)$는 다음의 세 함수들로부터 구성할 수 있다.

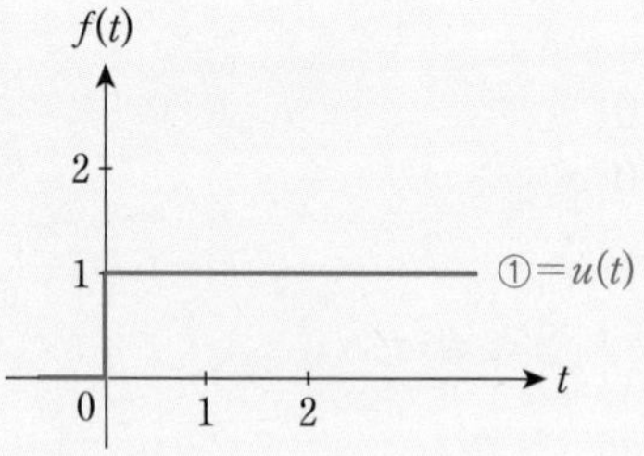

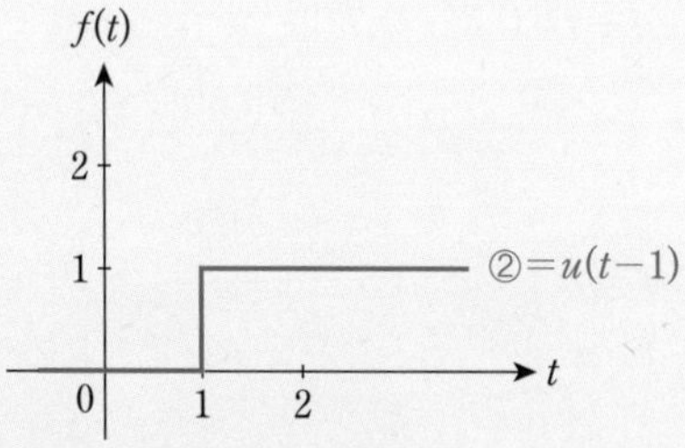

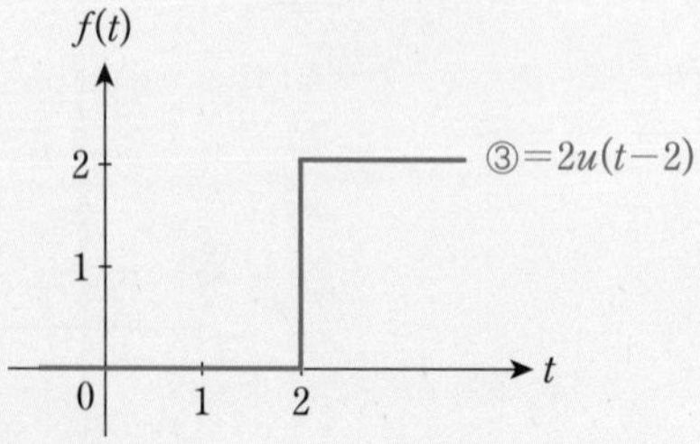

함수의 사칙연산에 대한 정의로부터

$$f(t) = ① + ② - ③ = u(t) + u(t-1) - 2u(t-2)$$

가 얻어진다.

(2) 램프함수 $r(t)$

램프(Ramp)함수 $r(t)$는 다음과 같이 정의된다.

$$r(t) = \begin{cases} t, & t \geq 0 \\ 0, & t < 0 \end{cases} \tag{31}$$

단위계단함수 $u(t)$와는 달리 램프함수 $r(t)$는 $t=0$에서 0으로 정의된다는 사실에 유의하라.

$r(t)$를 t축을 따라 a만큼 평행이동하면 $r(t-a)$를 정의할 수 있다.

$$r(t-a) = \begin{cases} t, & t \geq a \\ 0, & t < a \end{cases} \tag{32}$$

식(31)과 식(32)를 그래프로 표시하면 [그림 3.10]과 같이 나타낼 수 있다.

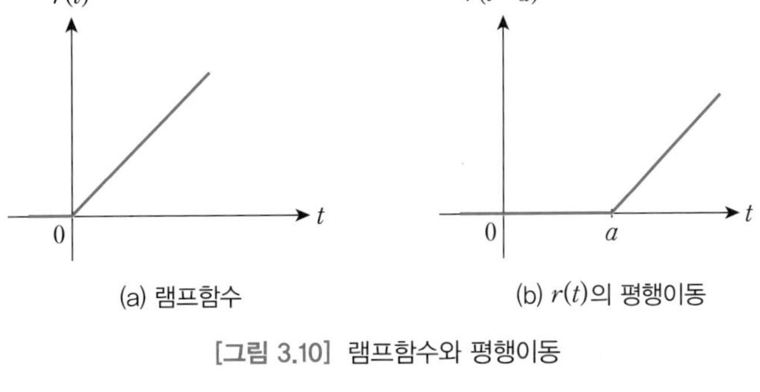

[그림 3.10] 램프함수와 평행이동

함수의 곱의 정의에 따라 램프함수 $r(t)$는 단위계단함수 $u(t)$를 이용하면 다음과 같이 표현할 수 있다.

$$r(t) = tu(t) \tag{33}$$

예제 3.12

다음 함수 $f(t)$를 램프함수를 이용하여 표현하라.

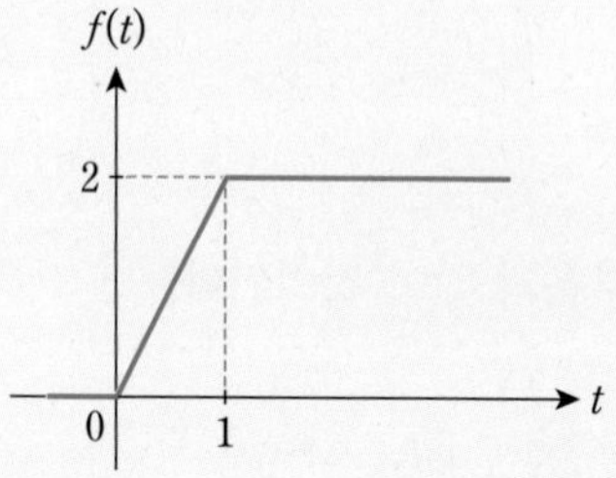

풀이

주어진 함수 $f(t)$는 다음의 두 함수들로부터 구성할 수 있다.

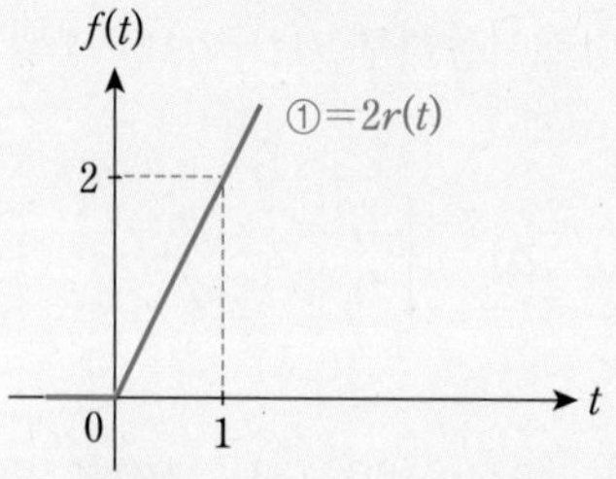

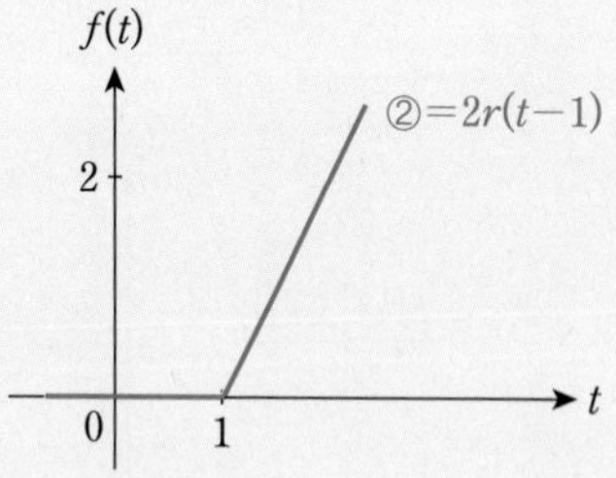

함수의 뺄셈에 대한 정의로부터

$$f(t) = ① - ② = 2r(t) - 2r(t-1)$$

이 얻어진다.

요약 **단위계단함수와 램프함수**

- 단위계단함수는 어떤 특정시간($t=0$)에서 스위치의 ON 또는 OFF의 두 가지 상태를 나타내는 데 사용되며 다음과 같이 정의한다.

$$u(t)=\begin{cases}1, & t>0\\ 0, & t<0\end{cases}$$

- 어떤 함수 $f(t)$에 단위계단함수 $u(t)$를 곱하면, t가 음이 되는 구간의 함숫값을 0으로 만드는 효과가 있다. 즉,

$$f(t)u(t)=\begin{cases}f(t), & t>0\\ 0, & t<0\end{cases}$$

- 램프함수 $r(t)$는 다음과 같이 정의된다.

$$r(t)=\begin{cases}t, & t\geq 0\\ 0, & t<0\end{cases}$$

- 램프함수 $r(t)$는 단위계단함수 $u(t)$를 이용하여 $r(t)=tu(t)$로 표현할 수 있다.

3.5* 임펄스(델타)함수

단위계단함수 및 램프함수와 함께 공학적으로 매우 유용한 임펄스함수(Impulse Function) $\delta(t)$에 대해 살펴본다.

$\delta(t)$는 수학자인 Dirac이 처음 델타함수(Delta Function)로 제안하였는데 처음에는 함수로서의 존재가치를 인정받지 못하였으나, 나중에 델타함수의 유용성이 발견되면서 현재에는 공학적으로 매우 중요한 함수 중의 하나로 자리잡고 있다.

$\delta(t)$를 정의하기에 앞서 [그림 3.11]에 나타낸 $\delta_a(t)$를 고찰해보자.

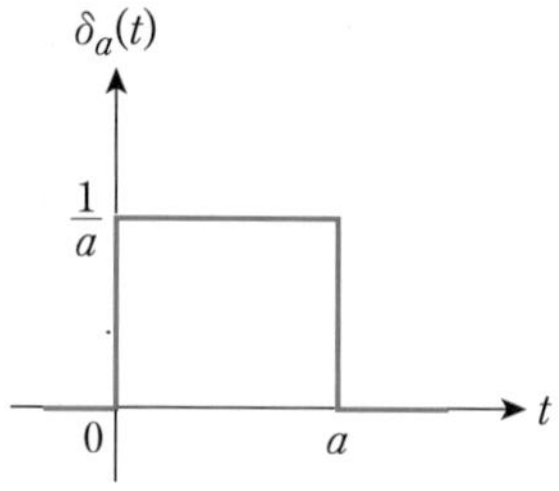

[그림 3.11] $\delta_a(t)$의 그래프

[그림 3.11]에서 알 수 있듯이 $\delta_a(t)$는 a값에 영향을 받는 함수이며, 전체구간에서 적분을 하면 사각형의 면적이 1이 된다. 그런데 만일 a를 점차로 감소시켜 궁극적으로는 $a \to 0$으로 변화시키면 사각형의 밑변은 한없이 작아지고, 사각형의 높이는 한없이 커지게 되는 함수가 된다.

즉, $t=0$에서만 그 함숫값이 ∞가 되고 $t \neq 0$에서는 함숫값이 0이 되는 특이한 함수를 얻게 되는데, 이를 다음과 같이 델타함수 또는 임펄스함수 $\delta(t)$라고 정의한다.

$$\delta(t) \triangleq \lim_{a \to 0} \delta_a(t) \tag{34}$$

또한 $\delta(t)$를 0을 포함하는 임의의 구간에 대해 적분을 하게 되면, 임펄스함수의 정의로부터 그 적분값은 1이 된다는 것을 알 수 있다.

$$\int_{-\varepsilon}^{\varepsilon} \delta(t)dt = 1 \tag{35}$$

[그림 3.12]에 임펄스함수 $\delta(t)$의 그래프를 도시하였다. $t=0$에서 함숫값이 ∞이므로 $t=0$에서 화살표로 표현한다.

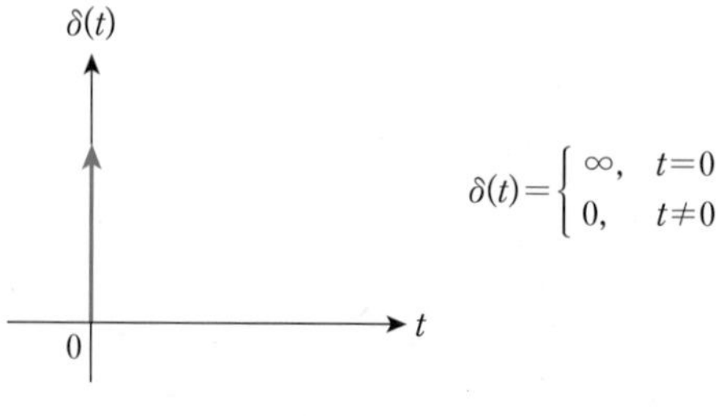

[그림 3.12] 임펄스함수 $\delta(t)$

임펄스함수 $\delta(t)$를 t축을 따라 a만큼 평행이동하면 $\delta(t-a)$를 정의할 수 있으며, 이를 [그림 3.13]에 나타내었다.

$$\delta(t-a)=\begin{cases}\infty, & t=a\\ 0, & t\neq a\end{cases} \tag{36}$$

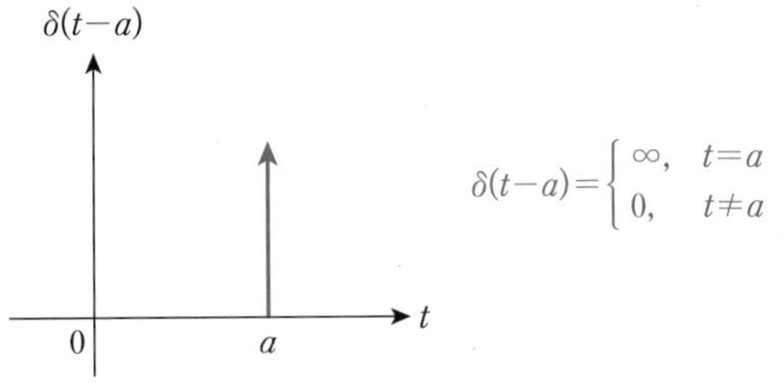

[그림 3.13] $\delta(t)$의 평행이동

여기서 잠깐! $\delta(t)$**의 정의**

[그림 3.11]에서 a를 $\frac{1}{2}a$, $\frac{1}{4}a$로 줄여나가면 다음 그림과 같이 표현된다.

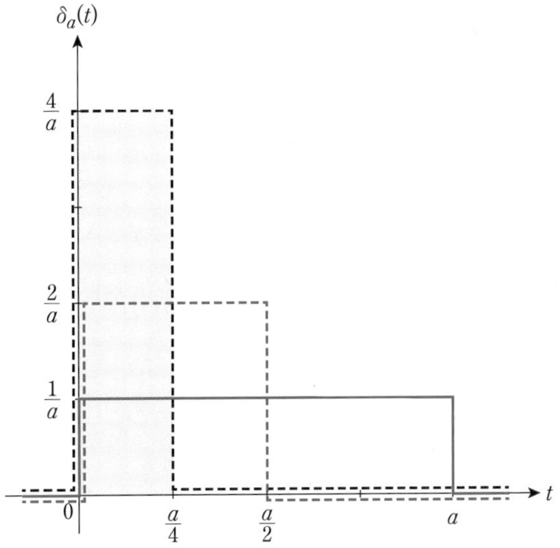

위의 그림에서 알 수 있듯이 밑변 a를 $\frac{a}{2}$, $\frac{a}{4}$로 줄여나가면 $\delta_a(t)$의 높이는 $\frac{2}{a}$, $\frac{4}{a}$가 증가 된다. 따라서 $a\to0$으로 하면 $\delta_a(t)$의 높이는 ∞가 되며, 이 극한을 임펄스함수 $\delta(t)$로 정의

하는 것이다.

$$\lim_{a \to 0} \delta_a(t) \triangleq \delta(t) = \begin{cases} \infty, & t=0 \\ 0, & t \neq 0 \end{cases}$$

예제 3.13

다음 함수 $f(t)$에 대한 그래프를 그려라.

$$f(t) = \delta(t) + 2\delta(t-1) + 3\delta(t-2)$$

풀이

함수 $f(t)$의 그래프는 다음과 같이 임펄스 열(Impulse Train)로 나타낼 수 있다.

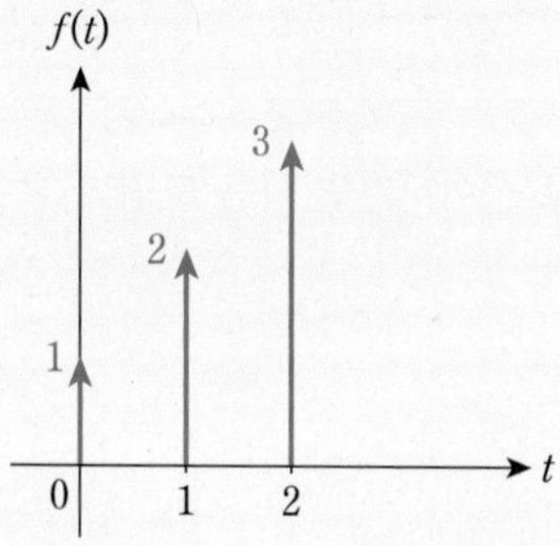

여기서 잠깐! **임펄스 열**

임펄스함수의 면적은 1이므로 일반적으로 함수 $f(t) = k\delta(t)$ (단, k는 상수)에 의하여 생기는 면적은 k이다. $k\delta(t)$는 $t=0$에 위치한 면적(또는 강도)이 k인 임펄스함수이며, $k\delta(t-a)$는 $t=a$에 위치한 강도가 k인 임펄스함수를 의미한다.
이와 같이 강도가 다른 여러 개의 임펄스함수가 기차처럼 이어져 있는 것을 임펄스 열(Impulse Train)이라고 한다.

나중에 전공분야의 선형시스템과 관련된 교과목에서 학습하겠지만, 임펄스함수 $\delta(t)$는 선형시스템의 입력과 출력관계를 수학적으로 표현할 때 매우 유용하게 사용

된다는 사실에 주목하라.

요약 | 임펄스(델타)함수

- 임펄스함수는 델타함수라고도 하며 수학자 Dirac이 다음과 같이 정의한 함수이다.

$$\delta(t)=\begin{cases}\infty, & t=0\\ 0, & t\neq 0\end{cases}$$

- $\delta(t)$는 면적이 1이므로 다음의 관계가 성립한다.

$$\int_{-\varepsilon}^{\varepsilon}\delta(t)dt=1$$

- $\delta(t-a)$는 $\delta(t)$를 t축을 따라 a만큼 평행이동한 임펄스함수이다.

3.6* 지수함수와 로그함수

(1) 지수함수 e^x

본 절에서는 지수함수 a^x 중에서 밑이 e인 e^x에 대하여 살펴본다. e^x는 공학분야에서는 매우 중요한 위치를 차지하고 있으므로 충분한 이해가 필수적이라 할 수 있다.

여기서 잠깐! | 무리수 e

이미 고등학교 과정에서 학습한 내용이지만 기억을 새롭게 하기 위하여 복습을 해본다.
e는 다음과 같이 정의되는 무리수이다.

$$e\triangleq\lim_{x\to 0}(1+x)^{\frac{1}{x}}=\lim_{x\to\infty}\left(1+\frac{1}{x}\right)^x$$

위의 e의 극한값은 존재한다는 것이 증명되어 있으며 다음 값에 수렴하는 무리수이다.

$$e\triangleq 2.718281\cdots$$

무리수 e를 밑(Base)으로 하는 지수함수 $f(x)=e^x$는 지수함수 중에서 가장 많이 사용되는 공학함수이다.

$$f(x)=e^x, \quad e=2.718\cdots \tag{37}$$

식(37)의 지수함수 e^x는 독립변수 x가 증가할 때 매우 빠르게 증가하며, $x\to\infty$이면 $e^x\to\infty$로 발산한다. 이것을 지수적인 증가(Exponential Growth)라고 한다.

만일 독립변수 x가 감소할 때 e^x는 매우 빠르게 감소하며, $x\to-\infty$이면 $e^x\to 0$으로 수렴한다. 이것을 지수적인 감쇠(Exponential Decay)라고 한다.

이상의 내용으로부터 $f(x)=e^x$의 그래프를 그리면 [그림 3.14]와 같다.

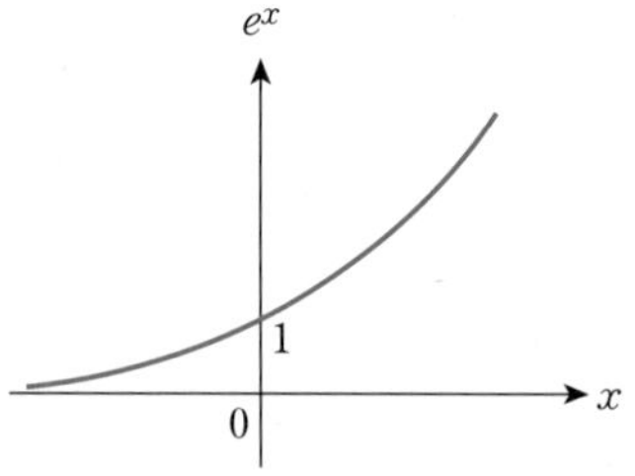

[그림 3.14] e^x의 그래프

[그림 3.14]로부터 e^x는 함수값이 음이 되지 않는다는 것에 주의하라.

한편, e^{-x}는 e^x와 같은 방식으로 지수적인 감쇠와 지수적인 증가에 대하여 설명할 수 있다.

① e^{-x}는 독립변수 x가 증가할 때 매우 빠르게 감소하며, $x\to\infty$이면 $e^{-x}\to 0$으로 수렴하여 지수적으로 감쇠한다.

② 만일 독립변수 x가 감소할 때 e^{-x}는 매우 빠르게 증가하며, $x\to-\infty$이면 $e^{-x}\to\infty$로 발산하여 지수적으로 증가한다.

이상의 내용으로부터 $f(x)=e^{-x}$의 그래프를 그리면 [그림 3.15]와 같다.

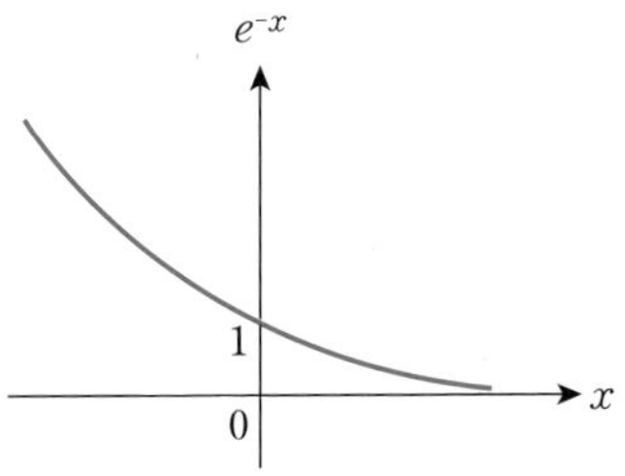

[그림 3.15] e^{-x}의 그래프

예제 3.14

다음 함수 $f(x)$의 그래프를 그리고 $f(x)$의 최솟값을 구하라.

$$f(x) = e^{|x|}$$

풀이

$x > 0$일 때 $f(x) = e^{|x|} = e^{x}$

$x < 0$일 때 $f(x) = e^{|x|} = e^{-x}$

이므로 $f(x)$의 그래프는 다음과 같다.

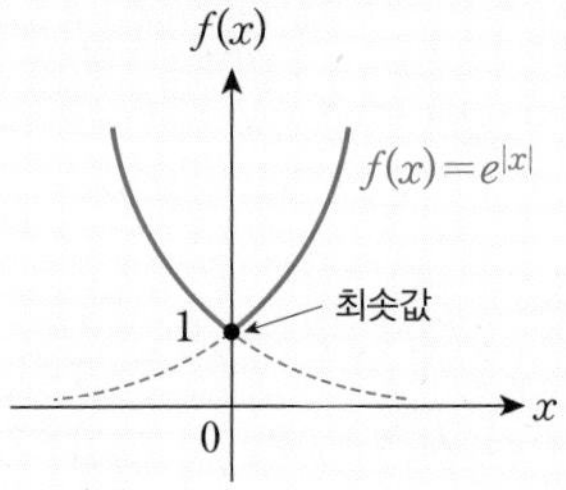

$f(x)$의 그래프로부터 최솟값은 $x=0$에서 1이 된다.

예제 3.15

다음 함수 $f(x)$를 x축 방향으로 2만큼 y축 방향으로 1만큼 평행이동한 함수 $g(x)$의 그래프를 도시하고, $g(x)$의 최댓값을 구하라.

$$f(x) = e^{-|x|}$$

풀이

평행이동의 정의에 의하여 x축으로 2만큼, y축으로 1만큼 평행이동한 함수 $g(x)$의 그래프는 다음과 같다.

$$y-1=f(x-2) \rightarrow y=1+e^{-|x-2|} \qquad \therefore g(x)=1+e^{-|x-2|}$$

먼저 $f(x)=e^{-|x|}$의 그래프를 도시하기 위하여 x의 범위에 따라 $f(x)$를 구해본다.

$x>0$일 때 $f(x)=e^{-|x|}=e^{-x}$

$x<0$일 때 $f(x)=e^{-|x|}=e^{x}$

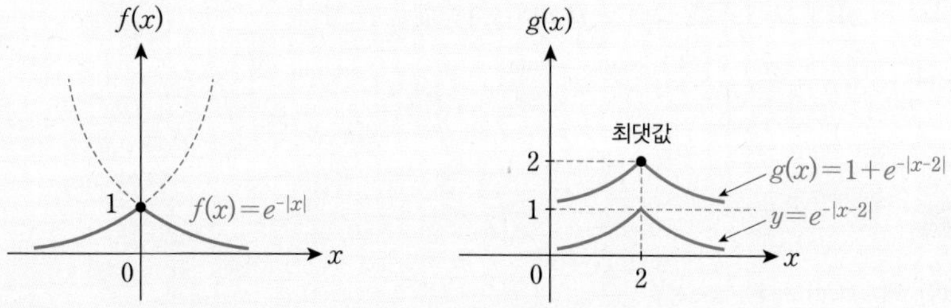

$f(x)$의 그래프를 x축으로 2만큼, y축으로 1만큼 평행이동한 $g(x)$의 그래프는 위의 우측에 나타내었다. 위의 우측 그림에서 $g(x)=1-e^{-|x-2|}$의 최댓값은 $x=2$에서 $y=2$를 가진다.

(2) 로그함수

본 절에서는 로그함수 $\log_a x$ 중에서 밑이 10인 상용로그(Common Logarithm)와 밑(Base)이 무리수 e인 자연로그(Natural Logarithm)에 대해서 살펴본다.

정의 3.2 상용로그와 자연로그

(1) 밑이 10인 로그를 상용로그라고 하며, 밑 10을 생략하여 다음과 같이 $\log x$로 표현한다.

$$y=\log_{10}x \triangleq \log x$$

(2) 밑이 e인 로그를 자연로그라고 하며, 밑 e를 생략하여 다음과 같이 $\ln x$로 표현한다.

$$y=\log_{e}x \triangleq \ln x$$

공학분야에서 상용로그와 자연로그는 많이 사용되나 독자들이 어렵다고 많이 생각하는 함수이다. 다른 학문분야에서도 마찬가지이겠지만 특히 수학의 경우는 기본적인 정의와 관련된 개념을 충분하게 이해하는 것이 매우 중요하다.

여기서 잠깐! **로그의 정의**

$a \neq 1$인 양수 a에 대하여 다음의 지수방정식을 살펴보자.

$$a^x = b$$

이 지수방정식을 만족하는 x를

$$x = \log_a b$$

라고 정의하며, $\log_a b$를 밑이 a이고 진수(Anti-Logarithm)가 b인 로그라고 부른다. 어떤 독자들은 위의 정의가 어렵고 갑자기 log라는 용어가 튀어나와 당황스러울 것이다. 다음을 생각해보자.

먼저, $2^x = 8$을 만족하는 x는 얼마인가? x는 쉽게 3이라는 것을 알 수 있다. 그러면 우변의 8을 7로 바꾸어서 다음을 생각해보자.

$$2^x = 7$$

위의 방정식의 해는 $2^2 < 7 < 2^3$이므로 아마도 x는 2와 3 사이에 있는 수이라는 것을 추측할 수 있지만 정확한 값을 소수점까지 표시한다는 것은 어려울 것이다. 앞으로 우리는 이 수를 정확하게 다음과 같이 표현하는 것으로 약속할 것이다.

$$x = \log_2 7$$

즉, x를 $2^x = 7$의 방정식에 대입해보면

$$2^{(\log_2 7)} = 7$$

이 성립되는 것이다. 마찬가지로 $2^x = 8$에서 $x = 3$이지만 로그의 정의에 의하면 $x = \log_2 8 = 3$이라고 할 수 있는 것이다.

결과적으로 $\log_a b$라는 새로운 수를 정의한 것이나 마찬가지라는 것에 주목하라. 앞에서 언급하였지만 수학은 정의를 명확하게 이해하여 자신의 것으로 소화시키는 과정이 매우 중요한 학문이라는 것을 다시 한번 강조한다.

고등학교 과정에서 이미 학습한 로그의 몇 가지 성질을 [정리 3.3]에 열거한다. 증명과정은 독자들의 연습문제로 남겨둔다.

정리 3.3 로그의 성질

(1) $\log_a xy = \log_a x + \log_a y$

(2) $\log_a \dfrac{y}{x} = \log_a y - \log_a x$

(3) $\log_a x^m = m\log_a x$

(4) $\log_a a^m = m\log_a a = m$

(5) $a^{\log_a x} = x^{\log_a a} = x$

(6) $\log_a b = \dfrac{1}{\log_b a}$ (단, $b \neq 1$인 양수)

예제 3.16

다음 식의 값을 계산하라.

(1) $\log_2 8 - \log_2 \dfrac{1}{4} + \log_2 16$

(2) $e^{\ln e^2} + \ln e$

(3) $\log \dfrac{1}{100} - 20\log 10^2$

풀이

(1) $\log_2 8 - \log_2 \dfrac{1}{4} + \log_2 16$

$= \log_2 2^3 - (\log_2 1 - \log_2 4) + \log_2 2^4$

$= 3 - (0-2) + 4 = 9$

(2) $e^{\ln e^2} + \ln e = e^{2\ln e} + \ln e = e^2 + 1$

(3) $\log \dfrac{1}{100} - 20\log 10^2 = (\log 1 - \log 100) - 40\log 10$

$= \log 1 - \log 10^2 - 40\log 10$

$= 0 - 2 - 40 = -42$

예제 3.17

$a \neq 1$인 양수 a에 대하여 다음 지수함수의 역함수를 구하라.

$$y = a^x$$

풀이

역함수를 구하기 위하여 원 함수를 로그의 정의를 이용하여 x에 대하여 정리한다.

$$y = a^x \longrightarrow x = \log_a y$$

원 함수와 역함수는 $y = x$에 대하여 대칭이므로 x와 y를 서로 바꾸면 다음의 역함수를 구할 수 있다.

$$y = \log_a x$$

〈예제 3.17〉의 결과로부터 로그함수와 지수함수는 서로 역함수 관계라는것을 알 수 있을 것이다.

다음으로 $y = \ln x$의 그래프를 그려본다. $y = \ln x$와 $y = e^x$는 역함수 관계이므로 직선 $y = x$에 대하여 대칭이다.

$$y = \ln x \xrightarrow{\text{역함수}} y = e^x$$

$y = x$의 대칭성을 이용하여 [그림 3.16]에 $y = \ln x$의 그래프를 나타내었다. [그림 3.16]에서 알 수 있듯이 $x \to 0$이 될 때 $y = \ln x$의 함숫값은 $-\infty$가 된다는 점에 주의하라. $y = \ln x$는 $x = 1$일 때 $y = \ln 1 = 0$이므로 x축 절편이 1이다.

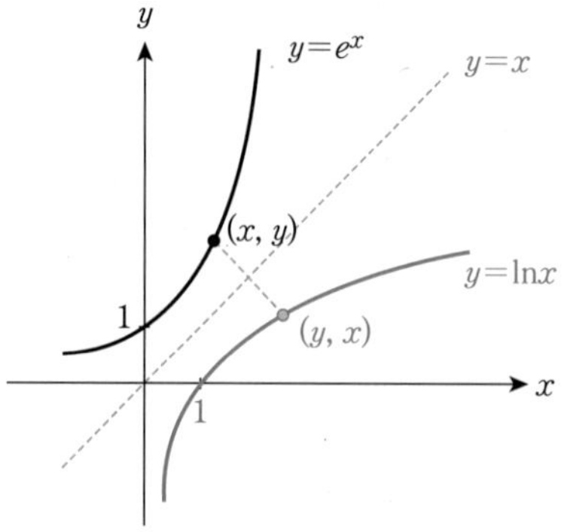

[그림 3.16] $y = \ln x$의 그래프

예제 3.18

양수 x와 y에 대하여 $x+y=3x-2y$의 관계가 성립할 때 다음을 계산하라.

$$\log\left(x+\frac{7}{2}y\right)-\log(x-y)$$

풀이

주어진 $x+y=3x-2y$ 로부터

$$2x=3y \qquad \therefore\ x=\frac{3}{2}y$$

이므로 주어진 식에 대입하면 다음과 같다.

$$\begin{aligned}
&\log\left(x+\frac{7}{2}y\right)-\log(x-y)\\
&=\log\left(\frac{3}{2}y+\frac{7}{2}y\right)-\log\left(\frac{3}{2}y-y\right)\\
&=\log\frac{10}{2}y-\log\frac{1}{2}y=\log\frac{\left(\frac{10}{2}\right)}{\left(\frac{1}{2}\right)}=\log 10=1
\end{aligned}$$

요약	지수함수와 로그함수

- e^x 는 지수함수 중에서 공학적으로 가장 많이 사용되는 지수함수이다.
- e^x 는 $x\to\infty$ 이면 $e^x\to\infty$ 로 발산하여 지수적으로 증가하며, $x\to-\infty$ 이면 $e^x\to 0$ 으로 수렴하여 지수적으로 감쇠한다.
- e^{-x} 는 $x\to\infty$ 이면 $e^x\to 0$ 으로 수렴하여 지수적으로 감쇠하며, $x\to-\infty$ 이면 $e^{-x}\to\infty$ 로 발산하여 지수적으로 증가한다.
- 밑이 10인 로그를 상용로그 $y=\log_{10}x \triangleq \log x$ 로 정의하고, 밑이 e인 로그를 자연로그 $y=\log_e x \triangleq \ln x$ 로 정의한다.
- $y=\ln x$ 는 $y=e^x$ 와 역함수 관계이므로 직선 $y=x$ 에 대하여 두 그래프는 서로 대칭이다.

지금까지 공학적으로 유용한 여러 가지 함수를 살펴보았다. 다음 절에서는 공학적으로 매우 중요한 의미를 가지는 함수의 주기성과 대칭성에 대해 살펴보도록 한다.

3.7 함수의 특성: 주기성과 대칭성

(1) 주기성과 주기함수

공학적인 현상 중에서 감쇠가 없는 스프링(Spring)의 진동이나 심전도(Electrocardiogram: EKG) 파형 등에서는 일정한 시간간격으로 반복되는 주기적인 패턴이 나타나는데 이를 주기성이라고 한다. 주기성은 주기함수(Periodic Function)로 표현할 수 있으며, 본 절에서는 이에 대하여 학습한다.

매 p시간 간격마다 주기성을 가지는 주기함수 $f(x)$의 수학적인 정의는 [그림 3.17]에 나타낸 것처럼 임의의 x^*에서의 함숫값 $f(x^*)$와 x^*+p에서의 함숫값이 서로 같아야 한다. 왜냐하면 주기함수는 일정한 시간간격 p를 가지고 반복되는 특성을 가지므로 매 p시간 간격마다 함숫값이 동일하여야 한다. 즉,

$$f(x^*)=f(x^*+p),\quad \forall x^* \tag{38}$$

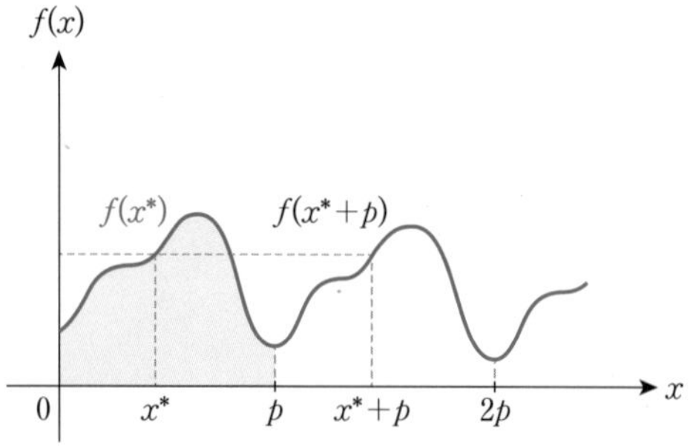

[그림 3.17] 주기가 p인 주기함수

그런데 x^*는 임의의 값이므로 일반적으로 다음과 같이 표현할 수 있으며, p를 함수 $f(x)$의 주기(Period)라고 한다.

$$f(x) = f(x+p), \ \ \forall x \tag{39}$$

식(39)로부터 $f(x+2p)$와 $f(x+3p)$를 계산해 보면

$$f(x+2p) = f[(x+p)+p] = f(x+p) = f(x)$$
$$f(x+3p) = f[(x+2p)+p] = f(x+2p) = f(x)$$

가 되므로 정수 n과 임의의 x에 대하여 다음의 관계가 성립한다.

$$f(x) = f(x+np) \tag{40}$$

따라서 식(40)으로부터 p, $2p$, $3p$, $\cdots$, np 등도 $f(x)$의 주기가 된다는 것을 알 수 있으며, 이 중에서 가장 작은 값인 p를 $f(x)$의 기본주기(Fundamental Period)라고 한다. 앞으로 특별한 언급이 없는 경우 주기라 함은 기본주기를 지칭하는 것으로 한다.

예제 3.19

다음 함수들의 기본주기를 구하라.

(1) $f(x)=\sin 2x$

(2) $g(x)=\sin x+\cos 2x$

(3) $h(x)=\sin 3x+\cos 2x$

풀이

(1) $f(x+\pi)=\sin 2(x+\pi)=\sin(2x+2\pi)=\sin 2x=f(x)$

따라서 $f(x)$는 주기가 π인 주기함수이다.

(2) $\sin x$는 주기가 2π인 주기함수이고 $\cos 2x$는 주기가 π인 주기함수이므로 $g(x+2\pi)$를 계산해 보면

$$\begin{aligned} g(x+2\pi) &= \sin(x+2\pi)+\cos 2(x+2\pi) \\ &= \sin x+\cos(2x+4\pi)=\sin x+\cos 2x=g(x) \end{aligned}$$

가 성립한다. 따라서 $g(x)$는 주기가 2π인 주기함수이다.

(3) $\sin 3x$는 주기가 $\frac{2}{3}\pi$인 주기함수이고, $\cos 2x$는 주기가 π인 주기함수이므로 $\left\{\frac{2}{3}\pi,\ \frac{4}{3}\pi,\ \frac{6}{3}\pi,\ \cdots\right\}$와 $\{\pi,\ 2\pi,\ 3\pi,\ \cdots\}$의 교집합 중에서 가장 작은 값은 2π이므로 $h(x+2\pi)$를 계산해 본다.

$$\begin{aligned} h(x+2\pi) &= \sin 3(x+2\pi)+\cos 2(x+2\pi) \\ &= \sin(3x+6\pi)+\cos(2x+4\pi) \\ &= \sin 3x+\cos 2x=h(x) \end{aligned}$$

따라서 $h(x)$는 주기가 2π인 주기함수이다.

여기서 잠깐! **기호 $\forall$와 $\exists$의 의미**

수학에서는 많은 기호를 사용하게 되는데 $\forall$과 $\exists$의 의미를 살펴보자. 얼핏 영어 알파벳의 A와 E를 뒤집어 놓은 것 같은 모양인데, $\forall$는 '모든', '임의의'라는 의미로 $\forall x$는 '임의의 x', '모든 x'를 나타낸다. 영어에서 'All'이 '모든'의 의미이므로 알파벳 A를 뒤집어 놓은 모양을

사용한 것으로 이해해도 무방하다.
또한 ∃은 '존재한다'의 의미로 ∃x는 '어떤 x가 존재한다'를 나타내며, 영어에서 'Exist'가 '존재하다'의 의미이므로 알파벳 E를 뒤집어 놓은 모양을 사용하는 것이다.

여기서 잠깐! **$\sin \omega x$ 와 $\cos \omega x$ 의 주기**

$\sin x$ 와 $\cos x$ 는 주기가 2π 인 주기함수이다. $\sin \omega x = \sin \omega(x+p)$ 의 관계로부터 $\sin \omega x$ 의 주기를 계산해보자.

$$\sin \omega x = \sin(\omega x + 2\pi) = \sin \omega\left(x + \frac{2\pi}{\omega}\right)$$

이므로 $\sin \omega x$ 는 주기 $p = \frac{2\pi}{\omega}$ 인 주기함수이다.
마찬가지 방법으로

$$\cos \omega x = \cos(\omega x + 2\pi) = \cos \omega\left(x + \frac{2\pi}{\omega}\right)$$

이므로 $\cos \omega x$ 는 주기 $p = \frac{2\pi}{\omega}$ 인 주기함수이다. 주기의 역수를 주파수(Frequency) 또는 진동수라고 한다.

---

(2) 대칭성: 우함수와 기함수

어떤 공학함수가 대칭성을 가지는 경우를 흔히 접할 수 있으므로 본 절에서는 대칭성이라는 함수의 특성에 대해 다룬다.

① 우함수(Even Function)

우함수는 y축에 대해 대칭인 함수를 의미하며 '우'라는 용어는 짝수를 의미한다. 영어로 짝수를 Even Number라고 하여 우함수를 Even Function이라고 한다.

y축 대칭인 임의의 함수 $y = f(x)$를 고려하자. y축 대칭이란 함수의 그래프를 y축을 기준으로 하여 접으면 정확하게 일치한다는 의미이다. y축 대칭을 수학적으로 표현하면 어떻게 될까? 다음 그림을 보자.

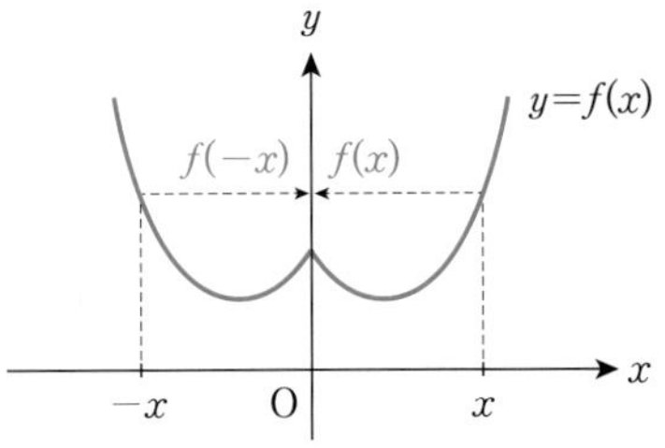

[그림 3.18] y축 대칭함수(우함수)

[그림 3.18]에서 $y = f(x)$의 그래프는 y축을 기준으로 하여 반으로 접으면 정확하게 일치하므로 y축 대칭함수이다. 따라서 원점에서 동일한 거리가 떨어져 있는 x와 $-x$에 대한 함숫값이 같아야 한다. 즉, 다음의 관계가 모든 x에 대하여 성립하여야 한다.

$$f(-x) = f(x), \ \forall x \tag{41}$$

② 기함수(Odd Function)

한편, 원점 대칭인 함수를 기함수라고 하며 '기'라는 용어는 홀수를 의미한다. 영어로 홀수를 Odd Number라고 하여 기함수를 Odd Function이라고 한다.

원점 대칭인 함수 $y = f(x)$를 고려하자. 원점 대칭이란 함수의 그래프가 원점에서 같은 거리만큼 떨어져 있는 함수를 의미한다. 원점 대칭을 수학적으로 표현하면 어떻게 될까? [그림 3.19]를 살펴보자.

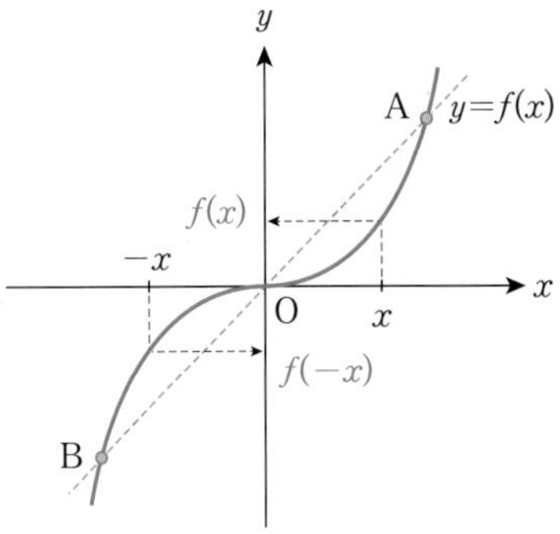

[그림 3.19] 원점 대칭함수(기함수)

[그림 3.19]에서 $y=f(x)$의 그래프는 원점으로부터 같은 거리만큼 떨어져 있다. 즉, 원점을 지나는 임의의 직선을 하나 그려 보면 $y=f(x)$는 A점과 B점에서 만나는데 $\overline{OA}=\overline{OB}$가 성립하면 원점 대칭이라 한다.

원점 대칭인 함수는 원점에서 동일한 거리가 떨어진 $-x$와 x에서의 함숫값이 서로 부호는 다르지만 그 크기는 같아야 한다. 따라서 모든 x에 대하여 다음의 관계가 성립한다.

$$f(-x)=-f(x),\ \ \forall x \tag{42}$$

예를 들어, $y=x^2+3$은 우함수이고 $y=x^3$은 기함수임을 알 수 있다. 우함수는 다항함수의 경우 짝수 지수로만 항이 구성되어 있으며, 기함수는 홀수 지수로만 항이 구성되었다는 사실에 주목하라.

$\cos x$는 y축 대칭이고, $\sin x$와 $\tan x$는 원점 대칭이므로 다음의 관계가 성립한다.

$$\cos(-x)=\cos x \tag{43}$$

$$\sin(-x)=-\sin x,\ \ \tan(-x)=-\tan x \tag{44}$$

지금까지 논의를 마무리하기 위하여 우함수와 기함수의 몇 가지 성질을 [정리 3.3]에 나열하였으며, 증명은 독자들의 연습문제로 남긴다.

정리 3.3 우함수와 기함수의 성질

(1) 우함수의 합 또는 차는 우함수이다.
(2) 기함수의 합 또는 차는 기함수이다.
(3) 두 우함수의 곱 또는 몫은 우함수이다.
(4) 두 기함수의 곱 또는 몫은 우함수이다.
(5) 우함수와 기함수의 곱 또는 몫은 기함수이다.

예제 3.20

[정리 3.3]에서 다음의 성질을 증명하라.

(1) 두 기함수의 곱은 우함수이다.

(2) 우함수와 기함수의 곱은 기함수이다.

풀이

(1) $f(x)$와 $g(x)$를 기함수라 가정하면 다음의 관계가 성립된다.

$$f(x) = -f(-x)$$
$$g(x) = -g(-x)$$

$h(x) \triangleq f(x)g(x)$라 정의하고 $h(-x)$를 계산하면

$$h(-x) = f(-x)g(-x) = \{-f(x)\}\{-g(x)\} = f(x)g(x) = h(x)$$

가 성립하므로 $h(x)$는 우함수이다.

(2) $f(x)$를 우함수, $g(x)$를 기함수라 가정하면 다음의 관계가 성립된다.

$$f(x) = f(-x)$$
$$g(x) = -g(-x)$$

$h(x) \triangleq f(x)g(x)$라 정의하고 $h(-x)$를 계산하면

$$h(-x) = f(-x)g(-x) = f(x)\{-g(x)\} = -f(x)g(x) = -h(x)$$

가 성립하므로 $h(x)$는 기함수이다.

예제 3.21

다음 함수가 우함수인지 기함수인지 판별하라.

(1) $f(x) = x^2 + 3$

(2) $g(x) = x^3 + x$

(3) $h(x) = x + 1$

풀이

(1) $f(-x)=(-x)^2+3=x^2+3=f(x)$ $\therefore$ $f(x)$는 우함수이다.

(2) $g(-x)=(-x)^3+(-x)=-x^3-x=-(x^3+x)=-g(x)$

$\therefore$ $g(x)$는 기함수이다.

(3) $h(-x)=-x+1\neq h(x)$이므로 $h(x)$는 우함수도 기함수도 아니다.

예제 3.22

$f(x)$가 우함수이고 $g(x)$가 기함수라고 할 때, 다음 함수들이 우함수인지 기함수인지를 판별하라.

(1) $(f\circ f)(x)$

(2) $(g\circ g)(x)$

(3) $(f\circ g)(x)$, $(g\circ f)(x)$

풀이

(1) $p(x)\triangleq(f\circ f)(x)$라고 정의하고 $p(-x)$를 계산하면

$$p(-x)=(f\circ f)(-x)=f(f(-x))=f(f(x))=(f\circ f)(x)=p(x)$$

이므로 $p(x)=(f\circ f)(x)$는 우함수이다.

(2) $q(x)\triangleq(g\circ g)(x)$라고 정의하고 $q(-x)$를 계산하면

$$\begin{aligned} q(-x)&=(g\circ g)(-x)=g(g(-x))=g(-g(x))=-g(g(x)) \\ &=-(g\circ g)(x)=-q(x) \end{aligned}$$

이므로 $q(x)=(g\circ g)(x)$는 기함수이다.

(3) $r_1(x)\triangleq(f\circ g)(x)$라고 정의하고 $r_1(-x)$를 계산하면

$$\begin{aligned} r_1(-x)&=(f\circ g)(-x)=f(g(-x))=f(-g(x)) \\ &=f(g(x))=(f\circ g)(x)=r_1(x) \end{aligned}$$

이므로 $r_1(x)=(f\circ g)(x)$는 우함수이다.

$r_2 \triangleq (g \circ f)(x)$라고 가정하고 $r_2(-x)$를 계산하면

$$r_2(-x) = (g \circ f)(-x) = g(f(-x)) = g(f(x)) = (g \circ f)(x) = r_2(x)$$

이므로 $r_2(x) = (g \circ f)(x)$는 우함수이다.

요약 **함수의 특성: 주기성과 대칭성**

- 주기함수는 일정한 시간 간격 p를 가지고 반복되는 특성을 가진 함수이며 다음과 같이 정의한다.

$$f(x+p) = f(x), \ \forall x$$
$$p\text{: 기본주기}$$

- 우함수는 y축 대칭인 함수를 의미하므로 $f(-x) = f(x)$의 성질을 만족하며, 짝수함수라고도 부른다.
- 기함수는 원점 대칭인 함수를 의미하므로 $f(-x) = -f(x)$의 성질을 만족하며, 홀수함수라고도 부른다.
- 우함수의 합 또는 차는 우함수이며, 기함수의 합 또는 차는 기함수이다.
- 두 우함수의 곱 또는 몫은 우함수이며, 두 기함수의 곱 또는 몫은 우함수이다.
- 우함수와 기함수의 곱 또는 몫은 기함수이다.

연습문제

01 다음 두 점을 지나는 1차함수를 구하고, x축 절편과 y축 절편을 계산하라.

(1) $P(1,2)$, $Q(2,6)$

(2) $P(1,-4)$, $Q(3,2)$

02 1차함수 $y=ax+b$의 x축 절편과 y축 절편이 각각 3과 1이라 할 때 $a+b$의 값을 구하라. 단, a와 b는 상수이다.

03 다음의 일반형 2차함수를 완전제곱형으로 변환하여 그래프를 그려라.

(1) $y=x^2+5x+8$

(2) $y=-x^2+3x+3$

04 다음 삼각함수의 값을 덧셈정리를 이용하여 계산하라.

(1) $\cos\frac{7}{3}\pi$

(2) $\sin\frac{\pi}{3}$

05 $\sin x=\frac{1}{3}$, $\sin y=\frac{3}{5}$으로 주어질 때 다음 삼각함수의 값을 구하라. 단, $0\leq\pi\leq\frac{\pi}{2}$, $\frac{\pi}{2}\leq y\leq\pi$이다.

(1) $\sin(x+y)$

(2) $\tan(x-y)$

06 다음 삼각함수를 sine 함수만으로 합성하라.

$$3\sin 2x+4\cos 2x$$

또한, cosine 함수만으로 합성하라.

07 다음 함수를 단위계단함수를 이용하여 표현하라.

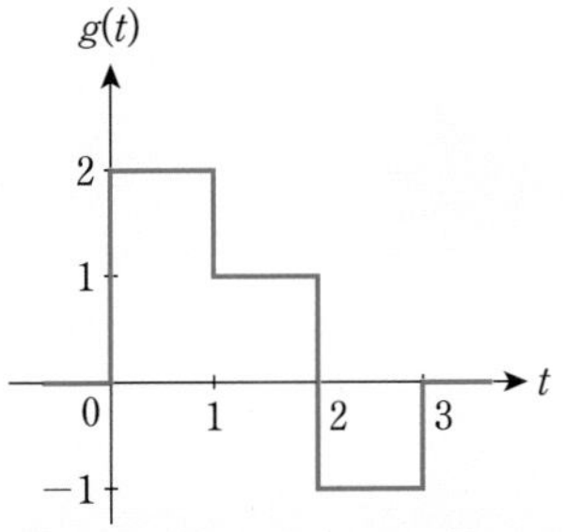

08 다음 함수를 단위계단함수와 램프함수를 이용하여 표현하라.

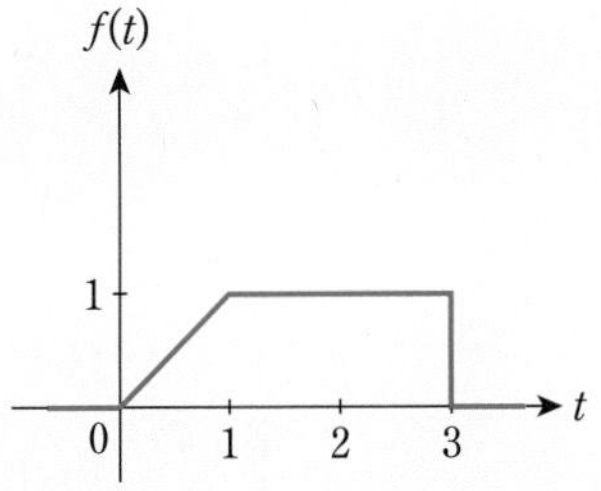

09 다음 함수 $f(x)$의 그래프를 그리고 $f(x)$의 최댓값과 최솟값을 구하라.

$$f(x) = -e^{-|x|}u(-x)$$

단, $u(x)$는 단위계단함수이다.

10 임의의 함수 $f(x)$는 우함수 $h_e(x)$와 기함수 $h_o(x)$의 합으로 다음과 같이 표현될 수 있다는 것을 증명하라.

$$f(x) = h_e(x) + h_o(x)$$

여기서 $h_e(x) \triangleq \frac{1}{2}\{f(x) + f(-x)\}$

$h_o(x) \triangleq \frac{1}{2}\{f(x) - f(-x)\}$

이다.

11 우함수와 기함수의 정의를 이용하여 다음 함수가 우함수인지 기함수인지 판별하라.

(1) $\cos 2x \sin 3x$

(2) $e^x \cos x$

(3) $x^3 \sin^2 x$

12 함수 $f(x)$는 우함수이고 함수 $g(x)$는 기함수라고 할 때, 다음 함수들이 기함수임을 보여라.

(1) $h(x) = \dfrac{g(x)}{f(x)} - f(x)g(x)$

(2) $p(x) = 2f(x)g(x) + 3g(x)$

13 1차함수 $y = 3x - 5$와 2차함수 $y = x^2 - 3x + 4$가 한 점 $P(a, b)$에서 만난다고 할 때 $a+b$의 값을 구하라.

14 $f(x) = [x]$가 우함수인지 기함수인지를 $f(x)$의 그래프를 그려 판별하라. 단, $[x]$는 가우스함수로 x보다 크지 않은 최대정수로 정의된다.

15 반지름이 r이고 사잇각이 θrad 인 부채꼴에서 호의 길이 l을 구하라. 만일 사잇각 θ가 2배가 증가할 때 호의 길이는 어떻게 변화하는가?

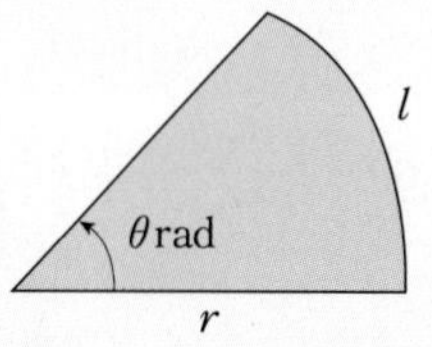

CHAPTER 04

함수의 극한과 연속성

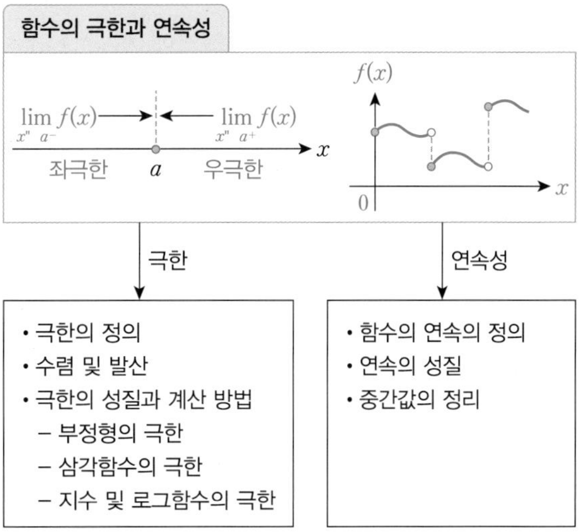

CHAPTER 04

함수의 극한과 연속성

▶ 단원 개요

본 장에서는 미분과 적분의 기본개념인 함수의 극한과 연속성에 관한 내용을 다룬다. 가장 기본적인 극한의 개념과 여러 가지 극한의 성질 등에 대해 학습한다. 또한 삼각함수나 지수 및 로그함수와 같은 초월함수(Transcendental Function) 등의 극한에 대해서도 살펴본다. 마지막으로 함수의 연속성과 관련하여 연속의 개념 및 성질 그리고 중간값의 정리 등에 대해서도 소개한다.

본 장의 내용은 미적분을 이해하는데 선행되는 개념이므로 충분한 이해가 필요하다.

4.1 극한의 정의: 좌극한과 우극한

어떤 함수 $f(x)$의 정의역에 있는 원소 x가 a에 한없이 접근하여 가까워질 때 $f(x)$의 변화는 함수의 극한(Limit)에 의해 알 수 있다. 이 때 x가 a로 한없이 접근하는 것을 $x \to a$로 표기하며 $x \neq a$이지만 x와 a의 간격이 좁아진다는 것을 의미한다.

일반적으로 x가 a에 한없이 접근하는 방법은 a의 좌측에서 접근하는 방법과 a의 우측에서 접근하는 2가지 방법이 있으며, 이를 〈표 4.1〉에 나타내었다.

〈표 4.1〉 접근 방법에 따른 수학적인 표기법

접근 방법	수학적인 표기
x가 a로 한없이 접근한다.	$x \to a$
x가 a의 좌측에서 한없이 접근한다.	$x \to a^-$
x가 a의 우측에서 한없이 접근한다.	$x \to a^+$

〈표 4.1〉의 접근 방법에 따른 수학적인 표기법을 [그림 4.1]에 나타내었다.

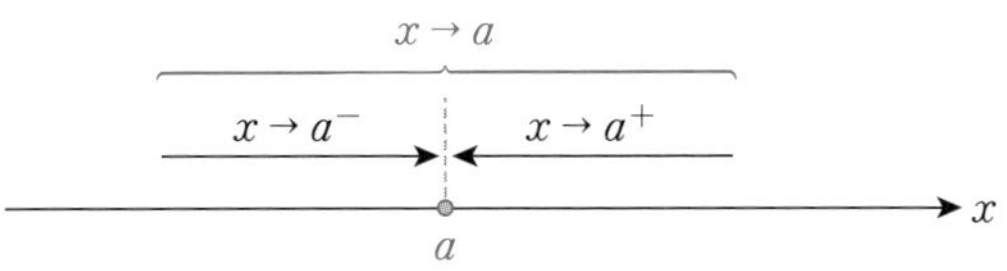

[그림 4.1] 접근 방법의 의미

다음으로 좌극한(Left-hand Limit)과 우극한(Right-hand Limit)을 정의한다.

정의 4.1 **좌극한과 우극한**

(1) $x \to a^-$ 일 때 함수 $f(x)$가 어떤 실수 L_1에 한없이 가까워지는 경우 L_1을 $x=a$에서 $f(x)$의 좌극한이라고 정의하며 다음과 같이 나타낸다.

$$\lim_{x \to a^-} f(x) = L_1$$

(2) $x \to a^+$ 일 때 함수 $f(x)$가 어떤 실수 L_2에 한없이 가까워지는 경우 L_2를 $x=a$에서 $f(x)$의 우극한이라고 정의하며 다음과 같이 나타낸다.

$$\lim_{x \to a^+} f(x) = L_2$$

일반적으로 좌극한 L_1과 우극한 L_2는 함수의 형태에 따라 같을 수도 있고 다를 수도 있다. 함수의 그래프를 이용하는 경우 좌극한은 주어진 점의 좌측만을 이용하고 우극한은 주어진 점의 우측만을 이용한다. 예를 들어 다음의 [그림 4.2]를 살펴보자.

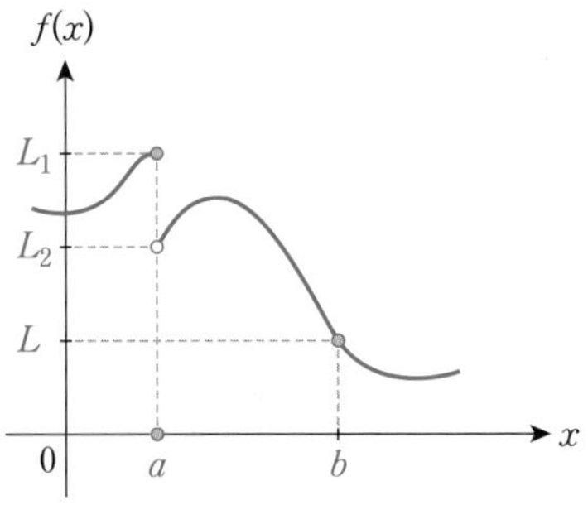

[그림 4.2] 좌극한과 우극한의 개념

[그림 4.2]에 나타낸 $x=a$에서 그래프가 끊어진 불연속인 함수 $f(x)$를 살펴보자. [그림 4.2]에서 $x\to a^-$일 때 $f(x)$는 좌극한 L_1에 한없이 접근하고, $x\to a^+$일 때 $f(x)$는 우극한 L_2에 한없이 접근하므로 $x=a$에서는 좌극한과 우극한($L_1\neq L_2$)이 서로 다른 값을 가진다.

한편, $x\to b$인 경우는 $x\to b^-$의 경우나 $x\to b^+$의 경우 모두 동일한 극한값 L을 가진다는 것을 알 수 있다. 결과적으로 좌극한과 우극한의 값이 서로 다른 경우는 함수의 그래프가 불연속인 경우에 발생한다는 것을 알 수 있다.

예제 4.1

함수 $f(x)$의 그래프가 우측의 그림과 같은 경우 각각의 극한값을 구하라.

(1) $\lim_{x\to 2^-} f(x)$

(2) $\lim_{x\to 2^+} f(x)$

(3) $\lim_{x\to 4^-} f(x)$

(4) $\lim_{x\to 4^+} f(x)$

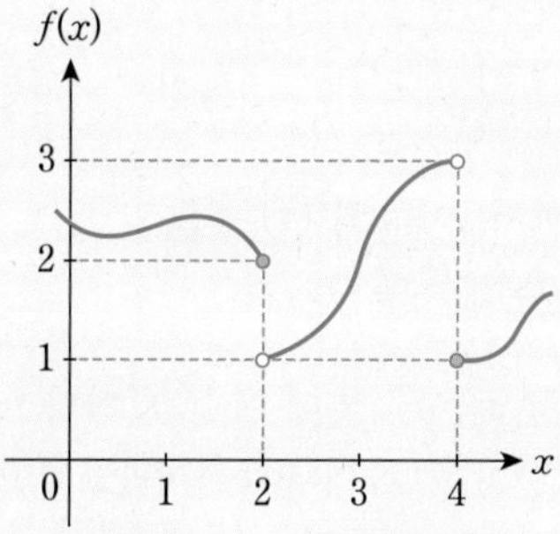

풀이

(1) $x\to 2^-$일 때 $f(x)$는 한없이 2에 접근하므로 좌극한은 다음과 같다.

$$\lim_{x\to 2^-} f(x)=2$$

(2) $x\to 2^+$일 때 $f(x)$는 한없이 1에 접근하므로 우극한은 다음과 같다.

$$\lim_{x\to 2^+} f(x)=1$$

(3) $x\to 4^-$일 때 $f(x)$는 한없이 3에 접근하므로 좌극한은 다음과 같다.

$$\lim_{x\to 4^-} f(x)=3$$

(4) $x\to 4^+$일 때 $f(x)$는 한없이 1에 접근하므로 우극한은 다음과 같다.

$$\lim_{x\to 4^+} f(x)=1$$

여기서 잠깐! **좌극한과 우극한의 개념**

다음과 같은 함수를 살펴보자.

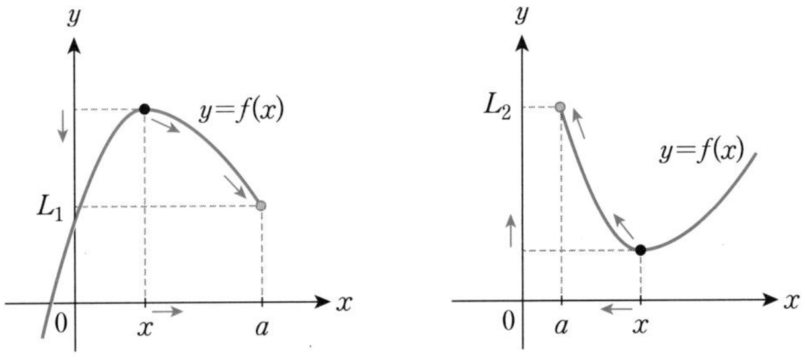

(a) 좌극한 $x \to a^-$ (b) 우극한 $x \to a^+$

(a)에서 x가 a의 좌측에서 한없이 a로 접근할 때(즉, $x \to a^-$) 함수 $f(x)$는 L_1에 한없이 접근하는데 이를 $f(x)$의 좌극한이라 정의한다.

(b)에서 x가 a의 우측에서 한없이 a로 접근할 때(즉, $x \to a^+$) 함수 $f(x)$는 L_2에 한없이 접근하는데 이를 $f(x)$의 우극한이라 정의한다.

$x=a$에서 함수의 그래프가 연결되어 있는가(연속) 또는 연결되어 있지 않은가(불연속)의 여부가 좌극한과 우극한이 같은지 또는 다른지를 결정한다는 것에 유의하라.

요약 **극한의 정의: 좌극한과 우극한**

- $x \to a^-$는 x가 a의 좌측에서 a로 한없이 접근한다는 의미이며, $x \to a^+$는 x가 a의 우측에서 a로 한없이 접근한다는 것을 의미한다.
- $x \to a^-$일 때 함수 $f(x)$가 실수 L_1에 한없이 접근하는 경우 L_1을 $f(x)$의 좌극한이라 정의하며 다음과 같이 나타낸다.

$$\lim_{x \to a^-} f(x) = L_1$$

- $x \to a^+$일 때 함수 $f(x)$가 실수 L_2에 한없이 접근하는 경우 L_2를 $f(x)$의 우극한이라 정의하며 다음과 같이 나타낸다.

$$\lim_{x \to a^+} f(x) = L_2$$

- 일반적으로 좌극한과 우극한은 함수의 형태에 따라 같을 수도 있고 다를 수도 있다.

4.2 극한의 존재: 수렴과 발산

앞 절에서 좌극한과 우극한의 개념에 대하여 학습하였다. $x \to a$일 때 함수의 극한값은 x가 a에 어떤 방향에서 접근하는가에 따라 좌극한과 우극한의 2개의 값이 존재한다.

만일 좌극한과 우극한이 서로 같은 값을 가지는 경우 우리는 $x \to a$일 때 함수 $f(x)$의 극한값이 존재한다고 정의한다. 좌극한과 우극한 값이 서로 같지 않는 경우는 $x \to a$일 때 함수 $f(x)$의 극한값은 존재하지 않는다고 정의한다. 이를 요약하여 정리하면 다음과 같다.

정의 4.2 극한의 존재와 극한값

어떤 실수 L에 대하여

$$\lim_{x \to a^-} f(x) = \lim_{x \to a^+} f(x) = L$$

이면 함수 $f(x)$는 $x \to a$일 때 극한값 L을 가진다고 정의하며 다음과 같이 표현한다.

$$\lim_{x \to a} f(x) = L$$

이때 함수 $f(x)$는 x가 a로 한없이 접근할 때 극한값 L에 수렴(Convergence)한다고 한다.

[정의 4.2]에서 만일 좌극한과 우극한이 서로 다른 경우, 즉

$$\lim_{x \to a^-} f(x) \neq \lim_{x \to a^+} f(x)$$

이면 $x \to a$일 때 함수 $f(x)$의 극한값은 존재하지 않는다.

한편, 어떤 값이 양의 값으로 한없이 커질 때 이 값을 양의 무한대(Infinity)라고 하고 기호로 ∞로 표시한다. 또한 어떤 값이 음의 값으로 한없이 작아질 때 이 값을 음의 무한대라고 하고 기호로는 $-\infty$로 표시한다. 어떤 값이 무한대로 한없이 커지거나 작아질 때 무한대로 발산(Divergence)한다고 정의한다. 예를 들어, 분수함수

$f(x)=\frac{1}{x}$의 그래프를 살펴보자.

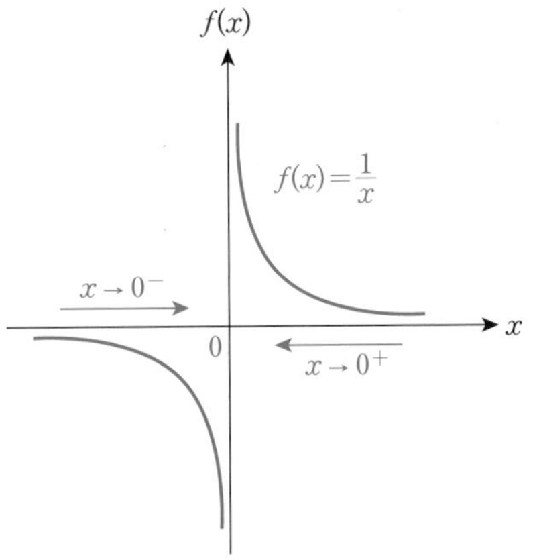

[그림 4.3] 분수함수 $f(x)=\frac{1}{x}$의 그래프

[그림 4.3]에서 $x\to0^+$ 일 때 $f(x)=\frac{1}{x}$은 양의 무한대 ∞로 발산한다. 즉,

$$\lim_{x\to0^+} f(x)=\lim_{x\to0^+}\frac{1}{x}=\infty$$

또한, $x\to0^-$ 일 때 $f(x)=\frac{1}{x}$은 음의 무한대 $-\infty$로 발산한다. 즉,

$$\lim_{x\to0^-} f(x)=\lim_{x\to0^-}\frac{1}{x}=-\infty$$

여기서 잠깐! **양(음)의 무한대**

양의 무한대($+\infty$) 또는 음의 무한대($-\infty$)는 어떤 값이 한없이 커지거나 작아지는 상태를 나타내는 기호이며 숫자가 아니라는 사실에 유의하라. 따라서 다음의 표현은 무의미한 것이다.

$$\infty-\infty=0,\qquad \frac{\infty}{\infty}=1,\qquad \infty+\infty=2\infty$$

예제 4.2

다음 함수의 극한값이 수렴하는지 또는 발산하는지를 판별하라.

(1) $\lim_{x \to \infty} e^x$, $\lim_{x \to -\infty} e^x$

(2) $\lim_{x \to \infty} \ln x$, $\lim_{x \to 0} \ln x$

풀이

(1) $f(x) = e^x$ 의 그래프로부터 x가 커지면 e^x는 한없이 증가하므로 e^x는 무한대로 발산한다. 즉,

$$\lim_{x \to \infty} e^x = \infty$$

또한 x가 음수로 한없이 작아지면 e^x는 한없이 0에 접근하므로 e^x는 0에 수렴한다. 즉,

$$\lim_{x \to -\infty} e^x = 0$$

(2) $f(x) = \ln x$ 의 그래프로부터 x가 커지면 $\ln x$는 한없이 증가하므로 $\ln x$는 무한대로 발산한다. 즉,

$$\lim_{x \to \infty} \ln x = \infty$$

또한, x가 0으로 접근하면 $\ln x$는 한없이 작아지므로 $\ln x$는 음의 무한대로 발산한다. 즉,

$$\lim_{x \to 0} \ln x = -\infty$$

예제 4.3

다음 함수의 극한값을 구하라.

$$\lim_{x\to 2}\left(\frac{3x-5}{x-2}\right)$$

풀이

주어진 함수를 변형하면

$$f(x)=\frac{3x-5}{x-2}=\frac{3(x-2)+1}{x-2}=3+\frac{1}{x-2}$$

이므로 $f(x)$는 평행이동의 정의에 의하여 $\frac{1}{x}$의 그래프를 x축으로 2만큼, y축으로 3만큼 평행이동한 것이다.

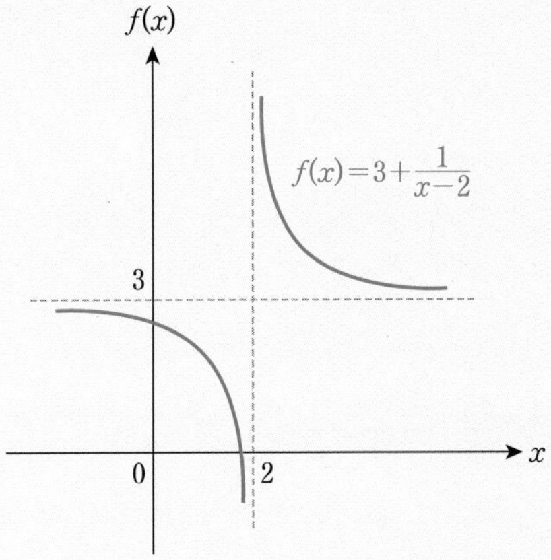

$f(x)$의 그래프가 $x=2$에서 불연속이므로

$$\lim_{x\to 2^+}\left(3+\frac{1}{x-2}\right)=\infty$$

$$\lim_{x\to 2^-}\left(3+\frac{1}{x-2}\right)=-\infty$$

가 되어 좌극한과 우극한의 값이 서로 다르므로 극한값이 존재하지 않는다.

여기서 잠깐! 분수함수의 그래프

$y=\frac{1}{x}$는 가장 기본적인 분수함수이다. 평행이동의 정의를 이용하여 x축으로 a만큼, y축으로 b만큼 각각 평행이동한 분수함수의 그래프는 다음과 같다.

$$y-b=\frac{1}{x-a}$$

$$\therefore\ y=\frac{1}{x-a}+b$$

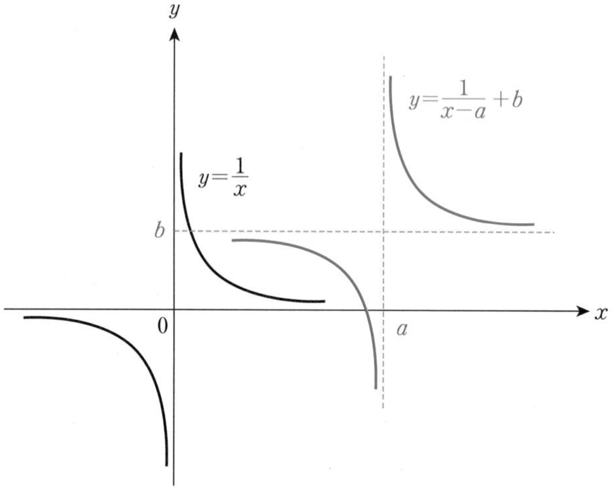

요약	극한의 존재: 수렴과 발산

- $x\to a$ 일 때 어떤 함수 $f(x)$의 좌극한과 우극한 값이 L로 동일할 때, $f(x)$는 극한값 L을 가진다고 정의하며 다음과 같이 나타낸다.

$$\lim_{x\to a} f(x)=L$$

이때 함수 $f(x)$는 $x\to a$ 일 때 극한값 L에 수렴한다고 한다.

- $x\to a$ 일 때 어떤 함수 $f(x)$의 좌극한과 우극한 값이 서로 같지 않을 때 $f(x)$의 극한값은 존재하지 않는다고 정의한다.
- 어떤 함수의 극한값이 한없이 커질 때, 그 함수의 극한값은 양의 무한대(∞)로 발산한다고 한다. 만일 어떤 함수의 극한값이 음의 값으로 한없이 작아질 때, 그 함수는 음의 무한대($-\infty$)로 발산한다고 한다.

4.3 극한의 성질과 계산 방법

(1) 극한의 성질

4.2절에서는 함수의 극한을 구할 때 함수의 그래프를 이용하여 직관적으로 극한을 구하였다. 그러나 일반적으로 함수의 그래프를 컴퓨터의 도움이 없이 정확하게 그린다는 것은 매우 어려운 일이기 때문에 본 절에서는 함수의 극한에 대한 여러 가지 성질을 이용하여 함수의 극한을 보다 쉽게 구하는 방법에 대하여 학습한다.

정리 4.1 극한의 사칙연산

$x \to a$ 일 때 두 함수 $f(x)$와 $g(x)$의 극한값이 다음과 같이 존재한다고 가정한다.

$$\lim_{x \to a} f(x) = A, \quad \lim_{x \to a} g(x) = B$$

이때 다음의 관계가 항상 성립한다.

(1) $\lim_{x \to a} [f(x)+g(x)] = \lim_{x \to a} f(x) + \lim_{x \to a} g(x) = A+B$

(2) $\lim_{x \to a} [f(x)-g(x)] = \lim_{x \to a} f(x) - \lim_{x \to a} g(x) = A-B$

(3) $\lim_{x \to a} f(x)g(x) = \lim_{x \to a} f(x) \cdot \lim_{x \to a} g(x) = AB$

(4) $\lim_{x \to a} \dfrac{g(x)}{f(x)} = \dfrac{\lim_{x \to a} g(x)}{\lim_{x \to a} f(x)} = \dfrac{B}{A}$ (단, $f(x) \neq 0$, $A \neq 0$)

(5) k가 실수일 때 $\lim_{x \to a} kf(x) = k \lim_{x \to a} f(x) = kA$

예제 4.4

두 함수 $f(x) = x^2 + x + 4$, $g(x) = x^3 + 2$에 대하여 다음의 극한을 계산하라.

(1) $\lim_{x \to 1} [f(x)+g(x)]$

(2) $\lim_{x \to 1} [f(x)-g(x)]$

(3) $\lim_{x \to 1} f(x)g(x)$

(4) $\lim_{x \to 1} \dfrac{f(x)}{g(x)}$

풀이

(1) [정리 4.1]의 극한의 사칙연산에 의하여

$$\lim_{x\to1} f(x) = \lim_{x\to1}(x^2+x+4) = 6$$

$$\lim_{x\to1} g(x) = \lim_{x\to1}(x^3+2) = 3$$

이므로 $\lim_{x\to1}[f(x)+g(x)] = 6+3 = 9$가 된다.

(2) $\lim_{x\to1}[f(x)-g(x)] = 6-3 = 3$

(3) $\lim_{x\to1} f(x)g(x) = 6\times3 = 18$

(4) $\lim_{x\to1} \dfrac{f(x)}{g(x)} = \dfrac{6}{3} = 2$

예제 4.5

다음의 관계를 만족시키는 상수 a와 b의 값을 각각 구하라.

(1) $\lim_{x\to3} \dfrac{x^2-4x+6}{2x^2+ax+1} = \dfrac{1}{3}$

(2) $\lim_{x\to\infty} \dfrac{2x^2+4}{bx^2+3x+1} = \dfrac{1}{4}$

풀이

(1) $\lim_{x\to3} \dfrac{x^2-4x+6}{2x^2+ax+1} = \dfrac{3}{19+3a} = \dfrac{1}{3}$

$$19+3a = 9 \qquad \therefore\ a = -\frac{10}{3}$$

(2) 주어진 함수의 분모와 분자를 x^2으로 나누면

$$\lim_{x\to\infty} \frac{2x^2+4}{bx^2+3x+1} = \lim_{x\to\infty} \frac{2+\frac{4}{x^2}}{b+\frac{3}{x}+\frac{1}{x^2}} = \frac{2}{b} = \frac{1}{4}$$

$$\therefore\ b = 8$$

다음으로, 부정형의 극한값을 계산하는 일반적인 방법에 대해 살펴보자. 부정형(Indeterminate Form)이란 $x \to a$ 또는 $x \to \pm\infty$일 때 값이 정해지지 않는 다음과 같은 형태의 극한을 의미한다.

$$\frac{0}{0},\ \frac{\infty}{\infty},\ \infty-\infty,\ \infty\times 0 \tag{1}$$

여기서 ∞와 0은 숫자가 아니라 무한대와 무한소(Infinitesimal)를 나타내는 기호이다.

여기서 잠깐! **무한대 ∞와 무한소 0**

무한대(∞)라고 하면 상당히 큰 수라고 생각하기 쉬운데 엄밀히 말하면 "상당히 큰 수보다 더 커지는 상태"를 의미한다. 무한소(0)는 "0에 상당히 가까운 수에서 0에 한없이 가까워지는 상태"를 의미하는데, 무한소의 표기는 숫자 0과 동일하지만 숫자 0과는 의미가 다르다. 따라서 함수의 극한에서 많이 접하게 되는 ∞와 0은 숫자가 아니라 기호의 의미라는 것에 유의하라.

(2) 부정형 $\frac{0}{0}$의 극한값 계산

$x \to a$일 때 두 함수 $f(x)$와 $g(x)$의 극한값이 다음과 같다고 가정한다.

$$\lim_{x\to a} f(x)=0,\quad \lim_{x\to a} g(x)=0 \tag{2}$$

이 때 $f(x)$와 $g(x)$의 분수식 $\dfrac{g(x)}{f(x)}$에 대한 극한값, 즉

$$\lim_{x\to a}\frac{g(x)}{f(x)} \tag{3}$$

를 계산하는 방법에 대해 학습한다.

예를 들어, 다음 함수의 극한값을 계산해보자.

$$\lim_{x\to 2}\frac{x^2-4}{x-2} \tag{4}$$

식(4)에 $x=2$를 분모와 분자에 대입해보면 $\frac{0}{0}$ 형태의 부정형의 극한임을 알 수 있다. 먼저, 분자를 인수분해하여 공통인수 $x-2$로 약분하면 다음과 같다. $x\to 2$는 x가 한없이 2에 접근한다는 의미이지만 $x\neq 2$이기 때문에 공통인수 $x-2$로 약분이 가능하다는 것에 유의하라.

$$\lim_{x\to 2}\frac{x^2-4}{x-2}=\lim_{x\to 2}\frac{(x-2)(x+2)}{x-2}=\lim_{x\to 2}(x+2)=4 \tag{5}$$

따라서 분수함수의 극한은 분모와 분자의 공통인수를 찾아 약분함으로써 쉽게 구해진다. 또 다른 예를 살펴본다.

$$\lim_{x\to 9}\frac{x-9}{\sqrt{x}-3} \tag{6}$$

식(6)에 $x=9$를 분모에 대입해보면 $\frac{0}{0}$ 형태의 부정형의 극한임을 알 수 있다. 분모를 유리화하기 위하여 $\sqrt{x}+3$을 분모와 분자에 곱하여 정리하면 다음과 같다.

$$\begin{aligned}\lim_{x\to 9}\frac{x-9}{\sqrt{x}-3}&=\lim_{x\to 9}\frac{(x-9)(\sqrt{x}+3)}{(\sqrt{x}-3)(\sqrt{x}+3)}\\&=\lim_{x\to 9}\frac{(x-9)(\sqrt{x}+3)}{x-9}\\&=\lim_{x\to 9}(\sqrt{x}+3)=\sqrt{9}+3=6\end{aligned} \tag{7}$$

식(6)과 같이 분수식에 무리식이 포함된 경우는 분모 또는 분자에 있는 무리수를 유리화하여 약분한 후 극한값을 계산할 수 있으므로 잘 기억해두기 바란다.

결론적으로 말하면, $\frac{0}{0}$ 형태의 부정형의 극한은 인수분해나 유리화를 통하여 공통인수를 찾아 약분함으로써 극한값을 계산할 수 있다. 이미 자연계열을 지원한 학생의 경우 고등학교 과정에서 학습한 내용이며, 기억을 상기시키기 위하여 복습을 한 것으로 생각하면 된다.

예제 4.6

다음 분수식의 극한을 계산하라.

(1) $\lim_{x\to 2}\frac{x^3-8}{x-2}$　　(2) $\lim_{x\to 1}\frac{x^2-x}{x^2+x-2}$

(3) $\lim_{x\to 1}\frac{\sqrt{x+8}-3}{x-1}$　　(4) $\lim_{x\to 0}\frac{x}{\sqrt{x+9}-3}$

풀이

(1) 인수분해공식 $a^3-b^3=(a-b)(a^2+ab+b^2)$을 이용하면

$$\lim_{x\to 2}\frac{x^3-8}{x-2}=\lim_{x\to 2}\frac{(x-2)(x^2+2x+4)}{x-2}$$
$$=\lim_{x\to 2}(x^2+2x+4)=4+4+4=12$$

가 된다.

(2) $\lim_{x\to 1}\frac{x^2-x}{x^2+x-2}=\lim_{x\to 1}\frac{x(x-1)}{(x-1)(x+2)}=\lim_{x\to 1}\frac{x}{x+2}=\frac{1}{3}$

(3) 주어진 식의 분모와 분자에 $\sqrt{x+8}+3$을 각각 곱하여 유리화한다.

$$\lim_{x\to 1}\frac{\sqrt{x+8}-3}{x-1}=\lim_{x\to 1}\frac{(\sqrt{x+8}-3)(\sqrt{x+8}+3)}{(x-1)(\sqrt{x+8}+3)}$$
$$=\lim_{x\to 1}\frac{x-1}{(x-1)(\sqrt{x+8}+3)}$$
$$=\lim_{x\to 1}\frac{1}{\sqrt{x+8}+3}=\frac{1}{6}$$

(4) 주어진 식의 분모와 분자에 $\sqrt{x+9}+3$을 각각 곱하여 유리화한다.

$$\lim_{x\to 0}\frac{x}{\sqrt{x+9}-3}=\lim_{x\to 0}\frac{x(\sqrt{x+9}+3)}{(\sqrt{x+9}-3)(\sqrt{x+9}+3)}$$
$$=\lim_{x\to 0}\frac{x(\sqrt{x+9}+3)}{x}$$
$$=\lim_{x\to 0}(\sqrt{x+9}+3)=\sqrt{9}+3=6$$

(3) 부정형 $\frac{\infty}{\infty}$의 극한값 계산

$x \to \infty$일 때 두 함수 $f(x)$와 $g(x)$의 극한값이 다음과 같다고 가정한다.

$$\lim_{x \to \infty} f(x) = \infty, \ \lim_{x \to \infty} g(x) = \infty$$

이 때 $f(x)$와 $g(x)$의 분수식 $\frac{g(x)}{f(x)}$에 대한 극한값, 즉

$$\lim_{x \to \infty} \frac{g(x)}{f(x)}$$

를 계산하는 방법에 대해 학습한다.

이 경우는 $f(x)$와 $g(x)$ 차수에 따라 극한값이 달라지므로 $f(x)$와 $g(x)$의 차수를 비교하여 극한값을 계산한다.

① $f(x)$의 차수 $<$ $g(x)$의 차수

$x \to \infty$일 때 $f(x)$와 $g(x)$의 극한은 최고차항에 의해서 주로 영향을 받기 때문에 $\frac{g(x)}{f(x)}$에서 $g(x)$의 차수가 $f(x)$의 차수보다 큰 경우는 분자가 분모보다 더 빠르게 증가하므로 $\frac{g(x)}{f(x)}$의 극한값은 $+\infty$로 발산하거나 $-\infty$로 발산한다. 만일 $f(x)$와 $g(x)$의 최고차항의 부호가 반대이면 $-\infty$로 발산한다는 것에 주의하라.

예를 들어, 다음의 극한값을 구해보자.

$$\lim_{x \to \infty} \frac{x^3 + 4x^2 + 1}{3x^2 + 4} \tag{8}$$

식(8)에서 $x \to \infty$일 때 분모는 $3x^2$에 의해 영향을 받고 분자는 x^3에 의해 주로 영향을 받는다. 결국 식(8)의 분모는 $3x^2$의 스케일로 점점 커지고, 분자는 x^3의 스케일로 점점 더 커지므로 $x \to \infty$일 때 분자가 분모보다 더 빠르게 커지므로 $+\infty$로 발산하게 된다.

$$\lim_{x\to\infty}\frac{x^3+4x^2+1}{3x^2+4}\cong\lim_{x\to\infty}\frac{x^3}{3x^2}=\infty \tag{9}$$

② $f(x)$의 차수 $=$ $g(x)$의 차수

$x\to\infty$일 때 $f(x)$와 $g(x)$의 극한은 최고차항에 의해서 주로 영향을 받기 때문에 $f(x)$와 $g(x)$의 차수가 같은 경우는 분모와 분자가 동일한 스케일로 증가하므로 $\frac{g(x)}{f(x)}$의 극한값은 최고차항의 계수에 의해서만 극한값이 결정된다.

예를 들어, 다음의 극한값을 구해보자.

$$\lim_{x\to\infty}\frac{x^3+8x^2+10}{2x^3+4x^2+1} \tag{10}$$

식(10)에서 $x\to\infty$일 때 분모와 분자는 각각 $2x^3$과 x^3항에 의해서 주로 영향을 받으므로 최고차항의 계수에 의해서 극한값이 결정된다.

$$\lim_{x\to\infty}\frac{x^3+8x^2+10}{2x^3+4x^2+1}\cong\lim_{x\to\infty}\frac{x^3}{2x^3}=\frac{1}{2} \tag{11}$$

극한값을 구하기 위한 다른 방법으로 식(10)의 분모와 분자를 x^3으로 나누면

$$\lim_{x\to\infty}\frac{x^3+8x^2+10}{2x^3+4x^2+1}=\lim_{x\to\infty}\frac{1+\frac{8}{x}+\frac{10}{x^3}}{2+\frac{4}{x}+\frac{1}{x^3}} \tag{12}$$

이 되므로 식(12)에서 극한값이 $\frac{1}{2}$이 되어 결과적으로 분모와 분자의 최고차항의 계수에 의하여 극한값이 결정된다는 것을 알 수 있다.

③ $f(x)$의 차수 $>$ $g(x)$의 차수

$x\to\infty$일 때 $f(x)$와 $g(x)$의 극한은 최고차항에 의해서 주로 영향을 받기 때문에 $\frac{g(x)}{f(x)}$에서 $f(x)$가 $g(x)$보다 차수가 큰 경우는 분모가 분자에 비해 더 빠르게 증가하므로 극한값이 0으로 수렴하게 된다.

예를 들어, 다음의 극한값을 구해보자.

$$\lim_{x\to\infty}\frac{2x^2+10}{x^3+x+1} \tag{13}$$

식(13)에서 $x\to\infty$일 때 분모와 분자는 각각 x^3과 $2x^2$항에 의해서 주로 영향을 받으므로 분모가 분자보다 더 빠르게 증가하므로 식(14)에 나타낸 것처럼 주어진 함수의 극한은 0으로 수렴한다.

$$\lim_{x\to\infty}\frac{2x^2+10}{x^3+x+1} \cong \lim_{x\to\infty}\frac{2x^2}{x^3}=0 \tag{14}$$

지금까지 논의된 내용을 요약하여 〈표 4.2〉에 정리하였다.

〈표 4.2〉 부정형 $\frac{\infty}{\infty}$ 형태의 극한값

	$f(x)$의 차수 $<$ $g(x)$의 차수	$f(x)$의 차수 $=$ $g(x)$의 차수	$f(x)$의 차수 $>$ $g(x)$의 차수
$\lim_{x\to\infty}\frac{g(x)}{f(x)}$	발산한다	수렴한다	수렴한다
극한값	$+\infty$ 또는 $-\infty$	$\dfrac{g(x)\text{의 최고차항 계수}}{f(x)\text{의 최고차항 계수}}$	0

여기서 잠깐! 증가(감소)하는 비율이 극한값을 결정한다

다음 함수의 극한을 생각해보자.

$$\lim_{x\to\infty}\frac{100x+1}{x^2+2x+3}$$

$x\to\infty$일 때 분모 x^2+2x+3은 x^2과 $2x$ 모두 무한대로 한없이 커지지만 x^2이 $2x$에 비해 훨씬 빠르게 증가하므로 x^2+2x+3의 증가율은 최고차항인 x^2이 주로 영향을 미친다.
또한 $x\to\infty$일 때 분자 $100x+1$은 최고차항인 $100x$에 의해 무한대로 한없이 증가한다. 결국 주어진 분수함수에서 분모와 분자는 각각 $x\to\infty$일 때 한없이 커지지만 분모는 x^2(2차함수)의 스케일로 커지고 분자는 $100x$(1차함수)의 스케일로 커지므로 분모가 분자에 비해 훨씬 빠르게 커진다.
따라서 주어진 분수함수의 극한은 다음과 같이 0으로 수렴한다.

$$\lim_{x\to\infty}\frac{100x+1}{x^2+2x+3} \cong \lim_{x\to\infty}\frac{100x}{x^2}=\lim_{x\to\infty}\frac{100}{x}=0$$

또 다른 예로서 다음 함수의 극한을 생각해보자.

$$\lim_{x\to\infty} xe^{-x}$$

$x\to\infty$ 일 때 x항은 1차함수 스케일로 $+\infty$ 로 커지고, e^{-x}는 지수함수 스케일로 0으로 수렴해간다. 결국 x는 1차함수로 증가하고 e^{-x}는 지수함수로 감소되므로 지수함수로 감소하는 비율이 1차함수에 비해 훨씬 크기 때문에 xe^{-x}의 극한값은 결과적으로 0으로 수렴한다.

예제 4.7

다음 함수의 극한값을 계산하라.

(1) $\displaystyle\lim_{x\to\infty}\frac{x^2+9}{x-3}$ (2) $\displaystyle\lim_{x\to\infty}\frac{3x^2+6x+1}{2x^2+5x+10}$

(3) $\displaystyle\lim_{x\to\infty}\frac{5x^3+1}{3x^3+4x^2+x-1}$ (4) $\displaystyle\lim_{x\to\infty}\frac{10x+1}{3x^2-2x+1}$

풀이

(1) 분자의 차수가 분모보다 더 크기 때문에 극한값은 다음과 같다.

$$\lim_{x\to\infty}\frac{x^2+9}{x-3}=\infty$$

(2) 분모와 분자의 차수가 같으므로 분모와 분자를 x^2으로 나누면

$$\lim_{x\to\infty}\frac{3x^2+6x+1}{2x^2+5x+10}=\lim_{x\to\infty}\frac{3+\frac{6}{x}+\frac{1}{x^2}}{2+\frac{5}{x}+\frac{10}{x^2}}=\frac{3}{2}$$

이 된다.

(3) 분모와 분자의 차수가 같으므로 분모와 분자를 x^3으로 나누면

$$\lim_{x\to\infty}\frac{5x^3+1}{3x^3+4x^2+x-1}=\lim_{x\to\infty}\frac{5+\frac{1}{x^3}}{3+\frac{4}{x}+\frac{1}{x^2}-\frac{1}{x^3}}=\frac{5}{3}$$

가 된다.

(4) 분모의 차수가 분자의 차수보다 더 크기 때문에 극한값은 다음과 같다.

$$\lim_{x\to\infty}\frac{10x+1}{3x^2-2x+1}=0$$

예제 4.8

다음 함수의 극한값을 계산하라.

(1) $\lim_{x\to\infty}\frac{\sqrt{x^2+1}-1}{x+1}$ (2) $\lim_{x\to\infty}\frac{3x}{\sqrt{x^2+2}-4}$

풀이

(1) 분모와 분자를 x로 나누면

$$\lim_{x\to\infty}\frac{\sqrt{x^2+1}-1}{x+1}=\lim_{x\to\infty}\frac{\sqrt{1+\frac{1}{x^2}}-\frac{1}{x}}{1+\frac{1}{x}}=1$$

이 된다.

(2) 분모와 분자를 x로 나누면

$$\lim_{x\to\infty}\frac{3x}{\sqrt{x^2+2}-4}=\lim_{x\to\infty}\frac{3}{\sqrt{1+\frac{2}{x^2}}-\frac{4}{x}}=3$$

이 된다.

예제 4.9

다음의 두 관계식을 만족시키는 다항함수 $f(x)$를 구하라.

$$\lim_{x\to\infty}\frac{f(x)-2x^3}{x^2}=1,\ \lim_{x\to 0}\frac{f(x)}{x}=3$$

풀이

첫 번째 조건으로부터 $x\to\infty$인 경우 극한값이 1이므로 분모와 분자의 차수가 같아야 한다. 즉,

$$f(x)-2x^3 = ax^2+bx+c$$

$$\therefore\ f(x) = 2x^3+ax^2+bx+c$$

$$\lim_{x\to\infty}\frac{f(x)-2x^3}{x^2} = \lim_{x\to\infty}\frac{ax^2+bx+c}{x^2} = a = 1 \quad \therefore\ a=1$$

두 번째 조건으로부터

$$\lim_{x\to 0}\frac{f(x)}{x} = \lim_{x\to 0}\frac{2x^3+x^2+bx+c}{x} = 3$$

극한값이 3이므로 극한값이 존재하기 위해서는 $c=0$ 이어야 한다.

$$\lim_{x\to 0}\frac{2x^3+x^2+bx}{x} = \lim_{x\to 0}(2x^2+x+b) = b = 3 \quad \therefore\ b=3$$

이상의 결과로부터 $f(x)=2x^3+x^2+3x$ 를 얻을 수 있다.

5장에서 다룰 예정인 미분법에 대한 학습을 하게 되면 독자들은 잘 알려진 로피탈의 정리(L'Hopital Theorem)를 이용하여 함수의 극한을 좀더 쉽게 계산할 수 있다.

여기서 잠깐! **로피탈의 정리**

로피탈의 정리는 미분을 이용하여 부정형의 극한을 계산하는데 매우 편리한 방법을 제공한다. $x\to\infty$ 일 때 분수함수 $\frac{g(x)}{f(x)}$ 의 극한값을 구할 때 만일 $\frac{g(a)}{f(a)}$ 가 부정형, 즉 $\frac{0}{0}$ 또는 $\frac{\infty}{\infty}$ 형태인 경우 다음 관계가 성립한다.

$$\lim_{x\to a}\frac{g(x)}{f(x)} = \lim_{x\to a}\frac{g'(x)}{f'(x)} \quad (\text{단, } f'(x)\neq 0)$$

위의 관계에서 $f(x)$ 와 $g(x)$ 는 $x=a$ 를 포함하는 개구간(Open Interval)에서 미분가능해야 한다는 사실에 주의하라. 한편, 실수 $\boldsymbol{R}$ 에서의 구간(Interval)을 표현하기 위해 [ ], ( )을 사용한다. [ ]는 구간의 양 끝점이 포함되는 폐구간(Closed Interval)을 나타내며, ( )은 구간의 양 끝점이 포함되지 않는 개구간을 나타낸다. 예를 들어, $x\in\boldsymbol{R}$ 에 대하여

$$0 \le x \le 3 \Longleftrightarrow x \in [0, 3]$$
$$0 < x < 3 \Longleftrightarrow x \in (0, 3)$$
$$0 \le x < 3 \Longleftrightarrow x \in [0, 3)$$
$$0 < x \le 3 \Longleftrightarrow x \in (0, 3]$$

과 같이 표현할 수 있다.

요약 **극한의 성질과 계산방법**

- $x \to a$ 일 때 $f(x)$와 $g(x)$의 극한값이 각각 A와 B라고 할 때, 다음의 관계가 항상 성립한다.

① $\lim_{x \to a} [f(x) \pm g(x)] = A \pm B$

② $\lim_{x \to a} f(x) \cdot g(x) = AB$

③ $\lim_{x \to a} \dfrac{g(x)}{f(x)} = \dfrac{B}{A}$ (단, $f(x) \neq 0$이고, $A \neq 0$)

④ k가 실수일 때 $\lim_{x \to a} kf(x) = kA$

- 부정형 $\frac{0}{0}$ 형태의 극한은 인수분해나 유리화를 통하여 공통인수를 찾아 약분함으로써 극한값을 계산할 수 있다.
- 부정형 $\frac{\infty}{\infty}$ 형태의 극한값은 다음과 같이 요약될 수 있다.

	$f(x)$의 차수 $<$ $g(x)$의 차수	$f(x)$의 차수 $=$ $g(x)$의 차수	$f(x)$의 차수 $>$ $g(x)$의 차수
$\lim_{x \to \infty} \dfrac{g(x)}{f(x)}$	발산한다	수렴한다	수렴한다
극한값	$+\infty$ 또는 $-\infty$	$\dfrac{g(x)\text{의 최고차항 계수}}{f(x)\text{의 최고차항 계수}}$	0

4.4 삼각함수의 극한

본 절에서는 삼각함수와 관련된 여러 가지 극한에 대하여 학습한다. 삼각함수의 극한을 학습하기 위해서는 먼저 다음 함수의 극한에 대하여 고찰하는 것이 필요하다.

$$f(x) = \frac{\sin x}{x} \tag{15}$$

식(15)의 함수에 대하여 Mathematica 또는 MATLAB 프로그램을 이용하여 그래프를 그리면 [그림 4.4]와 같다.

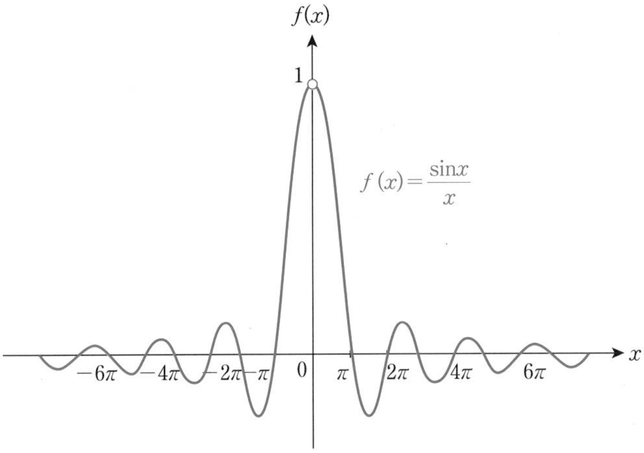

[그림 4.4] $f(x) = \frac{\sin x}{x}$ 의 그래프

[그림 4.4]로부터 다음의 극한값을 쉽게 구할 수 있다.

$$\lim_{x \to 0} \frac{\sin x}{x} = 1 \tag{16}$$

다음으로 극한의 개념을 명확하게 이해하는데 도움이 되므로 식(16)의 관계를 수학적으로 엄밀하게 증명하도록 한다.

먼저 [그림 4.5]와 같이 좌표평면 위에 반지름이 1인 원을 그린 다음, x축과 만나는 점을 P라 하자. 또한 $\angle POQ = x$인 원주상의 점을 Q, 점 P에서 가로축에 수선을 그어 선 $\overline{OQ}$ 의 연장선과 만나는 점을 R이라고 하자.

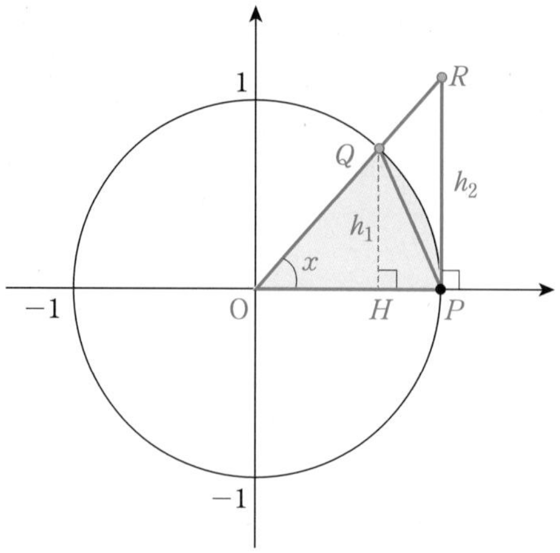

[그림 4.5] 삼각형 POQ, 부채꼴 POQ, 직각삼각형 POR

[그림 4.5]에서와 같이 삼각형 POQ, 부채꼴 POQ와 직각삼각형 POR을 얻을 수 있다. $x \to 0^+$ 일 때의 우극한을 구하기 위하여 $0 < x < \frac{\pi}{2}$ 라고 하면, 세 도형간의 면적관계는 다음과 같다.

$$\text{삼각형 } POQ < \text{부채꼴 } POQ < \text{직각삼각형 } POR \tag{17}$$

삼각형 POQ의 높이 $h_1 = \sin x$ 이고 직각삼각형 POR의 높이 $h_2 = \tan x$ 이므로 다음의 부등식이 성립한다.

$$\frac{1}{2}\sin x < \frac{1}{2}x < \frac{1}{2}\tan x \tag{18}$$

또는

$$\sin x < x < \tan x \tag{19}$$

식(19)에서 $0 < x < \frac{\pi}{2}$ 일 때 $\sin x > 0$ 이므로 양변을 $\sin x$ 로 나누면

$$1 < \frac{x}{\sin x} < \frac{1}{\cos x} \tag{20}$$

이 되므로 역수를 취하면 다음의 관계를 얻을 수 있다.

$$\cos x < \frac{\sin x}{x} < 1 \tag{21}$$

식(21)에 $x \to 0^+$ 일 때의 극한을 취하면

$$\lim_{x \to 0^+} \cos x < \lim_{x \to 0^+} \frac{\sin x}{x} < \lim_{x \to 0^+} 1 \tag{22}$$

이므로 다음의 관계가 얻어진다.

$$\lim_{x \to 0^+} \frac{\sin x}{x} = 1 \tag{23}$$

한편, $x \to 0^-$ 일 때의 좌극한을 구하기 위하여 $-\frac{\pi}{2} < x < 0$인 경우를 생각해보자. 이 때 $x = -\theta$라고 하면

$$\lim_{x \to 0^-} \frac{\sin x}{x} = \lim_{\theta \to 0^+} \frac{\sin(-\theta)}{-\theta} = \lim_{\theta \to 0^+} \frac{\sin \theta}{\theta} = 1 \tag{24}$$

이상과 같이 $x \to 0$에서 좌극한과 우극한이 동일하므로 $x=0$에서 $\frac{\sin x}{x}$의 극한이 존재하며 극한값은 다음과 같다.

$$\lim_{x \to 0} \frac{\sin x}{x} = 1 \tag{25}$$

식(25)의 관계식은 삼각함수의 극한을 계산하는데 기본이 되는 매우 중요한 식이니 반드시 기억해두기 바란다.

여기서 잠깐! ▌삼각형과 부채꼴의 면적

(1) 삼각형의 면적

두 변의 길이가 각각 a와 b이고 두 변이 이루는 사잇각을 θ라 할 때 삼각형의 면적 S_1은 다음과 같다.

$$S_1 = \frac{1}{2} \times \text{밑변} \times \text{높이} = \frac{1}{2} bh$$
$$= \frac{1}{2} b(a \sin\theta)$$
$$= \frac{1}{2} ab \sin\theta$$

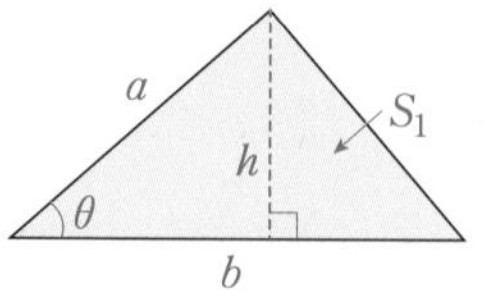

(2) 부채꼴의 면적

반지름이 r이고 중심각이 θrad 인 부채꼴의 면적 S_2는 비례관계를 이용하여 구하면 다음과 같다.

$$\pi r^2 : S_2 = 2\pi : \theta$$
$$2\pi S_2 = \pi r^2 \theta$$
$$\therefore\ S_2 = \frac{1}{2} r^2 \theta = \frac{1}{2} rl$$

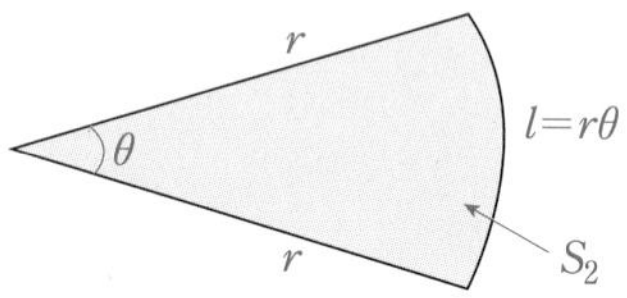

예제 4.10

다음 삼각함수의 극한값을 계산하라.

(1) $\lim_{x\to0} \frac{\sin 3x}{5x}$ (2) $\lim_{x\to0} \frac{\tan x}{x}$

(3) $\lim_{x\to0} \frac{\sin 6x}{\sin 3x}$ (4) $\lim_{x\to0} \frac{\tan 4x}{\sin 2x}$

풀이

(1) $\lim_{x\to0} \frac{\sin 3x}{5x} = \lim_{x\to0} \frac{\sin 3x}{3x} \cdot \frac{3}{5} = 1 \times \frac{3}{5} = \frac{3}{5}$

(2) $\lim_{x\to0} \frac{\tan x}{x} = \lim_{x\to0} \frac{1}{x} \frac{\sin x}{\cos x} = \lim_{x\to0} \frac{\sin x}{x} \cdot \frac{1}{\cos x} = 1 \times 1 = 1$

(3) $\lim_{x\to0} \frac{\sin 6x}{\sin 3x} = \lim_{x\to0} \frac{\sin 6x}{6x} \cdot \frac{3x}{\sin 3x} \cdot 2 = 1 \times 1 \times 2 = 2$

(4) (2)의 결과를 이용하면

$$\lim_{x\to0} \frac{\tan 4x}{\sin 2x} = \lim_{x\to0} \frac{\tan 4x}{4x} \frac{2x}{\sin 2x} \cdot 2 = 1 \times 1 \times 2 = 2$$

예제 4.11

다음 함수의 극한값을 계산하라.

$$\lim_{x\to 0}\frac{\sin x-3\sin 2x}{x\cos x}$$

풀이

$$\begin{aligned}\lim_{x\to 0}\frac{\sin x-3\sin 2x}{x\cos x}&=\lim_{x\to 0}\frac{\sin x}{x\cos x}-\frac{3\sin 2x}{x\cos x}\\&=\lim_{x\to 0}\left\{\frac{\sin x}{x}\cdot\frac{1}{\cos x}-\frac{3\sin 2x}{x}\cdot\frac{1}{\cos x}\right\}\\&=\lim_{x\to 0}\left\{\frac{\sin x}{x}\cdot\frac{1}{\cos x}-\frac{6\sin 2x}{2x}\cdot\frac{1}{\cos x}\right\}\\&=1\times 1-6\times 1=-5\end{aligned}$$

예제 4.12

다음 함수의 극한값을 계산하라.

$$\lim_{x\to 0}\frac{\sin(2m+1)x+\sin(2m-1)x}{\sin mx}$$

풀이

삼각함수의 합을 곱으로 변형하는 공식을 이용하면

$$\sin(2m+1)x+\sin(2m-1)x=2\sin\frac{4mx}{2}\cos\frac{2x}{2}=2\sin 2mx\cdot\cos x$$

이므로

$$\begin{aligned}\lim_{x\to 0}\frac{\sin(2m+1)x+\sin(2m-1)x}{\sin mx}&=\lim_{x\to 0}\frac{2\sin 2mx\cos x}{\sin mx}\\&=\lim_{x\to 0}\frac{4\sin mx\cos mx}{\sin mx}\cdot\cos x\\&=\lim_{x\to 0}4\cos mx\cdot\cos x=4\times 1\times 1=4\end{aligned}$$

가 얻어진다.

여기서 잠깐! $\lim_{x\to 0}\frac{\tan x}{x}=\lim_{x\to 0}\frac{x}{\tan x}=1$

$$\lim_{x\to 0}\frac{\tan x}{x}=\lim_{x\to 0}\frac{\sin x}{x\cos x}=\lim_{x\to 0}\frac{\sin x}{x}\cdot\frac{1}{\cos x}=1$$

$$\lim_{x\to 0}\frac{x}{\tan x}=\lim_{x\to 0}\frac{1}{\left(\frac{\tan x}{x}\right)}=\frac{1}{\lim_{x\to 0}\left(\frac{\tan x}{x}\right)}=1$$

여기서 잠깐! **삼각함수의 합을 곱으로 변환하는 공식**

덧셈정리에서

$$\begin{aligned}
&\sin(x+y)=\sin x\cos y+\cos x\sin y\\
+)\ &\underline{\sin(x-y)=\sin x\cos y-\cos x\sin y}\\
&\sin(x+y)+\sin(x-y)=2\sin x\cos y
\end{aligned}$$

$$\therefore\ \sin x\cos y=\frac{1}{2}\{\sin(x+y)+\sin(x-y)\}$$

윗 식에서 $x+y=\alpha$, $x-y=\beta$라 놓고 x와 y에 대하여 정리하면

$$x=\frac{\alpha+\beta}{2},\quad y=\frac{\alpha-\beta}{2}$$

가 되므로 다음의 관계를 얻을 수 있다.

$$\sin\frac{\alpha+\beta}{2}\cdot\cos\frac{\alpha-\beta}{2}=\frac{1}{2}\{\sin\alpha+\sin\beta\}$$

$$\therefore\ \sin\alpha+\sin\beta=2\sin\frac{\alpha+\beta}{2}\cos\frac{\alpha-\beta}{2}$$

예제 4.13

다음 함수의 극한을 계산하라.

(1) $\lim_{x\to 0}\frac{1-\cos x}{x^2}$ (2) $\lim_{x\to 0}\frac{\sin(\sin x)}{2}$

풀이

(1) 분모와 분자에 $1+\cos x$를 곱하여 정리하면

$$\lim_{x\to 0}\frac{(1-\cos x)(1+\cos x)}{x^2(1+\cos x)}=\lim_{x\to 0}\frac{1-\cos^2 x}{x^2}\cdot\frac{1}{1+\cos x}$$
$$=\lim_{x\to 0}\left(\frac{\sin x}{x}\right)^2\frac{1}{1+\cos x}=1\times\frac{1}{2}=\frac{1}{2}$$

이 된다.

(2) $\lim_{x\to 0}\frac{\sin(\sin x)}{x}=\lim_{x\to 0}\frac{\sin(\sin x)}{\sin x}\frac{\sin x}{x}$

한편 $\lim_{x\to 0}\frac{\sin(\sin x)}{\sin x}$에서 $z=\sin x$로 놓으면 $x\to 0$일 때 $z\to 0$이므로 다음의 관계가 얻어진다.

$$\lim_{x\to 0}\frac{\sin(\sin x)}{\sin x}=\lim_{z\to 0}\frac{\sin z}{z}=1$$

따라서

$$\lim_{x\to 0}\frac{\sin(\sin x)}{x}=\lim_{x\to 0}\frac{\sin(\sin x)}{\sin x}\frac{\sin x}{x}=1\times 1=1$$

요약 **삼각함수의 극한**

- 다음의 극한은 삼각함수의 극한을 계산하는데 기본이 되는 매우 중요한 관계식이다.

$$\lim_{x\to 0}\frac{\sin x}{x}=\lim_{x\to 0}\frac{x}{\sin x}=1$$

- $x\to\infty$일 때 $\lim_{x\to\infty}\frac{\sin x}{x}=0$이 된다는 것은 [그림 4.4]로부터 명확하다.
- 다음의 극한도 삼각함수의 극한을 계산하는데 많이 사용되는 중요한 관계식이다.

$$\lim_{x\to 0}\frac{\tan x}{x}=\lim_{x\to 0}\frac{x}{\tan x}=1$$

4.5* 지수 및 로그함수의 극한

본 절에서는 지수 및 로그함수와 관련된 여러 가지 극한에 대해 학습한다.

(1) 지수함수의 극한

$a \neq 1$인 양수 a에 대하여 지수함수 a^x의 극한은 [그림 4.6]에 나타낸 지수함수의 그래프로부터 쉽게 구할 수 있다.

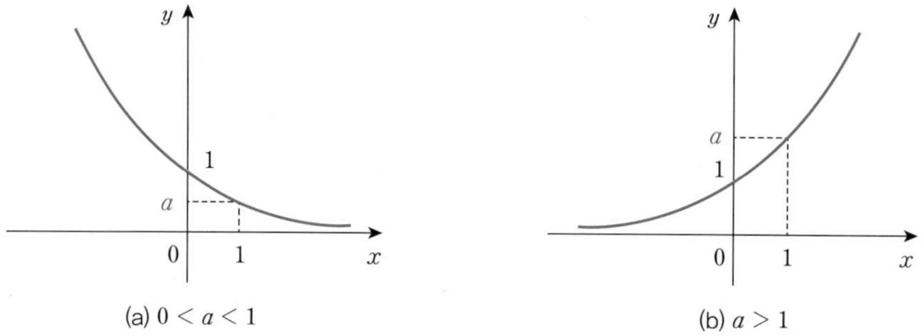

[그림 4.6] 지수함수 $y = a^x$의 그래프

• $0<a<1$인 경우

$$\lim_{x \to \infty} a^x = 0, \quad \lim_{x \to -\infty} a^x = \infty \tag{26}$$

• $a>1$인 경우

$$\lim_{x \to \infty} a^x = \infty, \quad \lim_{x \to -\infty} a^x = 0 \tag{27}$$

특히 a가 무리수 e인 지수함수 e^x에 대해서는 다음의 관계를 얻을 수 있다.

$$\lim_{x \to \infty} e^x = \infty, \quad \lim_{x \to -\infty} e^x = 0 \tag{28}$$

예제 4.14

다음 함수의 극한을 계산하라.

(1) $\lim_{x\to\infty}\frac{4^x}{3^x-4^x}$　　(2) $\lim_{x\to\infty}\frac{2e^x-3e^{-x}}{e^x+2e^{-x}}$

풀이

(1) 분모와 분자를 4^x로 나누면 다음과 같이 계산된다.

$$\lim_{x\to\infty}\frac{4^x}{3^x-4^x}=\lim_{x\to\infty}\frac{1}{\left(\frac{3}{4}\right)^x-1}=-1$$

(2) 분모와 분자를 e^x로 나누면 다음과 같이 계산된다.

$$\lim_{x\to\infty}\frac{2e^x-3e^{-x}}{e^x+2e^{-x}}=\lim_{x\to\infty}\frac{2-3e^{-2x}}{1+2e^{-2x}}=2$$

예제 4.15

다음 지수함수의 극한을 무리수 e의 정의를 이용하여 계산하라.

$$e\triangleq\lim_{x\to 0}(1+x)^{\frac{1}{x}}$$

(1) $\lim_{x\to 0}(1-3x)^{\frac{1}{4x}}$　　(2) $\lim_{x\to 0}(1+x)^{\frac{2}{x}}$

(3) $\lim_{x\to 0}\left(1+\frac{x}{2}\right)^{-\frac{3}{x}}$　　(4) $\lim_{x\to 0}(1-x)^{\frac{1}{x}}$

풀이

(1) $\lim_{x\to 0}(1-3x)^{\frac{1}{4x}}=\lim_{x\to 0}(1+(-3x))^{\frac{1}{-3x}\left(-\frac{3}{4}\right)}=e^{-\frac{3}{4}}$

(2) $\lim_{x\to 0}(1+x)^{\frac{2}{x}}=\lim_{x\to 0}(1+x)^{\frac{1}{x}\cdot 2}=e^2$

(3) $\lim_{x\to 0}\left(1+\frac{x}{2}\right)^{-\frac{3}{x}}=\lim_{x\to 0}\left(1+\frac{x}{2}\right)^{\frac{2}{x}\cdot\left(-\frac{3}{2}\right)}=e^{-\frac{3}{2}}$

(4) $\lim_{x\to 0}(1-x)^{\frac{1}{x}}=\lim_{x\to 0}(1+(-x))^{\frac{1}{(-x)}(-1)}=e^{-1}$

여기서 잠깐! **무리수 e의 정의**

무리수 e는 다음과 같이 정의된다.

$$e \triangleq \lim_{x\to 0}(1+x)^{\frac{1}{x}} \triangleq \lim_{x\to\infty}\left(1+\frac{1}{x}\right)^{x}$$

예제 4.16

다음 함수의 극한을 계산하라.

$$\lim_{x\to 0}\frac{e^x-1}{x}$$

풀이

$e^x-1 \triangleq z$라고 놓으면 $e^x=1+z \qquad \therefore x=\ln(1+z)$

$$\lim_{x\to 0}\frac{e^x-1}{x}=\lim_{z\to 0}\frac{z}{\ln(1+z)}$$

$$=\lim_{z\to 0}\frac{1}{\frac{1}{z}\ln(1+z)}=\lim_{z\to 0}\frac{1}{\ln(1+z)^{\frac{1}{z}}}=\frac{1}{\ln e}=\frac{1}{1}=1$$

(2) 로그함수의 극한

$a\neq 1$인 양수 a에 대하여 로그함수 $\log_a x$의 극한은 [그림 4.7]에 나타낸 로그함수의 그래프로부터 쉽게 구할 수 있다.

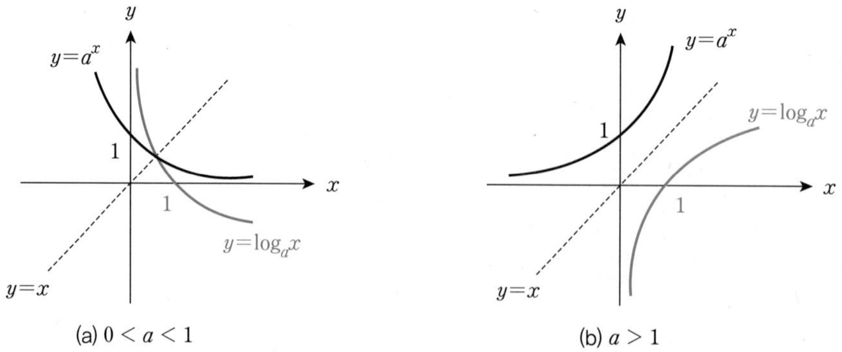

[그림 4.7] 로그함수 $y=\log_a x$의 그래프

• $0<a<1$인 경우

$$\lim_{x \to 0^+} \log_a x = \infty, \quad \lim_{x \to \infty} \log_a x = -\infty \tag{29}$$

• $a>1$인 경우

$$\lim_{x \to 0^+} \log_a x = -\infty, \quad \lim_{x \to \infty} \log_a x = \infty \tag{30}$$

특히 a가 무리수 e인 로그함수 $\ln x$에 대해서는 다음의 관계를 얻을 수 있다.

$$\lim_{x \to 0^+} \ln x = -\infty, \quad \lim_{x \to \infty} \ln x = \infty \tag{31}$$

예제 4.17

다음 함수의 극한을 계산하라.

(1) $\lim_{x \to \infty} \{\log(2+3x) - \log x\}$

(2) $\lim_{x \to \infty} \ln \dfrac{3x^2+4}{x^2}$

(3) $\lim_{x \to 1} \{\log|x^3-1| - \log|x^2-1|\}$

풀이

(1) 로그의 성질을 이용하면

$$\begin{aligned}\lim_{x \to \infty} \{\log(2+3x) - \log x\} &= \lim_{x \to \infty} \log\left(\frac{2+3x}{x}\right) \\ &= \lim_{x \to \infty} \log\left(\frac{2}{x}+3\right) = \log 3\end{aligned}$$

이 얻어진다.

(2) $\lim_{x \to \infty} \ln \dfrac{3x^2+4}{x^2} = \lim_{x \to \infty} \ln\left(3+\dfrac{4}{x^2}\right) = \ln 3$

(3) 로그의 성질을 이용하면

$$\lim_{x\to 1}\{\log|x^3-1|-\log|x^2-1|\}$$
$$=\lim_{x\to 1}\log\frac{|x^3-1|}{|x^2-1|}=\lim_{x\to 1}\log\left|\frac{x^3-1}{x^2-1}\right|$$
$$=\lim_{x\to 1}\log\frac{|(x-1)(x^2+x+1)|}{|(x-1)(x+1)|}=\log\left|\frac{(1+1+1)}{(1+1)}\right|=\log\frac{3}{2}$$

이 얻어진다.

예제 4.18

다음 함수의 극한을 계산하라.

$$\lim_{x\to 0}\frac{\log_a(1+x)}{x}$$

풀이

$$\lim_{x\to 0}\frac{\log_a(1+x)}{x}=\lim_{x\to 0}\frac{1}{x}\log_a(1+x)=\lim_{x\to 0}\log_a(1+x)^{\frac{1}{x}}=\log_a e$$

예제 4.19

다음 함수의 극한을 계산하라.

(1) $\lim_{x\to 1}\frac{\log x}{x-1}$

(2) $\lim_{x\to 0}\frac{e^{2x}-1}{\sin 2x}$

풀이

(1) $z \triangleq x-1$로 치환하면 $x\to 1$일 때 $z\to 0$이므로

$$\lim_{x\to 1}\frac{\log x}{x-1}=\lim_{z\to 0}\frac{\log(1+z)}{z}=\lim_{z\to 0}\frac{1}{z}\log(1+z)$$
$$=\lim_{z\to 0}\log(1+z)^{\frac{1}{z}}=\log e$$

가 얻어진다.

(2) $\lim_{x\to 0}\frac{e^{2x}-1}{\sin 2x}=\lim_{x\to 0}\frac{e^{2x}-1}{2x}\frac{2x}{\sin 2x}$

$e^{2x}-1 \triangleq z$ 라고 놓으면 $e^{2x}=1+z$ $\quad\therefore\ 2x=\ln(1+z)$

$$\begin{aligned}\lim_{x\to 0}\frac{e^{2x}-1}{2x}&=\lim_{z\to 0}\frac{z}{\ln(1+z)}=\lim_{z\to 0}\frac{1}{\frac{1}{z}\ln(1+z)}\\&=\lim_{z\to 0}\frac{1}{\ln(1+z)^{\frac{1}{z}}}=\frac{1}{\ln e}=1\end{aligned}$$

이 되므로 주어진 함수의 극한은 다음과 같다.

$$\lim_{x\to 0}\frac{e^{2x}-1}{\sin 2x}=\lim_{x\to 0}\frac{e^{2x}-1}{2x}\frac{2x}{\sin 2x}=1\cdot 1=1$$

요약 | 지수 및 로그함수의 극한

- $a\neq 1$ 인 양수 a에 대하여 a^x 의 극한은 다음과 같다.

  $0<a<1$인 경우

  $$\lim_{x\to\infty} a^x=0,\quad \lim_{x\to-\infty} a^x=\infty$$

  $a>1$인 경우

  $$\lim_{x\to\infty} a^x=\infty,\quad \lim_{x\to-\infty} a^x=0$$

- $a\neq 1$ 인 양수 a에 대하여 $\log_a x$ 의 극한은 다음과 같다.

  $0<a<1$인 경우

  $$\lim_{x\to 0^+}\log_a x=\infty,\quad \lim_{x\to\infty}\log_a x=-\infty$$

  $a>1$인 경우

  $$\lim_{x\to 0^+}\log_a x=-\infty,\quad \lim_{x\to\infty}\log_a x=\infty$$

- 무리수 e의 정의를 이용하여 지수함수의 극한을 계산할 수 있다.

  $$e\triangleq\lim_{x\to 0}(1+x)^{\frac{1}{x}}\triangleq\lim_{x\to\infty}\left(1+\frac{1}{x}\right)^x$$

4.6* 함수의 연속성과 중간값의 정리

(1) 연속의 정의

본 절에서는 함수의 연속의 개념에 대해 살펴본다. [그림 4.8]에 나타낸 것과 같이 함수 $f(x)$가 $x=a$에서 연속이라는 것은 $y=f(x)$의 그래프가 $x=a$에서 끊어지지 않고 연결되어 있다는 의미이다.

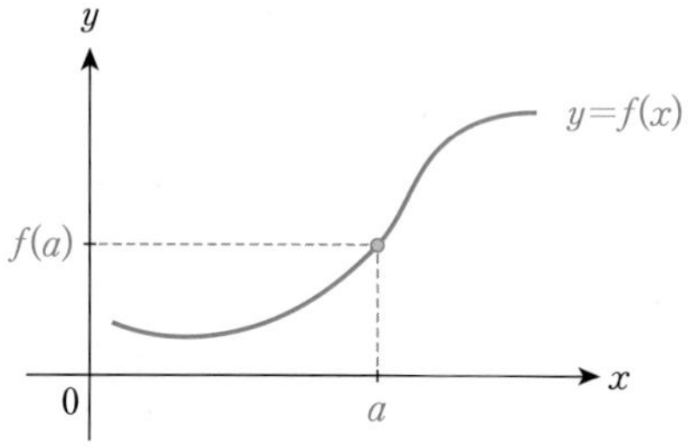

[그림 4.8] $x=a$에서 연속인 함수

$x=a$에서 함수 $f(x)$가 연속이라는 것을 수학적으로 정의해보면 다음과 같이 표현할 수 있다.

정의 4.3 **$x=a$에서 연속**

함수 $f(x)$가 다음의 세 조건을 모두 만족하는 경우 $f(x)$는 $x=a$에서 연속(Continuity)이라고 한다.

(1) $\lim_{x \to a} f(x)$의 극한값이 존재한다.

(2) $x=a$에서의 함숫값 $f(x)$가 존재한다.

(3) $\lim_{x \to a} f(x) = f(a)$가 성립한다.

[정의 4.3]에서 제시된 3가지 조건 중에서 어느 한 조건이라도 만족되지 않는 경우 함수 $f(x)$는 $x=a$에서 연속이 아니다(불연속)라고 판정한다. [그림 4.9]는 함수 $f(x)$가 $x=a$에서 [정의 4.3]의 각각의 조건을 만족시키지 않는 경우를 나타낸 것이다.

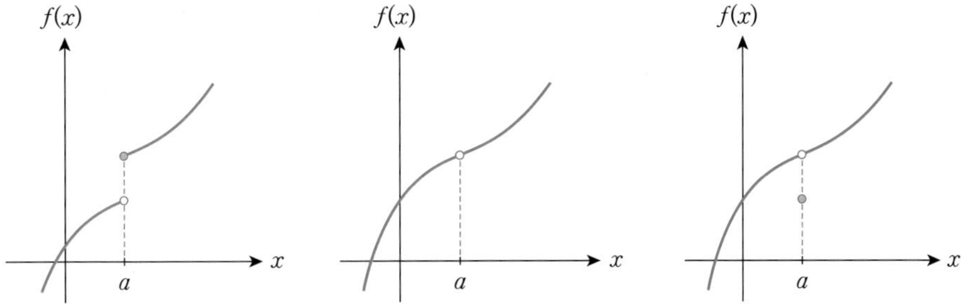
f(x)
x
a
(a) $\lim_{x \to a} f(x)$가 존재하지 않는 경우
(b) $f(a)$가 존재하지 않는 경우
(c) $\lim_{x \to a} f(x) \neq f(a)$인 경우

[그림 4.9] $x=a$ 에서 불연속인 함수

어떤 폐구간 $[a, b]$의 모든 점에서 함수 $f(x)$가 연속인 경우, 함수 $f(x)$를 구간 $[a, b]$에서 연속이라고 한다.

예제 4.20

다음 함수에서 불연속인 점을 구하라.

(1) $f(x)=\dfrac{x+1}{x-1}$

(2) $f(x)=\begin{cases} x^2+1, & x \neq 0 \\ 0, & x=0 \end{cases}$

풀이

(1) $f(x)$는 분수함수이므로 $x=1$ 에서 정의되지 않기 때문에 $f(x)$는 $x=1$ 에서 불연속이다.

(2) $f(x)$ 의 그래프를 그려보면 $f(0)=0$ 으로 정의되고 $x \to 0$ 일 때 $\lim_{x \to 0} f(x)=1$ 로서 존재하지만

$$\lim_{x \to 0} f(x) \neq f(0)$$

이 되므로 $x=0$ 에서 불연속이다.

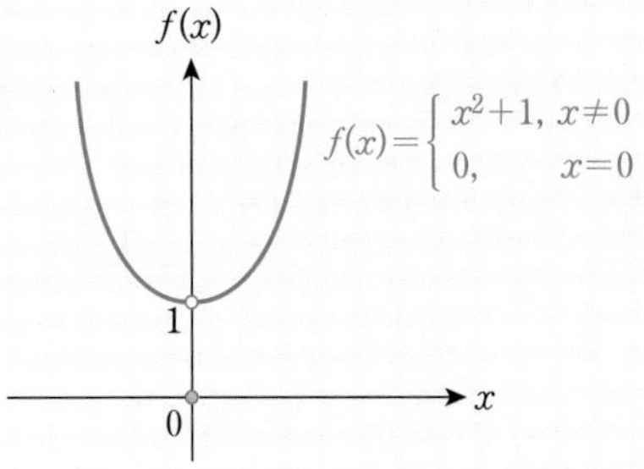

예제 4.21

다음 가우스(Gauss) 함수 $f(x)$의 불연속점을 구하라.

$$f(x)=[x]$$

단, $[x]$는 x보다 크지 않은 최대 정수를 나타낸다.

풀이

$-1\leq x<0$일 때 $f(x)=-1$

$0\leq x<1$일 때 $f(x)=0$

$1\leq x<2$일 때 $f(x)=1$

$2\leq x<3$일 때 $f(x)=2$

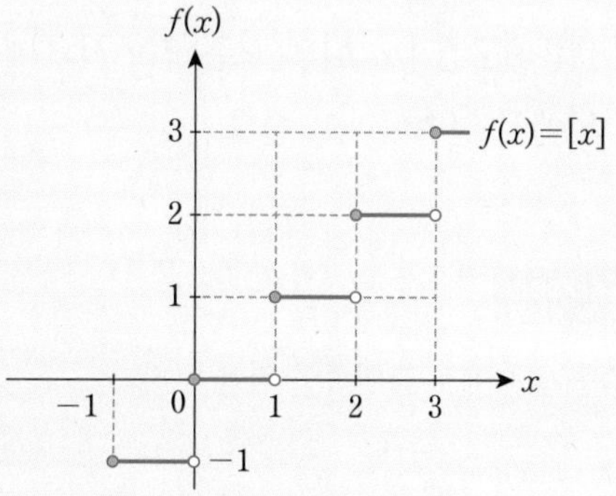

이므로 $f(x)=[x]$의 그래프는 오른쪽과 같다.

따라서 $x=\cdots,-1,0,1,2,\cdots$의 모든 정수에서 $f(x)=[x]$는 불연속이다.

한편, 극한의 성질을 연속성에 적용하면 다음의 성질을 얻을 수 있다.

정리 4.2 연속함수의 성질

두 함수 $f(x)$와 $g(x)$가 $x=a$에서 연속이면, 다음 함수들도 $x=a$에서 연속이다.

(1) $f(x)\pm g(x)$ (2) $f(x)g(x)$

(3) $\dfrac{g(x)}{f(x)}$ (단, $f(x)\neq 0$) (4) $kf(x)$ (단, k는 상수)

여기서 주목할 것은 상수함수 $f(x)=k$는 모든 실수에서 연속이므로 [정리 4.2]에 의하여 다항함수는 모든 실수에서 연속이다. 또한 분수(유리)함수는 분모가 0이 아닌 모든 실수에서 연속이다.

예제 4.22

다음 함수에서 연속인 점들의 집합을 구하라.

(1) $f(x)=3x+4$ (2) $f(x)=\dfrac{4x^4+x^2+1}{(x-1)(x+1)(x+3)}$

풀이

(1) $f(x)$는 1차 다항함수이므로 모든 실수에서 연속이다.

(2) $f(x)$는 분수함수이므로 분모가 0이 되는 x에 대해서는 정의되지 않는다. 즉,

$$(x-1)(x+1)(x+3)=0 \qquad \therefore\ x=1, -1, -3$$

따라서 $f(x)$는 $\{-3,\ -1,\ 1\}$을 제외한 모든 점에서 연속이다.

(2) 중간값의 정리

연속함수에서 가장 중요한 성질은 바로 중간값의 정리(Intermediate Value Theorem)이며, 이 정리는 어떤 구간에 방정식의 해가 존재한다는 것을 증명할 때 많이 사용된다.

정리 4.3 중간값의 정리

함수 $f(x)$가 폐구간 $[a,\ b]$에서 연속이고 $f(a)f(b)<0$이면 $f(c)=0$을 만족하는 c가 개구간 $(a,\ b)$ 안에 적어도 하나 존재한다.

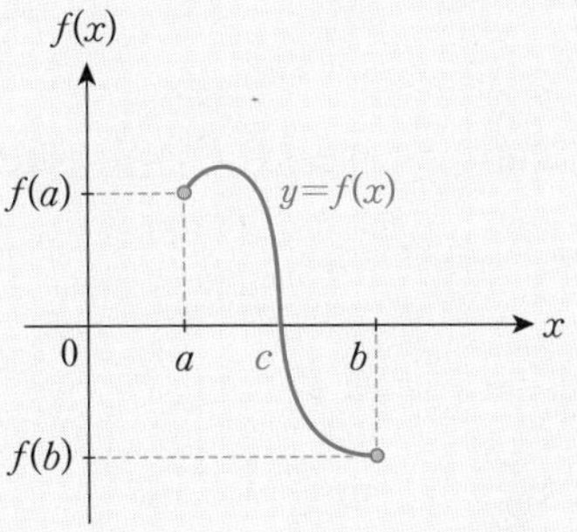

[정리 4.3]에 의하여 함수 $f(x)$가 특정한 폐구간에서 연속이고 폐구간의 양 끝점

에서의 함숫값의 부호가 다르면 방정식 $f(x)=0$의 해가 개구간 안에 적어도 하나 이상 존재한다는 것을 알 수 있다. 만일 $f(x)$가 폐구간에서 불연속이라면 $f(x)=0$을 만족하는 해가 존재하지 않을 수 있다는 것을 [그림 4.10]에 나타내었다.

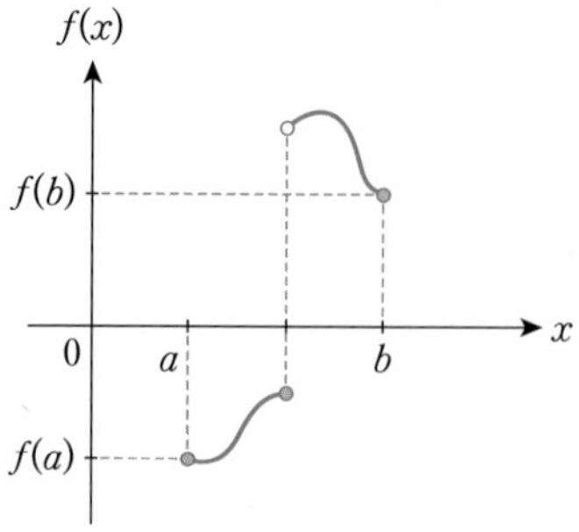

[그림 4.10] $f(x)$가 불연속일 때의 중간값 정리

[그림 4.10]에서 알 수 있는 것처럼 $f(x)$가 폐구간 $[a, b]$에서 불연속인 경우 $f(c)=0$이 되는 c가 존재하지 않는다. 다시 말해서 $f(x)$의 그래프가 x축과 교차하는 교차점(해)이 존재하지 않을 수 있다는 것을 나타내므로 중간값 정리의 역은 성립하지 않는다는 사실에 주의하라.

예제 4.23

다음 방정식이 $0<x<\frac{\pi}{2}$에서 적어도 하나의 실근을 가진다는 것을 증명하라.

$$(x^2-1)\cos x+\sqrt{2}\sin\frac{x}{2}=0$$

풀이

중간값의 정리를 적용하기 위하여 $f(x)=(x^2-1)\cos x+\sqrt{2}\sin\frac{x}{2}$로 놓고 $x=0$과 $x=\frac{\pi}{2}$에서 각각 함숫값을 구해본다.

$$f(0)=-\cos 0+\sqrt{2}\sin 0=-1<0$$
$$f\left(\frac{\pi}{2}\right)=\left(\frac{\pi^2}{4}-1\right)\cos\frac{\pi}{2}+\sqrt{2}\sin\frac{\pi}{4}=1>0$$

또한 $f(x)$는 모든 실수 x에 대하여 연속이므로 중간값의 정리에 의하면 $0<x<\frac{\pi}{2}$에서 적어도 하나 이상의 실근을 가진다는 것을 알 수 있다.

요약 **함수의 연속성과 중간값의 정리**

- 함수 $f(x)$가 $x=a$에서 연속이라는 것은 $f(x)$의 그래프가 $x=a$에서 끊어지지 않고 연결되어 있다는 의미이다.
- 함수 $f(x)$가 $x=a$에서 연속이기 위해서는 다음의 조건을 만족해야 한다.

  ① $\lim_{x \to a} f(x)$의 극한값이 존재한다.

  ② $x=a$에서 함숫값 $f(a)$가 존재한다.

  ③ $\lim_{x \to a} f(x) = f(a)$가 성립한다.

- 두 함수가 연속이면 두 함수의 사칙연산으로 얻어지는 함수들도 연속이다. 또한 k가 상수일 때 $f(x)$가 연속이면 $kf(x)$도 연속이다.
- 다항함수는 모든 실수에서 연속이며, 분수함수는 분모가 0이 되는 점을 제외한 모든 실수에서 연속이다.
- 함수 $f(x)$가 특정한 폐구간에서 연속이고 폐구간의 양 끝점에서 함숫값의 부호가 다르면, 방정식 $f(x)=0$의 해가 개구간 안에 적어도 하나 이상 존재한다(중간값의 정리).

연습문제

01 함수 $f(x)$의 그래프가 다음과 같은 경우 각각의 극한값을 구하라.

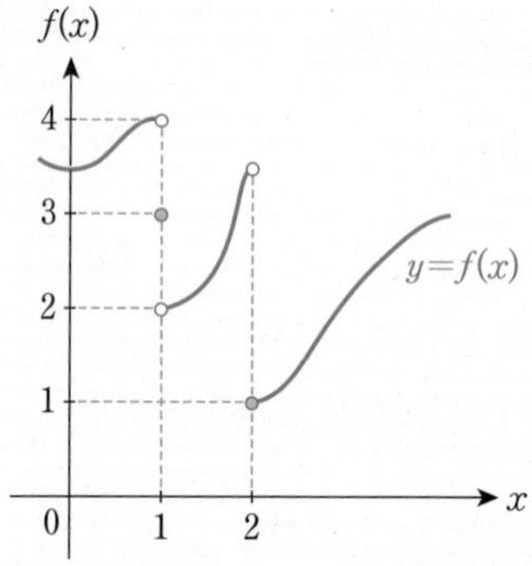

(1) $\lim_{x \to 1^-} f(x)$

(2) $\lim_{x \to 1^+} f(x)$

(3) $\lim_{x \to 2^+} f(x)$

02 다음 함수의 극한값을 구하라.

(1) $\lim_{x \to 2} \frac{\sqrt{x} - \sqrt{2}}{x-2}$　　(2) $\lim_{x \to 4} \frac{x-4}{\sqrt{x}-2}$

03 다음 등식을 만족시키는 상수 a와 b의 값을 구하라.

$$\lim_{x \to 0} \frac{\sin 2x}{\sqrt{ax+b}-1} = 2$$

04 다음 함수의 극한값을 구하라.

(1) $\lim_{x \to \infty} \frac{6x^3+2x+1}{x^3+4x^2+3}$　　(2) $\lim_{x \to \infty} \frac{x^4+x+1}{2x^2+3x+2}$

(3) $\lim_{x \to \infty} \frac{x+1}{x^2+4x+4}$　　(4) $\lim_{x \to \infty} \frac{6x}{2x+10}$

05 $f(x)=x-2$, $g(x)=x^2+x$ 일 때 다음의 극한값을 구하라.

$$\lim_{x\to1}\frac{(f\circ g)(x)+(g\circ f)(x)}{x-1}$$

06 다음 함수의 극한값을 구하라.

(1) $\lim_{x\to0}\frac{e^{x+a}-e^a}{x}$ (단, a는 상수)

(2) $\lim_{x\to0}\frac{4^x-2^x}{x}$

07 다음 함수의 극한을 계산하라.

(1) $\lim_{x\to0}(1+2x)^{\frac{1}{x}}$

(2) $\lim_{x\to0}(1-2x)^{\frac{3}{4x}}$

08 다음 삼각함수의 극한값을 구하라.

(1) $\lim_{x\to0}\frac{3x}{\sin 6x}$

(2) $\lim_{x\to1}\frac{5(x-1)}{\tan 2(x-1)}$

09 다음의 관계를 만족하는 상수 a와 b의 값을 구하라.

$$\lim_{x\to0}\frac{x^2+ax+b}{\sin x}=3$$

10 다음 함수의 극한값을 구하라.

$$\lim_{x\to0}\frac{\tan(\sin\pi x)}{x}$$

11 $(x-1)^2f(x)=x^3+x^2+ax+3$을 만족하는 함수 $f(x)$가 모든 실수에서 연속이기 위한 상수 a의 값과 $f(1)$의 값을 구하라.

12 다음 방정식이 주어진 구간에서 적어도 하나 이상의 해를 가진다는 것을 증명하라.

$$x^3+5x+3=0,\quad -3<x<1$$

13 다음 함수가 $x=0$에서 연속이 되도록 실수 a의 값을 구하라.

$$f(x)=\begin{cases} x^2+3, & x<0 \\ a+1, & x\geq 0 \end{cases}$$

14 다음 관계를 만족하는 상수 a의 값을 구하라.

$$\lim_{x\to\infty}\frac{ax}{\sqrt{x^2+1}-1}=2$$

15 다음 함수의 극한값을 구하라.

$$\lim_{x\to 0}\frac{\cos x-1}{x}$$

CHAPTER 05

미분법

미분법

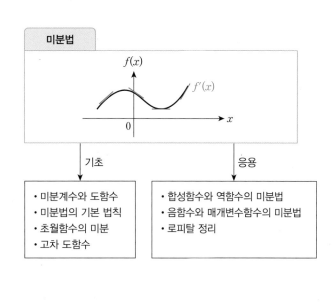

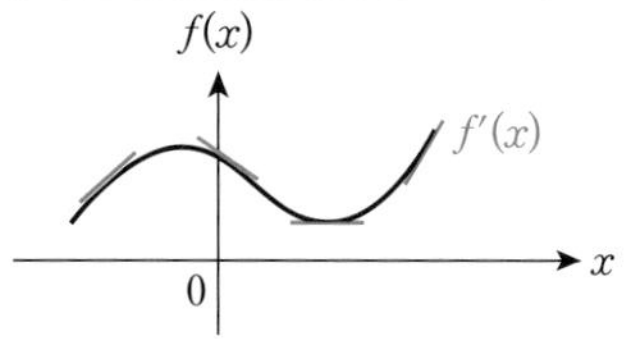

기초

- 미분계수와 도함수
- 미분법의 기본 법칙
- 초월함수의 미분
- 고차 도함수

응용

- 합성함수와 역함수의 미분법
- 음함수와 매개변수함수의 미분법
- 로피탈 정리

5.1 미분계수와 도함수 | 5.2 미분법의 기본 법칙 | 5.3 삼각함수와 지수함수의 미분법

5.4* 고차 도함수 | 5.5 합성함수와 역함수의 미분법 | 5.6* 음함수와 매개변수함수의 미분법

5.7 로피탈 정리

CHAPTER 05

미분법

▶ 단원 개요

본 장에서는 미분의 기본 개념인 미분계수와 도함수에 대한 내용을 소개하고 미분법의 기초가 되는 기본 법칙에 대하여 학습한다. 또한 삼각함수나 지수 및 로그함수와 같은 초월함수 등의 미분법에 대해 살펴본다. 마지막으로 합성함수와 역함수의 미분법, 음함수와 매개변수함수의 미분법, 고차 도함수, 로피탈 정리에 관해 다룬다.

미분은 적분과 함께 여러 가지 다양한 공학문제의 해결에 매우 광범위하게 활용되므로 반복학습을 통해 충분한 이해가 필요하다.

5.1 미분계수와 도함수

(1) 평균변화율과 미분계수

함수 $f(x)$의 그래프에서 $x=a$에서 $x=a+\Delta x$로 변화한 경우 함수 $f(x)$의 변화를 알아보자. 여기서 Δx란 x의 미소변화량을 나타낸다.

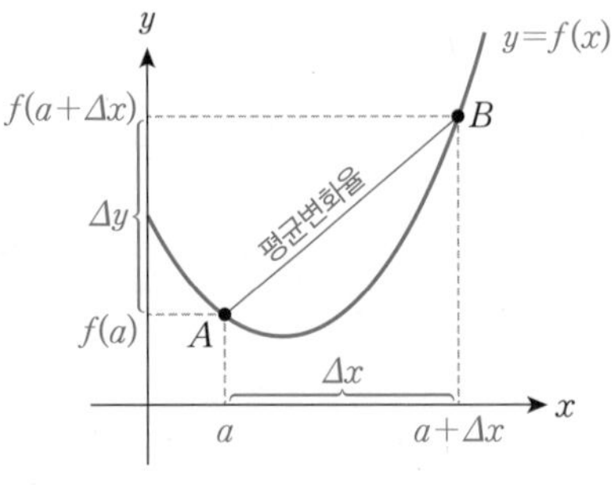

(a) 평균변화율

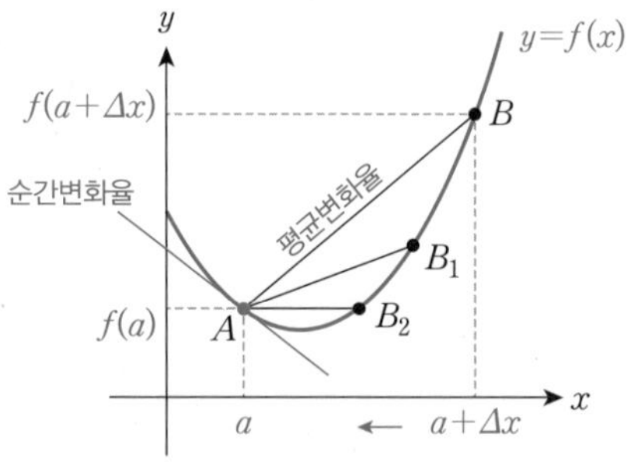

(b) 순간변화율

[그림 5.1] 함수의 변화율

[그림 5.1(a)]에서 $x=a$에서 $x=a+\Delta x$로 Δx만큼 변화하였을 때, 함수 $f(x)$는 $f(a)$에서 $f(a+\Delta x)$로 변화하는데 이 변화량을 Δy로 표시하면 다음과 같다.

$$\Delta y = f(a+\Delta x) - f(a) \tag{1}$$

식(1)로부터 x의 변화량(Δx)과 y의 변화량(Δy)의 비를 구하면 다음과 같다.

$$\frac{\Delta y}{\Delta x} = \frac{f(a+\Delta x)-f(a)}{(a+\Delta x)-a} = \frac{f(a+\Delta x)-f(a)}{\Delta x} \tag{2}$$

결과적으로 식(2)는 [그림 5.1(a)]에 나타낸 것처럼 두 점 A와 B를 연결하는 직선의 기울기를 나타내며, 이것을 구간 $[a,\ a+\Delta x]$에서 함수 $f(x)$의 평균변화율(Average Rate of Change)이라고 정의한다.

만일 [그림 5.1(b)]에서 Δx가 점점 작아지면 $f(x)$의 평균변화율도 직선 AB의 기울기 → 직선 AB_1의 기울기 → 직선 AB_2의 기울기로 변화하다가 $\Delta x \to 0$이 되면 결국 점 A에서 접선의 기울기가 됨을 알 수 있다. 이 때 이 접선의 기울기를 $x=a$에서의 순간변화율(Instantaneous Rate of Change) 또는 미분계수(Differential Coefficient) $f'(a)$라고 부르며 다음과 같이 정의한다.

$$f'(a) \triangleq \lim_{\Delta x \to 0} \frac{\Delta y}{\Delta x} = \lim_{\Delta x \to 0} \frac{f(a+\Delta x)-f(a)}{\Delta x} \tag{3}$$

함수 $f(x)$가 $x=a$에서 미분계수가 존재하는 경우 $f(x)$는 $x=a$에서 미분가능하다(Differentiable)고 정의하며, 개구간 I의 모든 점에서 $f(x)$가 미분가능하면 간단히 $f(x)$는 구간 I에서 미분가능하다고 한다.

한편, $x=a$에서 $f(x)$의 접선의 방정식을 구해본다. [그림 5.1(b)]에서 접선은 점 $A(a,\ f(a))$를 지나고 기울기가 $f'(a)$이므로 3.1절에서 살펴본 바와 같이 접선의 방정식은 다음과 같이 표현할 수 있다.

$$\begin{aligned} y-f(a) &= f'(a)(x-a) \\ y &= f'(a)(x-a)+f(a) \end{aligned} \tag{4}$$

(2) 도함수

앞 절에서 함수 $f(x)$가 어떤 구간 I의 모든 점에서 미분가능하다고 할 때, $x=a\in I$라는 특정한 한 점에서의 미분계수를 식(3)의 정의를 이용하여 구하였다. 그렇다면 구간 I의 또 다른 점들에서 미분계수를 구하려면 매번 식(3)의 정의를 이용해야 한다면 매우 번거로울 것이다.

이 문제를 해결하기 위하여 식(3)에서 특정한 점 a 대신에 구간 I의 임의의 점 x로 대체하면 다음과 같다.

$$\lim_{\Delta x \to 0} \frac{f(x+\Delta x)-f(x)}{\Delta x} \tag{5}$$

식(5)는 a가 x로 대체되었으므로 x에 대한 함수가 되며, 이 식을 이용하면 구간 I의 모든 점에서 미분계수를 쉽게 구할 수 있게 된다. 이 함수를 $f(x)$의 도함수(Derivative)라고 정의하며 $f'(x)$로 표시한다. 즉,

$$f'(x) \triangleq \lim_{\Delta x \to 0} \frac{f(x+\Delta x)-f(x)}{\Delta x} \tag{6}$$

도함수 $f'(x)$는 다음과 같이 여러 가지 기호로 표현가능하다는 것에 주의하라.

$$y',\ f'(x),\ \frac{dy}{dx},\ \frac{df}{dx},\ \frac{d}{dx}(f(x)) \tag{7}$$

본 교재에서는 상황에 따라 여러 가지 도함수의 표현을 혼용하여 사용할 것임을 미리 밝혀둔다.

결과적으로 도함수 $f'(x)$는 함수 $y=f(x)$의 미분가능한 모든 점에서 접선의 기울기를 나타내는 함수이다. 함수 $y=f(x)$의 도함수 $f'(x)$를 구하는 것을 미분한다(Differentiate)라고 하며, 도함수를 구하는 방법을 미분법이라고 한다. [그림 5.2]에 함수 $f(x)$에 대한 도함수의 기하학적인 의미를 나타내었다.

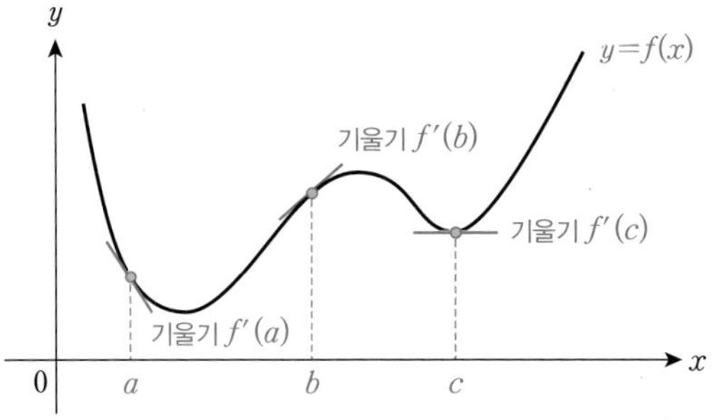

[그림 5.2] 함수 $f(x)$에 대한 도함수의 기하학적인 의미

예제 5.1

함수 $f(x)=x^2+3$에 대하여 다음 물음에 답하라.

(1) 도함수의 정의에 따라 $f'(x)$를 구하라.

(2) $x=2$에서의 미분계수와 접선의 방정식을 구하라.

(3) $x=2$에서의 접선과 수직한 법선의 방정식을 구하라.

풀이

(1) $$f'(x)=\lim_{\Delta x\to 0}\frac{f(x+\Delta x)-f(x)}{\Delta x}$$
$$=\lim_{\Delta x\to 0}\frac{(x+\Delta x)^2+3-(x^2+3)}{\Delta x}$$
$$=\lim_{\Delta x\to 0}\frac{2x\cdot\Delta x+(\Delta x)^2}{\Delta x}=\lim_{\Delta x\to 0}(2x+\Delta x)=2x$$

(2) $x=2$에서의 미분계수는 $f'(2)=2\times2=4$이므로 접선의 기울기는 4이고 점 $(2, f(2))=(2, 7)$을 지나므로 접선의 방정식은 다음과 같다.

$$y-7=f'(2)(x-2)$$
$$\therefore\ y=4(x-2)+7=4x-1$$

(3) 접선의 기울기가 4이므로 수직한 법선의 기울기는 $-\frac{1}{4}$이고 점 $(2, f(2))=(2, 7)$을 지나므로 법선의 방정식은 다음과 같다.

$$y-7=-\frac{1}{4}(x-2)$$
$$\therefore\ y=-\frac{1}{4}x+\frac{15}{2}$$

여기서 잠깐! **법선의 방정식**

기울기가 m이고 한 점 $P(a, b)$를 지나는 직선의 방정식은

$$y = m(x-a)+b$$

이고 위의 직선과 수직한 법선(Normal Line)은 기울기의 곱이 -1이므로 법선의 기울기는 $-\frac{1}{m}$이 된다. 따라서 점 $P(a, b)$에서의 법선의 방정식은 다음과 같다.

$$y = -\frac{1}{m}(x-a)+b$$

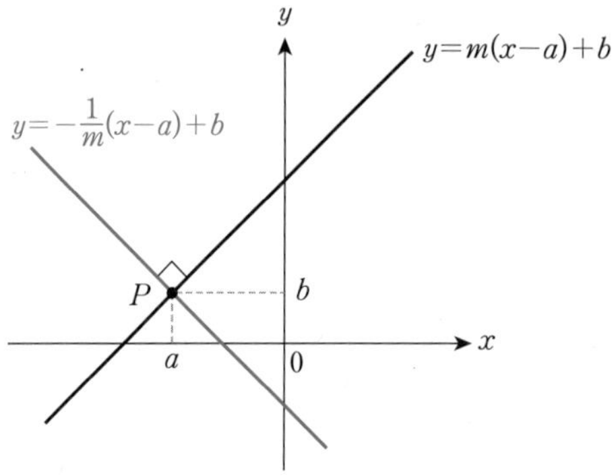

여기서 잠깐! **도함수 정의의 다양성**

도함수의 정의에서 x의 변화량 Δx를 이용하였으나 적절한 다른 변수를 이용하여도 관계없다는 사실에 주의하라. 즉,

$$\begin{aligned} f'(x) &\triangleq \lim_{\Delta x \to 0} \frac{f(x+\Delta x)-f(x)}{\Delta x} \\ &\triangleq \lim_{h \to 0} \frac{f(x+h)-f(x)}{h} \end{aligned}$$

예제 5.2

다음 함수의 도함수와 $x=1$에서의 미분계수를 구하라.

$$f(x) = \sqrt{x}$$

풀이

도함수의 정의에 의하여

$$f'(x)=\lim_{h\to 0}\frac{f(x+h)-f(x)}{h}=\lim_{h\to 0}\frac{\sqrt{x+h}-\sqrt{x}}{h}$$

이므로 분자를 유리화하기 위하여 분모와 분자에 $\sqrt{x+h}+\sqrt{x}$ 를 곱하여 정리한다.

$$\begin{aligned} f'(x)&=\lim_{h\to 0}\frac{\sqrt{x+h}-\sqrt{x}}{h}=\lim_{h\to 0}\frac{(\sqrt{x+h}-\sqrt{x})(\sqrt{x+h}+\sqrt{x})}{(\sqrt{x+h}+\sqrt{x})h} \\ &=\lim_{h\to 0}\frac{(x+h)-x}{(\sqrt{x+h}+\sqrt{x})h} \\ &=\lim_{h\to 0}\frac{h}{(\sqrt{x+h}+\sqrt{x})h}=\frac{1}{2\sqrt{x}} \end{aligned}$$

$x=1$ 에서의 미분계수 $f'(1)=\frac{1}{2\sqrt{1}}=\frac{1}{2}$ 이 된다.

요약 **미분계수와 도함수**

- 함수 $f(x)$ 에서 $x=a$ 에서의 미분계수는 다음과 같이 정의된다.

$$f'(a)\triangleq\lim_{\Delta x\to 0}\frac{f(a+\Delta x)-f(a)}{\Delta x}$$

$x=a$ 에서의 미분계수 $f'(a)$ 는 $x=a$ 에서 함수 $f(x)$ 의 접선의 기울기를 의미하며, 미분계수를 순간변화율이라고도 한다.

- 구간 I 에서 미분가능한 함수 $f(x)$ 의 미분계수를 구간 I 의 모든 점에서 쉽게 구할 수 있도록 정의한 것이 도함수의 개념이다.

$$f'(x)\triangleq\lim_{\Delta x\to 0}\frac{f(x+\Delta x)-f(x)}{\Delta x}=\lim_{h\to 0}\frac{f(x+h)-f(x)}{h}$$

- 함수 $f(x)$ 의 도함수 $f'(x)$ 를 구하는 것을 미분한다고 하며 도함수를 구하는 방법을 미분법이라고 한다. 도함수 $f'(x)$ 는 다음과 같이 여러 가지 기호로 표현가능하다.

$$y',\ f'(x),\ \frac{dy}{dx},\ \frac{df}{dx},\ \frac{d}{dx}(f(x))$$

5.2 미분법의 기본 법칙

어떤 함수의 도함수를 구할 때마다 도함수의 정의를 이용하는 것은 귀찮을 뿐만 아니라 때로는 어려울 수도 있다. 따라서 본 절에서는 도함수의 정의를 사용하지 않고 도함수를 구하는 방법에 대하여 살펴본다.

미분이 가능한 두 함수의 사칙연산(덧셈, 뺄셈, 곱셈, 나눗셈)에 대한 도함수는 다음의 [정리 5.1]에 의해 구할 수 있으며, 증명은 독자들의 연습문제로 남긴다.

정리 5.1 미분법의 기본 법칙

미분가능한 두 함수 $f(x)$와 $g(x)$에 대하여 다음의 법칙이 성립된다.

(1) $(f(x)+g(x))'=f'(x)+g'(x)$

(2) $(f(x)-g(x))'=f'(x)-g'(x)$

(3) k가 상수일 때 $(kf(x))'=kf'(x)$

(4) $(f(x)g(x))'=f'(x)g(x)+f(x)g'(x)$

(5) $\left(\dfrac{g(x)}{f(x)}\right)'=\dfrac{g'(x)f(x)-g(x)f'(x)}{[f(x)]^2}$ (단, $f(x)\neq 0$)

예제 5.3

세 함수 $f(x)$, $g(x)$, $h(x)$가 미분가능할 때 다음 함수의 도함수를 구하라.

(1) $f(x)+g(x)+h(x)$

(2) $f(x)g(x)h(x)$

풀이

(1) [정리 5.1(1)]로부터 다음과 같다.

$$\begin{aligned}([f(x)+g(x)]+h(x))' &= ([f(x)+g(x)])'+h'(x)\\ &= f'(x)+g'(x)+h'(x)\end{aligned}$$

(2) [정리 5.1(4)]로부터 다음과 같다.

$$(f(x)g(x)h(x))'=([f(x)g(x)]h(x))'$$

$$= ([f(x)g(x)])'h(x) + ([f(x)g(x)])h'(x)$$
$$= \{f'(x)g(x) + f(x)g'(x)\}h(x) + f(x)g(x)h'(x)$$
$$= f'(x)g(x)h(x) + f(x)g'(x)h(x) + f(x)g(x)h'(x)$$

〈예제 5.3〉의 결과는 세 개 이상의 함수의 합에 대한 도함수는 각각의 도함수의 합과 같다는 것으로 일반화될 수 있다. 또한, 세 개 이상의 함수의 곱에 대해서도 유사한 방식으로 일반화가 가능하다는 것에 유의하라.

다음으로, 다항함수 $f(x) = x^2$의 도함수를 계산해 보자.

$$\frac{d}{dx}(x^2) = \lim_{h\to 0}\frac{(x+h)^2 - x^2}{h} = \lim_{h\to 0}\frac{2xh + h^2}{h} \qquad (8)$$
$$= \lim_{h\to 0}(2x+h) = 2x$$

또한, $f(x) = x^3$의 도함수를 구해보면

$$\frac{d}{dx}(x^3) = \lim_{h\to 0}\frac{(x+h)^3 - x^3}{h} = \lim_{h\to 0}\frac{3x^2h + 3xh^2 + h^3}{h} \qquad (9)$$
$$= \lim_{h\to 0}(3x^2 + 3xh + h^2) = 3x^2$$

이 된다.

식(8)과 식(9)로부터 다항함수 $f(x) = x^n$ (n은 자연수)의 도함수는 다음과 같다는 것을 유추할 수 있다.

$$\frac{d}{dx}(x^n) = nx^{n-1} \qquad (10)$$

식(10)은 이미 고등학교 과정에서 학습한 내용이며, 기억을 상기시키기 위하여 복습한 것이다. 만일 $n = 0$이면 $f(x) = x^0 = 1$이므로 상수함수가 되는데, 상수함수의 도함수를 마찬가지 방법으로 구해본다.

$$\frac{d}{dx}(x^0) = \frac{d}{dx}(1) = \lim_{h \to 0} \frac{1-1}{h} = 0 \tag{11}$$

일반적으로 $f(x) = k$ (k는 상수)일 때 상수함수의 도함수는 다음과 같다.

$$\frac{d}{dx}(k) = 0 \tag{12}$$

지금까지의 논의를 [정리 5.2]에 나타내었으며, 미분법의 기초가 되는 매우 중요한 공식이니 기억해두기 바란다.

정리 5.2 다함함수 x^n의 도함수

상수 k와 자연수 n에 대하여 다음의 관계가 성립한다.

(1) $\frac{d}{dx}(k) = 0$

(2) $\frac{d}{dx}(x^n) = nx^{n-1}$

[정리 5.2]에서 음의 지수를 가지는 다항함수의 도함수에 대해 살펴본다. 지수법칙에 따라 $x^{-n} \triangleq \frac{1}{x^n}$ 이므로 [정리 5.1(5)]에 의하여 x^{-n}의 도함수를 구하면

$$\begin{aligned} \frac{d}{dx}(x^{-n}) = \frac{d}{dx}\left(\frac{1}{x^n}\right) &= \frac{(1)' x^n - 1 \cdot (x^n)'}{(x^n)^2} \\ &= \frac{-nx^{n-1}}{x^{2n}} = -nx^{-n-1} \end{aligned} \tag{13}$$

이 된다. 식(13)과 [정리 5.2(2)]를 종합하면, 일반적으로 다항함수 x^n (n은 정수)의 도함수는 다음과 같다는 것을 알 수 있다.

$$\frac{d}{dx}(x^n) = nx^{n-1} \quad (n\text{은 정수}) \tag{14}$$

앞으로 식(14)를 이용하면 n이 양수 또는 음수 그 어떠한 경우라도 x^n의 도함수를 쉽게 구할 수 있다.

예제 5.4

다음 함수의 도함수를 구하라.

(1) $f(x)=3x^3+4x+1$

(2) $f(x)=(3x+4)(x^2+2x+3)$

(3) $f(x)=\frac{1}{x}$

(4) $f(x)=\frac{2x-1}{2x+1}$

풀이

(1) $f'(x)=(3x^3+4x+1)'=9x^2+4$

(2) $$\begin{aligned} f'(x) &= [(3x+4)(x^2+2x+3)]' \\ &= (3x+4)'(x^2+2x+3)+(3x+4)(x^2+2x+3)' \\ &= 3(x^2+2x+3)+(3x+4)(2x+2) \\ &= 9x^2+20x+17 \end{aligned}$$

(3) $f'(x)=\left(\frac{1}{x}\right)'=\frac{(1)'x-(1)(x)'}{x^2}=\frac{0-1}{x^2}=-\frac{1}{x^2}$

(4) $$\begin{aligned} f'(x)=\left(\frac{2x-1}{2x+1}\right)' &= \frac{(2x-1)'(2x+1)-(2x-1)(2x+1)'}{(2x+1)^2} \\ &= \frac{2\cdot(2x+1)-(2x-1)\cdot 2}{(2x+1)^2}=\frac{4}{(2x+1)^2} \end{aligned}$$

예제 5.5

다음 함수의 도함수를 구하라.

(1) $f(x)=\frac{3}{x^4}$

(2) $f(x)=10x^{-15}$

풀이

(1) 식(14)로부터

$$f(x) = \frac{3}{x^4} = 3x^{-4}$$
$$f'(x) = 3(-4)x^{-4-1} = -12x^{-5} = -\frac{12}{x^5}$$

(2) 식(14)로부터

$$f'(x) = 10(-15)x^{-15-1} = -150x^{-16} = -\frac{150}{x^{16}}$$

요약 | 미분법의 기본 법칙

- 미분가능한 두 함수 $f(x)$와 $g(x)$에 대하여 다음의 법칙이 성립한다.
  ① $(f(x)+g(x))' = f'(x)+g'(x)$
  ② $(f(x)-g(x))' = f'(x)-g'(x)$
  ③ $(kf(x))' = kf'(x)$ (단, k는 상수)
  ④ $(f(x)g(x))' = f'(x)g(x)+f(x)g'(x)$
  ⑤ $\left(\frac{g(x)}{f(x)}\right)' = \frac{g'(x)f(x)-g(x)f'(x)}{[f(x)]^2}$ (단, $f(x) \neq 0$)

- n이 정수일 때 다항함수 x^n의 도함수는 다음과 같다.

$$\frac{d}{dx}(x^n) = nx^{n-1}$$

5.3 삼각함수와 지수함수의 미분법

(1) 삼각함수의 미분법

이미 고등학교 과정에서 학습하였으나 복습을 위하여 기본적인 삼각함수의 도함수를 [정리 5.3]에 나타내었다.

정리 5.3 **기본 삼각함수의 도함수**

(1) $(\sin x)' = \cos x$

(2) $(\cos x)' = -\sin x$

(3) $(\tan x)' = \sec^2 x$

예제 5.6

[정리 5.3]에서 다음의 관계를 증명하라.

$$\frac{d}{dx}(\sin x) = \cos x$$

풀이

$$\frac{d}{dx}(\sin x) = \lim_{h \to 0} \frac{\sin(x+h) - \sin x}{h}$$

삼각함수의 차를 곱으로 변환하는 공식으로부터

$$\begin{aligned}
&\lim_{h \to 0} \frac{\sin(x+h) - \sin x}{h} \\
&= \lim_{h \to 0} \frac{2\sin\dfrac{(x+h)-x}{2} \cdot \cos\dfrac{(x+h)+x}{2}}{h} \\
&= \lim_{h \to 0} \frac{2\sin\dfrac{h}{2}}{h} \cdot \cos\left(x + \frac{h}{2}\right) \\
&= \lim_{h \to 0} \frac{\sin\dfrac{h}{2}}{\left(\dfrac{h}{2}\right)} \cdot \lim_{h \to 0} \cos\left(x + \frac{h}{2}\right) = 1 \cdot \cos x = \cos x
\end{aligned}$$

를 얻을 수 있다.

여기서 잠깐! **삼각함수의 차를 곱으로 변환하는 공식**

덧셈정리에서

$$
\begin{aligned}
&\sin(x+y) = \sin x\cos y + \cos x\sin y \\
-)\ &\underline{\sin(x-y) = \sin x\cos y - \cos x\sin y} \\
\therefore\ &\sin(x+y) - \sin(x-y) = 2\cos x\sin y
\end{aligned}
$$

윗 식에서 $x+y=\alpha$, $x-y=\beta$로 놓고 x와 y에 대하여 정리하면

$$x = \frac{\alpha+\beta}{2},\ y = \frac{\alpha-\beta}{2}$$

가 되므로 다음의 관계를 얻을 수 있다.

$$\therefore\ \sin\alpha - \sin\beta = 2\cos\left(\frac{\alpha+\beta}{2}\right)\sin\left(\frac{\alpha-\beta}{2}\right)$$

예제 5.7

[정리 5.3]에서 다음의 관계를 증명하라.

$$\frac{d}{dx}(\tan x) = \sec^2 x$$

풀이

$\tan x = \dfrac{\sin x}{\cos x}$ 이므로 [정리 5.1(5)]로부터

$$
\begin{aligned}
\frac{d}{dx}(\tan x) &= \frac{d}{dx}\left(\frac{\sin x}{\cos x}\right) \\
&= \frac{(\sin x)'\cos x - \sin x(\cos x)'}{\cos^2 x} \\
&= \frac{\cos x\cdot\cos x - \sin x(-\sin x)}{\cos^2 x} \\
&= \frac{\cos^2 x + \sin^2 x}{\cos^2 x} = \frac{1}{\cos^2 x} = \sec^2 x
\end{aligned}
$$

를 얻을 수 있다.

예제 5.8

다음 함수의 도함수를 구하라.

(1) $f(x) = \operatorname{cosec} x$

(2) $f(x) = \cot x$

(3) $f(x) = \sec x$

풀이

(1) $\operatorname{cosec} x = \dfrac{1}{\sin x}$ 이므로 [정리 5.1(5)]에 의하여

$$\begin{aligned}\frac{d}{dx}(\operatorname{cosec} x) &= \frac{d}{dx}\left(\frac{1}{\sin x}\right)\\ &= \frac{(1)'\sin x-(1)(\sin x)'}{\sin^2 x}\\ &= \frac{-\cos x}{\sin^2 x} = -\frac{1}{\sin x}\cdot\frac{\cos x}{\sin x}\\ &= -\operatorname{cosec} x\cdot\cot x\end{aligned}$$

(2) $\cot x = \dfrac{1}{\tan x}$ 이므로 [정리 5.1(5)]에 의하여

$$\begin{aligned}\frac{d}{dx}(\cot x) &= \frac{d}{dx}\left(\frac{1}{\tan x}\right) = \frac{d}{dx}\left(\frac{\cos x}{\sin x}\right)\\ &= \frac{(\cos x)'\sin x-\cos x(\sin x)'}{\sin^2 x}\\ &= \frac{(-\sin x)\sin x-\cos x(\cos x)}{\sin^2 x}\\ &= \frac{-\sin^2 x-\cos^2 x}{\sin^2 x} = -\frac{1}{\sin^2 x} = -\operatorname{cosec}^2 x\end{aligned}$$

(3) $\sec x = \dfrac{1}{\cos x}$ 이므로 [정리 5.1(5)]에 의하여

$$\begin{aligned}\frac{d}{dx}(\sec x) &= \frac{d}{dx}\left(\frac{1}{\cos x}\right)\\ &= \frac{(1)'\cos x-(1)(\cos x)'}{\cos^2 x}\\ &= \frac{\sin x}{\cos^2 x} = \frac{1}{\cos x}\cdot\frac{\sin x}{\cos x} = \sec x\cdot\tan x\end{aligned}$$

예제 5.9

다음 함수들의 도함수를 구하라.

(1) $y = x^2 \cos x$

(2) $y = \sin x - 2\cos x + \tan x$

(3) $y = x \sin x$

풀이

(1) $y' = (x^2)' \cos x + x^2 (\cos x)'$
$= 2x \cdot \cos x + x^2(-\sin x)$
$= 2x \cos x - x^2 \sin x$

(2) $y' = (\sin x)' - (2\cos x)' + (\tan x)'$
$= \cos x + 2\sin x + \sec^2 x$

(3) $y' = (x)' \sin x + x(\sin x)'$
$= \sin x + x\cos x$

(2) 지수함수의 미분법

지수함수의 도함수를 구할 때 유용하게 사용되는 다음 함수의 극한을 구해본다.

$$\lim_{x \to 0} \frac{a^x - 1}{x} \tag{15}$$

식(15)의 극한을 구하기 위하여 $z \triangleq a^x - 1$로 치환하면

$$z = a^x - 1$$
$$a^x = z + 1 \qquad \therefore\ x = \log_a(z+1)$$

이 되며, $x \to 0$일 때 $z \to 0$이므로

$$\lim_{x \to 0} \frac{a^x - 1}{x} = \lim_{z \to 0} \frac{z}{\log_a(z+1)} \tag{16}$$
$$= \lim_{z \to 0} \frac{1}{\frac{1}{z}\log_a(z+1)}$$

$$= \lim_{z \to 0} \frac{1}{\log_a (z+1)^{\frac{1}{z}}}$$

$$= \frac{1}{\log_a e} = \ln a$$

가 얻어진다. 특히 $a = e$ 인 경우 다음의 관계를 얻을 수 있다.

$$\lim_{x \to 0} \frac{e^x - 1}{x} = 1 \qquad (17)$$

여기서 잠깐! 로그의 밑 변환공식

$a \neq 1$ 인 양수 a와 양수 b에 대하여 다음을 고려한다.

$$\log_a b = m$$

로그의 정의에 의하여 $a^m = b$가 된다.
양변에 밑이 c인 로그를 취하면

$$\log_c a^m = \log_c b$$

$$m \log_c a = \log_c b \qquad \therefore \ m = \frac{\log_c b}{\log_c a}$$

이 되므로 다음의 밑 변환공식(Change of Base)을 얻을 수 있다.

$$\log_a b = \frac{\log_c b}{\log_c a}$$

만일 밑 c를 b로 하면 다음의 관계를 얻을 수 있다.

$$\log_a b = \frac{\log_b b}{\log_b a} = \frac{1}{\log_b a}$$

예를 들어, 식(16)에서 $\log_a e$ 의 밑을 e로 변환하면

$$\log_a e = \frac{\log_e e}{\log_e a} = \frac{1}{\log_e a} = \frac{1}{\ln a}$$

이 됨을 알 수 있다.

이제 지수함수 $f(x) = a^x$의 도함수를 구할 준비가 완료되었으므로 도함수의 정의에 의하여 구해본다.

$$\begin{aligned}\frac{d}{dx}(a^x) &= \lim_{h \to 0} \frac{a^{x+h} - a^x}{h} \\ &= \lim_{h \to 0} \frac{a^x(a^h - 1)}{h} = a^x \lim_{h \to 0} \frac{a^h - 1}{h} \\ &= a^x \ln a\end{aligned} \tag{18}$$

이므로, 특히 $a = e$인 특별한 경우에는 $\ln e = 1$이므로 다음의 관계를 얻을 수 있다.

$$\frac{d}{dx}(e^x) = e^x \ln e = e^x \tag{19}$$

이상의 결과를 [정리 5.4]에 요약하였다.

정리 5.4 지수함수의 도함수

$a \neq 1$인 양수 a에 대하여 다음의 관계가 성립한다.

(1) $\frac{d}{dx}(a^x) = a^x \ln a$

(2) $\frac{d}{dx}(e^x) = e^x$

예제 5.10

다음 함수의 도함수를 구하라.

(1) $y = 5a^x$

(2) $y = x \cdot 2^x$

(3) $y = \frac{1}{x} e^x$

(4) $y = e^x \sin x$

풀이

(1) $y' = 5a^x \ln a$

(2) [정리 5.1(4)]로부터

$$y' = (x \cdot 2^x)' = (x)' 2^x + x(2^x)'$$
$$= 1 \cdot 2^x + x \cdot 2^x \ln 2 = 2^x(1 + x \ln 2)$$

(3) $y = \frac{1}{x}e^x = \frac{e^x}{x}$ 이므로 [정리 5.1(5)]에 의하여

$$y' = \left(\frac{e^x}{x}\right)' = \frac{(e^x)'x - e^x(x)'}{x^2} = \frac{e^x \cdot x - e^x}{x^2}$$
$$= \frac{e^x(x-1)}{x^2}$$

(4) $y' = (e^x \sin x)' = (e^x)' \sin x + e^x(\sin x)'$

$$= e^x \sin x + e^x \cos x$$
$$= e^x(\sin x + \cos x)$$

예제 5.11

다음 함수의 도함수를 구하라.

(1) $y = a^x \sin x$

(2) $y = x^3 e^x$

풀이

(1) $y' = (a^x \sin x)' = (a^x)' \sin x + a^x (\sin x)'$

$$= (a^x \ln a) \sin x + a^x \cos x$$
$$= a^x(\ln a \cdot \sin x + \cos x)$$

(2) $y' = (x^3)' e^x + x^3 (e^x)' = 3x^2 e^x + x^3 e^x$

$$= x^2 e^x (3 + x) = x^2 e^x (x + 3)$$

요약 **삼각함수와 지수함수의 미분법**

- 기본 삼각함수의 도함수는 다음과 같다.

$$(\sin x)' = \cos x$$
$$(\cos x)' = -\sin x$$
$$(\tan x)' = \sec^2 x$$

- $a \neq 1$인 양수 a에 대하여 지수함수 a^x와 e^x의 도함수는 다음과 같다.

$$(a^x)' = a^x \ln a$$
$$(e^x)' = e^x$$

5.4* 고차 도함수

함수 $y = f(x)$가 미분가능하면 도함수 $y' = f'(x)$를 구할 수 있는데, 만일 $f'(x)$가 다시 미분가능한 함수라면 $f'(x)$의 도함수를 얻을 수 있다.

이와 같이 $y = f(x)$를 연속해서 두 번 반복하여 미분한 함수를 2차 도함수라고 정의하며 다음과 같이 나타낸다.

$$y'',\ f''(x),\ \frac{d^2y}{dx^2},\ \frac{d^2f}{dx^2},\ \frac{d^2}{dx^2}(f(x)) \tag{20}$$

또한 2차 도함수 $f''(x)$가 미분가능할 때 $f''(x)$의 도함수를 3차 도함수라고 정의하며 다음과 같이 나타낸다.

$$y''',\ f'''(x),\ \frac{d^3y}{dx^3},\ \frac{d^3f}{dx^3},\ \frac{d^3}{dx^3}(f(x)) \tag{21}$$

마찬가지 방식으로 $y = f(x)$를 연속해서 n번 반복하여 미분한 함수를 n차 도함수(nth-order Derivative)라고 정의하며 다음과 같이 나타낸다.

$$y^{(n)},\ f^{(n)}(x),\ \frac{d^n y}{dx^n},\ \frac{d^n f}{dx^n},\ \frac{d^n}{dx^n}(f(x)) \qquad (22)$$

보통 2차 이상의 도함수를 고차 도함수라고 부른다.

예제 5.12

다음 다항함수의 n차 도함수를 구하라.

$$y = x^n$$

풀이

$y' = nx^{n-1},\ y'' = n(n-1)x^{n-2},\ y''' = n(n-1)(n-2)x^{n-3},\ \cdots$

이므로 n차 도함수를 유추하면 다음과 같다.

$$\begin{aligned} y^{(n)} &= n(n-1)(n-2)\ \cdots\ 2\cdot 1x^{n-n} \\ &= n(n-1)(n-2)\ \cdots\ 2\cdot 1 = n! \end{aligned}$$

여기서 잠깐! $n!$의 계산

$n!$(n Factorial)은 1부터 어떤 양의 정수 n까지를 연속하여 모두 곱한 것으로 정의하며 n계승이라고 한다.

$$n! = n(n-1)(n-2)\ \cdots\ 3\cdot 2\cdot 1$$

$n!$의 정의에 따라 다음의 관계가 성립함을 쉽게 알 수 있다.

$$n! = n(n-1)! = n(n-1)(n-2)!$$

$n!$은 n이 양의 정수일 때만 정의하며 $n=0$일 때 $0! \doteq 1$로 정의한다. 엄밀하게 말하면 $n!$은 n이 음의 정수 또는 유리수인 경우도 정의할 수 있으나 이 책의 범위를 벗어나므로 다루지 않는다.

예제 5.13

다음 함수의 n차 도함수를 구하라.

(1) $y = e^x$

(2) $y = \frac{1}{x}$

풀이

(1) $y' = e^x,\ y'' = e^x,\ y''' = e^x,\ \cdots$

$$\therefore\ y^{(n)} = e^x$$

(2) $y = \frac{1}{x} = x^{-1}$ 이므로

$$y' = (-1)x^{-1-1} = (-1)x^{-2}$$

$$y'' = (-1)(-2)x^{-3} = (-1)^2 \cdot 1 \cdot 2x^{-3}$$

$$y''' = (-1)(-2)(-3)x^{-4} = (-1)^3 \cdot 1 \cdot 2 \cdot 3x^{-4}$$

$$\vdots$$

$$y^{(n)} = (-1)^n 1 \cdot 2 \cdot 3\ \cdots\ (n-1)n\ x^{-(n+1)}$$

$$= (-1)^n\ n!\ x^{-n-1}$$

요약 **고차 도함수**

- $y = f(x)$를 연속해서 두 번 반복하여 미분한 함수를 2차 도함수라고 정의하며 다음과 같이 나타낸다.

$$y'',\ f''(x),\ \frac{d^2y}{dx^2},\ \frac{d^2f}{dx^2},\ \frac{d^2}{dx^2}(f(x))$$

- $y = f(x)$를 연속해서 n번 반복하여 미분한 함수를 n차 도함수라고 정의하며 다음과 같이 나타낸다.

$$y^{(n)},\ f^{(n)}(x),\ \frac{d^ny}{dx^n},\ \frac{d^nf}{dx^n},\ \frac{d^n}{dx^n}(f(x))$$

5.5 합성함수와 역함수의 미분법

미분가능한 두 함수 $f(x)$와 $g(x)$의 합성함수 $(f\circ g)(x)=f(g(x))$의 도함수를 지금까지 살펴본 미분법에 위하여 구한다는 것은 매우 어려운 일이다. 예를 들어, $f(x)=x^{10}$과 $g(x)=x^3+2x^2+3x+1$의 합성함수 $(f\circ g)(x)=f(g(x))$를 계산하면

$$(f\circ g)(x)=f(g(x))=(x^3+2x^2+3x+1)^{10}$$

이 되므로 이 합성함수를 전개하여 도함수를 구하고 또 다시 간단한 식으로 표현하는 것은 매우 번거롭고 많은 시간과 노력을 필요로 한다.

또한 어떤 함수 $f(x)$의 도함수는 간단하게 구할 수 있으나, $f(x)$의 역함수를 구하는 것이 어려울 때가 많이 있기 때문에 역함수에 대한 도함수를 쉽게 구하는 일반적인 미분법이 필요하다.

본 절에서는 지금까지 언급한 미분가능한 함수들의 합성함수와 역함수의 도함수를 간편하고 쉽게 구할 수 있는 방법에 대하여 학습한다.

(1) 합성함수의 미분법

두 함수 $y=f(u)$와 $u=g(x)$가 미분가능하면, 다음의 합성함수 $y=(f\circ g)(x)=f(g(x))$도 미분가능하며 다음과 같이 미분할 수 있다.

$$y'=\frac{dy}{dx}=\frac{dy}{du}\cdot\frac{du}{dx}=f'(u)g'(x)=f'(g(x))g'(x)$$
$$y'=[f(g(x))]'=f'(g(x))g'(x) \tag{23}$$

예를 들어, 앞에서 언급한 두 함수 $y=u^{10}$, $u=x^3+2x^2+3x+1$의 합성함수 $y=(x^3+2x^2+3x+1)^{10}$의 도함수를 구해보자.

$$\begin{aligned} y'=\frac{dy}{dx}&=\frac{dy}{du}\cdot\frac{du}{dx}\\ &=10u^9\cdot(3x^2+4x+3)\\ &=10(x^3+2x^2+3x+1)^9(3x^2+4x+3) \end{aligned} \tag{24}$$

일반적으로 합성함수의 도함수는 세 개 이상의 미분가능한 함수 $f(u)$, $g(v)$, $h(x)$가 합성된 경우로 확장될 수 있다. 즉,

$$y = f(u),\ u = g(v),\ v = h(x)$$
$$\frac{dy}{dx} = \frac{dy}{du} \cdot \frac{du}{dv} \cdot \frac{dv}{dx} \tag{25}$$

합성함수의 미분법을 독자들이 기억하기 쉽도록 식(23)과 식(25)의 관계도를 [그림 5.3]에 나타내었다.

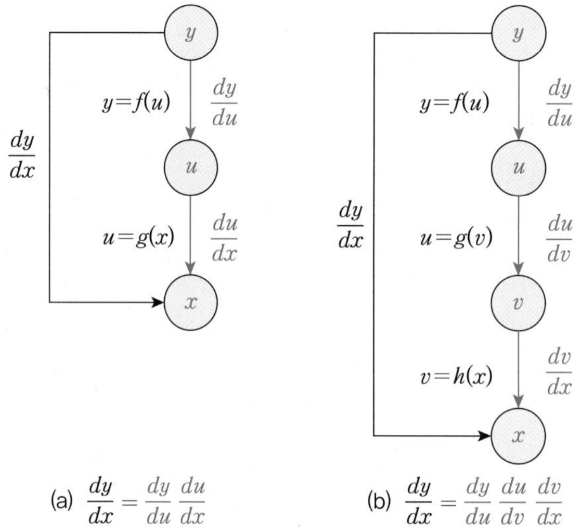

[그림 5.3] 합성함수에 대한 미분 관계도

예제 5.14

다음 함수의 도함수를 구하라.

(1) $y = (3x^2 + 2x + 1)^{100}$

(2) $y = 4\sin(5x^2 + 3x + 1)$

(3) $y = e^{4x+2}$

(4) $y = \dfrac{1}{ax+b}$ (단, a와 b는 상수)

풀이

(1) $y=u^{100},\ u=3x^2+2x+1$

$$\frac{dy}{dx}=\frac{dy}{du}\cdot\frac{du}{dx}=100u^{99}\cdot(6x+2)$$

$$\therefore\ y'=100(3x^2+2x+1)^{99}\cdot(6x+2)$$

(2) $y=4\sin u,\ u=5x^2+3x+1$

$$\frac{dy}{dx}=\frac{dy}{du}\cdot\frac{du}{dx}=(4\cos u)\cdot(10x+3)$$

$$\therefore\ y'=\{4\cos(5x^2+3x+1)\}(10x+3)$$

(3) $y=e^u,\ u=4x+2$

$$\frac{dy}{dx}=\frac{dy}{du}\cdot\frac{du}{dx}=e^u\cdot 4$$

$$\therefore\ y'=e^{4x+2}\cdot 4=4e^{4x+2}$$

(4) $y=\frac{1}{u},\ u=ax+b$

$$\frac{dy}{dx}=\frac{dy}{du}\cdot\frac{du}{dx}=\left(-\frac{1}{u^2}\right)\cdot a=-\frac{a}{(ax+b)^2}$$

여기서 잠깐! **합성함수의 미분**

미분가능한 두 함수 $f(x)$와 $g(x)$의 합성함수 $y=(f\circ g)(x)=f(g(x))$의 도함수를 구하면 식(23)에 의하여

$$y'=\frac{dy}{dx}=f'(g(x))g'(x)$$

이 되므로 합성함수의 미분은 일단 주어진 함수를 미분하고 나서 괄호 안을 한번 더 미분해서 곱해 주면 된다.

예를 들어, $y=\sin(2x^2+3x+1)$을 미분해 보자.

$$y'=\underbrace{\{\cos(2x^2+3x+1)\}}_{\text{먼저 }\sin(2x^2+3x+1)\text{을 미분한다.}}\cdot\underbrace{(2x^2+3x+1)'}_{\text{괄호 }(2x^2+3x+1)\text{을 다시 한번 미분한다.}}=\{\cos(2x^2+3x+1)\}(4x+3)$$

또한 $y=(\ln x)^3$을 미분하면 다음과 같다.

$$y'=3(\ln x)^2\cdot(\ln x)'=3(\ln x)^2\cdot\frac{1}{x}$$

예제 5.15

$f(x)$가 미분가능한 함수라고 가정하고 다음 함수의 도함수를 구하라.

(1) $y = f(ax+b)$ (단, a와 b는 상수)

(2) $y = \{f(x)\}^n$

(3) $y = \sqrt{f(x)}$

풀이

(1) 합성함수의 미분법에 의하여

$$y = f(u), \quad u = ax+b$$

$$y' = \frac{dy}{dx} = \frac{dy}{du} \cdot \frac{du}{dx} = f'(u) \cdot a = af'(ax+b)$$

(2) 합성함수의 미분법에 의하여

$$y = u^n, \quad u = f(x)$$

$$y' = \frac{dy}{dx} = \frac{dy}{du} \cdot \frac{du}{dx} = nu^{n-1} \cdot f'(x)$$

$$\therefore \; y' = n\{f(x)\}^{n-1} f'(x)$$

(3) 주어진 함수를 지수로 표현하면 $y = \sqrt{f(x)} = \{f(x)\}^{\frac{1}{2}}$ 이 된다.

합성함수의 미분법에 의하여 $y = u^{\frac{1}{2}}$, $u = f(x)$이므로

$$\begin{aligned} y' &= \frac{dy}{dx} = \frac{dy}{du} \cdot \frac{du}{dx} \\ &= \frac{1}{2} u^{\frac{1}{2}-1} \cdot f'(x) = \frac{1}{2} u^{-\frac{1}{2}} f'(x) \\ &= \frac{1}{2}\{f(x)\}^{-\frac{1}{2}} f'(x) \\ &= \frac{f'(x)}{2\sqrt{f(x)}} \end{aligned}$$

예제 5.16

다음 함수의 도함수를 구하라.

(1) $f(x) = \sqrt{x^2 + x}$

(2) $f(x)=\sqrt[3]{x^2+2x+3}$
(3) $f(x)=\ln(x^4+3x^3)$
(4) $f(x)=e^{h(x)}$ (단, $h(x)=\sin 2x$)

풀이

(1) $f(x)=\sqrt{x^2+x}=(x^2+x)^{\frac{1}{2}}$ 이므로

$$f'(x)=\frac{1}{2}(x^2+x)^{\frac{1}{2}-1}\cdot(x^2+x)'=\frac{1}{2}(x^2+x)^{-\frac{1}{2}}\cdot(2x+1)=\frac{2x+1}{2\sqrt{x^2+x}}$$

(2) $f(x)=\sqrt[3]{x^2+2x+3}=(x^2+2x+3)^{\frac{1}{3}}$ 이므로

$$\begin{aligned}f'(x)&=\frac{1}{3}(x^2+2x+3)^{\frac{1}{3}-1}\cdot(x^2+2x+3)'=\frac{1}{3}(x^2+2x+3)^{-\frac{2}{3}}\cdot(2x+2)\\&=\frac{2x+2}{3\sqrt[3]{(x^2+2x+3)^2}}\end{aligned}$$

(3) $f'(x)=\dfrac{1}{x^4+3x^3}(x^4+3x^3)'=\dfrac{4x^3+9x^2}{x^4+3x^3}$

(4) $f(x)=e^{h(x)}=e^{\sin 2x}$ 이므로 합성함수 미분법에 의하여

$$\begin{aligned}f'(x)&=e^{\sin 2x}(\sin 2x)'\\&=e^{\sin 2x}(\cos 2x)(2x)'\\&=e^{\sin 2x}(\cos 2x)\cdot 2=2e^{\sin 2x}\cos 2x\end{aligned}$$

(2) 역함수의 미분법

미분가능한 함수 $f(x)$의 역함수 $y=f^{-1}(x)$가 존재하고 미분가능할 때, $f^{-1}(x)$의 도함수를 구하여 보자.

$y=f^{-1}(x)$에서 역함수의 정의에 의하여 x에 대하여 정리하면 다음과 같다.

$$x=f(y) \tag{26}$$

식(26)의 도함수는 $\dfrac{dx}{dy}$이다. 함수 $y=f(x)$에서 x와 y의 변화량을 Δx와 Δy라고 하면 다음의 관계가 성립한다.

$$\frac{\Delta y}{\Delta x} = \frac{1}{\left(\dfrac{\Delta x}{\Delta y}\right)} \tag{27}$$

한편, $f(x)$의 도함수가 존재하므로 $\Delta x \to 0$이면 $\Delta y \to 0$이므로 식(27)의 양변에 극한을 취하면

$$\frac{dy}{dx} = \lim_{\Delta x \to 0} \frac{\Delta y}{\Delta x} = \lim_{\Delta x \to 0} \frac{1}{\left(\dfrac{\Delta x}{\Delta y}\right)} = \frac{1}{\displaystyle\lim_{\Delta y \to 0} \frac{\Delta x}{\Delta y}} = \frac{1}{\left(\dfrac{dx}{dy}\right)} \tag{28}$$

이 성립되므로 이상을 요약하면 [정리 5.5]와 같다.

정리 5.5 역함수의 미분법

미분가능한 함수 $y = f(x)$의 역함수 $x = f^{-1}(y)$가 존재하고 $f'(x) \neq 0$이면, 역함수는 미분가능하며 다음 관계가 성립한다.

$$\frac{dx}{dy} = \frac{1}{\left(\dfrac{dy}{dx}\right)} = \frac{1}{f'(x)}$$

여기서 잠깐! 역함수 구하기

$y = f(x)$의 역함수는 다음의 과정에 따라 구하면 된다.

① $y = f(x)$에서 x에 대하여 식을 정리한다. 즉,

$$x = f^{-1}(y)$$

② x에 대하여 정리한 식에서 역함수는 정의역과 공변역이 서로 바뀐 함수이므로 x와 y를 서로 바꾼다.

$$x \leftrightarrow y \implies y = f^{-1}(x)$$

③ 함수 f의 정의역과 치역을 서로 바꾼다.

여기서 주의할 점은 ①의 과정에서 반드시 x에 대하여 식을 정리한 다음에 역함수를 구하기

위하여 x와 y를 서로 바꾸어 주어야 한다는 사실에 유의하라. 예를 들어, $y=2x-1$의 역함수를 구해보자.

① $y=2x-1$에서 x에 대하여 정리한다.

$$2x=y+1 \qquad \therefore\ x=\frac{1}{2}(y+1)$$

② x와 y를 서로 바꾼다.

$$x=\frac{1}{2}(y+1) \longrightarrow y=\frac{1}{2}(x+1)=\frac{1}{2}x+\frac{1}{2}$$

따라서 $y=2x-1$의 역함수는 $y=\frac{1}{2}x+\frac{1}{2}$이다.

예제 5.17

함수 $y=3x^3+x-1$에 대하여 역함수의 도함수 $\frac{dx}{dy}$를 구하라.

풀이

주어진 함수는 x에 대한 3차식이므로 x에 대하여 식을 정리하기는 어렵다. [정리 5.5]의 관계를 이용하면

$$\frac{dx}{dy}=\frac{1}{\left(\frac{dy}{dx}\right)}=\frac{1}{9x^2+1}$$

이 된다.

예제 5.18

다음 함수에 대한 역함수의 도함수 $\frac{dx}{dy}$를 구하라.

(1) $y=\frac{x}{x^2+1}$

(2) $y=a^x$ (단, $a\neq1$, $a>0$)

풀이

(1) $\dfrac{dy}{dx} = \dfrac{(x)'(x^2+1) - x(x^2+1)'}{(x^2+1)^2} = \dfrac{(x^2+1) - 2x^2}{(x^2+1)^2} = \dfrac{-x^2+1}{(x^2+1)^2}$

$$\therefore \ \frac{dx}{dy} = \frac{1}{\left(\dfrac{dy}{dx}\right)} = \frac{(x^2+1)^2}{-x^2+1}$$

(2) $\dfrac{dy}{dx} = a^x \ln a$ 이므로

$$\frac{dx}{dy} = \frac{1}{\left(\dfrac{dy}{dx}\right)} = \frac{1}{a^x \ln a} = \frac{a^{-x}}{\ln a}$$

(3) 로그함수의 도함수

역함수의 미분법을 이용하여 로그함수 $y = \log_a x$ 의 도함수를 구해본다. $y = \log_a x$ 를 로그의 정의를 이용하여 지수함수로 표현하면 다음과 같다.

$$y = \log_a x \iff x = a^y \tag{29}$$

식(29)에서 역함수의 미분법을 적용하면

$$\frac{dy}{dx} = \frac{1}{\left(\dfrac{dx}{dy}\right)} = \frac{1}{a^y \ln a} = \frac{1}{x \ln a} = \frac{1}{x}\log_a e \tag{30}$$

를 얻는다. 식(30)에서 마지막 등호는 다음의 밑변환 공식으로부터 유도된 것임에 주의하라.

$$\log_a e = \frac{\log_e e}{\log_e a} = \frac{1}{\ln a} \tag{31}$$

특히 $a = e$ 인 자연로그함수 $y = \log_e x = \ln x$ 의 도함수는 다음과 같다.

$$\frac{dy}{dx} = \frac{1}{x\ln e} = \frac{1}{x} \qquad (32)$$

이상의 결과를 종합하면 [정리 5.6]과 같다.

정리 5.6 로그함수의 도함수

$a \neq 1$인 양수 a에 대하여 다음의 관계가 성립한다.

(1) $\frac{d}{dx}(\log_a x) = \frac{1}{x\ln a} = \frac{1}{x}\log_a e$

(2) $\frac{d}{dx}(\ln x) = \frac{1}{x}$

예제 5.19

다음 함수의 도함수를 구하라.

(1) $y = \log_3(5x+2)$

(2) $y = \ln(\ln x)$

(3) $y = (\ln x)^3$

풀이

(1) $y' = \frac{1}{(5x+2)\ln 3}(5x+2)' = \frac{5}{(5x+2)\ln 3}$

(2) [정리 5.6(2)]와 합성함수의 미분법에 의하여

$$y' = \frac{1}{\ln x}(\ln x)' = \frac{1}{\ln x}\frac{1}{x} = \frac{1}{x\ln x}$$

(3) $y' = 3(\ln x)^2(\ln x)' = 3(\ln x)^2\frac{1}{x} = \frac{3}{x}(\ln x)^2$

예제 5.20

다음 함수의 도함수를 구하라.

(1) $y = e^x\ln(\sin x)$

(2) $y = \ln(x\sin x)$

풀이

(1) $y' = (e^x)' \cdot \ln(\sin x) + e^x(\ln(\sin x))'$

$= e^x \cdot \ln(\sin x) + e^x\left(\frac{1}{\sin x}(\sin x)'\right)$

$= e^x \ln(\sin x) + e^x \cot x$

(2) $y' = \frac{1}{x \sin x}(x \sin x)'$

$= \frac{1}{x \sin x}\{(x)' \sin x + x(\sin x)'\}$

$= \frac{1}{x \sin x}(\sin x - x \cos x)$

요약 | 합성함수와 역함수의 미분법

- 두 함수 $y = f(u)$, $u = g(x)$가 미분가능하면 합성함수 $y = f(g(x))$도 미분가능하며 도함수는 다음과 같다.

$$y' = \frac{dy}{dx} = \frac{dy}{du} \cdot \frac{du}{dx}$$
$$= f'(u)g'(x) = f'(g(x))g'(x)$$

- 세 함수 $y = f(u)$, $u = g(v)$, $v = h(x)$가 미분가능하면 $y = f(g(h(x)))$도 미분가능하며 도함수는 다음과 같다.

$$y' = \frac{dy}{dx} = \frac{dy}{du} \cdot \frac{du}{dv} \cdot \frac{dv}{dx}$$

- 미분가능한 함수 $y = f(x)$의 역함수 $x = f^{-1}(y)$가 존재하고 $f'(x) \neq 0$이면, 역함수는 미분가능하며 다음 관계가 성립한다.

$$\frac{dx}{dy} = \frac{1}{\left(\frac{dy}{dx}\right)} = \frac{1}{f'(x)}$$

- $a \neq 1$인 양수 a에 대하여 다음의 관계가 성립한다.

(1) $\frac{d}{dx}(\log_a x) = \frac{1}{x \ln a}$

(2) $\frac{d}{dx}(\ln x) = \frac{1}{x}$

5.6* 음함수와 매개변수함수의 미분법

(1) 음함수의 미분법

지금까지는 주로 양함수(Explicit Function) 형태의 미분에 대하여 다루었으나 본 절에서는 음함수(Implicit Function) 형태의 미분에 대하여 살펴본다. 먼저 음함수를 수학적으로 정의하면 다음과 같다.

정의 5.1 음함수

두 변수 x와 y를 포함하는 관계식

$$f(x, y) = 0$$

으로 표현되는 함수를 x와 y의 음함수라 정의한다.

여기서 잠깐! 양함수와 음함수

함수를 표현하는 방식에는 양함수 표현과 음함수 표현이 있다. 우리가 흔히 함수를 표현할 때 $y = f(x)$를 많이 접하게 되는데, 이를 양함수 표현이라 한다. 예를 들어, $y = xe^x + \sin x$와 같은 표현을 양함수 표현이라 한다. 그런데 $y = f(x)$의 표현 대신 $g(x, y) = 0$이라는 표현을 사용한다면 이는 음함수 표현이라고 한다.

양함수 표현 $y = xe^x + \sin x$를 $xe^x + \sin x - y = 0$으로 표현하는 경우 이를 음함수 표현이라고 한다.

결국 양함수와 음함수는 함수의 표현에 대한 두 가지 방법을 제공하는 것이며, 양함수를 음함수로 표현하는 것은 이항에 의해 항상 가능하지만 주어진 음함수를 양함수로 표현하는 것은 항상 가능한 것은 아니다.

음함수를 미분할 때는 미분하는 변수가 무엇인지를 확인하는 것이 중요하다. 음함수를 x로 미분하는 경우 y와 관련된 항을 미분할 때는 합성함수의 미분법을 사용하여 미분한다. 또는 음함수를 y로 미분하는 경우 x와 관련된 항을 미분할 때는 마찬가지로 합성함수의 미분법을 사용한다.

예를 들어, 음함수 $x^2+y^2-1=0$에 대하여 $\dfrac{dy}{dx}$를 구해보자. 양변을 x로 미분하면 다음과 같다.

$$\frac{d}{dx}(x^2)+\frac{d}{dx}(y^2)-\frac{d}{dx}(1)=0$$
$$2x+2y\frac{dy}{dx}=0$$
$$\frac{dy}{dx}=-\frac{2x}{2y}=-\frac{x}{y} \tag{33}$$

이번에는 양변을 y로 미분하면 다음과 같다.

$$\frac{d}{dy}(x^2)+\frac{d}{dy}(y^2)-\frac{d}{dy}(1)=0$$
$$2x\frac{dx}{dy}+2y=0$$
$$\frac{dx}{dy}=-\frac{2y}{2x}=-\frac{y}{x} \tag{34}$$

예제 5.21

다음 음함수에서 $\dfrac{dy}{dx}$와 $\dfrac{dx}{dy}$를 각각 구하라.

$$x^4-2y^3+y=0$$

풀이

주어진 음함수를 먼저 x로 미분하면 다음과 같다.

$$\frac{d}{dx}(x^4)-\frac{d}{dx}(2y^3)+\frac{d}{dx}(y)=0$$
$$4x^3-6y^2\frac{dy}{dx}+\frac{dy}{dx}=0$$
$$\frac{dy}{dx}(1-6y^2)=-4x^3$$
$$\therefore\ \frac{dy}{dx}=-\frac{4x^3}{1-6y^2}=\frac{4x^3}{6y^2-1}$$

한편, 주어진 음함수를 y로 미분하면 다음과 같다.

$$\frac{d}{dy}(x^4) - \frac{d}{dy}(2y^3) + \frac{d}{dy}(y) = 0$$

$$4x^3 \frac{dx}{dy} - 6y^2 + 1 = 0$$

$$\therefore \frac{dx}{dy} = \frac{6y^2 - 1}{4x^3}$$

예제 5.22

다음 함수에서 $\frac{dy}{dx}$를 구하라.

(1) $x = \sin y$

(2) $\sin x + \sin y = 1$

(3) $x = \cos y$

풀이

(1) 양변을 x에 대하여 미분하면 다음과 같다.

$$\frac{d}{dx}(x) = \frac{d}{dx}(\sin y)$$

$$1 = \cos y \cdot \left(\frac{dy}{dx}\right) \qquad \therefore \frac{dy}{dx} = \frac{1}{\cos y} = \sec y$$

(2) 양변을 x에 대하여 미분하면 다음과 같다.

$$\frac{d}{dx}\{\sin x + \sin y\} = \frac{d}{dx}(1)$$

$$\cos x + \cos y \cdot \frac{dy}{dx} = 0$$

$$\therefore \frac{dy}{dx} = -\frac{\cos x}{\cos y}$$

(3) 양변을 x에 대하여 미분하면 다음과 같다.

$$\frac{d}{dx}(x) = \frac{d}{dx}(\cos y)$$

$$1 = -\sin y \cdot \left(\frac{dy}{dx}\right)$$

$$\therefore \frac{dy}{dx} = -\frac{1}{\sin y} = -\operatorname{cosec} y$$

예제 5.23

다음 음함수에서 $\dfrac{dy}{dx}$와 $\dfrac{dx}{dy}$를 각각 구하라.

$$x^2+3x^2y-4=0$$

풀이

양변을 x로 미분하면 다음과 같다.

$$\frac{d}{dx}(x^2)+\frac{d}{dx}(3x^2y)-\frac{d}{dx}(4)=0$$
$$2x+\left\{\frac{d}{dx}(3x^2)\right\}\cdot y+(3x^2)\frac{d}{dx}(y)=0$$
$$2x+6xy+3x^2\frac{dy}{dx}=0$$
$$\therefore\ \frac{dy}{dx}=-\frac{2x+6xy}{3x^2}$$

한편, 양변을 y로 미분하면 다음과 같다.

$$\frac{d}{dy}(x^2)+\frac{d}{dy}(3x^2y)-\frac{d}{dy}(4)=0$$
$$2x\frac{dx}{dy}+\left\{\frac{d}{dy}(3x^2)\right\}y+3x^2\frac{d}{dy}(y)=0$$
$$2x\frac{dx}{dy}+6x\frac{dx}{dy}\cdot y+3x^2=0$$
$$(2x+6xy)\frac{dx}{dy}=-3x^2$$
$$\therefore\ \frac{dx}{dy}=-\frac{3x^2}{2x+6xy}$$

여기서 잠깐! **$f(x)g(y)$를 x 또는 y로 미분하기**

$f(x)g(y)$를 x 또는 y로 미분할 때 곱의 미분법칙과 합성함수의 미분법을 사용한다.

$$\begin{aligned}\frac{d}{dx}\{f(x)g(y)\}&=\left\{\frac{d}{dx}(f(x))\right\}g(y)+f(x)\left\{\frac{d}{dx}(g(y))\right\}\\&=f'(x)g(y)+f(x)g'(y)\frac{dy}{dx}\\&=f'(x)g(y)+f(x)g'(y)y'\end{aligned}$$

$$\begin{aligned}\frac{d}{dy}\{f(x)g(y)\} &= \left\{\frac{d}{dy}(f(x))\right\} g(y) + f(x)\left\{\frac{d}{dy}(g(y))\right\} \\ &= f'(x)\frac{dx}{dy}g(y) + f(x)g'(y) \\ &= f'(x)g(y)\frac{dx}{dy} + f(x)g'(y)\end{aligned}$$

(2) 매개변수함수의 미분법

함수를 표현하는 방법에는 양함수 또는 음함수와 같이 x와 y의 관계를 직접적으로 관련지어 표현하는 방법을 많이 사용하고 있다. 그러나 x와 y를 직접적으로 표현하는 것이 아니라 어떤 매개변수(Parameter)를 이용하여 x와 y의 관계를 간접적으로 함수를 표현하는 방법도 많이 사용되고 있다.

정의 5.2 매개변수함수

x와 y가 매개변수 t에 의하여

$$x = f(t), \quad y = g(t)$$

의 형태로 표현될 때, 이 함수를 매개변수함수(Parametric Function)라고 정의한다.

예를 들어, 다음과 같은 매개변수함수가 주어져 있다고 하자.

$$x = \cos t, \quad y = \sin t \tag{35}$$

식(35)는 매개변수 t를 매개로 하여 x와 y의 관계를 간접적으로 표현하고 있다. 식(34)를 제곱하여 더하면

$$x^2 + y^2 = \cos^2 t + \sin^2 t = 1 \tag{36}$$

이 되므로 식(35)는 반지름이 1인 원의 방정식을 나타낸 것이다. [그림 5.4]에 반지름이 1인 원의 두 가지 다른 수학적인 표현을 나타내었다.

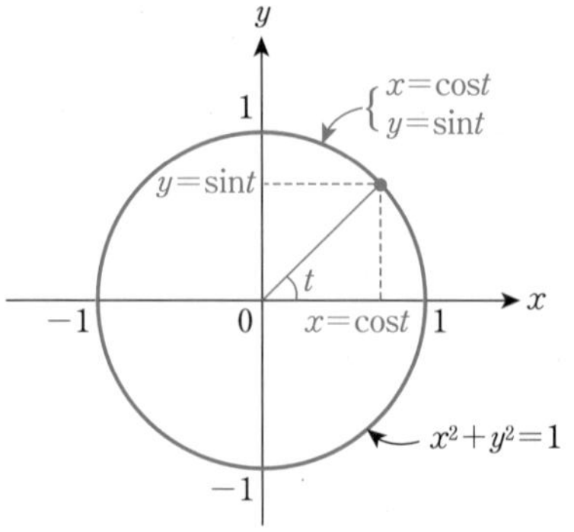

[그림 5.4] 원에 대한 두 가지 가능한 수학적인 표현

다음으로 매개변수함수로 주어진 경우 도함수를 구하는 방법에 대하여 살펴보자. 두 함수 $x=f(t)$, $y=g(t)$가 t에 대하여 미분가능하면

$$\begin{aligned}\frac{dy}{dx} &= \lim_{\Delta x\to 0}\frac{\Delta y}{\Delta x}\\ &= \lim_{\Delta t\to 0}\frac{\left(\dfrac{\Delta y}{\Delta t}\right)}{\left(\dfrac{\Delta x}{\Delta t}\right)} = \frac{\lim\limits_{\Delta t\to 0}\dfrac{\Delta y}{\Delta t}}{\lim\limits_{\Delta t\to 0}\dfrac{\Delta x}{\Delta t}} = \frac{\left(\dfrac{dy}{dt}\right)}{\left(\dfrac{dx}{dt}\right)} = \frac{g'(t)}{f'(t)}\end{aligned} \tag{37}$$

가 성립된다. 여기서 x가 t에 대하여 미분가능하다는 조건으로부터 $\Delta t\to 0$일 때 $\Delta x\to 0$이 된다는 것에 주의하라. 또한 식(37)에서 분모가 $f'(t)$이므로 $f'(t)\neq 0$이 성립해야 도함수가 존재한다는 것을 알 수 있으며, [정리 5.7]에 이를 나타내었다.

정리 5.7 매개변수함수의 미분법

매개변수함수 $x=f(t)$, $y=g(t)$가 각각 미분가능하고 $f'(t)\neq 0$이면 다음의 관계가 성립된다.

$$\frac{dy}{dx} = \frac{\left(\dfrac{dy}{dt}\right)}{\left(\dfrac{dx}{dt}\right)} = \frac{g'(t)}{f'(t)}$$

예제 5.24

다음의 매개변수함수에 대하여 $\frac{dy}{dx}$ 를 구하라.

(1) $x=t^2+2t+3,\ y=t^3+3t+1$

(2) $x=\theta+\sin\theta,\ y=\theta+\cos\theta$

풀이

(1) $\frac{dx}{dt}=2t+2,\ \frac{dy}{dt}=3t^2+3$ 이므로

$$\frac{dy}{dx}=\frac{\left(\frac{dy}{dt}\right)}{\left(\frac{dx}{dt}\right)}=\frac{3t^2+3}{2t+2}$$

을 얻을 수 있다.

(2) $\frac{dx}{d\theta}=1+\cos\theta,\ \frac{dy}{d\theta}=1-\sin\theta$ 이므로

$$\frac{dy}{dx}=\frac{\left(\frac{dy}{d\theta}\right)}{\left(\frac{dx}{d\theta}\right)}=\frac{1-\sin\theta}{1+\cos\theta}$$

를 얻을 수 있다.

예제 5.25

θ를 매개변수로 하는 다음의 매개변수함수에 대하여 물음에 답하라.

$$x=2\cos^3\theta,\ y=a\sin^3\theta \ (\text{단, } a\text{는 양의 상수})$$

(1) $\frac{dy}{dx}$ 를 구하라.

(2) $\left(\frac{dy}{dx}\right)^2=\tan^2\theta$ 가 되도록 양의 상수 a의 값을 구하라.

풀이

(1) $\frac{dx}{d\theta}=2\cdot 3\cos^2\theta\cdot(\cos\theta)'=-6\sin\theta\cdot\cos^2\theta$

$$\frac{dy}{d\theta} = 3a\sin^2\theta(\sin\theta)' = 3a\cos\theta\cdot\sin^2\theta$$

$$\frac{dy}{dx} = \frac{\left(\frac{dy}{d\theta}\right)}{\left(\frac{dx}{d\theta}\right)} = \frac{3a\cos\theta\cdot\sin^2\theta}{-6\sin\theta\cdot\cos^2\theta}$$

$$= -\frac{a}{2}\frac{\sin\theta}{\cos\theta} = -\frac{a}{2}\tan\theta$$

(2) $\left(\frac{dy}{dx}\right)^2 = \left(-\frac{a}{2}\tan\theta\right)^2 = \frac{a^2}{4}\tan^2\theta = \tan^2\theta$ 이므로

$$\frac{a^2}{4} = 1 \qquad \therefore\ a^2 = 4,\ a = \pm 2$$

a는 양의 상수이므로 $a = 2$가 된다.

요약 **음함수와 매개변수함수의 미분법**

- 두 변수 x와 y를 포함하는 관계식이 $f(x, y) = 0$의 형태로 표현된 함수를 음함수라고 한다.
- 음함수를 미분할 때는 미분하는 변수가 무엇인지를 확인하는 것이 중요하다.
  - ① 음함수를 x로 미분하는 경우
    x와 관련된 항은 그대로 미분하고, y와 관련된 항은 합성함수의 미분법에 의하여 미분한다.
  - ② 음함수를 y로 미분하는 경우
    y와 관련된 항은 그대로 미분하고, x와 관련된 항은 합성함수의 미분법에 의하여 미분한다.
- x와 y가 매개변수 t에 의하여 $x = f(t),\ y = g(t)$의 형태로 표현될 때, 이 함수를 매개변수함수라고 한다.
- 매개변수함수 $x = f(t),\ y = g(t)$가 각각 미분가능하고 $f'(t) \neq 0$이면 다음의 관계가 성립된다.

$$\frac{dy}{dx} = \frac{\left(\frac{dy}{dt}\right)}{\left(\frac{dx}{dt}\right)} = \frac{g'(t)}{f'(t)}$$

5.7 로피탈 정리

4장에서 함수의 극한을 다룰 때 매우 유용한 정리인 로피탈 정리(L'Hopital Theorem)에 대하여 상세하게 언급하지 않았다. 그 이유는 로피탈 정리가 미분과 연계되어 함수의 극한을 계산할 때 미분 연산을 수행해야 하기 때문이었다.

로피탈 정리의 증명은 본 교재의 범위를 벗어나므로 생략하고, 여기서는 결과만을 활용하도록 한다.

정리 5.8 로피탈의 정리

$x \to a$ 일 때 미분가능한 두 함수 $f(x)$와 $g(x)$로 구성되는 분수함수 $\frac{g(x)}{f(x)}$의 극한이 부정형, 즉 $\frac{0}{0}$ 또는 $\frac{\infty}{\infty}$ 형태인 경우 다음의 관계가 성립한다.

$$\lim_{x \to a} \frac{g(x)}{f(x)} = \lim_{x \to a} \frac{g'(x)}{f'(x)} \quad (\text{단, } f'(x) \neq 0)$$

예를 들어, 다음 함수의 극한값을 구해본다.

$$\lim_{x \to 0} \frac{2x\cos x}{1-e^x} \tag{38}$$

식(37)의 극한은 부정형 $\frac{0}{0}$ 형태이므로 로피탈 정리를 이용하면

$$\begin{aligned} \lim_{x \to 0} \frac{2x\cos x}{1-e^x} &= \lim_{x \to 0} \frac{(2x\cos x)'}{(1-e^x)'} \\ &= \lim_{x \to 0} \frac{2\cos x + 2x(-\sin x)}{-e^x} = -2 \end{aligned} \tag{39}$$

가 되므로 함수의 극한값을 쉽게 구할 수 있다.

예제 5.26

다음 함수의 극한을 로피탈 정리를 이용하여 구하라.

(1) $\lim_{x \to a} \frac{\sin x - \sin a}{\sin(x-a)}$

(2) $\lim_{x \to 0} \frac{x^2}{1-\cos 2x}$

(3) $\lim_{x \to 0} \frac{\sin^2 2x}{1-\cos x}$

풀이

(1) 로피탈 정리를 이용하면

$$\lim_{x \to a} \frac{\sin x - \sin a}{\sin(x-a)} = \lim_{x \to a} \frac{\cos x}{\cos(x-a)} = \frac{\cos a}{1} = \cos a$$

(2) $\lim_{x \to 0} \frac{x^2}{1-\cos 2x} = \lim_{x \to 0} \frac{2x}{(\sin 2x) \cdot 2}$

다시 한번 로피탈 정리를 적용하면 다음과 같다.

$$\lim_{x \to 0} \frac{2x}{2\sin 2x} = \lim_{x \to 0} \frac{2}{4\cos 2x} = \frac{2}{4} = \frac{1}{2}$$

(3) $$\begin{aligned} \lim_{x \to 0} \frac{\sin^2 2x}{1-\cos x} &= \lim_{x \to 0} \frac{2\sin 2x \cdot \cos 2x \cdot 2}{\sin x} \\ &= \lim_{x \to 0} \frac{2\sin 4x}{\sin x} \\ &= \lim_{x \to 0} \frac{2\cos 4x \cdot 4}{\cos x} = 8 \end{aligned}$$

〈예제 5.26〉에서 알 수 있듯이 로피탈 정리를 적용한 후에도 다시 함수의 극한이 부정형인 경우는 로피탈 정리를 반복적으로 적용하여 극한값을 구할 수 있다.

예제 5.27

다음 지수함수들의 극한값을 로피탈 정리를 이용하여 구하라.

(1) $\lim_{h \to 0} \frac{a^h - 1}{h}$ (단, a는 상수)

(2) $\lim_{h \to 0} \frac{e^{2h} - 1}{2h}$

풀이

(1) $\lim_{h \to 0} \frac{a^h - 1}{h} = \lim_{h \to 0} \frac{a^h \ln a}{1} = \ln a$

(2) $\lim_{h \to 0} \frac{e^{2h} - 1}{2h} = \lim_{h \to 0} \frac{2e^{2h}}{2} = 1$

〈예제 5.27〉로부터 지수함수의 극한값은 로피탈 정리를 이용하면 매우 쉽게 해결된다는 것을 알 수 있으며, 마찬가지 방법으로 복잡한 함수들의 극한값은 로피탈 정리를 이용하면 매우 단순한 문제로 변형될 수 있다.

예제 5.28

도함수의 정의로부터 다음 함수의 도함수를 구하고자 한다. 도함수를 구하는 과정에서 로피탈 정리를 적용하지 않는 경우와 적용하는 경우 각각에 대하여 도함수를 구하라.

(1) $f(x) = \ln x$

(2) $f(x) = \log_a x$

풀이

(1) 도함수의 정의로부터

$$\begin{aligned} f'(x) &= \lim_{h \to 0} \frac{f(x+h) - f(x)}{h} = \lim_{h \to 0} \frac{\ln(x+h) - \ln x}{h} \\ &= \lim_{h \to 0} \frac{1}{h} \ln \frac{x+h}{x} = \lim_{h \to 0} \frac{1}{h} \ln\left(1 + \frac{h}{x}\right) \\ &= \lim_{h \to 0} \ln\left(1 + \frac{h}{x}\right)^{\frac{1}{h}} = \lim_{h \to 0} \ln\left(1 + \frac{h}{x}\right)^{\frac{x}{h} \cdot \frac{1}{x}} \end{aligned}$$

여기에서 e의 정의에 의하여

$$\lim_{h \to 0} \left(1 + \frac{h}{x}\right)^{\frac{x}{h}} \triangleq e$$

가 되므로 $f'(x)$는 다음과 같다.

$$f'(x) = \lim_{h \to 0} \ln\left(1 + \frac{h}{x}\right)^{\frac{x}{h} \cdot \frac{1}{x}}$$

$$= \lim_{h \to 0} \frac{1}{x} \ln\left(1 + \frac{h}{x}\right)^{\frac{x}{h}} = \frac{1}{x} \ln e = \frac{1}{x}$$

한편, 도함수의 정의에서 로피탈 정리를 적용해본다.

$$f'(x) = \lim_{h \to 0} \frac{f(x+h) - f(x)}{h} = \lim_{h \to 0} \frac{\ln(x+h) - \ln x}{h}$$

로피탈 정리를 적용하여 분모와 분자를 h로 미분하면 $f'(x)$는 다음과 같다.

$$f'(x) = \lim_{h \to 0} \frac{\ln(x+h) - \ln x}{h} = \lim_{h \to 0} \frac{\frac{1}{x+h}}{1} = \frac{1}{x}$$

(2) 도함수의 정의로부터

$$\begin{aligned} f'(x) &= \lim_{h \to 0} \frac{f(x+h) - f(x)}{h} = \lim_{h \to 0} \frac{\log_a(x+h) - \log_a x}{h} \\ &= \lim_{h \to 0} \frac{1}{h} \log_a \frac{x+h}{x} = \lim_{h \to 0} \log_a\left(1 + \frac{h}{x}\right)^{\frac{1}{h}} \\ &= \lim_{h \to 0} \log_a\left(1 + \frac{h}{x}\right)^{\frac{x}{h} \cdot \frac{1}{x}} = \lim_{h \to 0} \frac{1}{x} \log_a\left(1 + \frac{h}{x}\right)^{\frac{x}{h}} \\ &= \frac{1}{x} \log_a e \end{aligned}$$

한편, 도함수의 정의에서 로피탈 정리를 적용해본다.

$$f'(x) = \lim_{h \to 0} \frac{f(x+h) - f(x)}{h} = \lim_{h \to 0} \frac{\log_a(x+h) - \log_a x}{h}$$

로피탈 정리를 적용하여 분모와 분자를 h로 미분하면 $f'(x)$는 다음과 같다.

$$f'(x) = \lim_{h \to 0} \frac{\log_a(x+h) - \log_a x}{h} = \lim_{h \to 0} \frac{\frac{1}{(x+h)\ln a}}{1} = \frac{1}{x \ln a} = \frac{1}{x} \log_a e$$

요약 **로피탈 정리**

- $x \to a$ 일 때 미분가능한 두 함수 $f(x)$와 $g(x)$로 구성되는 분수함수 $\frac{g(x)}{f(x)}$의 극한이 부정형($\frac{0}{0}$ 또는 $\frac{\infty}{\infty}$) 형태인 경우 다음의 관계가 성립된다.

$$\lim_{x\to a}\frac{g(x)}{f(x)} = \lim_{x\to a}\frac{g'(x)}{f'(x)} \ (\text{단, } f'(x)\neq 0)$$

- 로피탈 정리를 이용하면 복잡한 함수들의 극한값을 미분을 통하여 간단하게 구할 수 있다.

여기서 잠깐! **쌍곡선함수의 미분**

쌍곡선함수(Hyperbolic Function)는 다음과 같이 지수함수로 정의되는 함수이다.

$$\sinh x \triangleq \frac{e^x - e^{-x}}{2}$$

$$\cosh x \triangleq \frac{e^x + e^{-x}}{2}$$

$$\tanh x \triangleq \frac{\sinh x}{\cosh x} = \frac{e^x - e^{-x}}{e^x + e^{-x}} = \frac{e^{2x}-1}{e^{2x}+1}$$

$\sinh x$를 미분해보면

$$\frac{d}{dx}(\sinh x) = \frac{d}{dx}\left(\frac{e^x - e^{-x}}{2}\right) = \frac{1}{2}e^x + \frac{1}{2}e^{-x} = \cosh x$$

이며, $\cosh x$를 미분하면

$$\frac{d}{dx}(\cosh x) = \frac{d}{dx}\left(\frac{e^x + e^{-x}}{2}\right) = \frac{1}{2}e^x - \frac{1}{2}e^{-x} = \sinh x$$

가 됨을 알 수 있다.

연습문제

01 함수 $f(x)=2x^2+x+1$ 에 대하여 다음 물음에 답하라.

(1) x가 구간 $[1, 3]$에서 변할 때 평균변화율을 구하라.

(2) $x=1$과 $x=3$에서의 순간변화율을 구하라.

(3) $f(x)$의 도함수를 정의에 의하여 구하라.

02 다음 함수의 도함수를 구하라.

(1) $y=2x^5-x^3+2x+1$

(2) $y=(x^2+1)(x^2+2x+3)$

(3) $y=\dfrac{5x-1}{2x+1}$

03 다음 함수의 도함수를 구하라.

(1) $y=\sin^3(x^2+2x+6)$

(2) $y=\cos(\tan x)$

(3) $y=e^{x+1}\sin(x+1)$

(4) $y=\sin(\cos x)$

04 함수 $f(x)=(ax+b)\sin x$ 가 다음의 두 조건을 만족시킬 때 상수 a와 b의 값을 구하라.

$$f'(0)=0$$
$$f(x)+f''(x)=2\cos x$$

05 다음 함수의 2차 도함수를 구하라.

(1) $y=x^2e^x$

(2) $y=e^x\cos x$

06 다음 함수의 도함수를 역함수의 미분법을 이용하여 구하라.

$$y=\sin^{-1}x,\ -1<x<1$$

07 다음 함수를 미분하라.

(1) $y=\cos\sqrt{1-x^2}$

(2) $y=\cos(\sin x)$

(3) $y=\dfrac{\ln x}{e^x}$

08 다음 함수의 도함수를 구하라.

$$y=\ln(x\sin x)$$

09 다음 함수에서 $\dfrac{dy}{dx}$를 구하라.

(1) $\sin x+\cos y+xy=1$

(2) $x=3\cos\theta,\ y=3\sin\theta+\theta^2$

10 다음 매개변수함수에서 $\dfrac{dy}{dx}$를 구하라.

$$x=t-\frac{1}{t},\ y=t+\frac{1}{t}$$

11 로피탈 정리를 이용하여 다음 극한값을 구하라.

(1) $\displaystyle\lim_{x\to a}\frac{x^2e^a-a^2e^x}{x-a}$

(2) $\displaystyle\lim_{x\to 0}\frac{1-\cos 2x}{x}$

12 음함수의 미분법을 이용하여 반지름이 1인 원 $x^2+y^2=1$ 위에 놓여 있는 점 $P\left(\dfrac{1}{\sqrt{2}},\ \dfrac{1}{\sqrt{2}}\right)$에서의 접선의 방정식을 구하라.

13 $f(x) = \ln x^2$, $g(x) = \sin x$ 인 두 함수에 대하여 $h(x)$를 다음과 같이 가정한다.

$$h(x) \triangleq \frac{d}{dx}\{(f \circ g)(x)\},\ 0 < x < \pi$$

함수 $h(x)$와 $h\left(\frac{\pi}{6}\right)$의 값을 각각 구하라.

14 다음 쌍곡선함수에 대한 도함수를 구하라.

$$y = \tanh x$$

15 함수 $y = e^{ax} \sin x$가 다음의 관계를 만족하도록 상수 a의 값을 구하라.

$$y'' - 2y' + 2y = 0$$

CHAPTER 06

적분법

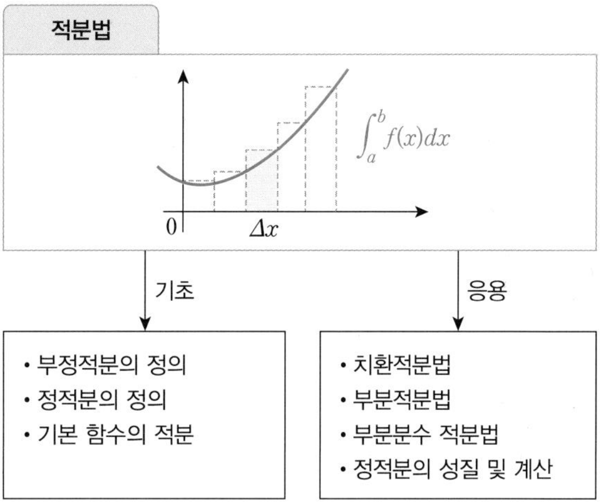

CHAPTER 06

적분법

▶ 단원 개요

본 장에서는 적분의 기본 개념인 부정적분과 정적분을 소개하고 기본 함수에 대한 여러 가지 적분법에 대하여 학습한다. 또한 대표적인 적분법인 치환적분과 부분적분에 대하여 살펴보고, 분수함수의 적분을 위하여 부분분수 전개를 통한 적분법도 다룬다. 마지막으로 정적분의 여러 가지 성질과 계산 방법에 대해서도 학습한다.

적분은 미분과 함께 여러 가지 다양한 공학문제에 활용할 수 있으며, 응용 범위가 매우 넓기 때문에 반복학습을 통해 충분한 이해가 필요하다.

6.1 부정적분의 정의

5장에서 어떤 함수가 주어질 때 그 함수의 도함수를 구하는 방법에 대하여 학습하였다. 본 장에서는 이와는 반대로 어떤 함수 $F(x)$의 도함수 $f(x)$가 주어질 때, 도함수 $f(x)$를 이용하여 미분하기 전의 원래의 함수(원시함수) $F(x)$를 찾는 방법에 대하여 살펴본다.

정의 6.1 원시함수

연속함수 $f(x)$의 정의역에 있는 모든 x에 대하여, 어떤 미지의 함수 $F(x)$의 도함수 $f(x)$, 즉

$$F'(x) = f(x)$$

가 주어질 때, 미분하기 전의 함수 $F(x)$를 $f(x)$의 원시함수(Primitive Function)라고 정의하며 다음과 같이 나타낸다.

$$F(x) = \int f(x)dx$$

도함수와 원시함수의 개념을 [그림 6.1]에 나타내었다.

함수 $f(x)$

입력

미분

$\dfrac{d}{dx}(\cdot)$

출력

도함수 $f'(x)$

(a) $\dfrac{d}{dx}(f(x))=f'(x)$

도함수 $f(x)=F'(x)$

입력

원시함수

$\displaystyle\int(\cdot)dx$

출력

원시함수 $F(x)\triangleq\displaystyle\int f(x)dx$

(b) $\displaystyle\int f(x)dx=F(x)$

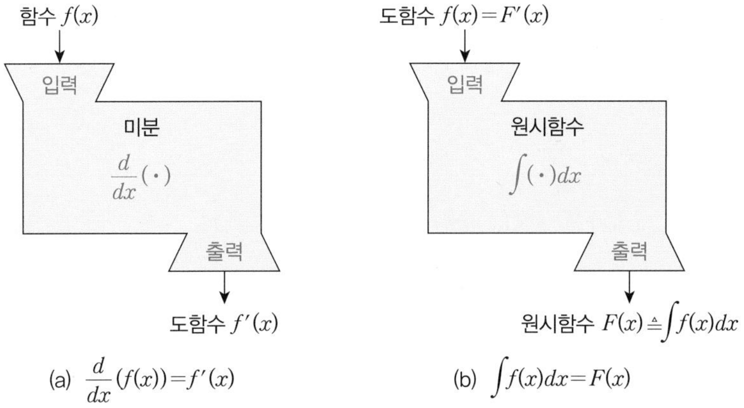

[그림 6.1] 도함수와 원시함수의 개념도

[그림 6.1(a)]에는 어떤 함수 $f(x)$의 정보가 주어지면 $f(x)$의 도함수 $f'(x)$를 찾는 것이 미분이라는 개념을 나타내었다. 그런데 [그림 6.1(b)]에서는 반대로 어떤 미지의 함수 $F(x)$의 도함수 $f(x)$에 대한 정보가 주어질 때, 미분하기 전의 미지의 함수 $F(x)$를 찾는 것이 원시함수라는 개념을 나타내었다.

예를 들어, $F'(x)=3x^2$이 주어진 경우 원시함수 $F(x)=x^3$임을 알 수 있다. 그런데 x^3만이 원시함수가 되는가? 함수 x^3+1과 x^3-1과 같은 함수들도 각각 미분하면 $3x^2$이 되므로 x^3+1과 x^3-1도 원시함수라고 할 수 있다.

일반적으로 임의의 상수 C에 대하여 x^3+C를 미분하면 $3x^2$이 되므로

$$\int 3x^2 dx = x^3 + C \tag{1}$$

로 나타낼 수 있다.

이와 같이 어떤 함수 $f(x)$의 원시함수는 무수히 많으며, 각각의 원시함수는 상수만 다르게 나타나므로 함수 $f(x)$의 원시함수를 $F(x)$라 하면 다음과 같이 표현할 수 있다.

$$\int f(x)dx = F(x) + C \tag{2}$$

식(2)를 $f(x)$의 부정적분(Indefinite Integral)이라 부르며, 임의의 상수 C를 적분상수(Integration Constant)라고 한다. 또한 $f(x)$를 피적분함수(Integrand), x를 적분변수(Variable of Integration)라고 한다.

일반적으로 원시함수 $F(x)$와 피적분함수 $f(x)$ 사이에는 다음의 관계가 성립한다.

$$F(x)=\int f(x)dx \iff F'(x)=f(x) \tag{3}$$

식(3)으로부터 부정적분은 미분의 역연산임을 알 수 있으며, 미분과 부정적분과의 관계를 정리하면 다음과 같다.

$$\frac{d}{dx}\left(\int f(x)dx\right)=f(x) \tag{4}$$

$$\int\left(\frac{d}{dx}f(x)\right)dx=f(x)+C \tag{5}$$

여기서 잠깐! **부정적분에서 단어의 의미**

부정적분이란 의미는 식(2)에서와 같이 임의의 상수 C로 인하여 원시함수 $F(x)$가 특정한 하나의 함수로 정해지지 않는다는 의미를 나타낸다는 것에 주의하라. 이는 부정에 대한 영어 단어 Indefinite의 의미인 '명확하지 않은', '분명히 규정되지 않은' 등과 일맥상통한다는 것을 알 수 있다.

예제 6.1

다음 부정적분 또는 미분을 구하라.

(1) $\int\left\{\frac{d}{dx}(x^2+\sin x)\right\}dx$

(2) $\frac{d}{dx}\left\{\int x\ln x^2 dx\right\}$

풀이

(1) 식(5)로부터

$$\int \frac{d}{dx}(x^2 + \sin x)dx = x^2 + \sin x + C \quad (\text{단, } C\text{는 임의의 상수})$$

(2) 식(4)로부터

$$\frac{d}{dx}\left\{\int x \ln x^2 dx\right\} = x \ln x^2$$

요약 부정적분의 정의

- 어떤 미지의 함수 $F(x)$의 도함수 $f(x)$, 즉

$$F'(x) = f(x)$$

가 주어질 때, 미분하기 전의 함수 $F(x)$를 $f(x)$의 원시함수라고 하며 다음과 같이 표현한다.

$$F(x) \triangleq \int f(x)dx$$

- 어떤 함수 $f(x)$의 원시함수는 무수히 많으며, 각각의 원시함수는 상수만 다르게 나타나므로 함수 $f(x)$의 원시함수를 $F(x)$라 하면 다음과 같이 표현할 수 있다.

$$\int f(x)dx = F(x) + C$$

- 일반적으로 원시함수 $F(x)$와 피적분함수 $f(x)$ 사이에는 다음의 관계가 성립한다.

$$F(x) = \int f(x)dx \iff F'(x) = f(x)$$

- 부정적분은 미분의 역연산이다.

6.2 여러 가지 함수의 적분

부정적분은 미분의 역연산이므로 5장에서 학습한 미분법의 역연산을 생각하면 [정리 6.1]과 같은 부정적분의 기본 공식을 얻을 수 있다.

정리 6.1 부정적분의 기본 공식 I

(1) $\int k\,dx = kx + C$ (단, k는 상수)

(2) $\int x^n\,dx = \frac{1}{n+1}x^{n+1} + C$ (단, $n \neq -1$인 정수)

(3) $\int kf(x)dx = k\int f(x)dx$ (단, k는 상수)

(4) $\int \{f(x)+g(x)\}\,dx = \int f(x)dx + \int g(x)dx$

(5) $\int \{f(x)-g(x)\}\,dx = \int f(x)dx - \int g(x)dx$

특히 [정리 6.1]에서 (3)~(5)의 기본 공식은 다음과 같이 하나의 공식으로도 표현 가능하다. 즉,

$$\int \{k_1 f(x) + k_2 g(x)\}\,dx = k_1\int f(x)dx + k_2\int g(x)dx \tag{6}$$

식(6)의 관계를 만족할 때 적분연산은 선형성(Linearity)을 가진다고 말한다.

여기서 잠깐! 선형연산자의 개념

선형대수학에서 중요한 주제 중의 하나인 선형연산자(Linear Operator)는 실제적으로 많은 영역에서 응용될 수 있는 매우 중요한 개념이다.
선형연산자 L은 다음의 선형성을 만족하는 연산자를 의미한다.

$$L(c_1 f(x) + c_2 g(x)) = c_1 L(f(x)) + c_2 L(g(x))$$

사실 우리가 지금까지 특별히 인식하지는 못했지만 미분이나 적분연산도 대표적인 선형연산자에 속한다. 미분의 경우 $L \triangleq \frac{d}{dx}$로 정의하면

$$\begin{aligned}\frac{d}{dx}(c_1 f(x) + c_2 g(x)) &= \frac{d}{dx}(c_1 f(x)) + \frac{d}{dx}(c_2 g(x))\\ &= c_1\frac{d}{dx}(f(x)) + c_2\frac{d}{dx}(g(x))\end{aligned}$$

가 되므로 미분은 선형성을 가지는 선형연산자이다.
또한 적분의 경우도 $L \triangleq \int$ 로 정의하면

$$\begin{aligned}\int (c_1 f(x)+c_2 g(x))dx &= \int c_1 f(x)dx + \int c_2 g(x)dx \\ &= c_1 \int f(x)dx + c_2 \int g(x)dx\end{aligned}$$

의 성질이 성립하므로 적분도 선형성을 가지는 선형연산자라는 것을 쉽게 알 수 있다. 임의의 선형연산자 L의 개념을 다음 그림에 나타내었다.

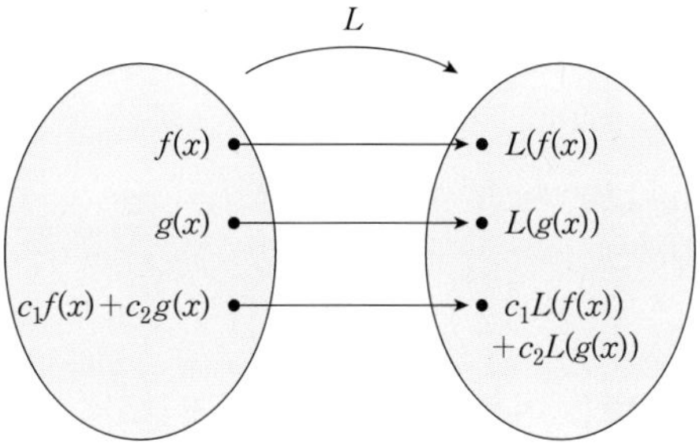

예제 6.2

다음 부정적분을 구하라.

(1) $\int (x^2+3x+10)dx$

(2) $\int x(x-1)(x-2)dx$

풀이

(1) [정리 6.1]의 기본 공식으로부터

$$\int (x^2+3x+10)dx = \frac{1}{3}x^3 + \frac{3}{2}x^2 + 10x + C$$

(2) [정리 6.1]의 기본 공식으로부터

$$\begin{aligned}\int x(x-1)(x-2)dx &= \int (x^3-3x^2+2x)dx \\ &= \frac{1}{4}x^4 - x^3 + x^2 + C\end{aligned}$$

다음으로 삼각함수, 지수 및 로그함수, 쌍곡선함수 등에 대한 적분공식을 [정리 6.2]에 나열하였다.

정리 6.2 부정적분의 기본 공식 II

(1) $\int \sin x\,dx = -\cos x + C$

(2) $\int \cos x\,dx = \sin x + C$

(3) $\int a^x\,dx = \frac{1}{\ln a}a^x + C$

(4) $\int e^x\,dx = e^x + C$

(5) $\int \frac{1}{x}dx = \int x^{-1}dx = \ln|x| + C$

(6) $\int \sinh x\,dx = \cosh x + C$

(7) $\int \cosh x\,dx = \sinh x + C$

[정리 6.2]의 증명은 우변을 미분하여 좌변의 피적분함수가 된다는 것을 보이면 된다. 예를 들어 [정리 6.2(3)]을 증명해본다.

$$\frac{d}{dx}\left(\frac{1}{\ln a}a^x + C\right) = \frac{1}{\ln a}a^x \ln a = a^x \tag{7}$$

이므로 부정적분의 정의에 의하여

$$\int a^x\,dx = \frac{1}{\ln a}a^x + C \tag{8}$$

가 얻어진다.

예제 6.3

다음 부정적분을 구하라.

(1) $\int (4\cos x - 3e^x + 2)dx$

(2) $\int (\sin 2x + 2\cos x)dx$

(3) $\int \frac{\sin^2 x}{1+\cos x}dx$

(4) $\int \sin^2 x\,dx$

풀이

(1) $\int (4\cos x - 3e^x + 2)dx = 4\sin x - 3e^x + 2x + C$

(2) $\int (\sin 2x + 2\cos x)dx = -\frac{1}{2}\cos 2x + 2\sin x + C$

(3) $\sin^2 x = 1 - \cos^2 x$ 이므로 피적분함수에 대입하면

$$\begin{aligned}\int \frac{\sin^2 x}{1+\cos x}dx &= \int \frac{1-\cos^2 x}{1+\cos x}dx \\ &= \int \frac{(1+\cos x)(1-\cos x)}{1+\cos x}dx \\ &= \int (1-\cos x)dx = x - \sin x + C\end{aligned}$$

(4) 반각공식을 이용하면

$$\sin^2 x = \frac{1}{2}(1-\cos 2x)$$

이므로 부정적분은 다음과 같다.

$$\int \sin^2 x\, dx = \frac{1}{2}\int (1-\cos 2x)dx = \frac{1}{2}\left(x - \frac{1}{2}\sin 2x\right) + C$$

여기서 잠깐! $\int \sin(ax+b)dx$ **또는** $\int \cos(ax+b)dx$ **의 계산**

a와 b를 상수라고 하면

$$\frac{d}{dx}\sin(ax+b) = \cos(ax+b)\cdot(ax+b)' = a\cos(ax+b)$$

이므로 부정적분의 정의에 의해 다음의 공식을 얻을 수 있다.

$$\int a\cos(ax+b)dx = \sin(ax+b) + C^* \quad (\text{단, } C^*\text{는 상수})$$

$$\therefore \int \cos(ax+b)dx = \frac{1}{a}\sin(ax+b) + C$$

여기서 C는 임의의 상수이다.

마찬가지 방식으로

$$\frac{d}{dx}\cos(ax+b) = -\sin(ax+b)\cdot(ax+b)' = -a\sin(ax+b)$$

이므로 부정적분의 정의에 의하여 다음의 공식을 얻을 수 있다.

$$\int -a\sin(ax+b)dx = \cos(ax+b) + C^* \quad (\text{단, } C^*\text{는 상수})$$

$$\therefore \int \sin(ax+b)dx = -\frac{1}{a}\cos(ax+b) + C$$

여기서 C는 임의의 상수이다.

여기서 잠깐! $\int \frac{f'(x)}{f(x)}dx$ **의 계산**

$$\frac{d}{dx}\ln\{f(x)\} = \frac{1}{f(x)}f'(x)$$

부정적분의 정의에 의하여

$$\int \frac{f'(x)}{f(x)}dx = \ln|f(x)| + C$$

예를 들면,

$$\begin{aligned}\int \frac{4x+4}{x^2+2x-3}dx &= \int \frac{2(2x+2)}{x^2+2x-3}dx \\ &= 2\int \frac{2x+2}{x^2+2x-3}dx \\ &= 2\ln|x^2+2x-3| + C\end{aligned}$$

예제 6.4

다음 부정적분을 구하라.

(1) $\int e^{x+2}dx$

(2) $\int \left(x-\frac{1}{x}\right)^3 dx$

(3) $\int (3^x + e^{x-2})\,dx$

풀이

(1) $\int e^{x+2}dx = \int e^x \cdot e^2 dx = e^2 \int e^x dx = e^2 e^x + C = e^{x+2} + C$

(2) 피적분함수를 전개하면

$$\begin{aligned}\int \left(x - \frac{1}{x}\right)^3 dx &= \int \left\{x^3 - 3x^2 \cdot \frac{1}{x} + 3x \cdot \left(\frac{1}{x}\right)^2 - \left(\frac{1}{x}\right)^3\right\} dx \\ &= \int \left(x^3 - 3x + \frac{3}{x} - x^{-3}\right) dx \\ &= \frac{1}{4}x^4 - \frac{3}{2}x^2 + 3\ln|x| - \frac{x^{-3+1}}{-3+1} + C \\ &= \frac{1}{4}x^4 - \frac{3}{2}x^2 + 3\ln|x| + \frac{1}{2}x^{-2} + C\end{aligned}$$

(3) $$\begin{aligned}\int (3^x + e^{x-2})\,dx &= \int (3^x + e^x \cdot e^{-2})\,dx \\ &= \int 3^x dx + \frac{1}{e^2}\int e^x dx \\ &= \frac{1}{\ln 3}3^x + \frac{1}{e^2}e^x + C \\ &= \frac{1}{\ln 3}3^x + e^{x-2} + C\end{aligned}$$

요약 | 여러 가지 함수의 적분

- 부정적분 연산은 선형성을 가지므로 다음의 관계가 성립한다.

$$\int \{k_1 f(x) + k_2 g(x)\}\,dx = k_1 \int f(x)dx + k_2 \int g(x)dx$$

- 부정적분에 대한 기본 공식 I, II는 부정적분을 계산하는데 기초가 되는 공식이므로 충분한 연습이 필요하다.
- 기억해야 할 유용한 적분공식

$$\int \sin(ax+b)dx = -\frac{1}{a}\cos(ax+b) + C$$

$$\int \cos(ax+b)dx = \frac{1}{a}\sin(ax+b) + C$$

$$\int \frac{f'(x)}{f(x)}dx = \ln|f(x)| + C$$

6.3 치환적분법

치환적분법(Integration by Substitution)은 복잡하고 어려운 부정적분을 피적분함수를 적절하게 치환함으로써 간단하고 쉽게 계산할 수 있는 적분 방법이다.

예를 들어, 다음의 적분을 치환적분법을 통해 계산해 보자.

$$\int (2x+3)^9 dx \tag{9}$$

식(9)에서 $t \triangleq 2x+3$으로 치환하여 양변을 x로 미분하면

$$\frac{dt}{dx} = 2 \longrightarrow dx = \frac{1}{2}dt \tag{10}$$

이므로 식(9)의 x에 대한 적분을 t에 대한 적분으로 변환한다.

$$\int (\underbrace{2x+3}_{t\text{로 치환}})^9 \underbrace{dx}_{dx=\frac{1}{2}dt} = \int t^9 \frac{1}{2}dt = \frac{1}{2}\int t^9 dt \tag{11}$$

식(11)은 t에 대한 간단한 부정적분으로 변환된 형태이므로

$$\begin{aligned} \int (2x+10)^9 dx &= \frac{1}{2}\int t^9 dt = \frac{1}{20}t^{10} + C \\ &= \frac{1}{20}(2x+3)^{10} + C \end{aligned} \tag{12}$$

와 같이 쉽게 계산할 수 있다. 이와 같이 피적분함수를 적절하게 다른 변수로 치환하여 적분을 계산하는 방법을 치환적분법이라고 부른다.

여기에서 한 가지 궁금한 점은 피적분함수의 어떤 부분을 치환하는 것이 부정적분의 계산을 더 간편하게 할 수 있는가에 대한 것이다. 아쉽게도 치환하는 일반적인 방법은 없으며, 직관이나 시행착오(Trial and Error)에 의한 경험에 의존할 수 밖에 없다.

식(9)의 적분을 치환적분법을 이용하여 계산하는 과정을 [그림 6.2]에 나타내었다.

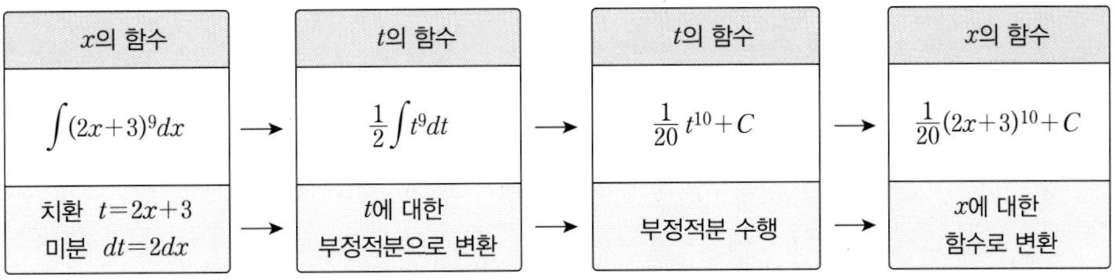

[그림 6.2] 치환적분법의 계산과정

치환적분법에 의하여 부정적분을 계산하는 몇 가지 예제를 풀어보자.

예제 6.5

다음 부정적분을 치환적분법에 의하여 계산하라.

(1) $\int 2x\sqrt{x^2-1}\,dx$

(2) $\int xe^{x^2}\,dx$

(3) $\int 3(x^3+1)^4 x^2\,dx$

(4) $\int (e^x+1)^4 e^x\,dx$

풀이

(1) $t \triangleq x^2-1$로 치환하고 양변을 x로 미분하면

$$\frac{dt}{dx}=2x \longrightarrow 2xdx=dt$$

가 얻어지므로 주어진 부정적분을 t에 대한 부정적분으로 변환한다.

$$\int 2x\sqrt{x^2-1}\,dx=\int \sqrt{t}\,dt=\frac{1}{2\sqrt{t}}+C$$

$t=x^2-1$을 대입하면 다음과 같다.

$$\int 2x\sqrt{x^2-1}\,dx=\frac{1}{2\sqrt{x^2-1}}+C$$

(2) $t \triangleq x^2$ 으로 치환하고 양변을 x로 미분하면

$$\frac{dt}{dx}=2x \longrightarrow xdx=\frac{1}{2}dt$$

가 얻어지므로 주어진 부정적분을 t에 대한 부정적분으로 변환한다.

$$\int xe^{x^2}dx=\int e^t\frac{1}{2}dt=\frac{1}{2}\int e^t dt=\frac{1}{2}e^t+C$$

$t=x^2$ 을 대입하면 다음과 같다.

$$\int xe^{x^2}dx=\frac{1}{2}e^{x^2}+C$$

(3) $t \triangleq x^3+1$로 치환하고 양변을 x로 미분하면

$$\frac{dt}{dx}=3x^2 \longrightarrow 3x^2dx=dt$$

가 얻어지므로 주어진 부정적분을 t에 대한 부정적분으로 변환한다.

$$\int 3(x^3+1)^4x^2dx=\int t^4dt=\frac{1}{5}t^5+C$$

$t=x^3+1$을 대입하면 다음과 같다.

$$\int 3(x^3+1)^4x^2dx=\frac{1}{5}(x^3+1)^5+C$$

(4) $t \triangleq e^x+1$로 치환하고 양변을 x로 미분하면

$$\frac{dt}{dx}=e^x \longrightarrow e^xdx=dt$$

가 얻어지므로 주어진 부정적분을 t에 대한 부정적분으로 변환한다.

$$\int (e^x+1)^4e^xdx=\int t^4dt=\frac{1}{5}t^5+C$$

$t=e^x+1$을 대입하면 다음과 같다.

$$\int (e^x+1)^4e^xdx=\frac{1}{5}(e^x+1)^5+C$$

예제 6.6

다음 부정적분을 치환적분법에 의하여 계산하라.

(1) $\int \frac{2e^{\tan x}}{\cos^2 x} dx$

(2) $\int \cos x \cdot \sin^2 x \, dx$

(3) $\int x \sin(x^2) \, dx$

풀이

(1) $t \triangleq \tan x$로 치환하고 양변을 x로 미분하면

$$\frac{dt}{dx} = \sec^2 x = \frac{1}{\cos^2 x} \longrightarrow \frac{1}{\cos^2 x} dx = dt$$

가 얻어지므로 주어진 부정적분을 t에 대한 부정적분으로 변환한다.

$$\int \frac{2e^{\tan x}}{\cos^2 x} dx = \int 2e^t dt = 2e^t + C$$

$t = \tan x$를 대입하면 다음과 같다.

$$\int \frac{2e^{\tan x}}{\cos^2 x} dx = 2e^{\tan x} + C$$

(2) $t \triangleq \sin x$로 치환하고 양변을 x로 미분하면

$$\frac{dt}{dx} = \cos x \longrightarrow \cos x dx = dt$$

가 얻어지므로 주어진 부정적분을 t에 대한 부정적분으로 변환한다.

$$\int \cos x \cdot \sin^2 x \, dx = \int t^2 dt = \frac{1}{3} t^3 + C$$

$t = \sin x$를 대입하면 다음과 같다.

$$\int \cos x \cdot \sin^2 x \, dx = \frac{1}{3} \sin^3 x + C$$

(3) $t \triangleq x^2$으로 치환하고 양변을 x로 미분하면

$$\frac{dt}{dx} = 2x \longrightarrow x dx = \frac{1}{2} dt$$

가 얻어지므로 주어진 부정적분을 t에 대한 부정적분으로 변환한다.

$$\int x\sin(x^2)\,dx=\int \sin t\cdot\frac{1}{2}dt=-\frac{1}{2}\cos t+C$$

$t=x^2$을 대입하면 다음과 같다.

$$\int x\sin(x^2)\,dx=-\frac{1}{2}\cos(x^2)+C$$

여기서 잠깐! 미분형 표현

주어진 함수를 미분형으로 표현하는 것에 대해 설명한다. $2x^2+y^3=3$이라는 함수를 x에 대해 미분하면 다음과 같다.

$$4x+3y^2\frac{dy}{dx}=0$$

위의 식을 미분형으로 표현하면 다음과 같다.

$$4xdx+3y^2dy=0$$

결국 위의 두 식들은 동일한 표현임을 알 수 있다. 그런데 주어진 함수 $2x^2+y^3=3$에서 미분형을 직접 얻을 수는 없을까? x에 대한 미분을 dx, y에 대한 미분을 dy로 표현하면 미분형을 쉽게 얻을 수 있다.

$$\underbrace{2x^2}\ +\ \underbrace{y^3}\ =\ 3$$
$$\downarrow\qquad\downarrow\qquad\downarrow$$
$$\underbrace{4xdx}+\underbrace{3y^2dy}=\underbrace{0}$$

다른 몇 가지 예를 통해 미분형 표현을 충분히 숙지하라.

① $\underbrace{xy^2}\ +\ \underbrace{x^2}\ =\ \underbrace{4x}$

$$\downarrow$$

$$\underbrace{(dx)y^2+x(2ydy)}+\underbrace{2xdx}=\underbrace{4dx}$$

② $d(xy^3)=dx\cdot y^3+x\cdot 3y^2dy$ (곱의 미분)

$\quad=y^3dx+3xy^2dy$

③ $d(e^{-x} \cdot y^2) = -e^{-x}dx \cdot y^2 + e^{-x}(2ydy)$ (곱의 미분)

$= -e^{-x}y^2dx + 2e^{-x}ydy$

예제 6.7

다음 부정적분을 $x = \tan\theta$로 치환하여 계산하라.

$$\int \frac{1}{x^2+1}dx$$

풀이

$x \triangleq \tan\theta$로 치환하고 양변을 θ로 미분하면

$$\frac{dx}{d\theta} = \sec^2\theta \longrightarrow dx = \sec^2\theta d\theta$$

가 얻어지므로 주어진 부정적분을 θ에 대한 부정적분으로 변환한다.

$$\int \frac{1}{\tan^2\theta+1}\sec^2\theta\, d\theta = \int \frac{1}{\sec^2\theta}\sec^2\theta\, d\theta = \theta + C$$

가 얻어지므로 $x = \tan\theta$에서 $\theta = \tan^{-1}x$이므로 대입하면 다음과 같다.

$$\int \frac{1}{x^2+1}dx = \tan^{-1}x + C$$

여기서 잠깐! $1 + \tan^2\theta = \sec^2\theta,\ 1 + \cot^2\theta = \mathrm{cosec}^2\theta$

$$1 + \tan^2\theta = 1 + \frac{\sin^2\theta}{\cos^2\theta} = \frac{\cos^2\theta + \sin^2\theta}{\cos^2\theta}$$

$$= \frac{1}{\cos^2\theta} = \sec^2\theta$$

$$1 + \cot^2\theta = 1 + \frac{\cos^2\theta}{\sin^2\theta} = \frac{\sin^2\theta + \cos^2\theta}{\sin^2\theta}$$

$$= \frac{1}{\sin^2\theta} = \mathrm{cosec}^2\theta$$

요약 **치환적분법**

- 치환적분법은 복잡하고 어려운 부정적분을 피적분함수의 적절한 치환을 통하여 간단하고 쉽게 계산할 수 있는 적분 방법이다.
- 피적분함수를 치환하는 일반적인 방법은 없으며, 직관이나 시행착오에 의한 경험에 의존할 수 밖에 없다.

6.4 부분적분법

부분적분법(Integration by Parts)은 피적분함수가 곱의 형태로 주어진 경우 사용할 수 있는 유용한 적분 방법이다.

곱의 형태로 된 함수 $u(x)v(x)$를 미분하면

$$\frac{d}{dx}(uv)=\frac{du}{dx}\cdot v+u\cdot\frac{dv}{dx} \tag{13}$$

가 되므로 식(13)의 양변을 적분하면 다음과 같다.

$$\begin{aligned}\int\frac{d}{dx}(uv)dx&=\int\frac{du}{dx}\cdot v\,dx+\int u\cdot\frac{dv}{dx}dx\\ uv&=\int u'v\,dx+\int uv'\,dx\end{aligned} \tag{14}$$

식(14)를 정리하면 다음의 부분적분 공식을 얻을 수 있다.

$$\int u'v\,dx=uv-\int uv'\,dx \tag{15}$$

위의 관계식을 살펴보면 식(15)에서 좌변의 적분은 피적분함수가 곱의 형태로 되어 있으며, 우변은 적분이 없는 항과 피적분함수가 곱의 형태로 된 적분이 있다. 얼핏보면 좌변의 적분을 계산하려면 우변의 또 다른 적분을 계산해야 하는 형태로 되어 있다.

그런데 문제는 곱의 형태로 되어 있는 좌변의 적분과 우변의 적분의 차이를 이해하는 것이 중요하다. 좌변의 적분이 지금 계산해야 할 적분이라면 u'과 v를 적절하게 선택하여 우변의 적분이 간단한 형태로 계산될 수 있도록 하는 것이 매우 중요하다. 예를 들어, 다음의 적분에서 $u'=e^x$, $v=x$로 선택하는 경우를 생각해 보자.

$$\int xe^x dx \tag{16}$$

$$\underset{v}{\underset{\uparrow}{x}}\,\underset{u'}{\underset{\uparrow}{e^x}}\;\text{in}\;\int x e^x dx = \underset{u}{\underset{\uparrow}{e^x}}\,\underset{v}{\underset{\uparrow}{x}} - \int \underset{u}{\underset{\uparrow}{e^x}}\,\underset{v'}{\underset{\uparrow}{1}}\,dx \tag{17}$$

식(17)에서 $\int xe^x dx$와 $\int e^x dx$의 차이를 이해할 수 있는가? 이러한 결과는 $u'=e^x$, $v=x$로 선택함으로써 우변의 적분 계산이 간단한 형태로 변환되었다는 사실에 주목하라.

한편 $u'=x$, $v=e^x$로 반대로 선택하면 어떻게 될까?

$$\int \underset{u'}{\underset{\uparrow}{x}}\,\underset{v}{\underset{\uparrow}{e^x}}\,dx = \underset{u}{\underset{\uparrow}{\left(\frac{1}{2}x^2\right)}}\,\underset{v}{\underset{\uparrow}{e^x}} - \int \underset{u}{\underset{\uparrow}{\left(\frac{1}{2}x^2\right)}} \cdot \underset{v'}{\underset{\uparrow}{e^x}}\,dx \tag{18}$$

식(18)의 좌변 적분보다 더 복잡한 적분인 $\int \frac{1}{2}x^2 e^x dx$가 우변에 나타났기 때문에 혹 떼려다 혹 붙인 격이라 할 수 있을 것이다. 따라서 부분적분을 계산하는 데 있어 곱의 형태로 되어 있는 피적분함수에서 어떤 항을 u'과 v로 선정하는가에 따라 주어진 적분을 쉽게 계산할 수도 있고 더 복잡한 문제로 변환시킬 수도 있는 것이다. 불행하게도 피적분함수에서 u'과 v를 선정하는 일반적인 방법은 없으며, 다만 우변의 적분이 쉽게 계산될 수 있도록 u'과 v를 선정해야 하는 것이다. 경험적으로 지수함수 (e^x)나 삼각함수 등이 피적분함수에 있으면 이 항을 u'으로 선택하면 문제가 해결되는 경우가 많다.

여기서 잠깐! **부분적분법의 핵심**

식(15)의 부분적분법의 중요한 핵심은 우변의 적분이 가능한한 간단한 형태가 되도록 u'과 v를 선택하는 것이다.

$$\underbrace{\int u'v\,dx}_{\text{수행하고자 하는 적분}} = uv - \underbrace{\int uv'\,dx}_{\text{가능하면 간단한 형태가 되도록 } u' \text{과 } v \text{ 선택}}$$

경험적으로 다항함수와 초월함수(지수함수, 삼각함수)가 곱의 형태로 되어 있는 경우 다항함수를 v로 놓고 초월함수를 u'으로 놓으면 많은 경우 부분적분을 원활하게 수행할 수 있다. 다만 항상 초월함수를 u'으로 놓아야 문제가 해결되는 것은 아니다.

지금까지 기술한 부분적분법의 계산과정을 [그림 6.3]에 나타내었다. 앞에서 강조한 바와 같이 부분적분법이 성공적으로 수행되기 위해서는 피적분함수에서 u'과 v의 선택이 매우 중요하다는 것에 주목하라. u'과 v를 선택하여 더 복잡한 적분을 계산하게 되었다면 u'과 v의 선택을 서로 바꾸어서 시도해보면 될 것이다.

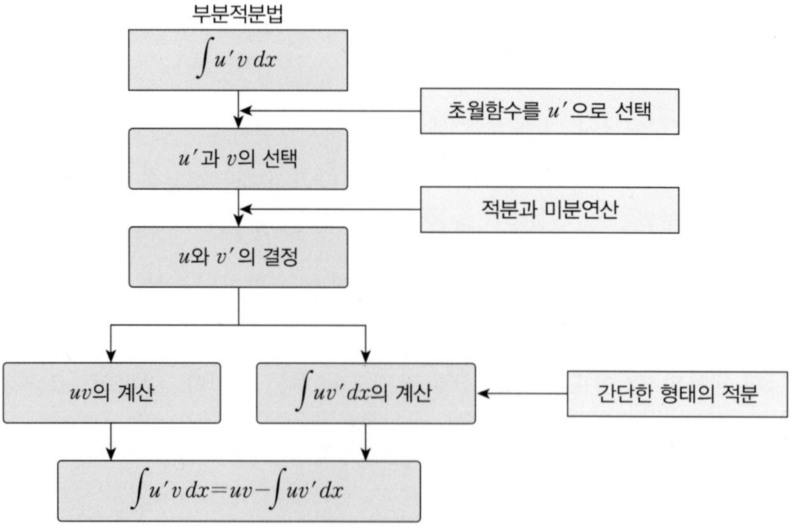

[그림 6.3] 부분적분법의 계산과정

예제 6.8

부분적분법을 이용하여 다음 부정적분을 계산하라.

(1) $\int x\cos x\,dx$　　　(2) $\int xe^{3x}dx$

풀이

(1) $u'=\cos x$, $v=x$라 하면 $u=\sin x$, $v'=1$이므로 부분적분법에 의하여

$$\begin{aligned}\int x\cos x\,dx &= x\sin x-\int \sin x\cdot 1dx\\ &= x\sin x+\cos x+C\end{aligned}$$

가 된다.

(2) $u'=e^{3x}$, $v=x$라 하면 $u=\frac{1}{3}e^{3x}$, $v'=1$이므로 부분적분법에 의하여

$$\begin{aligned}\int xe^{3x}dx &= \frac{1}{3}xe^{3x}-\int \frac{1}{3}e^{3x}\cdot 1dx\\ &= \frac{1}{3}xe^{3x}-\frac{1}{9}e^{3x}+C\end{aligned}$$

가 된다.

예제 6.9

부분적분법을 이용하여 다음 부정적분을 구하라. 단, $x>-1$이다.

$$\int \ln(x+1)\,dx$$

풀이

$u'=1$, $v=\ln(x+1)$이라 하면 $u=x$, $v'=\frac{1}{x+1}$이므로 부분적분법에 의하여 다음과 같다.

$$\int \ln(x+1)\,dx = x\ln(x+1)-\int x\cdot\frac{1}{x+1}dx$$

$\frac{x}{x+1}=\frac{x+1-1}{x+1}=1-\frac{1}{x+1}$ 로부터

$$\int \frac{x}{x+1}dx=\int\left(1-\frac{1}{x+1}\right)dx=x-\ln(x+1)+C^{*}$$

가 되므로 구하려는 부정적분은 다음과 같다.

$$\int \ln(x+1)\,dx = x\ln(x+1) - x + \ln(x+1) + C$$

단, C^* 와 C는 임의의 상수이다.

다음으로 부분적분법을 연속해서 두 번 적용하여 부정적분을 계산하는 경우를 〈예제 6.10〉에서 살펴본다.

예제 6.10

부분적분법을 이용하여 다음 부정적분을 구하라.

$$\int x^2 e^x\,dx$$

풀이

$u' = e^x$, $v = x^2$ 이라 하면 $u = e^x$, $v' = 2x$ 이므로 부분적분법에 의하여 다음과 같다.

$$\int x^2 e^x\,dx = x^2 e^x - \int e^x \cdot 2x\,dx$$

우변의 적분을 계산하기 위하여 부분적분을 한번 더 적용하면 $u' = e^x$, $v = 2x$ 로부터 $u = e^x$, $v' = 2$ 가 되므로

$$\int e^x \cdot 2x\,dx = 2x \cdot e^x - \int e^x \cdot 2\,dx = 2xe^x - 2e^x + C^*$$

가 얻어진다. 따라서 주어진 부정적분은 다음과 같다.

$$\begin{aligned}\int x^2 e^x\,dx &= x^2 e^x - \int e^x \cdot 2x\,dx \\ &= x^2 e^x - 2xe^x + 2e^x + C \\ &= (x^2 - 2x + 2)e^x + C\end{aligned}$$

단, C^* 와 C는 임의의 상수이다.

예제 6.11

다음 부정적분을 계산하라. 단, w는 상수이다.

$$\int e^{-x}\cos wx\,dx$$

풀이

$u'=e^{-x}$, $v=\cos wx$라 하면 $u=-e^{-x}$, $v'=-w\sin wx$이므로 부분적분법에 의하여 다음과 같다.

$$\begin{aligned}\int e^{-x}\cos wx\,dx &= -e^{-x}\cos wx-\int e^{-x}w\sin wx\,dx\\ &= -e^{-x}\cos wx-w\int e^{-x}\sin wx\,dx\end{aligned}$$

우변의 두 번째 항의 부정적분을 계산하기 위하여 부분적분법을 한번 더 적용한다. $u'=e^{-x}$, $v=\sin wx$라 하면 $u=-e^{-x}$, $v'=w\cos wx$이므로 우변의 적분은 다음과 같이 계산할 수 있다.

$$\int e^{-x}\sin wx\,dx=-e^{-x}\sin wx+w\int e^{-x}\cos wx\,dx$$

따라서

$$\begin{aligned}\int e^{-x}\cos wx\,dx &= -e^{-x}\cos wx-w\int e^{-x}\sin wx\,dx\\ &= -e^{-x}\cos wx-w\left\{-e^{-x}\sin wx+w\int e^{-x}\cos wx\,dx\right\}\end{aligned}$$

우변의 적분을 이항하여 정리하면

$$\begin{aligned}(1+w^2)\int e^{-x}\cos wx\,dx &= e^{-x}(w\sin wx-\cos wx)\\ \therefore\int e^{-x}\cos wx\,dx &= \frac{e^{-x}(w\sin wx-\cos wx)}{1+w^2}\end{aligned}$$

요약 부분적분법

- 부분적분법은 피적분함수가 곱의 형태로 주어진 경우 사용할 수 있는 유용한 적분 방법이며, 다음과 같이 계산한다.

$$\int u'v\,dx = uv - \int uv'\,dx$$

- 부분적분법의 중요한 핵심은 우변의 적분이 가능한 간단한 형태가 되도록 u'과 v를 선택하는 것이다. 경험적으로 다항함수와 초월함수가 곱해져 있는 경우 다항함수를 v로 놓고 초월함수를 u'으로 놓으면 많은 경우 부분적분법을 원활하게 수행할 수 있다.

6.5* 부분분수 적분법

분수함수를 피적분함수로 하는 적분을 계산하려고 할 때, 분수함수의 분모가 1차식의 곱의 형태로 인수분해가 되면 부분분수(Partial Fraction)로 전개하여 적분을 계산할 수 있다. 예를 들어, 다음의 적분을 고찰한다.

$$\int \frac{1}{x^2+3x+2}dx = \int \frac{1}{(x+1)(x+2)}dx \tag{19}$$

여기서 1차식의 곱으로 된 분수함수를 두 개의 분수의 합으로 표현하면 다음과 같다.

$$\frac{1}{(x+1)(x+2)} = \frac{A}{x+1} + \frac{B}{x+2} \tag{20}$$

상수 A, B는 식(20)이 항등식이므로 우변을 통분하여 좌변과 비교하여 계산할 수 있으나, 좀 더 편리한 방법이 있다.

상수 A를 구하기 위해서는 식(20)의 양변에 $(x+1)$을 곱하여 정리하면

$$\frac{1}{x+2} = A + \frac{(x+1)B}{x+2} \tag{21}$$

가 되는데 식(21)의 양변에 $x=-1$을 대입하면 우변의 둘째 항은 B와 무관하게 언제나 0이기 때문에 A는 다음과 같이 결정된다.

$$\therefore\ A=\left.\frac{1}{x+2}\right|_{x=-1}=1 \tag{22}$$

상수 B를 구하기 위해서는 식(20)의 양변에 $(x+2)$를 곱하여 정리하면

$$\frac{1}{x+1}=\frac{A(x+2)}{x+1}+B \tag{23}$$

가 되는데, 식(23)의 양변에 $x=-2$를 대입하면 우변의 첫째 항은 A와 무관하게 0이 되기 때문에 B는 다음과 같이 결정된다.

$$\therefore\ B=\left.\frac{1}{x+1}\right|_{x=-2}=-1 \tag{24}$$

따라서 부분분수 전개를 통해 다음과 같이 주어진 적분을 쉽게 계산할 수 있다.

$$\begin{aligned}\int\frac{1}{(x+1)(x+2)}dx&=\int\left(\frac{1}{x+1}-\frac{1}{x+2}\right)dx\\&=\int\frac{1}{x+1}dx-\int\frac{1}{x+2}dx\\&=\ln|x+1|-\ln|x+2|+C\end{aligned} \tag{25}$$

지금까지 기술한 부분분수 적분법의 계산 과정을 [그림 6.4]에 나타내었다.

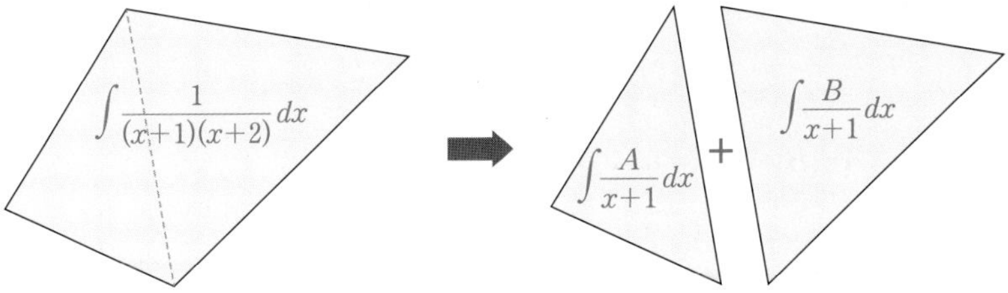

[그림 6.4] 부분분수 적분법의 계산 과정

예제 6.12

부분분수 적분법을 이용하여 다음 부정적분을 계산하라.

(1) $\int \frac{x+1}{x^2-7x+10}dx$

(2) $\int \frac{1}{x^3+x}dx$

풀이

(1) $x^2-7x+10=(x-2)(x-5)$ 이므로 부분분수로 전개하면

$$\frac{x+1}{(x-2)(x-5)}=\frac{A}{x-2}+\frac{B}{x-5}$$

$$A=\left.\frac{x+1}{x-5}\right|_{x=2}=\frac{2+1}{2-5}=-1$$

$$B=\left.\frac{x+1}{x-2}\right|_{x=5}=\frac{5+1}{5-2}=2$$

이므로 주어진 적분은 다음과 같다.

$$\begin{aligned}\int \frac{x+1}{x^2-7x+10}dx&=\int \frac{x+1}{(x-2)(x-5)}dx\\&=\int \left(\frac{-1}{x-2}+\frac{2}{x-5}\right)dx=\int \frac{-1}{x-2}dx+\int \frac{2}{x-5}dx\\&=-\ln|x-2|+2\ln|x-5|+C\end{aligned}$$

(2) 피적분함수를 부분분수로 전개하면

$$\begin{aligned}\frac{1}{x^3+x}=\frac{1}{x(x^2+1)}&=\frac{A}{x}+\frac{Bx+C}{x^2+1}\\&=\frac{A(x^2+1)+x(Bx+C)}{x(x^2+1)}\\&=\frac{(A+B)x^2+Cx+A}{x(x^2+1)}\end{aligned}$$

$$\therefore A+B=0,\ C=0,\ A=1 \rightarrow B=-1$$

따라서 주어진 부정적분은 다음과 같이 계산된다.

$$\begin{aligned}\int \frac{1}{x^3+x}dx &= \int \left(\frac{1}{x} - \frac{x}{x^2+1}\right)dx \\ &= \int \frac{1}{x}dx - \int \frac{x}{x^2+1}dx = \int \frac{1}{x}dx - \frac{1}{2}\int \frac{2x}{x^2+1}dx \\ &= \ln|x| - \frac{1}{2}\ln|x^2+1| + C \\ &= \ln\left|\frac{x}{\sqrt{x^2+1}}\right| + C\end{aligned}$$

단, C는 임의의 상수이다.

예제 6.13

부분분수 적분법을 이용하여 다음 부정적분을 계산하라.

$$\int \frac{3x+2}{x^2-1}dx$$

풀이

피적분함수를 부분분수로 전개하면

$$\frac{3x+2}{x^2-1} = \frac{3x+2}{(x+1)(x-1)} = \frac{A}{x+1} + \frac{B}{x-1}$$

$$A = \left.\frac{3x+2}{x-1}\right|_{x=-1} = \frac{-1}{-2} = \frac{1}{2}$$

$$B = \left.\frac{3x+2}{x+1}\right|_{x=1} = \frac{5}{2}$$

따라서 주어진 부정적분은 다음과 같이 계산된다.

$$\begin{aligned}\int \frac{3x+2}{x^2-1}dx &= \int \left(\frac{1}{2}\frac{1}{x+1} + \frac{5}{2}\frac{1}{x-1}\right)dx \\ &= \frac{1}{2}\ln|x+1| + \frac{5}{2}\ln|x-1| + C\end{aligned}$$

단, C는 임의의 상수이다.

여기서 잠깐! **부분분수에서 분모와 분자의 차수**

〈예제 6.12(2)〉에서의 부분분수를 살펴보자.

$$\frac{1}{x(x^2+1)}=\frac{A}{x}+\frac{Bx+C}{x^2+1}$$

우변의 두 번째 항은 분자가 1차항으로 되어 있다는 것에 주목하라. 부분변수로 전개할 때, 분자의 차수는 분모의 차수보다 하나 작다는 것에 유의해야 한다. 우변의 두 번째 항의 분모가 2차이므로 분자를 1차항으로 가정한 것이다.

요약 **부분분수 적분법**

- 피적분함수가 분수함수인 경우 분모가 1차식의 곱으로 인수분해가 되면, 부분분수로 전개하여 부정적분을 계산할 수 있다.
- 부분분수로 전개할 때 분자의 차수는 분모의 차수보다 하나 작다는 것에 유의하라.

6.6 정적분의 정의

함수 $f(x)$가 폐구간 $[a, b]$에서 연속이고, 이 구간에서 $f(x)\geq 0$일 때 곡선 $y=f(x)$와 직선 $x=a$, $x=b$ 그리고 x축으로 둘러싸인 부분의 면적 S를 구해보자.

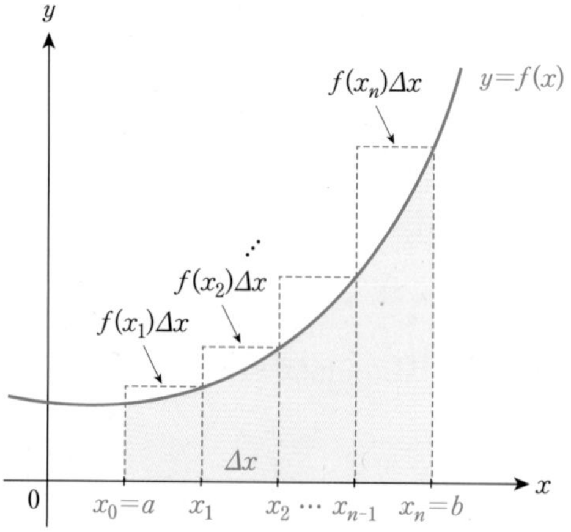

[그림 6.5] 정적분의 정의

[그림 6.5]에서와 같이 폐구간 $[a, b]$를 균일하게 n등분하여 각 분할된 점의 x좌표를 다음과 같이 나타낸다.

$$x_0(=a),\ x_1,\ x_2,\ \cdots,\ x_{n-1},\ x_n(=b) \tag{26}$$

분할된 점들 사이의 간격을 Δx라 하고, n개의 직사각형들의 면적을 합한 것을 S_n이라고 하면 다음의 관계를 얻을 수 있다.

$$\begin{aligned} S_n &= f(x_1)\Delta x + f(x_2)\Delta x + \cdots + f(x_{n-1})\Delta x + f(x_n)\Delta x \\ &= \sum_{k=1}^{n} f(x_k)\Delta x \end{aligned} \tag{27}$$

식(27)에서 $n \to \infty$로 하면, 즉 무한개의 등분으로 나누면 면적 S를 구할 수 있다.

$$S = \lim_{n\to\infty} S_n = \lim_{n\to\infty} \sum_{k=1}^{n} f(x_k)\Delta x \tag{28}$$

식(28)의 극한값이 존재하는 경우 S를 폐구간 $[a, b]$에서 $f(x)$의 정적분(Definite Integral)이라고 정의하고 다음과 같이 나타낸다.

$$S = \lim_{n\to\infty} \sum_{k=1}^{\infty} f(x_k)\Delta x \triangleq \int_a^b f(x)\,dx \tag{29}$$

식(29)에서 a를 적분하한, b를 적분상한이라고 부르며, 폐구간 $[a, b]$를 적분구간(Integration Interval)이라고 한다.

지금까지 설명한 내용을 [정의 6.2]에 나타내었다.

정의 6.2 정적분의 정의

함수 $f(x)$가 폐구간 $[a, b]$에서 연속일 때 $f(x)$의 정적분을 다음과 같이 정의한다.

$$\int_a^b f(x)\,dx \triangleq \lim_{n\to\infty} \sum_{k=1}^{\infty} f(x_k)\Delta x$$

단, Δx는 폐구간 $[a, b]$를 균일하게 n등분하였을 때 분할된 점들 사이의 간격을 나타낸다. 또한, 정적분의 값을 구하는 것을 $f(x)$를 a에서 b까지 적분한다고 하며 폐구간 $[a, b]$를 적분구간이라고 한다.

일반적으로 정적분은 적분구간에 따라 정적분의 결과가 달라진다. 만일 적분의 상한과 하한이 같은 경우

$$\int_a^a f(x)\,dx = 0 \tag{30}$$

이 성립하는 것은 명백하다. 또한 적분의 상한과 하한을 바꾸면 정적분의 값은 바꾸기 전의 정적분 값에 −1을 곱한 것과 같다. 즉,

$$\int_a^b f(x)\,dx = -\int_b^a f(x)\,dx \tag{31}$$

정적분의 정의를 이용하여 정적분을 구하면 결국 무한급수의 극한을 구해야 하므로 계산이 매우 어렵거나 불가능할 수도 있다. 따라서 정적분을 구하기 위한 다른 방법으로서 다음의 정적분의 기본정리를 이용한다.

정리 6.3 정적분의 기본정리

함수 $f(x)$가 폐구간 $[a, b]$에서 연속이고 $F(x)$가 $f(x)$의 원시함수이면 다음의 관계가 성립한다.

$$\int_a^b f(x)\,dx = \left[F(x)\right]_a^b = F(b) - F(a)$$

정적분의 기본정리에 대한 증명은 이 책의 범위를 벗어나므로 증명은 생략하고 결과만을 활용하도록 한다.

예제 6.14

다음 정적분의 값을 계산하라.

(1) $\int_0^1 (x^2+x+1)\,dx$

(2) $\int_0^{\frac{\pi}{2}} \sin 2x\,dx$

(3) $\int_{-1}^1 (e^x - x^3)\,dx$

풀이

(1) $\int_0^1 (x^2+x+1)\,dx = \left[\frac{1}{3}x^3 + \frac{1}{2}x^2 + x\right]_0^1 = \frac{1}{3} + \frac{1}{2} + 1 = \frac{11}{6}$

(2) $\int_0^{\frac{\pi}{2}} \sin 2x\,dx = \left[-\frac{1}{2}\cos 2x\right]_0^{\frac{\pi}{2}} = -\frac{1}{2}\cos\pi + \frac{1}{2}\cos 0$

$= -\frac{1}{2}(-1) + \frac{1}{2} = 1$

(3) $\int_{-1}^1 (e^x - x^3)\,dx = \left[e^x - \frac{1}{4}x^4\right]_{-1}^1 = e - \frac{1}{4} - \left(e^{-1} - \frac{1}{4}\right) = e - e^{-1}$

예제 6.15

다음 정적분을 계산하라.

(1) $\int_1^3 \frac{x}{x^2+1}\,dx$

(2) $\int_1^2 \left(\frac{1}{x} + \sqrt{x}\right)dx$

풀이

(1) $\int_1^3 \frac{x}{x^2+1}\,dx = \frac{1}{2}\int_1^3 \frac{2x}{x^2+1}\,dx = \frac{1}{2}\left[\ln(x^2+1)\right]_1^3$

$= \frac{1}{2}\{\ln 10 - \ln 2\} = \frac{1}{2}\ln\frac{10}{2} = \frac{1}{2}\ln 5$

(2) $\int_1^2 \left(\frac{1}{x} + \sqrt{x}\right)dx = \left[\ln x + \frac{1}{2\sqrt{x}}\right]_1^2$

$= \ln 2 + \frac{1}{2\sqrt{2}} - \left(\ln 1 + \frac{1}{2}\right)$

$= \ln 2 + \frac{1}{2\sqrt{2}} - \frac{1}{2} = \ln 2 + \frac{1}{4}(\sqrt{2} - 2)$

예제 6.16

다음 정적분의 값을 계산하라.

$$\int_0^{\pi} x\cos 2x\,dx$$

풀이

먼저 부분적분법을 이용하여 부정적분을 구해본다.

$u' = \cos 2x,\ v = x$ 라 하면, $u = \frac{1}{2}\sin 2x,\ v' = 1$ 이므로 부분적분법에 의하여

$$\begin{aligned}\int x\cos 2x\,dx &= \frac{1}{2}x\sin 2x - \int \frac{1}{2}\sin 2x\,dx \\ &= \frac{1}{2}x\sin 2x + \frac{1}{4}\cos 2x + C\end{aligned}$$

가 된다. 따라서 정적분의 기본정리에 의하여

$$\begin{aligned}\int_0^{\pi} x\cos 2x\,dx &= \left[\frac{1}{2}x\sin 2x + \frac{1}{4}\cos 2x\right]_0^{\pi} \\ &= \frac{1}{2}\pi\sin 2\pi + \frac{1}{4}\cos 2\pi - \frac{1}{4}\cos 0 \\ &= \frac{1}{4} - \frac{1}{4} = 0\end{aligned}$$

이 된다.

여기서 잠깐! 정적분의 계산에서 적분상수

피적분함수 $f(x)$의 부정적분이 다음과 같다고 가정하자.

$$\int f(x)dx = F(x) + C \quad (C\text{는 적분상수})$$

정적분의 기본정리를 이용하여 다음의 정적분을 계산하면

$$\begin{aligned}\int_a^b f(x)dx &= \left[F(x) + C\right]_a^b \\ &= (F(b) + C) - (F(a) + C) = F(b) - F(a)\end{aligned}$$

가 되므로 정적분을 계산하는데 적분상수는 고려하지 않아도 무방하다.

요약 **정적분의 정의**

- 함수 $f(x)$가 폐구간 $[a, b]$에서 연속일 때 $f(x)$의 정적분은 다음과 같이 정의한다.

$$\int_a^b f(x)\,dx \triangleq \lim_{n\to\infty}\sum_{k=1}^{n} f(x_k)\Delta x$$

단, Δx는 폐구간 $[a, b]$를 균일하게 n등분하였을 때 분할된 점들 사이의 간격을 나타낸다.

- 정적분은 적분구간에 따라 정적분의 결과가 달라진다.

$$\int_a^a f(x)\,dx=0$$
$$\int_a^b f(x)\,dx=-\int_b^a f(x)\,dx$$

- 정적분의 기본정리

함수 $f(x)$가 폐구간 $[a, b]$에서 연속이고 $F(x)$가 $f(x)$의 원시함수이면 다음의 관계가 성립한다.

$$\int_a^b f(x)\,dx=\Big[F(x)\Big]_a^b=F(b)-F(a)$$

6.7 정적분의 성질 및 계산

(1) 정적분의 기본 성질

정적분은 적분구간이 동일한 경우 부정적분과 마찬가지로 선형성의 성질을 가지고 있기 때문에 다음의 기본 성질을 얻을 수 있다.

정리 6.4 **정적분의 기본 성질**

폐구간 $[a, b]$에서 적분가능한 두 함수 $f(x)$와 $g(x)$에 대하여 다음의 관계가 성립된다.

(1) $\int_a^b kf(x)\,dx=k\int_a^b f(x)\,dx$ (단, k는 상수)

(2) $\int_a^b \{f(x)+g(x)\}\,dx=\int_a^b f(x)\,dx+\int_a^b g(x)\,dx$

(3) $\int_a^b \{f(x)-g(x)\}\,dx=\int_a^b f(x)\,dx-\int_a^b g(x)\,dx$

(4) $\int_a^b f(x)\,dx=\int_a^c f(x)\,dx+\int_c^b f(x)\,dx$ (단, $a<c<b$)

[정리 6.4]의 (4)는 $a<c<b$ 인 임의의 한 점 c에 대하여 폐구간 $[a, b]$를 $[a, c]$와 $[c, b]$로 분할하면, 폐구간 $[a, b]$에 대한 정적분을 두 소구간에 대한 정적분들의 합으로 나타낼 수 있다는 의미이며 [그림 6.6]에 이를 개념적으로 나타내었다.

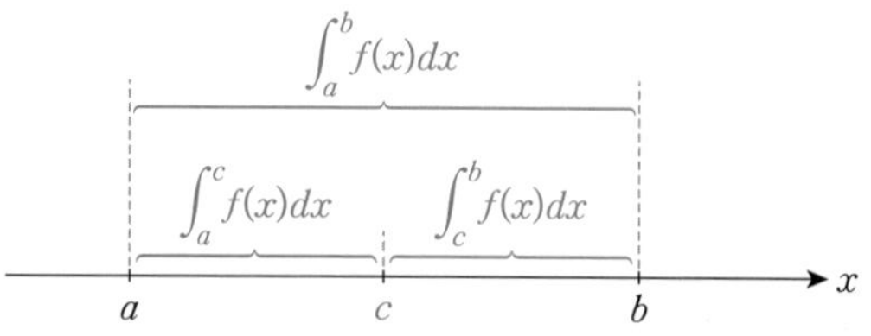

[그림 6.6] 적분경로의 분할과 정적분

예제 6.17

$\int_a^b \sin x\,dx=p$, $\int_b^c \sin x\,dx=q$, $\int_a^c \sin\left(x+\frac{\pi}{4}\right)dx=r$로 주어질 때, 다음 정적분의 값을 구하라. 단, $a<b<c$이다.

(1) $\int_a^a \sin x\,dx$　　(2) $\int_b^a \sin x\,dx$

(3) $\int_a^c \left\{\sin x+\sin\left(x+\frac{\pi}{4}\right)\right\}dx$　　(4) $\int_a^c \cos x\,dx$

풀이

(1) 적분구간의 하한과 상한이 같기 때문에

$$\int_a^a \sin x\,dx=0$$

(2) $\int_b^a \sin x\,dx=-\int_a^b \sin x\,dx=-p$

(3) $\int_a^c \left\{\sin x+\sin\left(x+\frac{\pi}{4}\right)\right\}dx=\int_a^c \sin x\,dx+\int_a^c \sin\left(x+\frac{\pi}{4}\right)dx$

$$=\left\{\int_a^b \sin x\,dx+\int_b^c \sin x\,dx\right\}+\int_a^c \sin\left(x+\frac{\pi}{4}\right)dx$$

$$=p+q+r$$

(4) $r=\int_a^c \sin\left(x+\frac{\pi}{4}\right)dx=\int_a^c \left\{\sin x\cos\frac{\pi}{4}+\cos x\sin\frac{\pi}{4}\right\}dx$

$$=\frac{1}{\sqrt{2}}\left\{\int_a^c \sin x\,dx+\int_a^c \cos x\,dx\right\}$$

$$\therefore \int_a^c \cos x\,dx=\sqrt{2}\,r-\int_a^c \sin x\,dx$$

$$=\sqrt{2}\,r-\left\{\int_a^b \sin x\,dx+\int_b^c \sin x\,dx\right\}$$

$$=\sqrt{2}\,r-(p+q)=\sqrt{2}\,r-p-q$$

여기서 잠깐! **정적분의 적분변수**

적분변수가 다른 다음의 정적분을 살펴보자.

$$\int_0^1 (x^2+x)\,dx,\ \int_0^1 (t^2+t)\,dt$$

$$\int_0^1 (x^2+x)\,dx=\left[\frac{1}{3}x^3+\frac{1}{2}x^2\right]_0^1=\frac{1}{3}+\frac{1}{2}=\frac{5}{6}$$

$$\int_0^1 (t^2+t)\,dt=\left[\frac{1}{3}t^3+\frac{1}{2}t^2\right]_0^1=\frac{1}{3}+\frac{1}{2}=\frac{5}{6}$$

위의 계산결과에서 알 수 있듯이 정적분에서는 적분변수는 적분값에 영향을 미치지 않는다. 이러한 의미에서 정적분에서의 적분변수를 영어로 Dummy Variable(무의미한 변수)이라고 한다.

예제 6.18

다음 정적분의 값을 계산하라.

(1) $\int_0^1 \frac{x^3}{x+1}dx+\int_0^1 \frac{1}{t+1}dt$

(2) $\int_0^1 (e^{2x}-\sin x)\,dx-\int_1^0 (e^{2x}+\sin x)\,dx$

풀이

(1) $\int_0^1 \frac{1}{t+1}dt=\int_0^1 \frac{1}{x+1}dx$ 이므로

$$\int_0^1 \frac{x^3}{x+1}dx+\int_0^1 \frac{1}{x+1}dx=\int_0^1 \frac{x^3+1}{x+1}dx$$
$$=\int_0^1 \frac{(x+1)(x^2-x+1)}{x+1}dx=\int_0^1 (x^2-x+1)\,dx$$
$$=\left[\frac{1}{3}x^3-\frac{1}{2}x^2+x\right]_0^1=\frac{1}{3}-\frac{1}{2}+1=\frac{5}{6}$$

(2) $\int_0^1 (e^{2x}-\sin x)\,dx-\int_1^0 (e^{2x}+\sin x)\,dx$

$$=\int_0^1 (e^{2x}-\sin x)\,dx+\int_0^1 (e^{2x}+\sin x)\,dx=\int_0^1 2e^{2x}dx=2\int_0^1 e^{2x}dx$$
$$=2\left[\frac{1}{2}e^{2x}\right]_0^1=2\left(\frac{1}{2}e^2-\frac{1}{2}e^0\right)=e^2-1$$

(2) 우함수와 기함수의 정적분

3.7절에서 y축 대칭인 우함수와 원점 대칭인 기함수에 대하여 학습하였다. 우함수와 기함수는 대칭성을 가지고 있기 때문에 피적분함수가 우함수나 기함수일 때 정적분의 계산이 매우 간단해진다.

피적분함수 $f(x)$가 우함수 또는 기함수일 때 좌우 대칭인 적분구간을 가진 다음의 정적분을 계산해보자.

$$\int_{-a}^{a} f(x)\,dx \tag{32}$$

① $f(x)$가 우함수인 경우

[그림 6.7(a)]에 나타낸 것과 같이 $f(x)$가 y축 대칭이기 때문에 폐구간 $[-a,\ a]$에 대하여 정적분한 결과는 폐구간 $[0,\ a]$에 대하여 정적분한 결과를 2배한 것과 동일하다는 것을 알 수 있다.

$$\int_{-a}^{a} f(x)\,dx = 2\int_{0}^{a} f(x)\,dx \tag{33}$$

② $f(x)$가 기함수인 경우

[그림 6.7(b)]에 나타난 것과 같이 $f(x)$가 원점 대칭이기 때문에 폐구간 $[-a,\ a]$에 대하여 정적분한 결과는 다음과 같이 0이 된다는 것을 알 수 있다.

$$\int_{-a}^{a} f(x)\,dx = \int_{-a}^{0} f(x)\,dx + \int_{0}^{a} f(x)\,dx = 0 \tag{34}$$

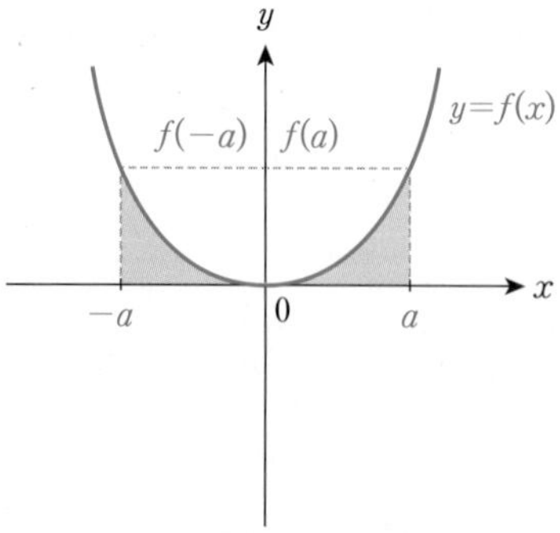

(a) $f(x)$가 우함수인 경우

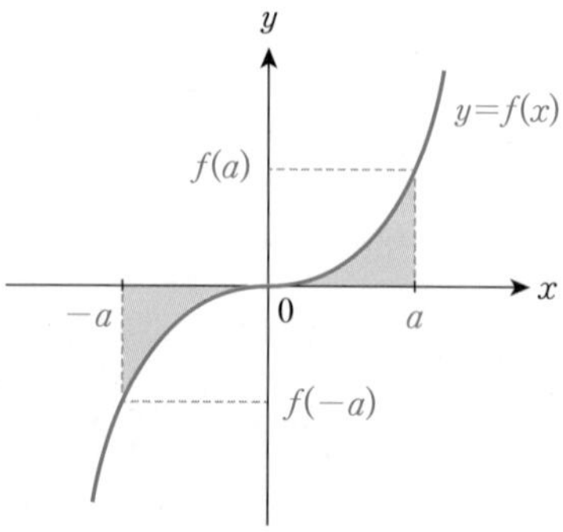

(b) $f(x)$가 기함수인 경우

[그림 6.7] 우함수와 기함수의 정적분

이와 같이 우함수와 기함수의 대칭성을 고려하여 정적분을 계산하면 계산과정을 단순화시킬 수 있게 된다.

예제 6.19

다음 정적분의 값을 계산하라.

(1) $\int_{-1}^{1}(x^5+x^3+x)\,dx$

(2) $\int_{-\frac{\pi}{2}}^{\frac{\pi}{2}}\cos x\,dx$

풀이

(1) 피적분함수 $f(x)=x^5+x^3+x$ 에서

$$f(-x)=(-x)^5+(-x)^3+(-x)=-(x^5+x^3+x)=-f(x)$$

이므로 기함수이다. 따라서 식(34)로부터

$$\int_{-1}^{1}(x^5+x^3+x)\,dx=0$$

이 된다.

(2) 피적분함수가 $\cos x$ 이므로 $\cos(-x)=\cos x$ 로부터 우함수이다. 식(33)으로부터

$$\int_{-\frac{\pi}{2}}^{\frac{\pi}{2}}\cos x\,dx=2\int_{0}^{\frac{\pi}{2}}\cos x\,dx=2\Big[\sin x\Big]_{0}^{\frac{\pi}{2}}=2$$

가 된다.

예제 6.20

다음 정적분을 계산하라.

$$\int_{-1}^{1}|x|\,dx$$

풀이

$f(x)=|x|$일 때 $f(-x)=|-x|=|x|=f(x)$이므로 우함수이다. 따라서 식(33)으로부터

$$\int_{-1}^{1}|x|\,dx=2\int_{0}^{1}|x|\,dx$$
$$=2\int_{0}^{1}x\,dx=2\left[\frac{1}{2}x^2\right]_0^1=1$$

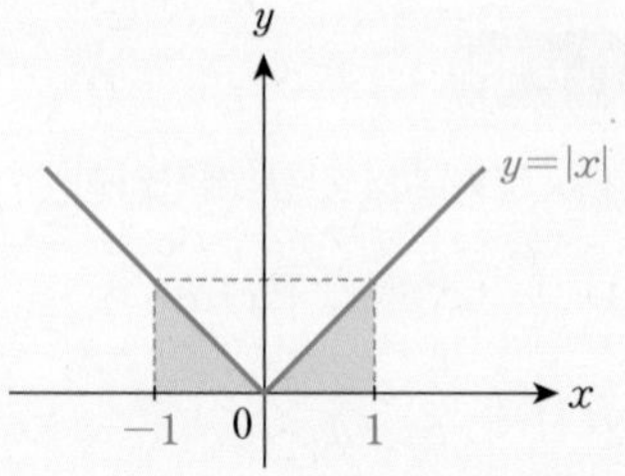

이 된다.

다음으로 6.3절에서 학습한 치환적분법으로 정적분을 계산하는 방법을 살펴보자.

(3) 정적분의 치환적분법

치환적분법을 이용하여 정적분을 계산하는 경우 적분구간의 변화에 대하여 주의해야 한다. 다음의 정적분을 치환적분법을 이용하여 계산해보자.

$$\int_{1}^{2}\frac{2x}{x^2+1}dx \tag{35}$$

식(35)에서 $t\triangleq x^2+1$로 치환하여 양변을 x로 미분하면

$$\frac{dt}{dx}=2x \longrightarrow 2xdx=dt \tag{36}$$

이므로 식(35)를 t에 대한 적분으로 변환해보자. 식(35)에서 주어진 적분구간 [1, 2]는 x에 대한 구간이므로 t에 대한 적분구간은 치환관계로부터 다음과 같이 구할 수 있다.

$x=1$일 때 $t=x^2+1=1+1=2$
$x=2$일 때 $t=x^2+1=4+1=5$
$x\in[1,2] \longrightarrow t\in[2,5]$

따라서 식(35)에 주어진 x에 대한 적분을 다음과 같이 t에 대한 적분으로 변환하여

계산할 수 있다.

$$\int_1^2 \frac{2x}{x^2+1}dx = \int_2^5 \frac{1}{t}dt$$
$$= \left[\ln t\right]_2^5 = \ln 5 - \ln 2 = \ln \frac{5}{2}$$

결과적으로 치환적분법을 이용하여 정적분을 계산하는 경우는 치환으로 인한 적분구간의 변화에 주의를 기울여야 한다는 사실에 유의하라.

여기서 잠깐! 정적분의 치환적분법에 대한 수학적 표현

정적분의 치환적분법을 일반적으로 표현하기 위하여 다음의 정적분을 고찰해보자.

$$\int_a^b f(g(x))g'(x)\,dx$$

주어진 정적분에서 $t \triangleq g(x)$로 치환하면 $dt = g'(x)dx$이며, x에 대한 적분구간 $a \le x \le b$이 t에 대한 적분구간 $g(a) \le t \le g(b)$로 변환된다. 따라서 주어진 정적분은 다음과 같이 변환된다.

$$\int_a^b f(g(x))g'(x)\,dx = \int_{g(a)}^{g(b)} f(t)dt$$

정적분의 치환적분법에 대한 개념은 간단한데 정적분의 피적분함수가 복잡하게 표현되어 있어 약간은 어려운 생각이 든다. $g'(x)$가 갑자기 어디서 생긴 것일까? 피적분함수 $f(g(x))g'(x)$에서 $t \triangleq g(x)$로 치환하면

$$dt = g'(x)dx$$

가 얻어지므로 피적분함수에 $g'(x)$항이 있어야만 t에 대한 정적분으로 변환할 수 있는 것이다. 이 사실이 치환을 어떻게 해야 하는지에 대한 실마리를 제공하여 주는 것이다. 독자들에게 혼동을 줄 수 있어 정적분의 치환적분법을 일반적으로 표현하지 않았으나 수학적인 표현을 충분히 생각해 보기 바란다.

예제 6.21

다음 정적분을 치환적분법으로 계산하라.

(1) $\int_2^4 2x\sqrt{x^2-1}\,dx$

(2) $\int_0^1 xe^{x^2}dx$

풀이

(1) $t \triangleq x^2-1$로 치환하고 양변을 미분하면 다음과 같다.

$$dt=2xdx$$

다음으로 t에 대한 적분구간을 구한다.

$x=2$일 때 $t=3$이고, $x=4$일 때 $t=15$이므로 주어진 적분은 다음과 같이 변환된다.

$$\begin{aligned}\int_2^4 2x\sqrt{x^2-1}\,dx&=\int_3^{15}\sqrt{t}\,dt=\left[\frac{1}{2\sqrt{t}}\right]_3^{15}\\&=\frac{1}{2\sqrt{15}}-\frac{1}{2\sqrt{3}}=\frac{1}{30}(\sqrt{15}-5\sqrt{3})\end{aligned}$$

(2) $t \triangleq x^2$으로 치환하고 양변을 미분하면 다음과 같다.

$$dt=2xdx \longrightarrow xdx=\frac{1}{2}dt$$

다음으로 t에 대한 적분구간을 구한다.

$x=0$일 때 $t=0$이고, $x=1$일 때 $t=1$이므로 주어진 적분은 다음과 같이 변환된다.

$$\begin{aligned}\int_0^1 xe^{x^2}dx&=\int_0^1\frac{1}{2}e^t dt=\frac{1}{2}\int_0^1 e^t dt\\&=\frac{1}{2}\left[e^t\right]_0^1=\frac{1}{2}(e-1)\end{aligned}$$

예제 6.22

다음 정적분을 치환적분법으로 계산하라.

$$\int_0^{\sqrt{\pi}} x\sin(x^2)\,dx$$

풀이

$t \triangleq x^2$ 으로 치환하고 양변을 미분하면 다음과 같다.

$$dt = 2xdx \longrightarrow xdx = \frac{1}{2}dt$$

다음으로 t에 대한 적분구간을 구한다.
$x=0$일 때 $t=0$이고, $x=\sqrt{\pi}$ 일 때 $t=\pi$ 이므로 주어진 적분은 다음과 같이 변환된다.

$$\begin{aligned}\int_0^{\sqrt{\pi}} x\sin(x^2)\,dx &= \int_0^{\pi} \frac{1}{2}\sin t\,dt = \frac{1}{2}\int_0^{\pi} \sin t\,dt \\ &= \frac{1}{2}\Big[-\cos t\Big]_0^{\pi} = \frac{1}{2}(-\cos\pi + \cos 0) \\ &= \frac{1}{2}(1+1) = 1\end{aligned}$$

다음으로 6.4절에서 학습한 부분적분법으로 정적분을 계산하는 방법을 살펴보자.

(4) 정적분의 부분적분법

부정적분에 대한 부분적분법을 정적분으로 확장하기 위하여 곱의 형태로 된 함수 $u(x)v(x)$를 미분해본다.

$$(u(x)v(x))' = u'(x)v(x) + u(x)v'(x) \tag{37}$$

식(37)의 양변을 적분구간 $[a,\, b]$에 대하여 적분하면

$$\begin{aligned}\int_a^b \{u(x)v(x)\}'\,dx &= \int_a^b u'(x)v(x)\,dx + \int_a^b u(x)v'(x)\,dx \\ \therefore \int_a^b u'(x)v(x)\,dx &= \int_a^b \{u(x)v(x)\}'\,dx - \int_a^b u(x)v'(x)\,dx \\ &= \Big[u(x)v(x)\Big]_a^b - \int_a^b u(x)v'(x)\,dx \qquad (38)\end{aligned}$$

를 얻는다. 식(38)을 정적분에서의 부분적분법이라고 하며 피적분함수가 곱의 형태로 된 경우에 많이 사용된다.

예제 6.23

부분적분법을 이용하여 다음 정적분을 계산하라.

(1) $\int_0^{\frac{\pi}{2}} x\cos x\,dx$

(2) $\int_0^1 xe^{3x}\,dx$

풀이

(1) $u'=\cos x,\ v=x$라 하면, $u=\sin x,\ v'=1$이므로

$$\begin{aligned}\int_0^{\frac{\pi}{2}} x\cos x\,dx &= \Big[x\sin x\Big]_0^{\frac{\pi}{2}} - \int_0^{\frac{\pi}{2}} \sin x\,dx \\ &= \frac{\pi}{2} - \Big[-\cos x\Big]_0^{\frac{\pi}{2}} = \frac{\pi}{2} - \left(-\cos\frac{\pi}{2} + \cos 0\right) \\ &= \frac{\pi}{2} - 1\end{aligned}$$

(2) $u'=e^{3x},\ v=x$라 하면, $u=\frac{1}{3}e^{3x},\ v'=1$이므로

$$\begin{aligned}\int_0^1 xe^{3x}\,dx &= \left[\frac{1}{3}xe^{3x}\right]_0^1 - \int_0^1 \frac{1}{3}e^{3x}\,dx \\ &= \frac{1}{3}e^3 - \frac{1}{3}\left[\frac{1}{3}e^{3x}\right]_0^1 = \frac{1}{3}e^3 - \frac{1}{9}(e^3-1) \\ &= \frac{2}{9}e^3 + \frac{1}{9} = \frac{1}{9}(2e^3+1)\end{aligned}$$

예제 6.24

부분적분법을 이용하여 다음 정적분을 계산하라.

(1) $\int_0^{\pi} x(\sin x + \cos x)\,dx$

(2) $\int_0^1 (x-1)e^x\,dx$

풀이

(1) $u'=\sin x+\cos x,\ v=x$라 하면 $u=-\cos x+\sin x,\ v'=1$이므로

$$\begin{aligned}\int_0^{\pi} x(\sin x+\cos x)\,dx &= \Big[(-\cos x+\sin x)\,x\Big]_0^{\pi} - \int_0^{\pi}(-\cos x+\sin x)\,dx \\ &= (-\cos\pi+\sin\pi)\pi - \Big[-\sin x - \cos x\Big]_0^{\pi} \\ &= \pi-(1+1) = \pi-2\end{aligned}$$

(2) $u'=e^x$, $v=x-1$이라 하면, $u=e^x$, $v'=1$이므로

$$\int_0^1 (x-1)e^x dx = \left[e^x(x-1)\right]_0^1 - \int_0^1 e^x dx$$
$$= 1-\left[e^x\right]_0^1 = 1-(e-1) = 2-e$$

지금까지 정적분을 계산하는 여러 가지 방법에 대하여 학습하였다. 정적분은 공학 분야를 포함한 많은 분야에서 다양하게 응용될 수 있으며, 앞으로 전공과 관련된 내용을 학습하면서 많은 부분에서 정적분을 접할 수 있을 것이다.

요약 | 정적분의 성질 및 계산

- 정적분은 부정적분과 마찬가지로 선형성을 가진다.

$$\int_a^b \{k_1 f(x)+k_2 g(x)\}\,dx = k_1\int_a^b f(x)\,dx + k_2\int_a^b g(x)\,dx$$

- 폐구간을 두 개의 소구간으로 분할한 경우, 전체 폐구간에 대한 정적분은 두 소구간에 대한 정적분들의 합과 같다.

$$\int_a^b f(x)\,dx = \int_a^c f(x)\,dx + \int_c^b f(x)\,dx, \quad a<c<b$$

- 정적분의 값은 적분변수와는 무관하다.

$$\int_a^b f(x)\,dx = \int_a^b f(t)\,dt = \int_a^b f(y)\,dy$$

- 대칭인 구간에서 우함수와 기함수에 대한 정적분의 계산과정은 단순화 될 수 있다.
  - $f(x)$가 우함수인 경우 $\int_{-a}^{a} f(x)\,dx = 2\int_0^a f(x)\,dx$
  - $f(x)$가 기함수인 경우 $\int_{-a}^{a} f(x)\,dx = 0$

- 정적분의 치환적분법에서는 치환으로 인한 적분구간의 변화에 주의하여 정적분을 계산해야 한다. $t \triangleq g(x)$로 치환하면 $dt = g'(x)dx$이므로 x에 대한 정적분을 t에 대한 정적분으로 변환할 수 있다.

$$\int_a^b f(g(x))g'(x)\,dx = \int_{g(a)}^{g(b)} f(t)\,dt$$

- 피적분함수가 곱의 형태로 된 정적분의 계산에는 부분적분법을 이용할 수 있다.

$$\int_a^b u'v\,dx = \left[uv\right]_a^b - \int_a^b uv'\,dx$$

- 정적분은 공학분야를 포함한 많은 분야에서 다양하게 응용된다.

연습문제

01 다음 부정적분을 구하라.

(1) $\int (3\cos 3x + e^{-x})\,dx$

(2) $\int \cos^2 x\,dx$

(3) $\int \frac{xe^x + 1}{x}\,dx$

02 다음 부정적분을 구하라.

(1) $\int (3x-1)^{10}\,dx$

(2) $\int \frac{e^x}{e^x - 1}\,dx$

(3) $\int xe^{x^2+3}\,dx$

(4) $\int \frac{1}{(x-1)^3}\,dx$

03 다음 부정적분을 구하라.

(1) $\int x\ln x\,dx$

(2) $\int \cos x \sin^2 x\,dx$

04 다음 부정적분을 $x = \sin\theta$로 치환하여 구하라.

$$\int \sqrt{1-x^2}\,dx$$

05 다음 정적분을 계산하라.

$$\int_0^{\sqrt{3}} x\sqrt{x^2+2}\,dx$$

06 다음 정적분을 계산하라.

$$\int_0^{2\pi} |\sin x|\,dx$$

07 부분분수전개를 이용하여 다음 정적분을 구하라.

$$\int_2^4 \frac{1}{x^2+9x+18}\,dx$$

08 다음 정적분을 계산하라.

$$\int_2^3 \frac{1}{x^3-x}\,dx$$

09 다음 정적분을 계산하라.

(1) $\int_{-\pi}^{\pi}(x+\sin x\cos x)\,dx$ (2) $\int_{-\pi}^{\pi} x\cos 5x\,dx$

10 함수 $f(x)=ax^2+bx+1$ 이 다음의 두 조건을 만족할 때 상수 a와 b의 값을 구하라.

$$\lim_{x\to 1}\frac{f(x)-f(1)}{x-1}=4,\quad \int_0^1 f(x)dx=1$$

11 $f(x)=e^{-2x}$, $g(x)=\dfrac{1}{x+1}$ 일 때 다음 정적분의 값을 구하라.

$$\int_0^{\ln 3} e^x(g\circ f)(x)\,dx$$

12 곡선 $y=f(x)$ 위의 한 점 $P(x, y)$에서의 접선의 기울기가 e^x+a 이고 $f(x)$가 다음 조건을 만족한다고 할 때,

$$f(0)=2,\ \int_0^1 f(x)\,dx=e+1$$

상수 a의 값과 함수 $f(x)$를 각각 구하라.

13 부분적분법을 두 번 적용하여 다음 정적분의 값을 계산하라.

$$\int_0^{\frac{\pi}{2}} e^{-x}\cos x\,dx$$

14 치환적분법을 이용하여 다음 정적분을 계산하라.

$$\int_e^{e^2}\frac{1}{x\ln x}\,dx$$

15 우함수 $f(x)$가 $\int_0^1 f(x)\,dx=5$ 를 만족할 때, 다음 정적분을 계산하라.

$$\int_{-1}^1 (x^5+x^3+3)f(x)\,dx$$

CHAPTER 07

다변수함수의 편미분과 다중적분

다변수함수의 편미분과 다중적분

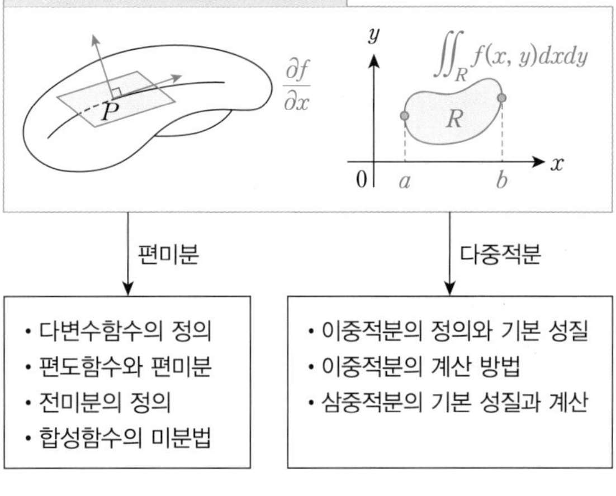

편미분

- 다변수함수의 정의
- 편도함수와 편미분
- 전미분의 정의
- 합성함수의 미분법

다중적분

- 이중적분의 정의와 기본 성질
- 이중적분의 계산 방법
- 삼중적분의 기본 성질과 계산

CHAPTER 07

다변수함수의 편미분과 다중적분

▶ 단원 개요

본 장에서는 다변수함수(Multivariable Function)의 편미분과 다중적분에 대하여 살펴본다. 1차 및 2차 편도함수를 다루고 합성함수의 편미분법에 대해 학습한다. 또한 이중적분과 삼중적분의 개념과 계산 방법에 대해서도 중요한 주제로서 다룬다. 다변수함수는 복잡하고 어렵게 생각되는 측면이 있으나 공학분야에서 많이 활용되는 매우 중요한 함수이므로 명확한 이해와 충분한 학습이 필요하다.

7.1 다변수함수의 정의

지금까지 우리는 $y=f(x)$와 같이 하나의 변수 x에 의하여 함숫값 y가 결정되는 일변수함수(Single Variable Function)에 대하여 살펴보았다. 본 장에서는 두 개 이상의 변수에 의하여 함숫값이 결정되는 다변수함수(Multivariable Function)에 대하여 살펴본다.

예를 들어, 좌표평면의 원점과 한 점 $P(x, y)$ 사이의 거리는 [그림 7.1]에 나타낸 것처럼 다음과 같은 함수로 표현된다.

$$f(P)=f(x, y)=\sqrt{x^2+y^2} \tag{1}$$

식(1)에 나타낸 함수는 평면 위의 한 점 $P(x, y)$가 변화하면 함숫값 $f(x, y)$도 변화하므로 두 변수 x와 y에 의하여 함숫값 $f(x, y)$가 결정되는 이변수함수(Double Variable Function)이다. 식(1)에서 변수 x와 y를 독립변수라고 하며, 독립변수들의 값이 정해지면 함숫값 $f(x, y)$가 종속적으로 결정된다.

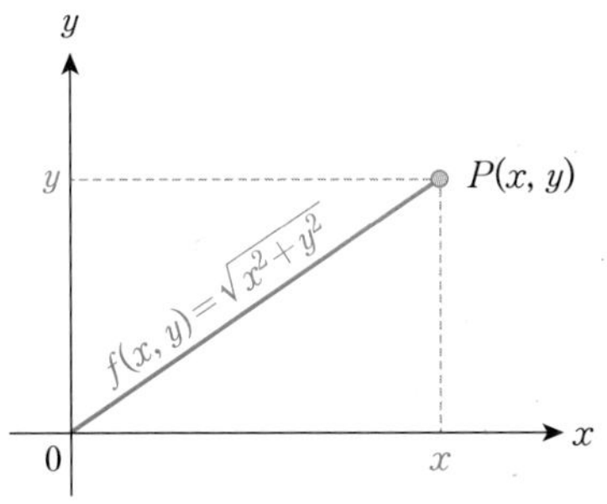

[그림 7.1] 이변수함수 $f(x, y)$

또 다른 이변수함수의 예로 다음과 같은 곡면(Surface)함수를 생각한다.

$$S : z=f(x, y) \tag{2}$$

[그림 7.2]에 나타낸 것처럼 xy−평면 위의 한 점 (x, y)에서 함숫값 $f(x, y)$를 결정하여 이 함숫값을 3차원 좌표계에서 z축 성분으로 정하면 $(x, y, f(x, y))$의 3차원 좌표가 결정된다. 이러한 3차원 좌표를 xy−평면의 모든 점에 대하여 같은 방식으로 결정하여 모아 놓은 점의 자취가 곡면 S인 것이다.

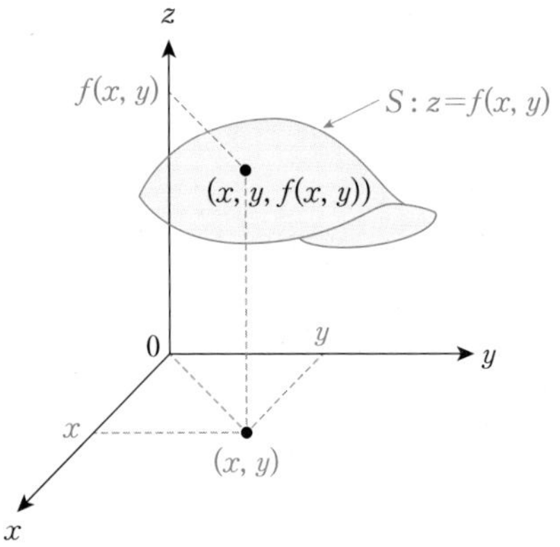

[그림 7.2] 이변수함수 $z=f(x, y)$

일반적으로 n개의 독립변수 $x_1, x_2, \cdots, x_n$을 단 하나의 함숫값 w에 대응시키는 대응규칙 f를 n변수함수라고 정의하며 다음과 같이 나타낸다.

$$w=f(x_1, x_2, \cdots, x_n) \tag{3}$$

식(3)에서 n이 2 이상인 경우의 n변수함수를 다변수함수라고 부른다. 가장 간단한 형태의 다변수함수인 이변수함수를 좀 더 수학적으로 정의해보자.

정의 7.1 이변수함수

실수의 순서쌍 (x, y)를 단 하나의 실수 z에 대응하는 규칙을 이변수함수라고 정의하며 다음과 같이 나타낸다.

$$z=f(x, y)$$

이때 변수 x와 y를 독립변수(Independent Variable)라 하고, 변수 z를 종속변수(Dependent Variable)라고 부른다.

예제 7.1

온도가 균일하지 않은 방 안의 온도 분포 T의 함수형태를 표현하라. 또한, 방 안의 온도가 25°C로 균일한 경우 T의 함수형태를 표현하라.

풀이

온도가 균일하지 않은 방 안에서 임의의 한 점을 (x, y, z)로 표현하면 다음과 같은 삼변수함수로 온도 분포 T를 표현할 수 있다.

$$w=T(x, y, z)$$

만일 방 안의 온도가 균일하게 25°C를 유지한다면

$$w=T(x, y, z)=25^\circ\text{C}$$

로 표현할 수 있다.

다변수함수의 함숫값은 독립변수의 개수가 많다는 것을 제외하면 일변수함수의 함숫값을 구하는 방법과 동일하다.

예제 7.2

이변수함수 $z=f(x, y)=x^2+3xy^2+y^3$ 에 대하여 다음의 함숫값을 구하라.

(1) $f(0, 1)$

(2) $f(2, -1)$

풀이

(1) $f(0, 1)=0^2+3\cdot0\cdot1^2+1^3=1$

(2) $f(2, -1)=2^2+3\cdot2\cdot(-1)^2+(-1)^3=4+6-1=9$

일반적으로 우리가 살고 있는 공간이 3차원 공간이므로 n변수함수에서 n이 3 이상인 경우는 함수의 그래프를 그릴 수가 없다. 그러나 이변수함수의 경우에는 독립변수 x, y를 $xy-$평면에 나타내고 함숫값 $f(x, y)$를 z축에 표현할 수 있으므로 함수의 그래프를 그릴 수 있다는 것에 주목하라.

예제 7.3

다음 이변수함수의 그래프를 그려라.

$$z=f(x, y)=1-x-y$$

풀이

$(x, y)=(1, 0)$일 때, $z=0$이므로 $(1, 0, 0)$을 지난다.

$(x, y)=(0, 1)$일 때, $z=0$이므로 $(0, 1, 0)$을 지난다.

$(x, y)=(0, 0)$일 때, $z=1$이므로 $(0, 0, 1)$을 지난다.

이상으로부터 $z=1-x-y$는 세 점 $(1, 0, 0)$, $(0, 1, 0)$, $(0, 0, 1)$을 지나는 평면이다.

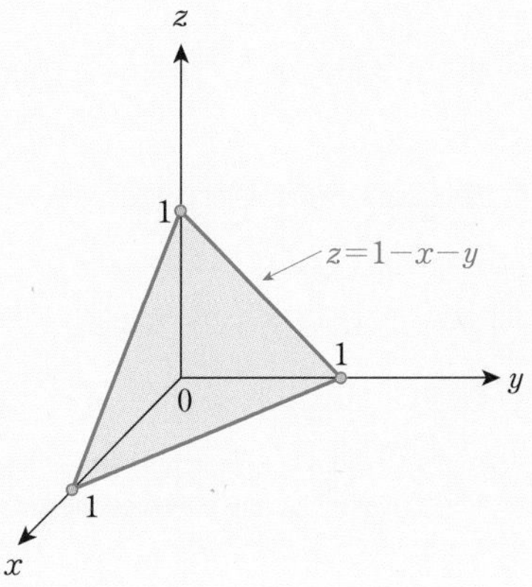

여기서 잠깐! 평면의 방정식

a, b, c, d가 상수라 할 때 3차원 공간에서 평면의 방정식은 다음과 같이 표현된다.

$$ax+by+cz=d$$

8장에서 학습할 위치벡터를 이용하면 좀 더 간단하게 평면의 방정식을 표현할 수 있다.

요약 다변수함수의 정의

- n변수함수는 n개의 독립변수 $x_1, x_2, \cdots, x_n$을 단 하나의 함숫값 w에 대응시키는 대응 규칙 f이며 다음과 같이 나타낸다.

$$w=f(x_1, x_2, \cdots, x_n)$$

- 실수의 순서쌍 (x, y)를 단 하나의 실수 z에 대응시키는 규칙을 이변수함수라고 정의하며 다음과 같이 나타낸다.

$$z=f(x, y)$$

  이 때 x와 y를 독립변수, z를 종속변수라고 부른다.
- 다변수함수의 함숫값은 일변수함수의 함숫값을 구하는 방법과 동일하다.
- 이변수함수의 그래프는 3차원 공간에 나타낼 수 있으나 n이 3 이상인 n변수함수의 그래프는 그릴 수 없다는 사실에 유의하라.

7.2 편도함수와 편미분

지금까지 독립변수가 하나인 함수를 대상으로 도함수를 구하는 방법을 5장에서 학습하였다. 그러나 공학은 물론 경제학 등에서 사용되는 많은 이론은 여러 변수들에 의해 함숫값이 결정되는 다변수함수의 형태를 띠고 있다. 본 절에서는 먼저, 이변수함수에 대한 도함수를 구하는 방법을 정의하고 도함수의 기하학적(Geometric)인 의미를 살펴본다. 그리고 이것을 n변수함수인 다변수함수로 자연스럽게 확장할 것이다.

(1) 1차 편도함수

이변수함수 $z=f(x, y)$는 독립변수가 2개이므로 한 독립변수가 특정한 값에 고정되어 변하지 않는다고 가정하면, 주어진 이변수함수는 실제로는 독립변수가 하나인 일변수함수가 된다.

이변수함수 $z=f(x, y)$에서 y를 고정시키면, $z=f(x, y)$는 x만의 함수로 생각할 수 있으므로 이 함수를 x로 미분하면 도함수가 구해지는데 이것을 x에 대한 1차 편도함수(Partial Derivative)라고 정의한다.

마찬가지 방식으로 $z=f(x, y)$에서 x가 고정되어 변하지 않는다고 가정하면, y만의 함수로 생각할 수 있는데 이로부터 y에 대한 1차 편도함수를 정의할 수 있다.

결론적으로 말하면 이변수함수에서 하나의 독립변수를 고정시키고 일변수함수와 같은 방식으로 미분하여 도함수를 구함으로써 편도함수를 정의할 수 있는 것이다.

정의 7.2 1차 편도함수

이변수함수 $f(x, y)$가 모든 점에서 미분가능할 때, x와 y에 대한 1차 편도함수는 다음과 같이 정의한다.

$$\frac{\partial f}{\partial x}=\lim_{\Delta x\to 0}\frac{f(x+\Delta x, y)-f(x, y)}{\Delta x}$$
$$\frac{\partial f}{\partial y}=\lim_{\Delta y\to 0}\frac{f(x, y+\Delta y)-f(x, y)}{\Delta y}$$

x와 y에 대한 1차 편도함수는 다음과 같이 여러 가지 방법으로 표현할 수 있다.

$$\frac{\partial f}{\partial x},\ \frac{\partial}{\partial x}f(x, y),\ f_x,\ f_x(x, y) \tag{4}$$

$$\frac{\partial f}{\partial y},\ \frac{\partial}{\partial y}f(x, y),\ f_y,\ f_y(x, y) \tag{5}$$

여기에 기호 ∂는 라운드(Round)라고 읽으며 $\frac{\partial f}{\partial x}$는 라운드 f, 라운드 x로 읽는다.

예제 7.4

다음 이변수함수 $f(x, y)$에 대한 1차 편도함수 $\dfrac{\partial f}{\partial x}, \dfrac{\partial f}{\partial y}$를 각각 구하라.

(1) $f(x, y)=x^2+3xy^2+y^3$

(2) $f(x, y)=4x^3y^2$

풀이

(1) 먼저, $\dfrac{\partial f}{\partial x}$를 구하기 위하여 변수 y를 상수로 간주하고 x에 대하여 미분하여 편도함수를 구한다.

$$\frac{\partial f}{\partial x}=2x+3y^2$$

다음으로 $\dfrac{\partial f}{\partial y}$를 구하기 위하여 변수 x를 상수로 간주하고 y에 대하여 미분하여 편도함수를 구한다.

$$\frac{\partial f}{\partial y}=6xy+3y^2$$

(2) $\dfrac{\partial f}{\partial x}=12x^2y^2,\ \dfrac{\partial f}{\partial y}=8x^3y$

(2) 1차 편도함수의 기하학적인 의미

다음으로 [정의 7.2]에서 정의한 1차 편도함수의 기하학적인 의미를 살펴본다. 어떤 특정한 점 (a, b)에서의 1차 편도함수 $\dfrac{\partial f}{\partial x}$의 값을 x의 편미분계수라고 하며 다음과 같이 표현한다.

$$\left.\frac{\partial f}{\partial x}\right|_{(a,\,b)},\ f_x(a, b) \tag{6}$$

기하학적으로 식(6)의 편미분계수 $f_x(a, b)$는 $y=b$로 고정되어 있을 때, 점 $(a, b, f(a, b))$에서의 x에 대한 f의 순간변화율을 의미한다. $z=f(x, y)$의 그래프가 [그림 7.3]과 같은 경우 편미분계수 $f_x(a, b)$의 기하학적 의미를 자세하게 살펴보자.

$y=b$는 기하학적으로는 xz-평면에 평행하고 $y=b$를 지나는 평면(Plane)인데, 이 평면으로 $z=f(x, y)$의 그래프(곡면)를 절단하면 [그림 7.3]과 같은 파란 음영의 단면이 나타난다. 이 단면은 $y=b$의 평면으로 절단하여 얻어진 것이기 때문에 $z=f(x, y)$에서 $y=b$를 대입한 $z=f(x, b)$로 표현된다.

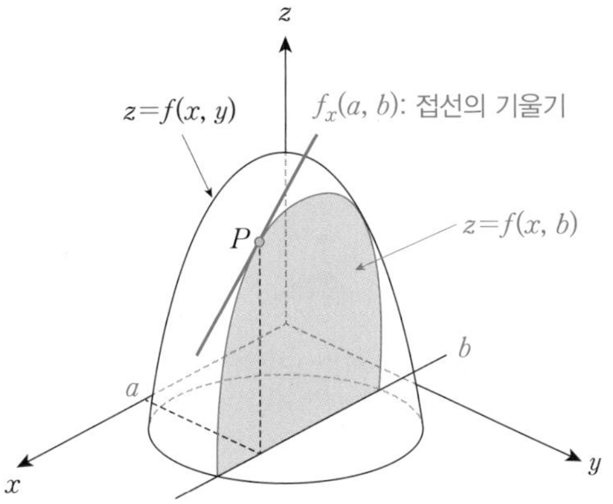

[그림 7.3] 편미분계수 $f_x(a, b)$

[그림 7.3]에 나타낸 것처럼 단면 $z=f(x, b)$ 위의 한 점 $P(a, b, f(a, b))$에서 x축 방향으로 접선을 그릴 때 접선의 기울기가 편미분계수 $f_x(a, b)$인 것이다.

독자들의 이해를 돕기 위하여 이변수함수 $z=f(x, y)$의 그래프를 좀 더 명확하게 입체적으로 그려 편미분계수 $f_x(a, b)$를 [그림 7.4]에 나타내었다.

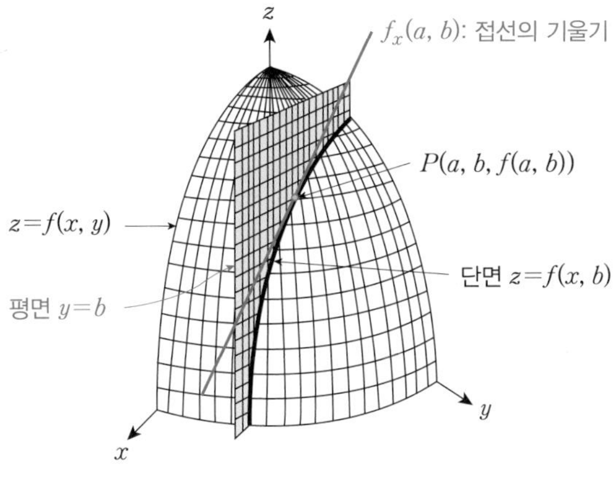

[그림 7.4] 편미분계수 $f_x(a, b)$의 기하학적 의미

마찬가지로 y의 편미분계수 $f_y(a, b)$는 yz-평면에 평행한 평면 $x=a$로 $z=f(x, y)$를 절단하면 단면 $z=f(a, y)$가 얻어지는데, 이 단면 위의 한 점 $P(a, b, f(a, b))$에서 y축 방향으로 접선을 그릴 때 접선의 기울기를 의미한다.

[그림 7.5]에 편미분계수 $f_y(a, b)$의 기하학적인 의미를 입체적으로 나타내었다. 이변수함수의 편도함수의 기하학적인 의미는 $z=f(x, y)$의 그래프가 3차원 공간에 입체적으로 나타나기 때문에 평면적인 지면을 통해 이해하기가 어려울 수도 있으니 최대한 상상력을 동원하여 충분히 고민해 보기 바란다.

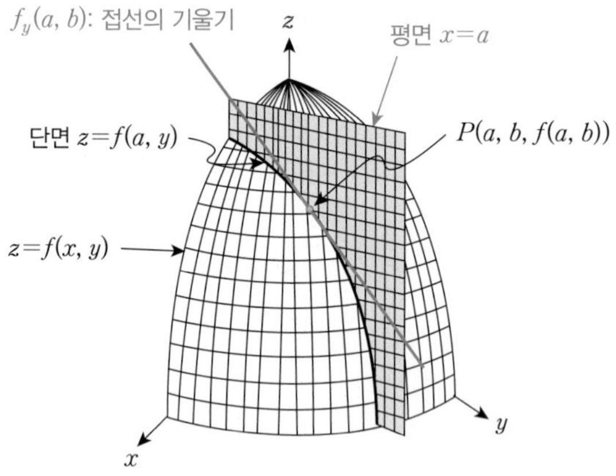

[그림 7.5] 편미분계수 $f_y(a, b)$의 기하학적 의미

여기서 잠깐! **직선 또는 평면?**

2차원 평면에서 $x=a$는 기하학적으로 어떤 의미일까? y와 관계없이 항상 $x=a$라는 의미이니 y축에 평행한 직선을 나타낸다. 마찬가지로 $y=b$는 x축에 평행한 직선을 나타낸다는 것을 알 수 있다.

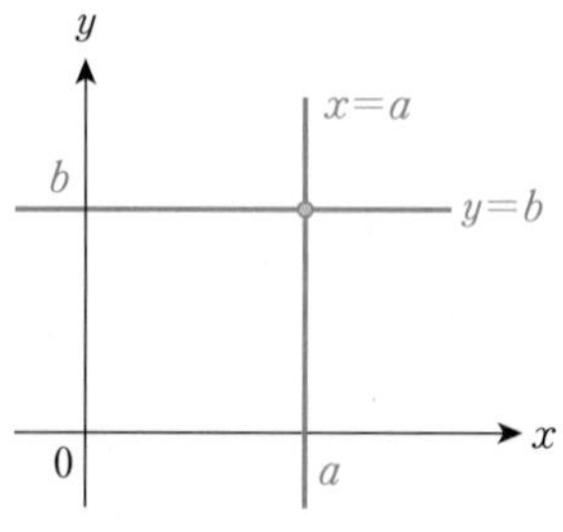

3차원 공간에서 $x=a$는 기하학적으로 어떤 의미일까? y나 z에 관계없이 항상 $x=a$라는 의미

이니 $(a, 0, 0)$을 지나고 yz−평면에 평행한 평면을 나타낸다.

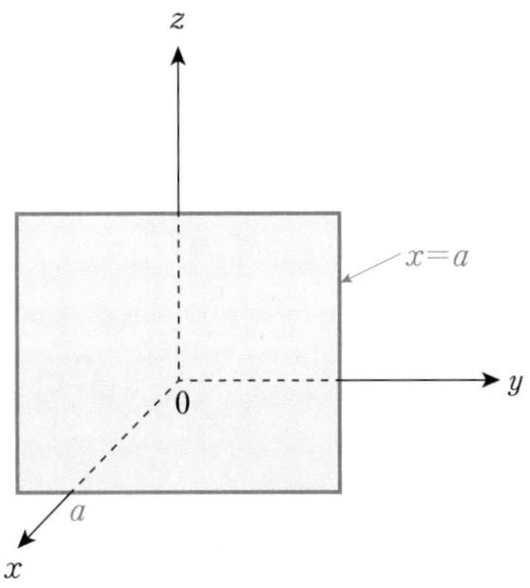

마찬가지로 $y=b$와 $z=c$는 각각 xz−평면에 평행한 평면과 xy−평면에 평행한 평면을 나타낸다는 것에 유의하라.

(3) 다변수함수의 1차 편도함수

n이 3 이상인 n변수함수, 즉 다변수함수의 1차 편도함수도 이변수함수와 마찬가지로 편미분하고자 하는 독립변수를 제외한 나머지 독립변수들을 모두 상수로 간주하여 1차 편도함수를 구할 수 있다.

예를 들어, 다음의 삼변수함수의 1차 편도함수들을 구해본다.

$$w=f(x, y, z)=x^2y^2z+e^xyz^3 \tag{7}$$

식(7)에서 $\dfrac{\partial f}{\partial x}$를 구하기 위하여 나머지 독립변수 y와 z를 상수로 간주하여 편도함수를 구한다. 즉,

$$\frac{\partial f}{\partial x}=2xy^2z+e^xyz^3 \tag{8}$$

또한 $\dfrac{\partial f}{\partial y}$를 구하기 위하여 독립변수 x와 z를 상수로 간주하면

$$\frac{\partial f}{\partial y}=2x^2yz+e^xz^3 \tag{9}$$

이 얻어진다. 마찬가지로 $\frac{\partial f}{\partial z}$는 다음과 같다.

$$\frac{\partial f}{\partial z}=x^2y^2+3e^xyz^2 \tag{10}$$

이와 같이 다변수함수의 편도함수를 구하는 것을 다변수함수를 편미분(Partial Differentiation)한다고 정의한다.

예제 7.5

다음 함수의 1차 편미분함수를 모두 구하라.

(1) $z=f(x, y)=\sin(x^2y)$

(2) $w=f(x, y, z)=e^{3xyz}$

풀이

(1) $\frac{\partial z}{\partial x}=\frac{\partial f}{\partial x}=\cos(x^2y)\cdot\frac{\partial}{\partial x}(x^2y)=\cos(x^2y)\cdot(2xy)$

$=2xy\cos(x^2y)$

$\frac{\partial z}{\partial y}=\frac{\partial f}{\partial y}=\cos(x^2y)\cdot\frac{\partial}{\partial y}(x^2y)=\cos(x^2y)\cdot(x^2)$

$=x^2\cos(x^2y)$

(2) $\frac{\partial w}{\partial x}=e^{3xyz}\cdot\frac{\partial}{\partial x}(3xyz)=e^{3xyz}\cdot(3yz)=3yze^{3xyz}$

$\frac{\partial w}{\partial y}=e^{3xyz}\cdot\frac{\partial}{\partial y}(3xyz)=e^{3xyz}\cdot(3xz)=3xze^{3xyz}$

$\frac{\partial w}{\partial z}=e^{3xyz}\cdot\frac{\partial}{\partial z}(3xyz)=e^{3xyz}\cdot(3xy)=3xye^{3xyz}$

(4) 2차 편도함수

앞 절에서 살펴보았듯이 함수 $z=f(x, y)$의 1차 편도함수 $f_x(x, y)$와 $f_y(x, y)$는 x와 y의 이변수함수 형태이다. 따라서 1차 편도함수가 미분가능하면 편도함수의 정의에 의하여 또 다시 편미분을 할 수 있다. 이렇게 편미분을 두 번 하여 구해진 편도함수를 2차 편도함수라고 정의한다.

정의 7.3 **2차 편도함수의 표현법**

이변수함수 $z=f(x,y)$에서 2차 편도함수는 다음의 표현법을 사용한다.

① $f_{xx}=\dfrac{\partial}{\partial x}\left(\dfrac{\partial f}{\partial x}\right)=\dfrac{\partial^2 f}{\partial x^2}$ ② $f_{xy}=\dfrac{\partial}{\partial y}\left(\dfrac{\partial f}{\partial x}\right)=\dfrac{\partial^2 f}{\partial y\,\partial x}$

③ $f_{yx}=\dfrac{\partial}{\partial x}\left(\dfrac{\partial f}{\partial y}\right)=\dfrac{\partial^2 f}{\partial x\,\partial y}$ ④ $f_{yy}=\dfrac{\partial}{\partial y}\left(\dfrac{\partial f}{\partial y}\right)=\dfrac{\partial^2 f}{\partial y^2}$

[정의 7.3]에서 $f_{xy}=\dfrac{\partial^2 f}{\partial y\,\partial x}$는 f를 x로 먼저 편미분하고 난 다음에 y로 편미분한다는 의미이고, $f_{yx}=\dfrac{\partial^2 f}{\partial x\,\partial y}$는 f를 y로 먼저 편미분하고 난 다음에 x로 편미분한다는 의미이니 편미분의 순서에 주의하라.

예제 7.6

다음 함수의 모든 2차 편도함수를 구하라.

$$f(x,y)=x^3+3x^2y^3+y^2$$

풀이

$$\frac{\partial^2 f}{\partial x^2}=\frac{\partial}{\partial x}\left(\frac{\partial f}{\partial x}\right)=\frac{\partial}{\partial x}(3x^2+6xy^3)=6x+6y^3$$

$$\frac{\partial^2 f}{\partial y\,\partial x}=\frac{\partial}{\partial y}\left(\frac{\partial f}{\partial x}\right)=\frac{\partial}{\partial y}(3x^2+6xy^3)=18xy^2$$

$$\frac{\partial^2 f}{\partial x\,\partial y}=\frac{\partial}{\partial x}\left(\frac{\partial f}{\partial y}\right)=\frac{\partial}{\partial x}(9x^2y^2+2y)=18xy^2$$

$$\frac{\partial^2 f}{\partial y^2}=\frac{\partial}{\partial y}\left(\frac{\partial f}{\partial y}\right)=\frac{\partial}{\partial y}(9x^2y^2+2y)=18x^2y+2$$

여기서 잠깐! **편미분의 순서**

〈예제 7.6〉에서

$$\frac{\partial^2 f}{\partial y\,\partial x}=\frac{\partial^2 f}{\partial x\,\partial y}$$

가 성립된다는 것을 알 수 있다. 이를 일반화한 것을 Schwarz 정리라고 하며 다음과 같이 나타낼 수 있다.
이변수함수 $z=f(x, y)$와 z의 1차 편도함수들이 모두 연속일 때 다음의 관계가 성립된다.

$$\frac{\partial^2 f}{\partial y\,\partial x}=\frac{\partial^2 f}{\partial x\,\partial y}$$

Schwarz 정리는 f와 f의 편도함수들이 연속이어야 편미분의 순서에 관계없이 2차 편도함수가 같다는 의미이지만 우리가 공학적으로 다루는 이변수함수들은 Schwarz 정리의 조건을 만족하므로 간결하게 2차 편도함수는 편미분의 순서와 관계없이 결과가 동일하다고 생각하면 될 것이다.

한편, 고차 편도함수는 2차 편도함수를 정의하는 과정을 자연스럽게 확장하면 된다. 예를 들어, 다음의 삼변수함수에 대한 3차 편도함수를 구해보자.

$$w=f(x, y, z)=3x^2yz^2+z^3 \tag{11}$$

식(11)에서 다음의 3차 편도함수를 구해보자.

$$\frac{\partial^3 w}{\partial x^3}=\frac{\partial^2}{\partial x^2}\left(\frac{\partial w}{\partial x}\right)=\frac{\partial}{\partial x^2}(6xyz^2)=\frac{\partial}{\partial x}(6yz^2)=0 \tag{12}$$

$$\begin{aligned}\frac{\partial^3 w}{\partial x\,\partial z^2}&=\frac{\partial}{\partial x}\left(\frac{\partial^2 w}{\partial z^2}\right)=\frac{\partial}{\partial x}\left\{\frac{\partial}{\partial z}\left(\frac{\partial w}{\partial z}\right)\right\}\\&=\frac{\partial}{\partial x}\left\{\frac{\partial}{\partial z}(6x^2yz+3z^2)\right\}=\frac{\partial}{\partial x}(6x^2y+6z)=12xy\end{aligned} \tag{13}$$

따라서 고차 편도함수는 2차 편도함수를 구하는 과정을 자연스럽게 확장한 개념이라는 것을 알 수 있다. 편미분을 쉽게 하기 위해서는 5장에서 다룬 미분법에 대하여 충분한 학습이 선행되어야 하므로 독자들은 반복학습을 통하여 충분히 숙지하기 바란다.

요약 | 편도함수와 편미분

- 이변수함수에서 하나의 독립변수를 고정시키고 일변수함수와 같은 방식으로 미분하여 도함수를 구함으로써 1차 편도함수를 정의한다.
- 이변수함수 $z=f(x, y)$의 1차 편도함수

  $\frac{\partial f}{\partial x} \longrightarrow y$를 상수로 간주하고 x에 대하여 미분하여 얻은 1차 편도함수

  $\frac{\partial f}{\partial y} \longrightarrow x$를 상수로 간주하고 y에 대하여 미분하여 얻은 1차 편도함수
- 편미분계수 $f_x(a, b)$는 xz-평면에 평행한 평면 $y=b$로 $z=f(x, y)$를 절단하면 단면 $z=f(x, b)$가 얻어지는데, 이 단면 위의 한 점 $P(a, b, f(a, b))$에서 x축 방향으로 접선을 그릴 때 접선의 기울기를 의미한다.
- 편미분계수 $f_y(a, b)$는 yz-평면에 평행한 평면 $x=a$로 $z=f(x, y)$를 절단하면 단면 $z=f(a, y)$가 얻어지는데, 이 단면 위의 한 점 $P(a, b, f(a, b))$에서 y축 방향으로 접선을 그릴 때 접선의 기울기를 의미한다.
- 다변수함수의 1차 편도함수도 이변수함수와 마찬가지로 편미분하고자 하는 독립변수를 제외한 나머지 독립변수들을 모두 상수로 간주하여 1차 편도함수를 구한다.
- 다변수함수의 편도함수를 구하는 것을 편미분한다고 정의한다.
- 1차 편도함수를 다시 편미분하여 얻은 함수를 2차 편도함수하고 정의하며 다음의 관계가 성립한다.

$$\frac{\partial^2 f}{\partial y\, \partial x}=\frac{\partial^2 f}{\partial x\, \partial y}$$

- 고차 편도함수는 2차 편도함수를 정의하는 과정을 자연스럽게 확장하면 된다.

7.3* 전미분과 합성함수의 편미분법

앞 절에서 설명한 것과 같이 이변수함수 $z=f(x, y)$의 1차 편도함수 $\frac{\partial f}{\partial x}$는 y가 고정되어 있는 상태에서 x에 대한 z의 변화율을 나타낸 것이다. 또한 $\frac{\partial f}{\partial y}$도 x가 고정되어 있는 상태에서 y에 대한 z의 변화율을 나타낸 것이다. 이제 두 독립변수 x와 y가 동시에 변화할 때 z의 총변화량은 어떻게 될까? 여기서부터 전미분(Total Differential)의 개념이 출발한다.

(1) 전미분의 개념

전미분을 정의하기에 앞서 [그림 7.6]에 나타낸 일변수함수 $y=f(x)$를 생각해 보자.

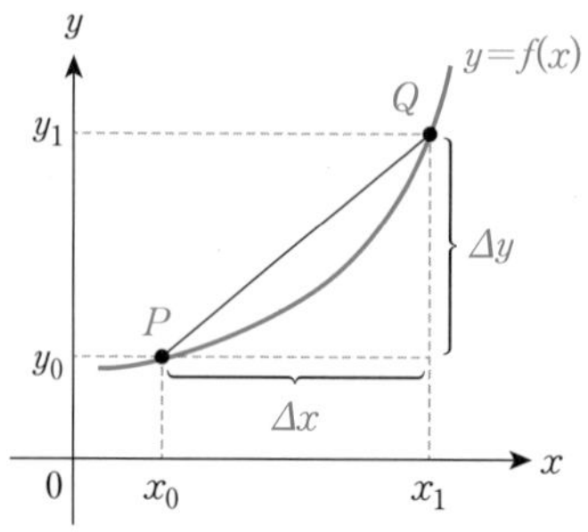

[그림 7.6] 미분의 정의

[그림 7.6]에서 x가 Δx만큼 변화할 때 점 $P(x_0, y_0)$는 점 $Q(x_1, y_1)$로 이동한다. 이 때 y의 변화량 Δy는 선분 $\overline{PQ}$의 기울기와 Δx를 곱한 것과 같게 된다. 즉,

$$\Delta y=\left(\frac{\Delta y}{\Delta x}\right)\cdot \Delta x \tag{14}$$

식(14)에서 Δx를 0에 가깝게 미세하게 변화시킬 때 다음의 관계를 얻을 수 있다.

$$dy=\left(\frac{dy}{dx}\right)dx=f'(x)dx \tag{15}$$

식(15)에서 dx와 dy를 x와 y의 미분(Differential)이라고 정의한다. x와 y의 미분 dx와 dy를 이용하면 식(15)는 다음과 같이 표현할 수 있다.

$$\left(\frac{dy}{dx}\right)=\frac{(dy)}{(dx)}=\frac{y\text{의 미분}}{x\text{의 미분}}=f'(x) \tag{16}$$

식(16)으로부터 도함수 $\left(\frac{dy}{dx}\right)$는 두 개의 미분 dx와 dy의 비율로 나타낼 수 있다. 식(15)에 나타낸 것처럼 도함수($f'(x)$)를 이용하여 x의 미소 변화량(dx)에 대한 y의 미소 변화량(dy)을 구하는 것을 '전미분한다'라고 말한다. 다시 말하면 임의의 한 점 x_0에서 x가 매우 미소하게 변하였을 때, y의 미소 변화량이 $dy=f'(x)dx$가 된다

는 것이 전미분의 의미인 것이다.

지금까지의 논의를 이변수함수 $z=f(x, y)$로 확장하면 다음과 같이 나타낼 수 있다.

$$dz=\left(\frac{\partial z}{\partial x}\right)dx+\left(\frac{\partial z}{\partial y}\right)dy \tag{17}$$

즉, z의 총변화량 dz는 변수 x에 의한 z의 총변화량 $\left(\frac{\partial z}{\partial x}\right)dx$와 변수 y에 의한 z의 총변화량 $\left(\frac{\partial z}{\partial y}\right)dy$의 합으로 표현할 수 있으며, 이 때 dz를 전미분이라고 정의한다.

이러한 전미분의 개념을 다변수함수 $y=f(x_1, x_2, \cdots, x_n)$으로 자연스럽게 확장하여 표현하면 다음과 같다.

$$dy=\frac{\partial y}{\partial x_1}dx_1+\frac{\partial y}{\partial x_2}dx_2+\cdots+\frac{\partial y}{\partial x_n}dx_n \tag{18}$$

또는

$$df=\frac{\partial f}{\partial x_1}dx_1+\frac{\partial f}{\partial x_2}dx_2+\cdots+\frac{\partial f}{\partial x_n}dx_n \tag{19}$$

결국 다변수함수의 전미분은 각 변수에 대한 편미분에 변수의 미소 변화량을 곱한 값들의 합으로 표현된다는 것을 알 수 있다.

예제 7.7

다음 함수의 전미분을 구하라.

(1) $z=x^3y^4$

(2) $z=x^2y^2+3x^2+3y^2+4$

풀이

(1) $\frac{\partial z}{\partial x}=3x^2y^4$, $\frac{\partial z}{\partial y}=4x^3y^3$ 이므로 전미분 dz는 다음과 같다.

$$dz=\frac{\partial z}{\partial x}dx+\frac{\partial z}{\partial y}dy=3x^2y^4dx+4x^3y^3dy$$

(2) $\frac{\partial z}{\partial x}=2xy^2+6x$, $\frac{\partial z}{\partial y}=2x^2y+6y$ 이므로 전미분 dz는 다음과 같다.

$$dz=\frac{\partial z}{\partial x}dx+\frac{\partial z}{\partial y}dy=(2xy^2+6x)dx+(2x^2y+6y)dy$$

(2) 합성함수의 편미분법

이변수함수 $z=f(x, y)$에서 독립변수 x와 y가 변수 t의 함수로 $x=g(t)$, $y=h(t)$로 주어지게 되면, z는 외형적으로는 x와 y의 이변수함수의 형태를 띠지만 실질적으로 t의 일변수함수가 된다. 따라서 t에 대한 일변수함수의 도함수를 다음과 같이 구할 수 있다.

정리 7.1 합성함수의 편미분법 I

이변수함수 $z=f(x, y)$가 편미분가능하고 $x=g(t)$, $y=h(t)$가 미분가능할 때 다음의 관계가 성립한다.

$$\frac{dz}{dt}=\frac{\partial z}{\partial x}\frac{dx}{dt}+\frac{\partial z}{\partial y}\frac{dy}{dt}$$

[정리 7.1]은 전미분의 개념으로부터 쉽게 증명할 수 있으며, 독자들의 연습문제로 남겨둔다. [정리 7.1]은 일변수함수에서 연쇄법칙(Chain Rule)을 이변수함수로 확장한 형태라는 것에 유의하라.

여기서 잠깐! | 일변수함수의 연쇄법칙

두 함수 $y=f(u)$와 $u=g(x)$가 미분가능하면

$$\frac{dy}{dx}=\frac{dy}{du}\frac{du}{dx}=f'(u)g'(x)=f'(g(x))\,g'(x)$$

와 같이 미분할 수 있는데, 이를 합성함수의 미분 또는 연쇄법칙이라고 한다.

[정리 7.1]의 관계를 독자들이 기억하기 편리하도록 [그림 7.7]에 나타내었다.

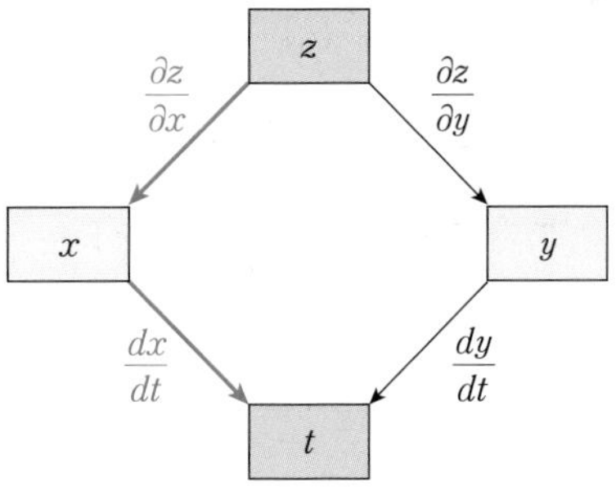

[그림 7.7] 합성함수의 편미분 관계도 I

예제 7.8

다음 함수에 대하여 $\frac{dz}{dt}$를 각각 구하라.

(1) $z=x^2+y^2,\ x=\cos t,\ y=\sin t$

(2) $z=3x^2y,\ x=\sin t,\ y=e^t$

풀이

(1) $\frac{\partial z}{\partial x}=2x,\ \frac{\partial z}{\partial y}=2y,\ \frac{dx}{dt}=-\sin t,\ \frac{dy}{dt}=\cos t$ 이므로

$$\begin{aligned}\frac{dz}{dt}&=\frac{\partial z}{\partial x}\frac{dx}{dt}+\frac{\partial z}{\partial y}\frac{dy}{dt}=-2x\sin t+2y\cos t\\&=-2\cos t\sin t+2\sin t\cos t=0\end{aligned}$$

이 된다.

(2) $\frac{\partial z}{\partial x}=6xy,\ \frac{\partial z}{\partial y}=3x^2,\ \frac{dx}{dt}=\cos t,\ \frac{dy}{dt}=e^t$ 이므로

$$\begin{aligned}\frac{dz}{dt}&=\frac{\partial z}{\partial x}\frac{dx}{dt}+\frac{\partial z}{\partial y}\frac{dy}{dt}=6xy\cos t+3x^2e^t\\&=6e^t\sin t\cos t+3e^t\sin^2 t=3e^t\sin 2t+3e^t\sin^2 t\\&=3e^t(\sin 2t+\sin^2 t)\end{aligned}$$

가 된다.

[정리 7.1]에서는 x와 y가 t에 대한 일변수함수일 때 합성함수의 편미분법에 대해 살펴보았다. 다음으로 x와 y가 t와 s에 대한 이변수함수로 각각 주어지는 경우의 편

미분법에 대해 학습해 본다.

정리 7.2 합성함수의 편미분법 II

이변수함수 $z=f(x, y)$가 편미분가능하고 $x=g(t, s)$, $y=h(t, s)$가 모두 편미분가능할 때 다음의 관계가 성립한다.

$$\frac{\partial z}{\partial t}=\frac{\partial z}{\partial x}\frac{\partial x}{\partial t}+\frac{\partial z}{\partial y}\frac{\partial y}{\partial t}$$
$$\frac{\partial z}{\partial s}=\frac{\partial z}{\partial x}\frac{\partial x}{\partial s}+\frac{\partial z}{\partial y}\frac{\partial y}{\partial s}$$

[정리 7.2]에서 z는 x와 y의 함수이고 x와 y는 t와 s의 함수이므로 실질적으로 z는 t와 s의 함수가 된다. 따라서 t와 s에 대한 1차 편도함수 $\frac{\partial z}{\partial t}$와 $\frac{\partial z}{\partial s}$가 존재하는 것이다.

[정리 7.2]의 관계를 독자들이 기억하기 편리하도록 [그림 7.8]에 나타내었다.

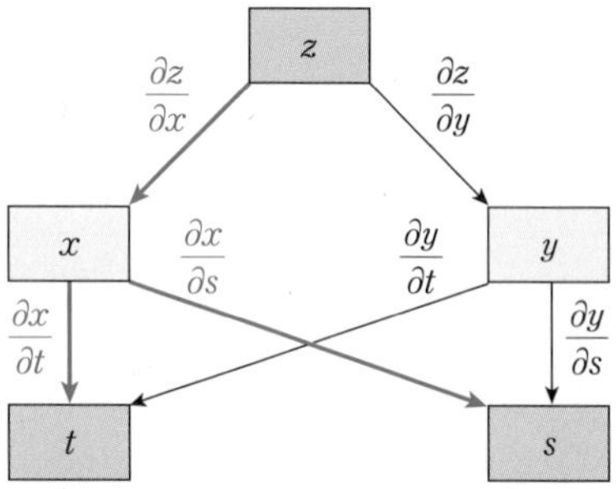

[그림 7.8] 합성함수의 편미분 관계도 II

예제 7.9

다음 함수에 대하여 $\frac{\partial z}{\partial t}$와 $\frac{\partial z}{\partial s}$를 각각 구하라.

$$z=e^{x}y,\ \ x=t+s^2,\ \ y=t^2+s$$

풀이

$$\frac{\partial z}{\partial x}=e^x y,\ \frac{\partial z}{\partial y}=e^x$$

$\frac{\partial x}{\partial t}=1,\ \frac{\partial x}{\partial s}=2s,\ \frac{\partial y}{\partial t}=2t,\ \frac{\partial y}{\partial s}=1$이므로

$$\frac{\partial z}{\partial t}=\frac{\partial z}{\partial x}\frac{\partial x}{\partial t}+\frac{\partial z}{\partial y}\frac{\partial y}{\partial t}=e^x y(1)+e^x(2t)=e^x(y+2t)$$
$$=e^{t+s^2}(t^2+2t+s)$$
$$\frac{\partial z}{\partial s}=\frac{\partial z}{\partial x}\frac{\partial x}{\partial s}+\frac{\partial z}{\partial y}\frac{\partial y}{\partial s}=e^x y(2s)+e^x(1)=e^x(2sy+1)$$
$$=e^{t+s^2}(2st^2+2s^2+1)$$

요약 | 전미분과 합성함수의 편미분법

- 이변수함수 $z=f(x, y)$에서 z의 총변화량 dz는 변수 x에 의한 z의 총변화량 $\left(\frac{\partial z}{\partial x}\right)dx$와 변수 y에 의한 z의 총변화량 $\left(\frac{\partial z}{\partial y}\right)dy$의 합으로 표현할 수 있으며, 이 때 dz를 전미분이라고 정의한다.

$$dz=\left(\frac{\partial z}{\partial x}\right)dx+\left(\frac{\partial z}{\partial y}\right)dy$$

- 이변수함수 $z=f(x, y)$가 편미분가능하고 $x=g(t),\ y=h(t)$가 미분가능할 때, 다음의 관계가 성립한다.

$$\frac{dz}{dt}=\frac{\partial z}{\partial x}\frac{dx}{dt}+\frac{\partial z}{\partial y}\frac{dy}{dt}$$

- 이변수함수 $z=f(x, y)$가 편미분가능하고 $x=g(t, s),\ y=h(t, s)$가 모두 편미분가능할 때, 다음의 관계가 성립한다.

$$\frac{\partial z}{\partial t}=\frac{\partial z}{\partial x}\frac{\partial x}{\partial t}+\frac{\partial z}{\partial y}\frac{\partial y}{\partial t}$$
$$\frac{\partial z}{\partial s}=\frac{\partial z}{\partial x}\frac{\partial x}{\partial s}+\frac{\partial z}{\partial y}\frac{\partial y}{\partial s}$$

7.4 이중적분의 정의와 기본 성질

6장에서 다룬 정적분의 개념을 이변수함수에까지 확장한 것을 이중적분(Double

Integral)이라 부른다. 본 절에서는 이중적분의 정의와 성질에 관하여 살펴본다.

(1) 이중적분의 정의

이중적분은 주어진 이변수함수 $f(x, y)$와 평면 위의 임의의 영역 R에 의해 다음과 같이 표현된다.

$$\iint_R f(x, y)\,dxdy \tag{20}$$

식(20)의 이중적분 정의와 정적분의 정의를 비교해 보면 적분구간이 영역 R로 바뀌었고 적분이 단일적분에서 이중적분으로 바뀌었다는 것을 알 수 있다.

정적분에서 적분구간을 임의로 n등분한 것과 마찬가지로 평면 위의 영역 R을 수평선과 수직선으로 [그림 7.9]에서처럼 n개의 영역으로 분할한다. 나중에 $n \to \infty$로 접근시키기 때문에 각 등분의 모양은 일정하지 않아도 무방하며, 등분 내의 임의의 한 점을 각각 $P_1(x_1, y_1)$, $P_2(x_2, y_2)$, $\cdots$, $P_n(x_n, y_n)$으로 표시한다.

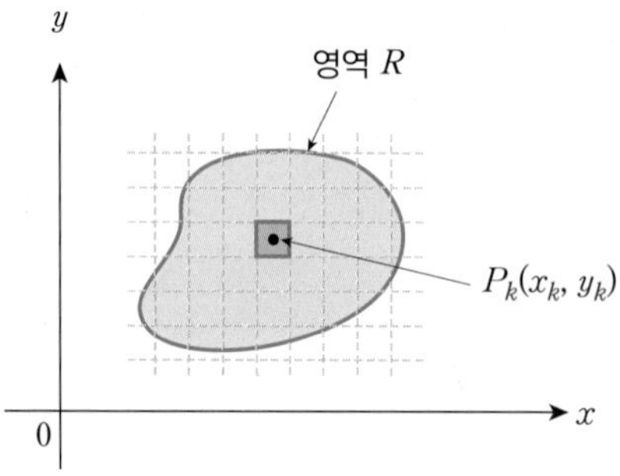

[그림 7.9] 이중적분에서의 적분영역 R

[그림 7.9]에서 k번째 등분 내의 한 점 $P_k(x_k, y_k)$에서 주어진 함숫값을 계산한 다음, k번째 등분의 면적 ΔA_k를 곱하여 다음의 합 J_n을 구성한다.

$$J_n = \sum_{k=1}^{n} f(x_k, y_k)\Delta A_k \tag{21}$$

식(21)에서 $n \to \infty$로 할 때 극한값이 존재한다고 가정하자. 이 때 그 극한값을 적분영역 R에 대한 $f(x, y)$의 이중적분이라고 정의하며 다음과 같이 나타낸다.

$$\lim_{n\to\infty} J_n = \lim_{n\to\infty} \sum_{k=1}^{n} f(x_k, y_k)\Delta A_k \triangleq \iint_R f(x, y)\, dx\, dy \tag{22}$$

식(22)의 이중적분이 존재하는 경우 피적분함수 $f(x, y)$는 이중적분가능하다고 정의한다.

여기서 잠깐! **적분영역 R의 면적**

이변수함수 $f(x,y)$가 $f(x,y)=1$의 상수함수로 주어진 경우 다음의 이중적분을 생각해보자.

$$\iint_R f(x,y)dxdy = \iint_R dxdy = \text{적분영역 } R\text{의 면적}$$

위의 결과는 이중적분의 정의로부터 자명하다는 것을 알 수 있다.

(2) 이중적분의 기본 성질

6.7절에서 다루었던 정적분의 기본 성질과 매우 유사하게 이중적분에 대해서도 선형성이 성립된다.

정리 7.3 **이중적분의 기본 성질**

이중적분가능한 두 함수 $f(x, y)$와 $g(x, y)$에 대하여 다음의 관계가 성립한다.

(1) $\iint_R kf(x, y)\,dxdy = k\iint_R f(x, y)\,dxdy$

(2) $\iint_R \{f(x, y)+g(x, y)\}\,dxdy = \iint_R f(x, y)\,dxdy + \iint_R g(x, y)\,dxdy$

(3) $\iint_R f(x, y)\,dxdy = \iint_{R_1} f(x, y)\,dxdy + \iint_{R_2} f(x, y)\,dxdy,\ \ R = R_1 \cup R_2$

[정리 7.3]의 (3)은 적분영역 R을 두 개의 소영역 R_1과 R_2로 분할하면, 적분영역 R에서의 이중적분을 적분영역 R_1과 R_2에 대한 이중적분의 합으로 나타낼 수 있다는 의미이다.

요약 | 이중적분의 정의와 기본 성질

- 이중적분은 정적분의 개념을 이변수함수에까지 확장한 것으로 공학적으로 많이 응용된다.
- 이중적분은 다음과 같이 정의된다.

$$\iint_R f(x, y)\,dxdy = \lim_{n \to \infty} \sum_{k=1}^{n} f(x_k, y_k)\Delta A_k$$

R: 적분영역

- 이중적분도 정적분과 마찬가지로 선형성을 가진다.

① $\iint_R kf(x, y)\,dxdy = k\iint_R f(x, y)\,dxdy$

② $\iint_R \{f(x, y)+g(x, y)\}\,dxdy = \iint_R f(x, y)\,dxdy + \iint_R g(x, y)\,dxdy$

③ $\iint_R f(x, y)\,dxdy = \iint_{R_1} f(x, y)\,dxdy + \iint_{R_2} f(x, y)\,dxdy,\ \ R=R_1 \cup R_2$

7.5 이중적분의 계산 방법

(1) 이중적분의 계산

적분영역 R에서의 $f(x, y)$의 이중적분의 계산은 적분영역 R에 대한 수학적인 표현이 먼저 선행되어야 하며, 적분영역 R에 대한 수학적인 표현으로부터 정적분을 두 번 연속하여 수행함으로써 이중적분을 계산할 수 있다. 본 절에서는 이중적분의 계산 방법에 대하여 살펴본다.

[그림 7.10]에 나타낸 것처럼 적분영역 R이 xy-평면에서 주어져 있다고 가정한다.

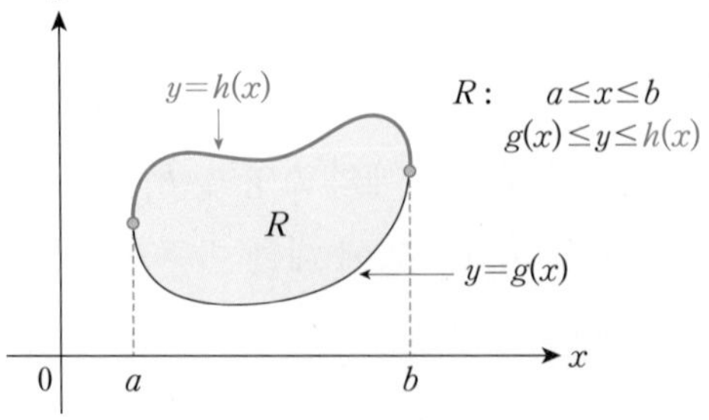

[그림 7.10] 적분영역 R의 수학적인 표현

[그림 7.10]에서 적분영역 R의 경계를 나타내는 함수 $h(x)$와 $g(x)$가 알려져 있다고 가정하면, 적분영역 R은 다음의 부등식을 이용하여 표현할 수 있다.

$$a \le x \le b, \quad g(x) \le y \le h(x) \tag{23}$$

식(23)의 적분영역 표현으로부터

$$\iint_R f(x, y)\,dxdy = \int_a^b \left\{ \int_{g(x)}^{h(x)} f(x, y)\,dy \right\} dx \tag{24}$$

가 얻어지는데, 식(24)에서 { } 부분을 먼저 y로 적분하면 적분 결과가 x의 함수로 얻어지고, 그 함수를 다시 x에 대해 적분하면 이중적분 값을 계산할 수 있다.

한편, 적분영역 R이 복잡하게 주어져 있는 경우 R에 대한 수학적인 표현을 구하는 것이 어렵게 되는데, 이런 경우 적분영역 R을 몇 개의 부분영역으로 분할하여 각 영역에서 이중적분을 계산하여 그 결과를 합하면 이중적분을 계산할 수 있다.

만일 [그림 7.10]에서 $h(x)$와 $g(x)$의 수학적인 표현식을 구하기가 어려운 경우 적분영역 R을 다른 함수들로 표현하여 이중적분을 계산할 수도 있다. 이중적분에서 적분영역 R을 [그림 7.11]에서처럼 다른 방법으로 표현할 수 있는데 이때의 이중적분의 계산에 대해 알아보자.

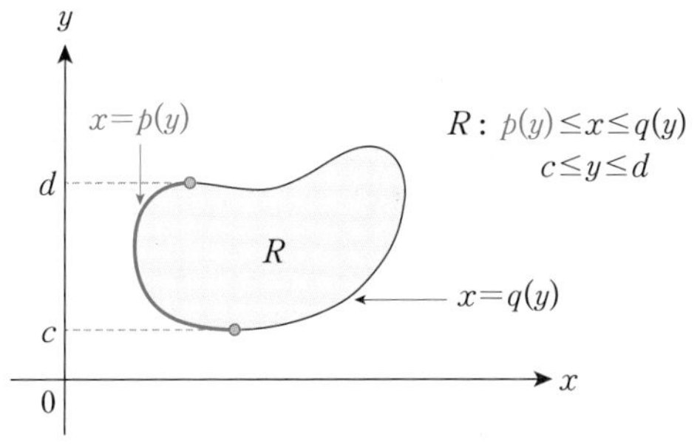

[그림 7.11] 적분영역 R의 다른 수학적인 표현

적분영역 R의 경계를 나타내는 $p(y)$, $q(y)$가 알려져 있다고 가정하면, 적분영역 R은 다음의 부등식을 이용하여 표현할 수 있다.

$$p(y) \le x \le q(y), \quad c \le y \le d \tag{25}$$

따라서 적분영역 R에 대한 $f(x, y)$의 이중적분은 다음과 같이 계산될 수 있다.

$$\iint_R f(x, y)\,dxdy = \int_c^d \left\{ \int_{p(y)}^{q(y)} f(x, y)\,dx \right\} dy \tag{26}$$

식(26)에서 { } 부분을 먼저 x로 적분하면 적분 결과가 y의 함수로 주어지고, 그 함수를 다시 y에 대해 적분하면 이중적분 값을 계산할 수 있다.

여기서 잠깐! 이변수함수의 적분

이변수함수를 적분할 때 앞에서 학습한 편도함수와 같은 개념을 적용하여 적분한다. 즉, $\int_a^b f(x, y)\,dx$ 와 같이 x로 적분할 때는 피적분함수에서 y를 상수로 간주하여 적분하고, $\int_c^d f(x, y)\,dy$ 와 같이 y로 적분할 때는 피적분함수에서 x를 상수로 간주하여 적분한다.
예를 들어, 다음의 두 적분을 계산해 보자.

① $\int_0^1 xy^2\,dx = \left[\frac{1}{2}x^2y^2\right]_{x=0}^{x=1} = \frac{1}{2}y^2$

② $\int_0^1 xy^2\,dy = \left[\frac{1}{3}xy^3\right]_{y=0}^{y=1} = \frac{1}{3}x$

위의 예제에서도 알 수 있듯이 $\int_a^b f(x, y)\,dx$ 의 적분 결과는 y를 상수로 간주하기 때문에 y의 함수가 된다. 한편, $\int_c^d f(x, y)\,dy$ 의 적분 결과는 x를 상수로 간주하기 때문에 x의 함수가 된다.

지금까지 설명한 바와 같이 이중적분을 계산할 때 적분영역 R을 수학적으로 어떻게 표현하는가에 따라 식(24)와 식(26)의 두 가지 계산 방법이 존재한다. 어떤 방법을 선택하더라도 동일한 결과를 얻게 되는데, 주의할 점은 반드시 { } 부분을 먼저 적분하여야 올바른 결과를 도출할 수 있다는 것이다.

예제 7.10

다음의 이중적분을 계산하라.

$$\iint_R (x+y)\,dxdy$$

여기서 R은 오른쪽과 같이 주어지는 영역이다.

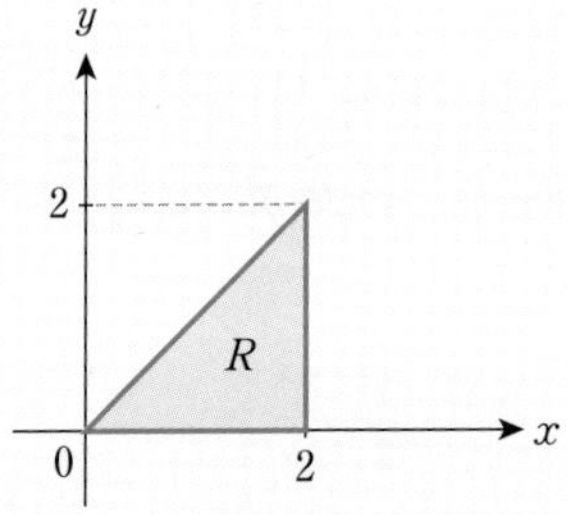

풀이

적분영역 R을 수학적으로 표현하면 다음과 같다.

$$0 \le x \le 2, \quad 0 \le y \le x$$

따라서 식(24)로부터 주어진 이중적분은 다음과 같이 계산된다.

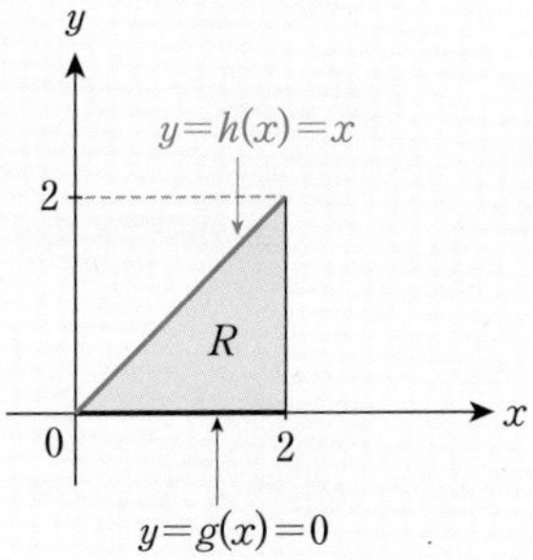

〈R의 수학적 표현 I〉

$$\begin{aligned}\iint_R (x+y)\,dxdy &= \int_0^2 \left\{ \int_0^x (x+y)\,dy \right\} dx \\ &= \int_0^2 \left[xy + \frac{1}{2}y^2 \right]_{y=0}^{y=x} dx \\ &= \int_0^2 \left(x^2 + \frac{1}{2}x^2 \right) dx = \int_0^2 \frac{3}{2}x^2\,dx = \left[\frac{1}{2}x^3 \right]_{x=0}^{x=2} = 4\end{aligned}$$

[별해]

만일, 적분영역 R을 다르게 표현하여 이중적분을 계산한 경우 그 결과를 비교해 보자. 적분영역 R을 수학적으로 다르게 표현하면 다음과 같다.

$$y \le x \le 2, \quad 0 \le y \le 2$$

따라서 식(26)으로부터 주어진 이중적분은 다음과 같이 계산된다.

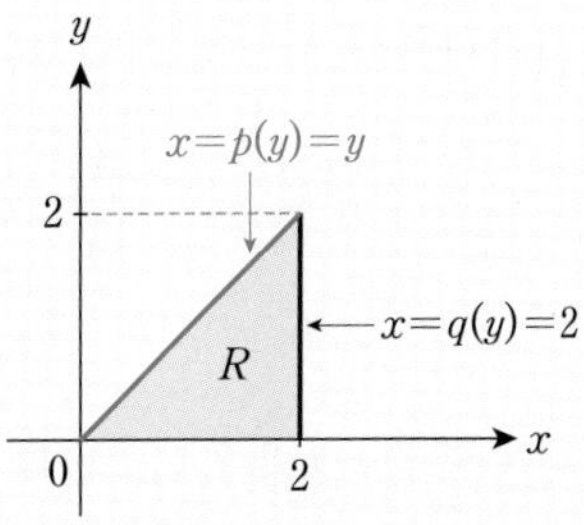

〈R의 수학적 표현 II〉

$$\begin{aligned}\iint_R (x+y)\,dxdy &= \int_0^2 \left\{ \int_y^2 (x+y)\,dx \right\} dy \\ &= \int_0^2 \left[\frac{1}{2}x^2 + xy \right]_{x=y}^{x=2} dy \\ &= \int_0^2 \left(-\frac{3}{2}y^2 + 2y + 2 \right) dy = \left[-\frac{1}{2}y^3 + y^2 + 2y \right]_{y=0}^{y=2} = 4\end{aligned}$$

(2) 이중적분에서 적분의 순서

식(24)와 식(26)에서 이중적분의 순서가 가지는 의미를 정적분의 개념과 연계하여 살펴보자. 〈예제 7.10〉에서의 이중적분에 대한 순서를 생각해 본다.

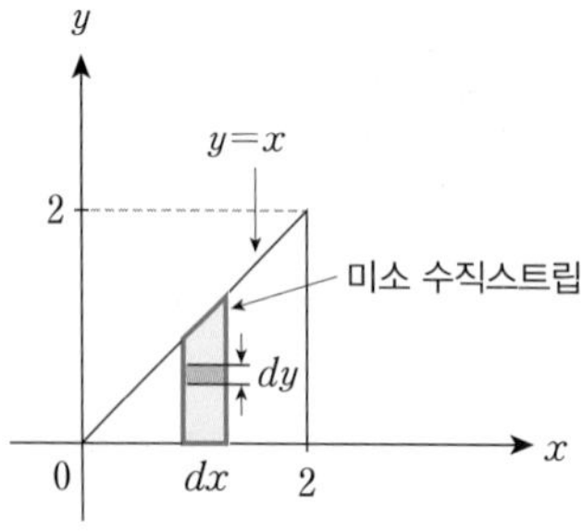

(a) y를 먼저 적분

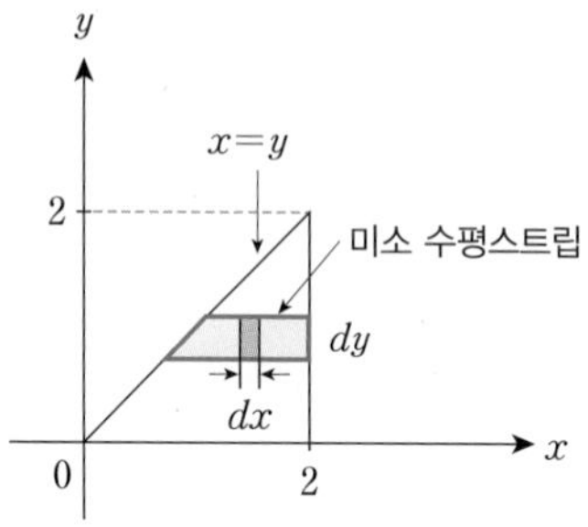

(b) x를 먼저 적분

[그림 7.12] 이중적분의 순서

[그림 7.12]에서 적분영역 R에 대해 적분하는 경우 (a)는 미소 수직스트립을 만들기 위하여 y로 먼저 적분한 다음, x에 대해 0부터 2까지 적분하는 것을 나타낸다. 미소 수직스트립을 만들기 위해서는 먼저 y로 적분해야 한다는 것에 유의하라. 즉, y방향으로 $y=0$부터 $y=x$까지 $(0 \le y \le x)$ 먼저 $f(x, y)$를 적분하면 다음과 같다.

$$\int_{y=0}^{y=x} f(x, y)\,dy \tag{27}$$

식(27)을 다시 x에 대해 0부터 2까지 $(0 \le x \le 2)$ 적분하면 다음과 같다.

$$\int_{x=0}^{x=2} \left\{ \int_{y=0}^{y=x} f(x, y)\,dy \right\} dx \tag{28}$$

다음으로 [그림 7.12]의 (b)는 미소 수평스트립을 만들기 위하여 x로 먼저 적분한 다음, y에 대해 0부터 2까지 적분하는 것을 나타낸다. 미소 수평스트립을 만들기 위해서는 먼저 x로 적분해야 한다는 것에 유의하라. 즉, x방향으로 $x=y$부터 $x=2$까지 $(y \le x \le 2)$ 먼저 $f(x, y)$를 적분하면 다음과 같다.

$$\int_{x=y}^{x=2} f(x, y)\,dx \tag{29}$$

식(29)를 다시 y에 대해 0부터 2까지 $(0 \le y \le 2)$ 적분하면 다음과 같다.

$$\int_{y=0}^{y=2} \left\{ \int_{x=y}^{x=2} f(x, y)\, dx \right\} dy \tag{30}$$

이와 같이 어떤 변수로 먼저 적분하는가에 따라 적분구간이 달라지므로 이에 대한 충분한 이해가 필수적이다. 이중적분을 계산하는데 있어 어떤 변수로 먼저 적분을 하던 그 결과는 동일하다는 사실에 주목하라. 지금까지의 설명이 잘 이해가 되지 않는다면 반복해서 읽어 보고 고민해 보기를 권한다.

예제 7.11

다음의 이중적분을 계산하라.

$$\iint_R xy\, dxdy$$

여기서, 적분영역 R은 $x=0$부터 $x=\frac{\pi}{4}$까지 $y=\sin x$와 $y=\cos x$에 의해 둘러싸인 부분이다.

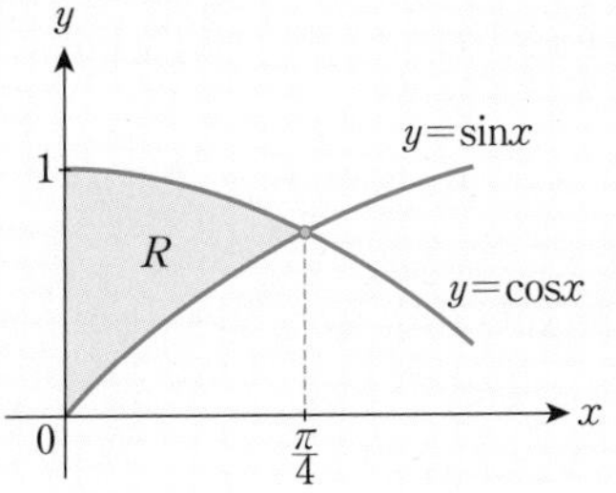

풀이

적분영역 R은 다음과 같이 부등식으로 표현할 수 있다.

$$0 \le x \le \frac{\pi}{4}, \quad \sin x \le y \le \cos x$$

따라서 주어진 이중적분은 다음과 같이 계산된다.

$$\begin{aligned}
\iint_R xy\, dxdy &= \int_0^{\pi/4} \left\{ \int_{\sin x}^{\cos x} xy\, dy \right\} dx \\
&= \int_0^{\pi/4} \left[\frac{1}{2} xy^2 \right]_{\sin x}^{\cos x} dx = \int_0^{\pi/4} \left(\frac{1}{2} x\cos^2 x - \frac{1}{2} x \sin^2 x \right) dx \\
&= \frac{1}{2} \int_0^{\pi/4} x \left(\frac{1+\cos 2x}{2} - \frac{1-\cos 2x}{2} \right) dx \\
&= \frac{1}{2} \int_0^{\pi/4} x\cos 2x\, dx = \frac{1}{2} \left\{ \left[\frac{1}{2} x \sin 2x \right]_0^{\pi/4} - \frac{1}{2} \int_0^{\pi/4} \sin 2x\, dx \right\} \\
&= \frac{1}{2} \left\{ \frac{\pi}{8} + \left[\frac{1}{4} \cos 2x \right]_0^{\pi/4} \right\} = \frac{1}{2} \left(\frac{\pi}{8} - \frac{1}{4} \right) = \frac{\pi - 2}{16}
\end{aligned}$$

예제 7.12

다음의 이중적분을 계산하라.

$$\iint_R xe^{2y^2}dxdy$$

여기서, 적분영역 R은 $y=x^2$, $y=4$, $x=0$에 의해 둘러싸인 제1사분면의 영역이다.

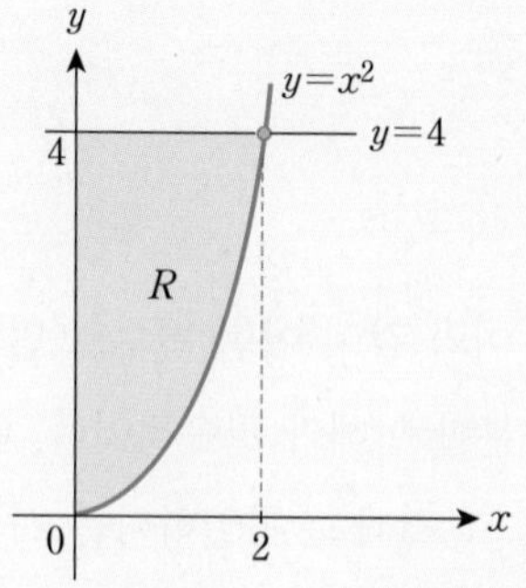

풀이

주어진 이중적분은 피적분함수 $f(x, y)=xe^{2y^2}$의 형태인데 e^{2y^2}를 y로 적분하기가 어렵기 때문에 이를 해결하기 위하여 x로 먼저 적분해 보자.
미소수평 스트립의 개념이 x를 먼저 적분하는 형태이므로 적분영역 R은

$$0 \le x \le \sqrt{y}, \quad 0 \le y \le 4$$

로 표현될 수 있다. 따라서 이중적분은 다음과 같이 계산된다.

$$\begin{aligned}\iint_R xe^{2y^2}dxdy &= \int_0^4 \left\{\int_0^{\sqrt{y}} xe^{2y^2}dx\right\}dy \\ &= \int_0^4 \left[\frac{1}{2}x^2 e^{2y^2}\right]_0^{\sqrt{y}} dy \\ &= \int_0^4 \frac{1}{2}ye^{2y^2}dy = \frac{1}{2}\int_0^4 ye^{2y^2}dy\end{aligned}$$

여기서 $(e^{2y^2})' = 4ye^{2y^2}$의 관계를 이용하면 다음과 같다.

$$\frac{1}{2}\int_0^4 ye^{2y^2}dy = \frac{1}{2}\left[\frac{1}{4}e^{2y^2}\right]_0^4 = \frac{1}{8}(e^{32}-1)$$

여기서 잠깐! | $\int_0^4 ye^{2y^2}dy$ **의 계산**

〈예제 7.12〉의 풀이과정에서 정적분을 두 가지 방법으로 계산해본다.

$$\int_0^4 ye^{2y^2}dy$$

① 치환적분법의 이용

$t \triangleq 2y^2$ 으로 치환하여 y로 미분하면 다음과 같다.

$$\frac{dt}{dy} = 4y \longrightarrow ydy = \frac{1}{4}dt$$

또한, $y=0$일 때 $t=0$이고 $y=4$일 때 $t=32$이므로 t에 대한 적분구간은 $0 \le t \le 32$가 된다.

$$\begin{aligned}\int_0^4 ye^{2y^2}dy &= \int_0^{32}\frac{1}{4}e^t dt \\ &= \left[\frac{1}{4}e^t\right]_0^{32} = \frac{1}{4}(e^{32}-1)\end{aligned}$$

② 미분관계식의 이용

$\left(e^{2y^2}\right)' = 4ye^{2y^2}$ 의 관계에서 양변을 정적분하면 다음과 같다.

$$\begin{aligned}\int_0^4\left(e^{2y^2}\right)'dy = \int_0^4 4ye^{2y^2}dy &= 4\int_0^4 ye^{2y^2}dy \\ \left[e^{2y^2}\right]_0^4 &= 4\int_0^4 ye^{2y^2}dy \\ \therefore \int_0^4 ye^{2y^2}dy &= \frac{1}{4}\left[e^{2y^2}\right]_0^4 = \frac{1}{4}(e^{32}-1)\end{aligned}$$

지금까지의 예제에서 알 수 있는 것처럼 이중적분의 계산은 적분영역 R에 대한 수학적 표현을 구하는 것이 매우 중요하다. 적분영역의 수학적인 표현에 있어 직각좌표계가 아닌 다른 직교좌표계(원통 또는 구좌표계)를 사용하면 훨씬 편리한 경우가 있다. 직교좌표계는 8장에서 상세하게 다룬다.

요약 **이중적분의 계산 방법**

- 이중적분의 계산은 적분영역 R을 수학적으로 표현하는 것이 선행되어야 한다. 적분영역 R에 대한 수학적인 표현으로부터 정적분을 두 번 연속하여 수행함으로써 이중적분을 계산할 수 있다.
- 이변수함수를 적분할 때는 편도함수에서와 같은 개념을 적용하여 적분할 수 있다.

  ① $\int_a^b f(x, y)\,dx$ 는 피적분함수에서 y를 상수로 간주하여 적분하며, 적분결과는 y의 함수가 된다.

② $\int_c^d f(x, y)\, dy$는 피적분함수에서 x를 상수로 간주하여 적분하며, 적분결과는 x의 함수가 된다.

- 이중적분에서 적분의 순서는 미소 수직스트립 또는 미소 수평스트립 중에서 어떤 스트립을 먼저 만들어서 적분하는가에 따라 적분순서가 달라진다. 또한 적분영역 R을 수학적으로 표현하는데 직교좌표계를 적절히 잘 선택하면 편리한 경우가 있다.
- 이중적분을 계산하는데 있어 어떤 변수로 먼저 적분을 하던 그 결과는 동일하다.

7.6* 삼중적분의 기본 성질과 계산

(1) 삼중적분의 정의

삼중적분(Triple Integral)은 7.5절에서 정의한 이중적분을 자연스럽게 확장한 개념이며, 체적적분(Volumn Integral)이라고도 한다. 삼중적분은 주어진 삼변수함수 $f(x, y, z)$와 3차원 공간에서 정의된 임의의 적분영역 V에 의해 다음과 같이 표현된다.

$$\iiint_V f(x, y, z)\, dxdydz \tag{31}$$

식(31)의 삼중적분은 3차원 공간에서 정의된 임의의 적분영역 V를 xy−평면, yz−평면, xz−평면에 평행한 3개의 평면으로 [그림 7.13]과 같이 n개의 영역으로 분할한다. 나중에 $n \to \infty$로 접근시키기 때문에 각 영역의 모양은 일정하지 않아도 무방하며, 각 영역 내의 임의의 한 점을 각각 $P_1(x_1, y_1, z_1)$, $P_2(x_2, y_2, z_2)$, $\cdots$, $P_n(x_n, y_n, z_n)$으로 표시한다.

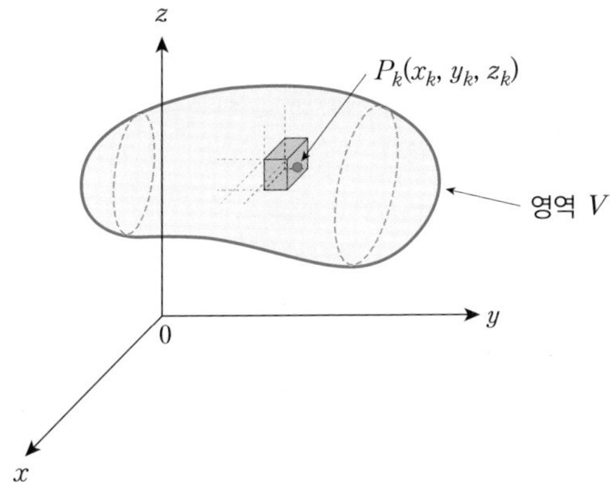

[그림 7.13] 삼중적분에서의 적분영역 V

[그림 7.13]에서 k번째 영역 내의 한 점 $P_k(x_k, y_k, z_k)$에서 주어진 함숫값을 계산한 다음, k번째 영역의 체적 ΔV_k를 곱하여 다음의 합 J_n을 구성한다.

$$J_n = \sum_{k=1}^{n} f(x_k, y_k, z_k)\Delta V_k \tag{32}$$

식(32)에서 $n \to \infty$로 할 때 극한값이 존재한다고 가정하자. 이 때 그 극한값을 적분영역 V에 대한 $f(x, y, z)$의 삼중적분이라고 정의하며 다음과 같이 나타낸다.

$$\lim_{n \to \infty} J_n = \lim_{n \to \infty} \sum_{k=1}^{n} f(x_k, y_k, z_k)\Delta V_k \triangleq \iiint_V f(x, y, x)\, dxdydz \tag{33}$$

여기서 잠깐! **적분영역 V의 체적**

삼변수함수 $f(x,y,z)$가 $f(x,y,z)=1$의 상수함수로 주어진 경우 다음의 삼중적분을 생각해 보자.

$$\iiint_V f(x,y,z)\, dxdydz = \iiint_V dxdydz = \text{적분영역 } V\text{의 체적}$$

위의 결과는 삼중적분의 정의로부터 자명하다는 것을 알 수 있다.

(2) 삼중적분의 기본 성질

6.7절의 정적분과 7.4절의 이중적분의 기본 성질과 매우 유사하게 삼중적분에 대해서도 선형성이 성립된다.

정리 7.4 삼중적분의 기본 성질

삼중적분가능한 두 함수 $f(x, y, z)$와 $g(x, y, z)$에 대하여 다음의 관계가 성립한다.

(1) $\iiint_V kf(x, y, z)\,dxdydz = k\iiint_V f(x, y, z)\,dxdydz$

(2) $\iiint_V \{f(x, y, z)+g(x, y, z)\}\,dxdydz = \iiint_V f(x, y, z)\,dxdydz + \iiint_V g(x, y, z)\,dxdydz$

(3) $\iiint_V f(x, y, z)\,dxdydz = \iiint_{V_1} f(x, y, z)\,dxdydz + \iiint_{V_2} f(x, y, z)\,dxdydz$

$$V = V_1 \cup V_2$$

[정리 7.4]의 (1)과 (2)로부터 삼중적분도 이중적분과 마찬가지로 선형성을 만족한다는 것을 알 수 있다. 또한 [정리 7.4]의 (3)은 적분영역 V를 두 개의 소영역 V_1과 V_2로 분할하면, 적분영역 V에서의 삼중적분을 적분영역 V_1과 V_2에 대한 삼중적분의 합으로 나타낼 수 있다는 의미이다.

식(33)으로 주어지는 삼중적분의 계산은 이중적분에서 계산했던 방법을 그대로 확장하여 계산하면 된다. 그런데 3차원 공간에서 적분영역 V에 대한 수학적인 표현을 구하기가 쉽지 않으며, 또한 입체적으로 V의 그래프를 그리기도 쉽지 않기 때문에 일반적으로 삼중적분은 계산이 어렵고 복잡하기 때문에 본 교재에서는 적분영역 V가 육면체로 주어진 경우로 국한할 것이다. 한 가지 예로서 〈예제 7.13〉으로 주어지는 간단한 삼중적분을 계산해 본다.

예제 7.13

적분영역 V가 3차원 공간에서 직육면체로 주어진 경우 다음의 삼중적분을 계산하라.

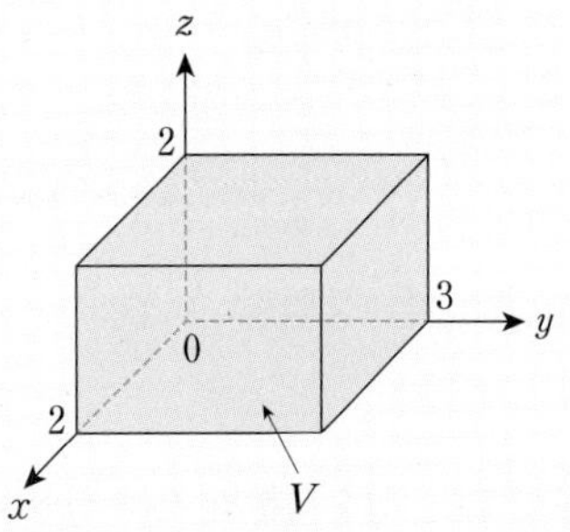

$$\iiint_V xyz\,dxdydz$$

풀이

적분영역 V는 직육면체이므로 다음과 같이 표현될 수 있다.

$$0 \le x \le 2, \quad 0 \le y \le 3, \quad 0 \le z \le 2$$

따라서 주어진 삼중적분은 이중적분의 계산과정과 유사하게 다음과 같이 계산된다.

$$\begin{aligned}\iiint_V xyz\,dxdydz &= \int_0^2 \int_0^3 \int_0^2 xyz\,dxdydz \\ &= \int_0^2 \int_0^3 \left[\frac{1}{2}x^2yz\right]_{x=0}^{x=2} dydz \\ &= \int_0^2 \int_0^3 2yz\,dydz = \int_0^2 \left[y^2z\right]_{y=0}^{y=3} dz \\ &= \int_0^2 9z\,dz = \left[\frac{9}{2}z^2\right]_0^2 = 18\end{aligned}$$

〈예제 7.13〉에서 알 수 있듯이 삼중적분의 계산도 이중적분의 경우와 마찬가지로 적분영역 V를 수학적으로 표현하는 것이 선행되어야 한다. 적분영역 V에 대한 수학적인 표현으로부터 정적분을 세 번 연속하여 수행함으로써 삼중적분을 계산할 수 있다.

삼변수함수를 적분할 때에도 편도함수를 구하는 과정과 마찬가지로 적분하고자 하는 변수를 제외한 나머지 변수들을 상수로 간주하여 다음과 같이 적분한다.

① $\int_a^b f(x, y, z)\,dx$는 피적분함수에서 y와 z를 상수로 간주하여 적분하며, 적분 결과는 y와 z의 함수가 된다.

② $\int_c^d f(x, y, z)\,dy$는 피적분함수에서 x와 z를 상수로 간주하여 적분하며, 적분 결과는 x와 z의 함수가 된다.

③ $\int_p^q f(x, y, z)\,dz$는 피적분함수에서 x와 y를 상수로 간주하여 적분하며, 적분 결과는 x와 y의 함수가 된다.

지금까지 기술한 삼중적분의 개념을 자연스럽게 확장하여 다중적분(Multiple Integral)을 정의할 수 있으나 이 책의 범위를 벗어나므로 생략하기로 한다.

요약 **삼중적분의 기본 성질과 계산**

- 삼중적분은 이중적분의 개념을 삼변수함수에까지 확장한 것이며, 이중적분과 마찬가지로 선형성을 가진다.

① $\iiint_V kf(x, y, z)dxdydz = k\iiint_V f(x, y, z)dxdydz$

② $\iiint_V \{f(x, y, z)+g(x, y, z)\}dxdydz = \iiint_V f(x, y, z)dxdydz + \iiint_V g(x, y, z)dxdydz$

③ $\iiint_V f(x, y, z)dxdydz = \iiint_{V_1} f(x, y, z)dxdydz + \iiint_{V_2} f(x, y, z)dxdydz,$
$V = V_1 \cup V_2$

- 삼중적분은 적분영역 V의 수학적 표현으로부터 정적분을 세 번 연속하여 수행함으로써 삼중적분을 계산할 수 있다.
- 삼변수함수를 적분할 때에도 편도함수를 구하는 과정과 마찬가지로 적분하고자 하는 변수를 제외한 나머지 변수들을 상수로 간주하여 적분한다.

연습문제

01 삼변수함수 $f(x, y, z)=x^3+y^3+z^3$ 에 대하여 물음에 답하라.

(1) $f(1, 0 -1)$과 $f(1, 1, 1)$의 값을 구하라.

(2) $f(x, y, z)$에 대한 모든 1차 편도함수를 구하라.

02 다음 함수의 1차 편도함수를 모두 구하라.

(1) $z=\sqrt{x}-\sqrt{y}$

(2) $z=x^4+x^2y^3+y^4$

03 다음 함수의 1차 편도함수를 모두 구하라.

$$w=\cos(3x^2yz^4)$$

04 다음 함수의 2차 편도함수를 모두 구하라.

$$z=f(x, y)=\sin x\cos y+e^x-y$$

05 다음 함수의 전미분을 구하라.

(1) $z=x^2\tan y$

(2) $z=e^{\cos x}+\sin(y^2)$

06 다음 함수에 대하여 $\dfrac{dz}{dt}$를 각각 구하라.

(1) $z=x^2+y^2,\ x=e^t,\ y=\sin t$

(2) $z=4xy^3,\ x=t,\ y=\cos t$

07 다음 함수에 대하여 $\dfrac{\partial z}{\partial t}$와 $\dfrac{\partial z}{\partial s}$를 각각 구하라.

$$z=e^x\sin y,\ x=t+s,\ y=ts$$

08 함수 $u(x, y)=e^{5x}\cos 5y$가 다음의 방정식의 해가 된다는 것을 증명하라.

$$\frac{\partial^2 u}{\partial x^2}+\frac{\partial^2 u}{\partial y^2}=0$$

09 다음의 이중적분을 주어진 적분영역 R에 대하여 지시대로 계산하라.

$$\iint_R (x+2y)\,dxdy$$

(1) x에 대해 먼저 적분한 다음, y를 적분하라.
(2) y에 대해 먼저 적분한 다음, x를 적분하라.

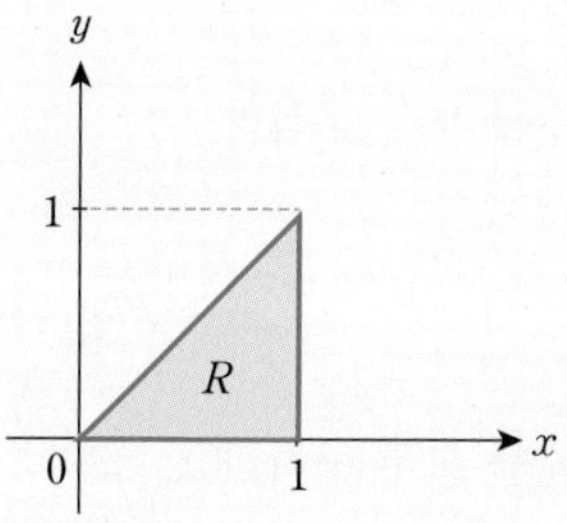

10 다음의 이중적분을 주어진 적분영역 R에 대해 계산하라.

$$\iint_R xy\,dxdy$$

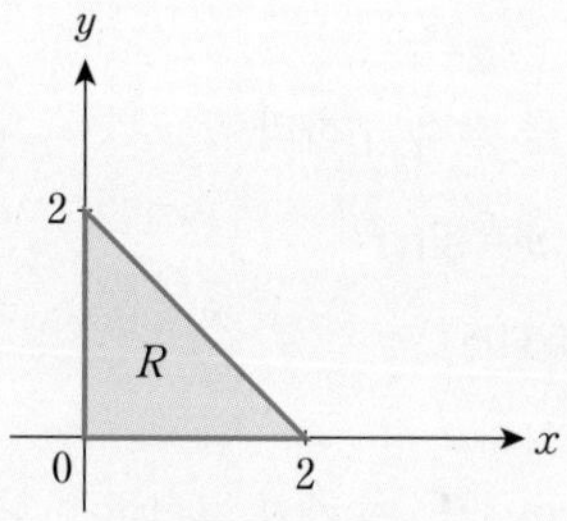

11 다음의 이중적분을 주어진 적분영역 R에 대해 계산하라.

$$\iint_R (x-y)\,dxdy$$

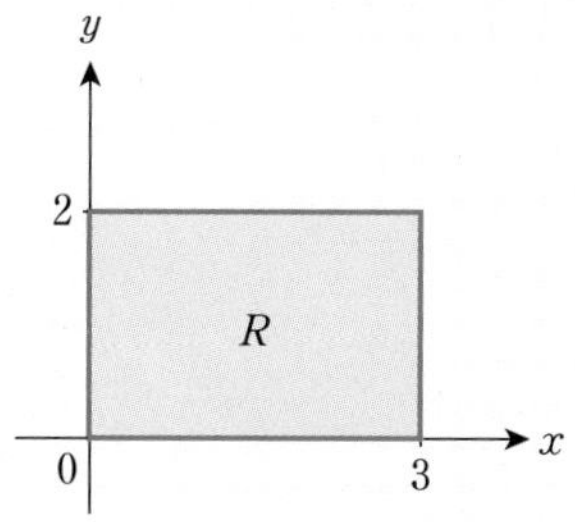

12 다음의 삼중적분을 주어진 적분영역 V에 대해 계산하라.

$$\iiint_V (x+y+z)\,dxdydz$$

단, 적분영역 V는 $0 \le x \le 1$, $0 \le y \le 1$, $0 \le z \le 1$인 정육면체의 내부이다.

13 주어진 적분영역 V는 $0 \le x \le 2$, $0 \le y \le 1$, $0 \le z \le 3$인 직육면체이다. 적분영역 V에 대해 다음의 삼중적분을 계산하라.

$$\iiint_V xyz\,dxdydz$$

14 삼변수함수 w에 대하여 다음의 3차 편도함수를 각각 구하라.

$$w = x^2yz + xy^2z + xyz^2$$

(1) $\dfrac{\partial^3 w}{\partial z\,\partial y^2}$

(2) $\dfrac{\partial^3 w}{\partial x\,\partial y\,\partial z}$

15 $z = f(x, y) = x^2y - 3xy^3$일 때, 점 $P(1, 1)$에서 $\dfrac{\partial f}{\partial x}$와 $\dfrac{\partial f}{\partial y}$의 값을 구하라.

CHAPTER 08

벡터와 공간직교좌표계

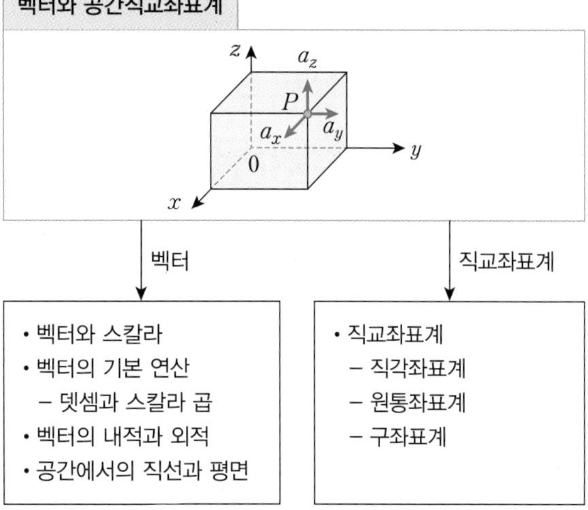

CHAPTER 08

벡터와 공간직교좌표계

▶ 단원 개요

본 장에서는 위치벡터를 도입하여 이를 수학적으로 표현하고 벡터간의 기본연산인 벡터덧셈과 스칼라 곱에 대하여 다룬다. 또한 벡터간의 곱셈에 해당되는 두 가지 연산, 즉 내적과 외적을 정의하여 이를 실제 문제에 활용해 본다. 마지막으로 벡터를 수학적으로 표현하기 위하여 주로 많이 사용되는 공간직교좌표계를 소개하고 각 좌표계 사이의 변환관계에 대해 학습한다.
벡터는 어떤 물리적인 현상이나 공학적인 표현을 간결하고 함축적으로 표현하기 위하여 많이 활용되고 있으므로 명확한 개념의 이해가 필수적이다.

8.1 벡터와 스칼라

(1) 벡터와 스칼라의 정의

자연계의 어떤 물리적인 현상을 설명하는 데 필요한 물리량에는 크기만으로 정의되는 양이 있는 반면에 크기와 방향 모두를 고려해야 정의되는 양이 있다. 크기(Magnitude)만으로 정의되는 물리량을 스칼라(Scalar)라고 하며, 크기와 방향(Direction)을 동시에 고려하여 정의한 물리량을 벡터(Vector)라고 한다.

예를 들어, [그림 8.1(a)]에 나타낸 것처럼 방 안의 온도분포를 알기 위한 온도(Temperature)는 크기만으로 정의될 수 있는 양이기 때문에 스칼라이다. 그런데 어떤 물체 M에 가해지는 힘(Force)이란 양은 [그림 8.1(b)]에서 알 수 있듯이 물체 M에 어떤 방향으로 힘을 가하는가에 따라 물체의 움직임이 달라질 수 있으므로 크기는 물론 방향까지도 고려하여 정의해야 하는 물리량이다. 따라서 힘은 벡터이다.

여기서 잠깐! | **속력과 속도는 어떻게 다를까?**

우리는 일상 생활에서 속력(Speed)과 속도(Velocity)를 구분하지 않고 혼용하여 사용하고 있다. 엄밀하게 말하면 속력은 절대적인 빠르기만을 의미하는 스칼라이고, 속도는 빠르기의 크기와 방향에 관한 정보를 모두 가진 벡터인 것이다.

어떤 자동차의 속력은 100km/h라고 말하면 충분하지만 자동차의 속도는 속력과 함께 방향을 명시해야 정확한 표현이 되는 것이다.

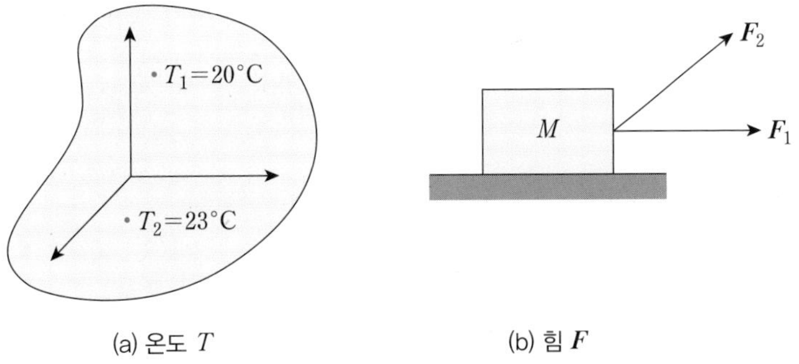

[그림 8.1] 스칼라와 벡터

스칼라는 크기만으로 정의되는 양이므로 수학적 기호로는 a, b, c … 와 같이 표현하지만, 벡터는 크기와 방향을 가지는 양이므로 이를 수학적으로 표현하기 위해서는 [그림 8.2]에서와 같이 유향선분(방향을 가진 선분)으로 표시한다. 선분의 길이는 벡터의 크기를 나타내고, 선분의 방향은 벡터의 방향을 나타낸다. 또한 벡터는 굵은 볼드 문자체로 $\boldsymbol{a}$, $\boldsymbol{b}$, $\boldsymbol{c}$, … 등으로 나타내며, 유향선분이 시작되고 끝나는 점을 벡터의 시점과 종점이라고 한다. [그림 8.2]에 평면에서 정의되는 벡터(평면벡터)와 공간에서 정의되는 벡터(공간벡터)의 기하학적인 표현을 도시하였다.

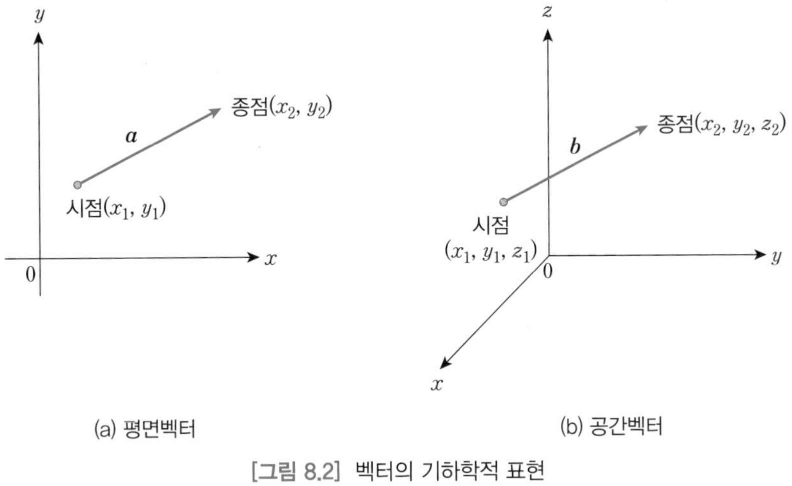

[그림 8.2] 벡터의 기하학적 표현

(2) 위치벡터

[그림 8.2]에서 알 수 있듯이 벡터를 기하학적으로 표현하기 위해서는 2개의 점(시점과 종점)이 필요하다. 그런데 만일 어떤 두 벡터의 시점과 종점의 좌표가 서로 다르다고 해도 한 벡터를 평행이동하여 다른 벡터에 일치시킬 수 있다면, 그 두 벡터는 서로 동일한 벡터라고 정의하자. 예를 들어 [그림 8.3]의 세 벡터는 모두 같은 벡터이다.

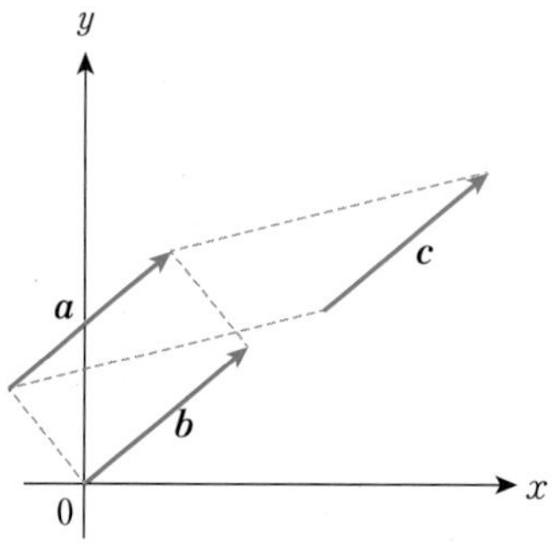

[그림 8.3] 벡터의 평행이동

[그림 8.3]의 벡터 $\boldsymbol{a}$와 $\boldsymbol{c}$는 평행이동하여 벡터 $\boldsymbol{b}$와 일치시킬 수 있음을 알 수 있다. 벡터 $\boldsymbol{b}$와 같이 시점이 원점인 벡터를 위치벡터(Position Vector)라고 하는데, 벡터의 평행이동을 허용하게 되면 시점이 원점이 아닌 모든 벡터는 위치벡터로 취급할 수 있다.

위치벡터는 시점이 원점이므로 위치벡터를 수학적으로 표현하는 데는 사실상 종점의 좌표만이 중요하게 된다. 결국 위치벡터를 정의함으로써 두 점으로 표현되던 벡터가 사실상 한 점으로 표현될 수 있으므로 수학적인 표현이 단순화된다. 앞으로 이 책에서 다루는 모든 벡터는 묵시적으로 위치벡터라고 간주할 것이며, 위치벡터는 종점의 좌표만이 중요하기 때문에 다음과 같이 종점의 좌표로 위치벡터를 표현할 수 있다.

$$\boldsymbol{a} = (x_1,\ y_1) \quad \text{또는} \quad \boldsymbol{a} = (x_1,\ y_1,\ z_1) \tag{1}$$

식(1)을 위치벡터의 성분표시라고 하며 [그림 8.4]에 위치벡터를 나타내었다.

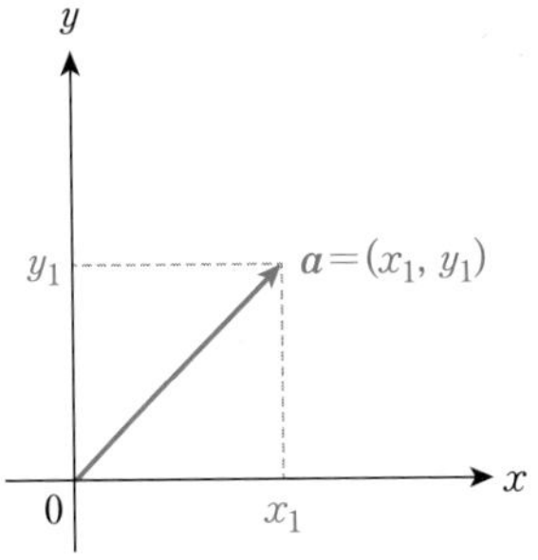

(a) 2차원 위치벡터

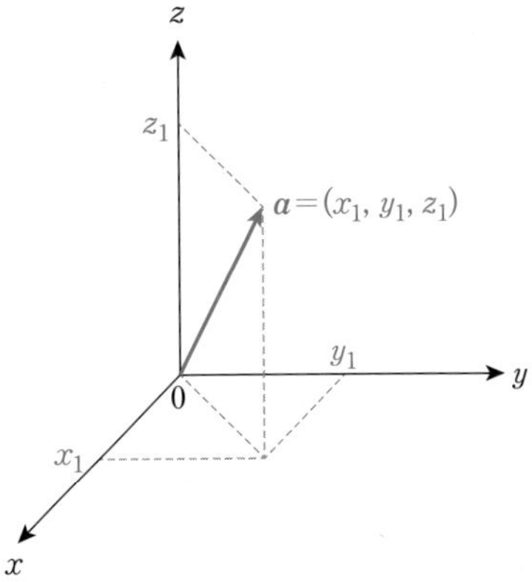

(b) 3차원 위치벡터

[그림 8.4] 위치벡터의 성분표시

예제 8.1

시점이 (a, b), 종점이 (c, d)인 평면벡터를 위치벡터로 변환하였을 때, 위치벡터의 성분을 구하라.

풀이

다음 그림에서 시점 (a, b)를 원점으로 이동하려면 x좌표를 $-a$, y좌표를 $-b$만큼 더해 주어야 하므로 종점 (c, d)는 $(c-a, d-b)$로 이동한다.

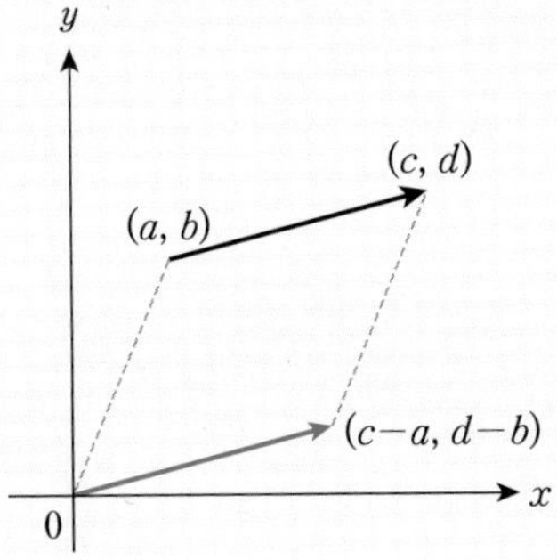

(3) 벡터의 크기와 단위벡터

식(1)에서 벡터의 크기를 정의해 보자. 벡터 $\boldsymbol{a}$의 크기는 $\|\boldsymbol{a}\|$로 표시하며 유향선분의 길이를 의미하므로 [그림 8.5]로부터 다음과 같이 결정된다.

$$\|\boldsymbol{a}\| = \sqrt{x_1^2 + y_1^2} \quad \text{또는} \quad \|\boldsymbol{a}\| = \sqrt{x_1^2 + y_1^2 + z_1^2} \tag{2}$$

[그림 8.5]에 벡터의 크기에 대해 도시하였으며, 피타고라스의 정리에 의해 식(2)가 결정된다는 것을 쉽게 알 수 있다.

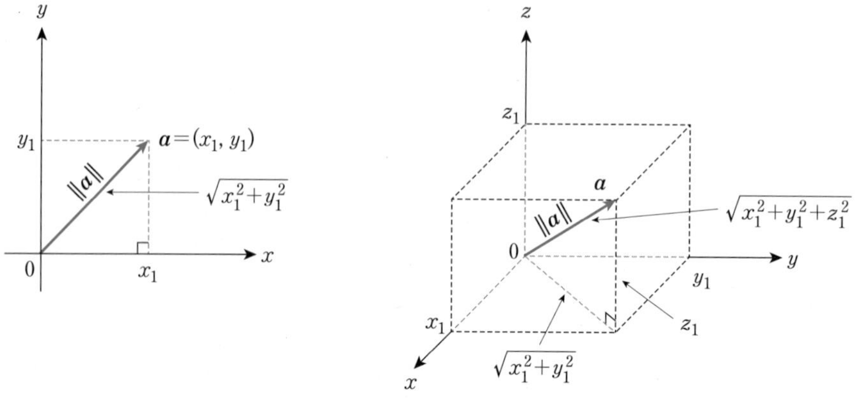

(a) 평면벡터의 크기 (b) 공간벡터의 크기

[그림 8.5] 벡터의 크기

한편, 크기가 1인 벡터를 단위벡터(Unit Vector)라고 하는데, [그림 8.6]에서와 같이 2차원 평면과 3차원 공간에서 각 축 방향의 단위벡터를 $\boldsymbol{a}_x$, $\boldsymbol{a}_y$, $\boldsymbol{a}_z$의 기호로 나타낸다.

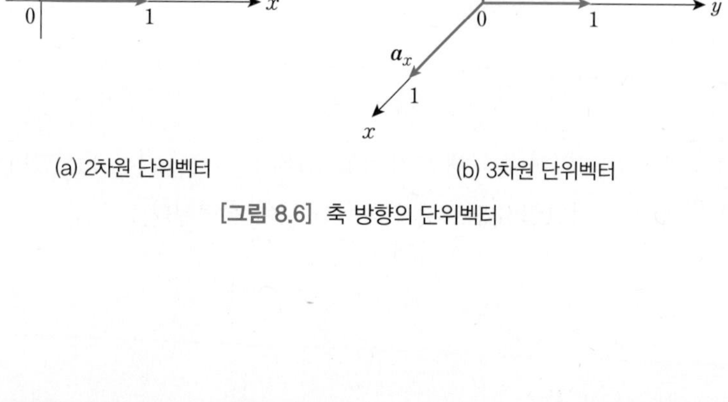

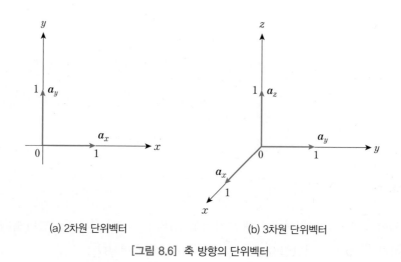

(a) 2차원 단위벡터 (b) 3차원 단위벡터

[그림 8.6] 축 방향의 단위벡터

요약 벡터와 스칼라

- 스칼라는 크기만으로 정의되는 물리량이며, 벡터는 크기와 방향을 동시에 고려하여 정의되는 물리량을 의미한다.
- 벡터는 유향선분(방향을 가진 선분)으로 표시하며, 선분의 길이는 벡터의 크기를 나타내고, 선분의 방향은 벡터의 방향을 나타낸다.
- 시점을 원점으로 하는 벡터를 위치벡터라고 정의하며, 벡터의 평행이동을 허용하게 되면 시점이 원점이 아닌 모든 벡터는 위치벡터로 취급할 수 있다.
- 위치벡터는 시점이 원점이므로 종점의 좌표만이 중요하게 되며, 이 종점의 좌표를 위치벡터의 성분표시라고 한다.

$$\boldsymbol{a} = (x_1,\ y_1) \quad \text{또는} \quad \boldsymbol{a} = (x_1,\ y_1,\ z_1)$$

- 벡터의 크기는 $\|\boldsymbol{a}\|$로 표시하며 유향선분의 길이를 의미하므로 다음과 같이 결정된다.

$$\|\boldsymbol{a}\| = \sqrt{x_1^2 + y_1^2} \quad \text{또는} \quad \|\boldsymbol{a}\| = \sqrt{x_1^2 + y_1^2 + z_1^2}$$

- 크기가 1인 벡터를 단위벡터라고 정의한다.

8.2 벡터의 덧셈과 뺄셈, 스칼라 곱

지금까지 위치벡터의 수학적 표현에 대하여 학습하였다. 본 절에서는 평면 위에 놓인 두 위치벡터의 덧셈과 뺄셈 연산에 대해 정의하고, 위치벡터의 스칼라 곱에 대하여 기술한다.

(1) 벡터의 덧셈

평면벡터 $\boldsymbol{a} = (a_1,\ a_2)$, $\boldsymbol{b} = (b_1,\ b_2)$가 주어진 경우 벡터의 덧셈은 다음과 같이 정의한다.

$$\boldsymbol{a} + \boldsymbol{b} \triangleq (a_1 + b_1,\ a_2 + b_2) \tag{3}$$

벡터의 덧셈에 대한 기하학적인 의미를 고찰해 보자. [그림 8.7]에서 $\boldsymbol{a} + \boldsymbol{b}$는 $\boldsymbol{a}$와

b가 이루는 평행사변형의 대각선을 연결하는 벡터와 같음을 알 수 있으며, 이를 평행사변형의 법칙(Law of Parallelogram)이라고 한다.

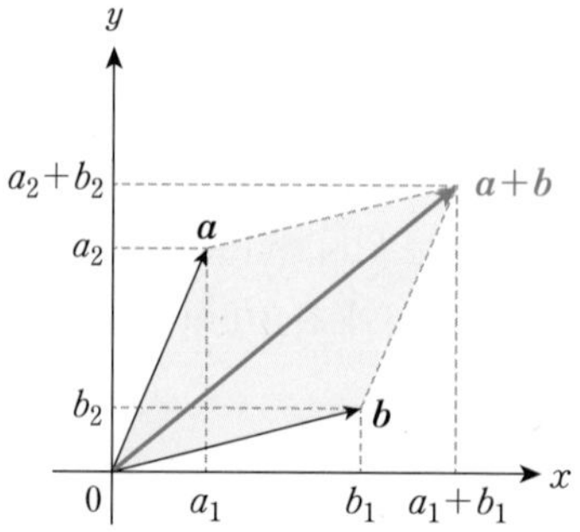

[그림 8.7] 벡터의 덧셈

한편, [그림 8.7]에서 벡터 **a**를 평행사변형의 마주 보는 변으로 평행이동시키면 벡터 덧셈을 삼각형의 법칙(Law of Triangle)으로도 정의할 수 있다.

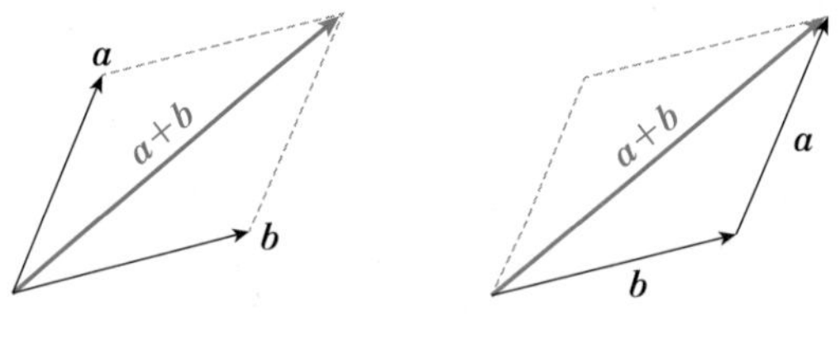

[그림 8.8] 벡터의 덧셈

평행사변형의 법칙은 더하고자 하는 두 벡터의 시점을 일치시킨 후 평행사변형으로 만들어서 대각선을 취하면 두 벡터의 덧셈이 이루어진다. 그런데 삼각형의 법칙은 더하고자 하는 벡터의 종점에 다른 벡터의 시점을 일치시킨 후 삼각형을 만들어서 덧셈을 하게 된다는 것에 유의하라.

삼각형의 법칙을 이용하면 3개 이상의 벡터를 쉽게 더할 수 있으며, [그림 8.9]에 이를 도시하였다. 이에 대한 증명은 간단하므로 독자들의 연습문제로 남긴다.

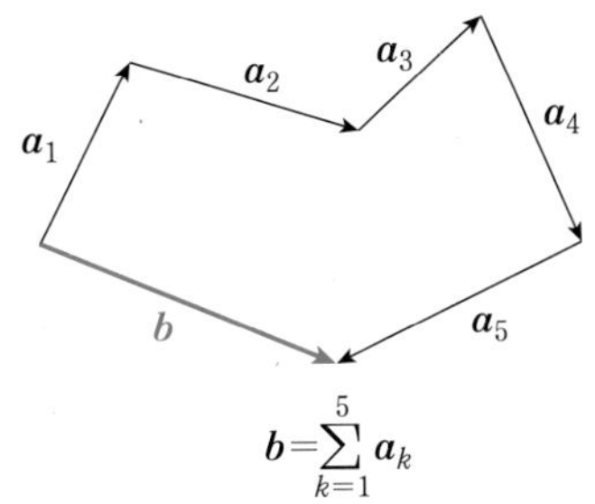

[그림 8.9] 삼각형의 법칙을 이용한 덧셈

(2) 벡터의 뺄셈

평면벡터 $\boldsymbol{a} = (a_1,\ a_2)$, $\boldsymbol{b} = (b_1,\ b_2)$가 주어진 경우 벡터의 뺄셈은 다음과 같이 정의한다.

$$\boldsymbol{a} - \boldsymbol{b} \triangleq (a_1 - b_1,\ a_2 - b_2) \tag{4}$$

벡터의 뺄셈에 대한 기하학적 의미를 고찰해 보자.

[그림 8.10]에서 알 수 있듯이 $\boldsymbol{a}-\boldsymbol{b}$는 $\boldsymbol{b}$의 종점에서 $\boldsymbol{a}$의 종점을 연결한 벡터이다. 이유는 벡터 $\boldsymbol{a}$와 $\boldsymbol{b}$를 연결한 벡터 $\boldsymbol{c}$를 위치벡터로 변환하기 위해 $\boldsymbol{c}$의 시점을 원점으로 이동시키면 $\boldsymbol{c}$의 종점의 좌표가 $(a_1 - b_1,\ a_2 - b_2)$이 되기 때문이다.

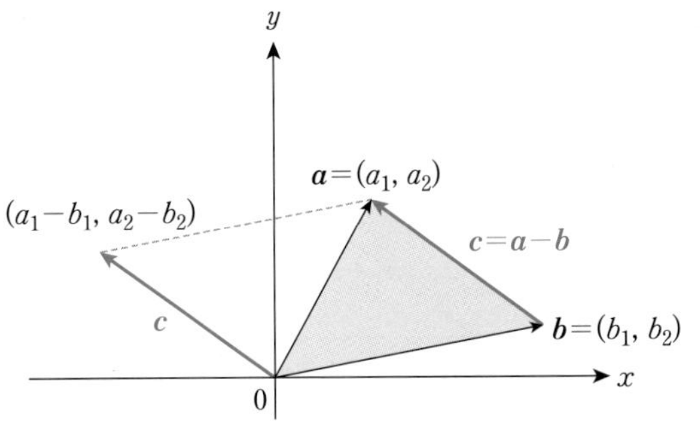

[그림 8.10] 벡터의 뺄셈

[그림 8.10]에서 파란색 음영으로 표시된 영역의 삼각형을 이용하여 뺄셈을 정의할 수 있다. 두 벡터 $\boldsymbol{a}$와 $\boldsymbol{b}$의 뺄셈은 두 벡터의 종점을 연결하면 되는데, 방향이 두

가지이므로 $\boldsymbol{a}-\boldsymbol{b}$는 벡터의 방향이 $\boldsymbol{a}$를 향하게 하고 $\boldsymbol{b}-\boldsymbol{a}$는 벡터의 방향이 $\boldsymbol{b}$를 향하게 하면 된다.

크기와 방향이 같은 경우 두 벡터의 뺄셈은 영벡터(Zero Vector)가 되는데, 실수에서도 0이 존재하듯이 벡터에서도 영벡터가 존재하며 모든 성분이 0인 벡터로 정의한다. 기호로는 볼드체로 $\mathbf{0}$으로 표시한다.

$$\mathbf{0} = (0,\ 0) \tag{5}$$

(3) 스칼라 곱

마지막으로 위치벡터의 스칼라 곱(Scalar Multiplication)에 대해 정의한다. 스칼라 곱은 벡터 $\boldsymbol{a}$에 스칼라 k를 곱하여 $k\boldsymbol{a}$ 형태를 가지게 되는데, $k\boldsymbol{a}$를 성분으로 정의하면 다음과 같다.

$$k\boldsymbol{a} \triangleq (ka_1,\ ka_2) \tag{6}$$

결국 벡터의 스칼라 곱은 벡터 $\boldsymbol{a}$의 각 성분에 스칼라 k를 곱한 것이므로 [그림 8.11]에서와 같이 k의 값에 따라 벡터 $\boldsymbol{a}$를 늘이거나 줄이는 것을 의미한다.

만일, k가 음이 되는 경우 $k\boldsymbol{a}$는 주어진 벡터 $\boldsymbol{a}$와 방향이 반대인 벡터가 된다.

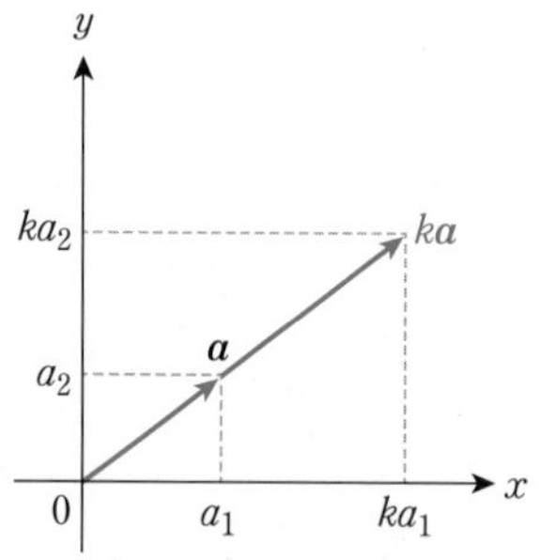

[그림 8.11] 벡터의 스칼라 곱

지금까지 정의한 벡터의 덧셈과 뺄셈, 스칼라 곱은 평면벡터뿐만 아니라 공간벡터에서도 자연스럽게 확장하여 정의할 수 있음에 유의하라. 즉, 3차원 공간에 위치한 공간벡터 $\boldsymbol{a} = (a_1,\ a_2,\ a_3)$, $\boldsymbol{b} = (b_1,\ b_2,\ b_3)$와 스칼라 k에 대해 벡터의 덧셈과 뺄셈, 스칼라 곱을 다음과 같이 자연스럽게 확장하여 정의한다.

$$\boldsymbol{a} \pm \boldsymbol{b} \triangleq (a_1 \pm b_1,\ a_2 \pm b_2,\ a_3 \pm b_3) \tag{7}$$

$$k\boldsymbol{a} \triangleq (ka_1,\ ka_2,\ ka_3) \tag{8}$$

예제 8.2

공간벡터 $\boldsymbol{a} = (0,\ 2,\ 0)$, $\boldsymbol{b} = (-1,\ 0,\ 1)$, $\boldsymbol{c} = (1,\ -1,\ 1)$에 대하여 다음 물음에 답하라.

(1) $\boldsymbol{a} + \boldsymbol{b} - 2\boldsymbol{c}$와 $3\boldsymbol{a} - 4\boldsymbol{c}$를 계산하고 그 크기를 각각 구하라.

(2) 임의의 공간벡터 $\boldsymbol{d} = (1,\ 2,\ 3)$에 대하여 다음을 만족하는 k_1, k_2, k_3를 구하라.

$$k_1\boldsymbol{a} + k_2\boldsymbol{b} + k_3\boldsymbol{c} = \boldsymbol{d}$$

풀이

(1) $\boldsymbol{a} + \boldsymbol{b} - 2\boldsymbol{c} = (0,\ 2,\ 0) + (-1,\ 0,\ 1) - 2(1,\ -1,\ 1)$

$\therefore\ \boldsymbol{a} + \boldsymbol{b} - 2\boldsymbol{c} = (-3,\ 4,\ -1)$

$3\boldsymbol{a} - 4\boldsymbol{c} = 3(0,\ 2,\ 0) - 4(1,\ -1,\ 1)$

$\therefore\ 3\boldsymbol{a} - 4\boldsymbol{c} = (-4,\ 10,\ -4)$

$\|\boldsymbol{a} + \boldsymbol{b} - 2\boldsymbol{c}\| = \sqrt{(-3)^2 + 4^2 + (-1)^2} = \sqrt{26}$

$\|3\boldsymbol{a} - 4\boldsymbol{c}\| = \sqrt{(-4)^2 + 10^2 + (-4)^2} = \sqrt{132}$

(2) $k_1\boldsymbol{a} + k_2\boldsymbol{b} + k_3\boldsymbol{c} = \boldsymbol{d}$로부터 다음의 관계를 얻을 수 있다.

$(0,\ 2k_1,\ 0) + (-k_2,\ 0,\ k_2) + (k_3,\ -k_3,\ k_3) = (1,\ 2,\ 3)$

$(-k_2 + k_3,\ 2k_1 - k_3,\ k_2 + k_3) = (1,\ 2,\ 3)$

$-k_2 + k_3 = 1,\ 2k_1 - k_3 = 2,\ k_2 + k_3 = 3$

$\therefore\ k_1 = 2,\ k_2 = 1,\ k_3 = 2$

(4) 위치벡터의 단위벡터 표현

앞에서 언급한 바와 같이 벡터의 크기가 1인 벡터를 단위벡터(Unit Vector) $\boldsymbol{u}$라고 하는데, 다음과 같이 임의의 벡터 $\boldsymbol{a}$를 자신의 크기 $\|\boldsymbol{a}\|$로 나누어 주면 단위벡터가 된다.

$$\boldsymbol{u} \triangleq \frac{1}{\|\boldsymbol{a}\|}\boldsymbol{a} \tag{9}$$

식(9)로 정의된 단위벡터의 크기를 구해 보면

$$\boldsymbol{u} = \frac{1}{\|\boldsymbol{a}\|}(a_1,\ a_2,\ a_3) = \left(\frac{1}{\|\boldsymbol{a}\|}a_1,\ \frac{1}{\|\boldsymbol{a}\|}a_2,\ \frac{1}{\|\boldsymbol{a}\|}a_3\right)$$

이므로, $\|\boldsymbol{u}\|$는 다음과 같이 1이 되므로 $\boldsymbol{u}$는 단위벡터임을 알 수 있다.

$$\|\boldsymbol{u}\| = \sqrt{\frac{a_1^2}{\|\boldsymbol{a}\|^2} + \frac{a_2^2}{\|\boldsymbol{a}\|^2} + \frac{a_3^2}{\|\boldsymbol{a}\|^2}} = \sqrt{\frac{\|\boldsymbol{a}\|^2}{\|\boldsymbol{a}\|^2}} = 1$$

한편, [그림 8.6]에서 평면과 공간좌표계에서 각 축 방향의 단위벡터를 정의하였고, 벡터 덧셈에 대해 학습하였으므로 위치벡터의 또 다른 수학적인 표현에 대해 설명한다.

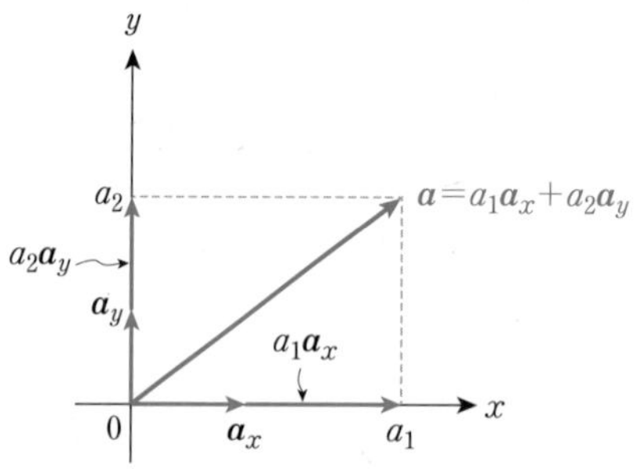

[그림 8.12] 위치벡터의 단위벡터 표현

[그림 8.12]에서 $\boldsymbol{a} = (a_1,\ a_2)$일 때 각 축 방향 단위벡터 $\boldsymbol{a}_x$, $\boldsymbol{a}_y$를 이용하면 평행사변형의 법칙에 의해 $\boldsymbol{a}$는 다음과 같이 표현할 수 있다.

$$\boldsymbol{a} = a_1\boldsymbol{a}_x + a_2\boldsymbol{a}_y \tag{10}$$

식(10)을 벡터 $\boldsymbol{a}$의 단위벡터 표현이라고 하며, 공간벡터 $\boldsymbol{a} = (a_1,\ a_2,\ a_3)$에 대해서도 자연스럽게 확장할 수 있다. 즉, 공간벡터 $\boldsymbol{a} = (a_1,\ a_2,\ a_3)$는 각 축 방향 단위

벡터를 이용하여 다음과 같이 표현할 수 있다.

$$\boldsymbol{a}=a_1\boldsymbol{a}_x+a_2\boldsymbol{a}_y+a_3\boldsymbol{a}_z \tag{11}$$

결국 위치벡터의 수학적 표현방법은 성분표시에 의한 방법과 단위벡터에 의한 표시방법이 있으며, 상황에 따라 적당한 표시방법을 이용하면 된다. 동일한 벡터에 대하여 수학적으로 표현하는 방법만이 다른 것이고 벡터 자체가 달라지는 것은 아니라는 사실에 유의하라.

예제 8.3

$\boldsymbol{a}=2\boldsymbol{a}_x+3\boldsymbol{a}_y$ 에 대하여 다음의 관계를 만족하는 k_1 과 k_2 를 구하라.

$$\boldsymbol{a}=k_1\boldsymbol{b}+k_2\boldsymbol{c}$$

여기서 $\boldsymbol{b}=\boldsymbol{a}_x+\boldsymbol{a}_y$, $\boldsymbol{c}=\boldsymbol{a}_x-\boldsymbol{a}_y$ 이다.

풀이

$\boldsymbol{a}=k_1\boldsymbol{b}+k_2\boldsymbol{c}$ 의 관계로부터

$$\begin{aligned}
&\boldsymbol{a}=k_1\boldsymbol{b}+k_2\boldsymbol{c}\\
&2\boldsymbol{a}_x+3\boldsymbol{a}_y=(k_1\boldsymbol{a}_x+k_1\boldsymbol{a}_y)+(k_2\boldsymbol{a}_x-k_2\boldsymbol{a}_y)\\
&\qquad\qquad\;=(k_1+k_2)\boldsymbol{a}_x+(k_1-k_2)\boldsymbol{a}_y\\
&k_1+k_2=2,\ k_1-k_2=3\\
&\quad\therefore\ k_1=\frac{5}{2},\quad k_2=-\frac{1}{2}
\end{aligned}$$

여기서 잠깐! **복소수와 2차원 위치벡터의 수학적인 표현**

복소평면은 실수축과 허수축으로 이루어진 2차원 평면이며, 좌표평면은 x좌표축과 y좌표축으로 구성된 2차원 평면이다. 복소수는 복소평면 위의 한 점으로 표시되며, 2차원 위치벡터는 좌표평면 위의 한 점으로 표시된다.

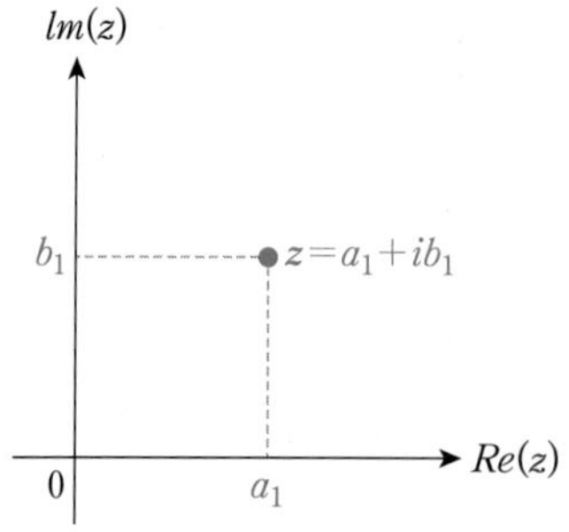

(a) 복소수의 표현

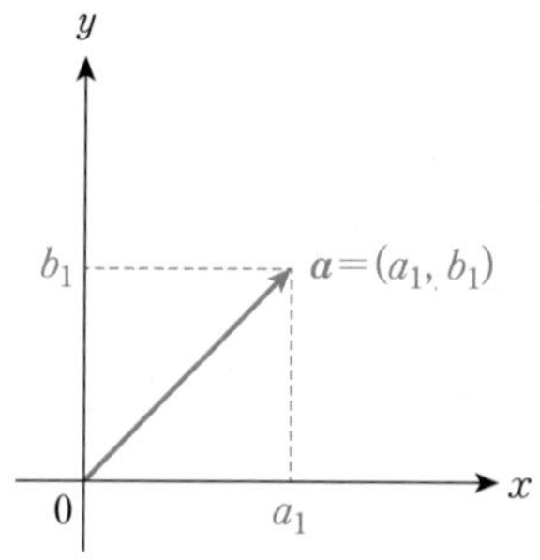

(b) 위치벡터의 표현

위의 그림으로부터 2차원 평면에 놓인 한 점은 평면이 무엇인가에 따라 복소수를 나타낼 수도 있고, 또한 위치벡터를 나타낼 수 있는 것이다. 1장에서 언급한 바와 같이 복소수와 점은 수학적으로 표현이 동일하다는 것을 함께 고려해보면, 2차원 평면 위에 한 점, 복소수, 위치벡터는 모두 수학적으로 동일한 표현을 가진다는 것에 주목하라.

예제 8.4

다음 그림에서 벡터 $\overrightarrow{AC}$ 와 $\overrightarrow{CM}$ 을 벡터 $\boldsymbol{a}$와 $\boldsymbol{b}$로 나타내어라. 단, M은 A와 B의 중점이고 $\overrightarrow{AB}=\boldsymbol{a}$, $\overrightarrow{BC}=\boldsymbol{b}$ 이다.

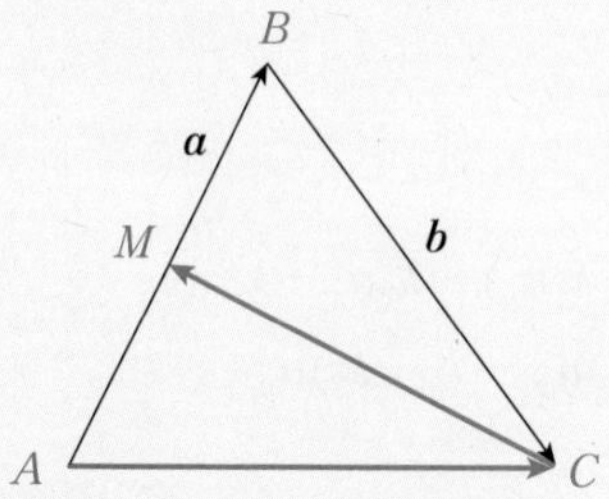

풀이

$\overrightarrow{AC}$ 는 삼각형의 법칙에 의하여 $\overrightarrow{AC}=\overrightarrow{AB}+\overrightarrow{BC}=\boldsymbol{a}+\boldsymbol{b}$ 이다.
삼각형의 법칙에 의하여 다음의 관계를 얻을 수 있다.

$$\overrightarrow{CM}+\overrightarrow{MA}=\overrightarrow{CA}$$

$$\therefore\ \overrightarrow{CM}=\overrightarrow{CA}-\overrightarrow{MA}=-\overrightarrow{AC}+\overrightarrow{AM}$$

$$=-(\boldsymbol{a}+\boldsymbol{b})+\frac{1}{2}\boldsymbol{a}=-\frac{1}{2}\boldsymbol{a}-\boldsymbol{b}$$

요약 벡터의 가감산 및 스칼라 곱

- 평면벡터 $\boldsymbol{a}=(a_1,\ a_2)$, $\boldsymbol{b}=(b_1,\ b_2)$가 주어진 경우 벡터의 덧셈과 뺄셈, 스칼라 곱은 각각 다음과 같이 정의된다.

$$\boldsymbol{a}+\boldsymbol{b} \triangleq (a_1+b_1,\ a_2+b_2)$$
$$\boldsymbol{a}-\boldsymbol{b} \triangleq (a_1-b_1,\ a_2-b_2)$$
$$k\boldsymbol{a} \triangleq (ka_1,\ ka_2)$$

- 벡터의 덧셈은 평행사변형의 법칙과 삼각형의 법칙을 이용하여 계산할 수 있다.
- 평행사변형의 법칙은 더하고자 하는 두 벡터의 시점을 일치시킨 후 평행사변형으로 만들어서 대각선을 취하면 두 벡터의 덧셈이 이루어진다.
- 삼각형의 법칙은 더하고자 하는 벡터의 종점에 다른 벡터의 시점을 일치시킨 후 삼각형을 만들어 덧셈을 한다.
- 벡터의 스칼라 곱은 벡터를 늘이거나 줄이는 것을 의미하며, k가 음이 되면 $k\boldsymbol{a}$는 벡터 $\boldsymbol{a}$와 방향이 반대인 벡터가 된다.
- 임의의 벡터 $\boldsymbol{a}$를 자신의 크기 $\|\boldsymbol{a}\|$로 나누어 주면 크기가 1인 단위벡터 $\boldsymbol{u}$가 된다.

$$\boldsymbol{u} \triangleq \frac{1}{\|\boldsymbol{a}\|}\boldsymbol{a}=\frac{\boldsymbol{a}}{\|\boldsymbol{a}\|}$$

- $\boldsymbol{a}_x$, $\boldsymbol{a}_y$, $\boldsymbol{a}_z$를 각 축 방향 단위벡터라고 하면, 벡터 $\boldsymbol{a}=(a_1,\ a_2,\ a_3)$는 다음과 같이 표현할 수 있다.

$$\boldsymbol{a}=a_1\boldsymbol{a}_x+a_2\boldsymbol{a}_y+a_3\boldsymbol{a}_z$$

8.3 벡터의 내적과 외적

(1) 벡터의 내적

8.2절에서 벡터의 덧셈과 뺄셈, 스칼라 곱에 대해 설명하였다. 공학분야 특히 역학이나 전기자기학에서 많이 사용되는 두 벡터 사이의 곱에 대하여 살펴보자. 먼저 벡터의 내적(Inner Product)에 대하여 설명하기로 한다.

정의 8.1 **벡터의 내적**

두 벡터 $\boldsymbol{a}$와 $\boldsymbol{b}$의 내적은 다음과 같이 정의되며 $\boldsymbol{a}\cdot\boldsymbol{b}$로 표시한다.

$$\boldsymbol{a}\cdot\boldsymbol{b} \triangleq \|\boldsymbol{a}\|\|\boldsymbol{b}\|\cos\theta$$

θ : 벡터 $\boldsymbol{a}$와 $\boldsymbol{b}$가 이루는 사잇각$(0\leq\theta\leq\pi)$

[정의 8.1]에서 내적은 연산 결과로서 스칼라가 주어지는 연산이기 때문에 스칼라적(Scalar Product)이라고도 부른다. 내적의 기하학적인 의미를 살펴보면, [그림 8.13]에서 벡터 $\boldsymbol{a}$를 벡터 $\boldsymbol{b}$에 투영(Projection)시킨 크기는 $\|a\|\cos\theta$이므로 $\boldsymbol{a}\cdot\boldsymbol{b}$은 $\boldsymbol{a}$를 $\boldsymbol{b}$에 투영시킨 크기와 $\boldsymbol{b}$의 크기의 곱이라는 것을 알 수 있다.

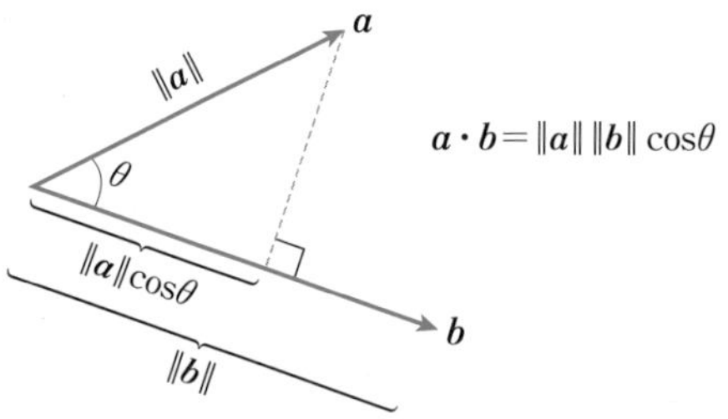

[그림 8.13] 내적 $\boldsymbol{a}\cdot\boldsymbol{b}$의 기하학적 의미

만일 두 벡터 $\boldsymbol{a}$와 $\boldsymbol{b}$가 수직이라면 $\theta=\frac{\pi}{2}\text{rad}$이므로

$$\boldsymbol{a}\cdot\boldsymbol{b}=\|\boldsymbol{a}\|\|\boldsymbol{b}\|\cos\frac{\pi}{2}=0$$

이 된다는 것에 주목하라.

여기서 잠깐! **투영(Projection)의 개념**

투영이란 정사영이라는 용어로도 사용하고 있는데 수학의 많은 분야에서 사용되는 개념이다. 예를 들어, 2차원 평면벡터 $\boldsymbol{a}=(a_1,\ a_2)$를 고려해 본다.
다음 그림에서 $\boldsymbol{a}$를 y축을 따라 x축에 투영시킨다는 것은 빛 ①을 벡터 $\boldsymbol{a}$에 비추었을 때 벡터 $\boldsymbol{a}$의 그림자가 x축에 나타나게 되는 것을 의미하며, 기호로는 $Proj_y\boldsymbol{a}$로 표시한다.

$$Proj_y\boldsymbol{a}=\|\boldsymbol{a}\|\cos\theta$$

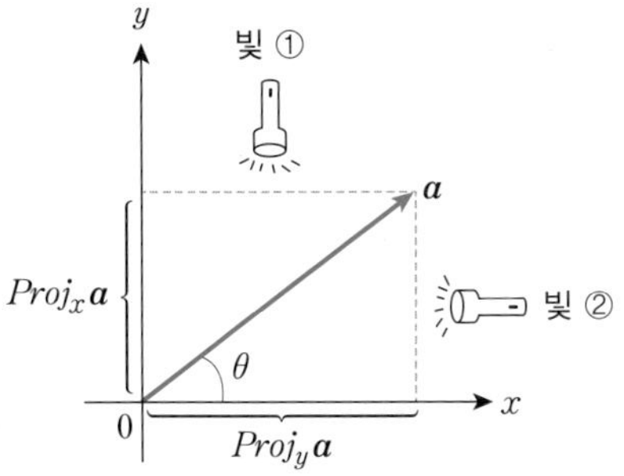

마찬가지로 $\boldsymbol{a}$를 x축을 따라 y축에 투영시킨다는 것은 빛 ②를 벡터 $\boldsymbol{a}$에 비추었을 때 벡터 $\boldsymbol{a}$의 그림자가 y축에 나타나게 되는 것을 의미하며, 기호로는 $Proj_x\boldsymbol{a}$로 표시한다.

$$Proj_x\boldsymbol{a} = \|\boldsymbol{a}\|\sin\theta$$

한편, [정의 8.1]에서 정의된 내적을 두 벡터들의 성분으로 표현할 수 있다.

벡터 $\boldsymbol{a} = (a_1,\ a_2,\ a_3)$, $\boldsymbol{b} = (b_1,\ b_2,\ b_3)$라 하고 두 벡터의 사잇각을 θ라 하자. [그림 8.14]에서 나타낸 것과 같이 벡터 $\boldsymbol{c} = \boldsymbol{b} - \boldsymbol{a}$이므로

$$\boldsymbol{c} = \boldsymbol{b} - \boldsymbol{a} = (b_1 - a_1,\ b_2 - a_2,\ b_3 - a_3) \tag{12}$$

가 된다.

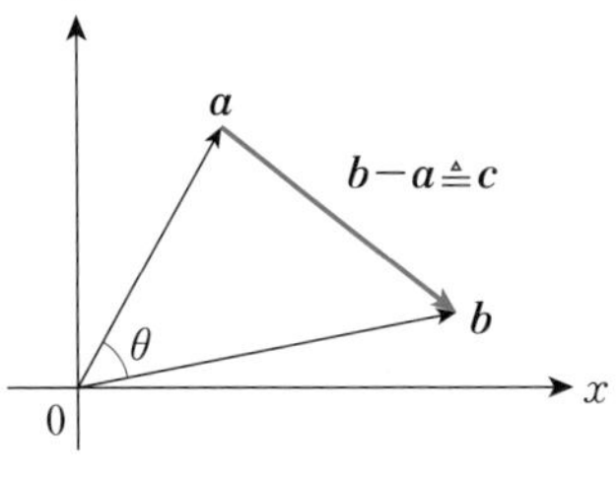

[그림 8.14] $\boldsymbol{a}\cdot\boldsymbol{b}$의 성분 표시

고등학교 과정에서 학습한 제2코사인 정리를 [그림 8.14]의 삼각형(각 변이 $\|\boldsymbol{a}\|$, $\|\boldsymbol{b}\|$, $\|\boldsymbol{c}\|$인 삼각형)에 적용하면 다음과 같다.

$$\|\boldsymbol{c}\|^2 = \|\boldsymbol{a}\|^2 + \|\boldsymbol{b}\|^2 - 2\|\boldsymbol{a}\|\|\boldsymbol{b}\|\cos\theta$$

$$\therefore \|\boldsymbol{a}\|\|\boldsymbol{b}\|\cos\theta = \frac{1}{2}\left\{\|\boldsymbol{a}\|^2 + \|\boldsymbol{b}\|^2 - \|\boldsymbol{c}\|^2\right\} \tag{13}$$

식(13)의 좌변은 $\boldsymbol{a}\cdot\boldsymbol{b}$이며 우변에 다음을 대입하여 정리하면

$$\|\boldsymbol{a}\|^2 = a_1^2 + a_2^2 + a_3^2$$
$$\|\boldsymbol{b}\|^2 = b_1^2 + b_2^2 + b_3^2$$
$$\|\boldsymbol{c}\|^2 = (b_1 - a_1)^2 + (b_2 - a_2)^2 + (b_3 - a_3)^2$$
$$\therefore\ \boldsymbol{a}\cdot\boldsymbol{b} = a_1 b_1 + a_2 b_2 + a_3 b_3 \tag{14}$$

가 얻어진다. 결론적으로 두 벡터의 내적은 대응되는 성분들의 곱을 구하여 합하면 된다는 것을 알 수 있다.

여기서 잠깐! **제2코사인 정리**

제2코사인 정리는 삼각형에서 변의 길이와 각의 관계를 나타내는 유명한 정리이며, 피타고라스 정리(Pythagorean Theorem)를 일반화한 것으로 이해할 수 있다. 세 변의 길이가 각각 a, b, c이고 사잇각이 α, β, γ인 삼각형에서 다음의 관계가 성립되는데 이를 제2코사인 정리라고 부른다.

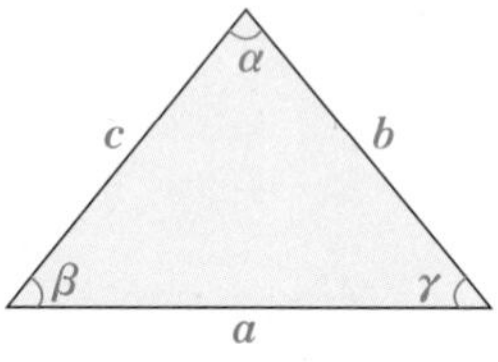

$$a^2 = b^2 + c^2 - 2bc\cos\alpha$$
$$b^2 = c^2 + a^2 - 2ca\cos\beta$$
$$c^2 = a^2 + b^2 - 2ab\cos\gamma$$

두 벡터의 내적에 대해서 교환법칙과 배분법칙이 성립한다.

$$\boldsymbol{a} \cdot \boldsymbol{b} = \boldsymbol{b} \cdot \boldsymbol{a} \quad \text{(교환법칙)} \tag{15}$$

$$\boldsymbol{a} \cdot (\boldsymbol{b} + \boldsymbol{c}) = \boldsymbol{a} \cdot \boldsymbol{b} + \boldsymbol{a} \cdot \boldsymbol{c} \quad \text{(배분법칙)} \tag{16}$$

식(15)와 식(16)에 대한 증명은 식(14)로 주어진 내적의 성분표시를 이용하여 쉽게 증명할 수 있으므로 독자들의 연습문제로 남겨둔다.

예제 8.5

내적에 대한 배분법칙을 이용하여 두 벡터 $\boldsymbol{a} = a_1\boldsymbol{a}_x + a_2\boldsymbol{a}_y + a_3\boldsymbol{a}_z$, $\boldsymbol{b} = b_1\boldsymbol{a}_x + b_2\boldsymbol{a}_y + b_3\boldsymbol{a}_z$의 내적을 계산하라.

풀이

$$\begin{aligned}\boldsymbol{a} \cdot \boldsymbol{b} &= (a_1\boldsymbol{a}_x + a_2\boldsymbol{a}_y + a_3\boldsymbol{a}_z) \cdot (b_1\boldsymbol{a}_x + b_2\boldsymbol{a}_y + b_3\boldsymbol{a}_z) \\ &= a_1b_1(\boldsymbol{a}_x \cdot \boldsymbol{a}_x) + a_1b_2(\boldsymbol{a}_x \cdot \boldsymbol{a}_y) + a_1b_3(\boldsymbol{a}_x \cdot \boldsymbol{a}_z) \\ &\quad + a_2b_1(\boldsymbol{a}_y \cdot \boldsymbol{a}_x) + a_2b_2(\boldsymbol{a}_y \cdot \boldsymbol{a}_y) + a_2b_3(\boldsymbol{a}_y \cdot \boldsymbol{a}_z) \\ &\quad + a_3b_1(\boldsymbol{a}_z \cdot \boldsymbol{a}_x) + a_3b_2(\boldsymbol{a}_z \cdot \boldsymbol{a}_y) + a_3b_3(\boldsymbol{a}_z \cdot \boldsymbol{a}_z)\end{aligned}$$

$\boldsymbol{a}_x$, $\boldsymbol{a}_y$, $\boldsymbol{a}_z$는 서로 수직인 단위벡터이므로

$$\boldsymbol{a}_x \cdot \boldsymbol{a}_y = 0, \ \boldsymbol{a}_x \cdot \boldsymbol{a}_z = 0, \ \boldsymbol{a}_y \cdot \boldsymbol{a}_z = 0$$
$$\boldsymbol{a}_x \cdot \boldsymbol{a}_x = 1, \ \boldsymbol{a}_y \cdot \boldsymbol{a}_y = 1, \ \boldsymbol{a}_z \cdot \boldsymbol{a}_z = 1$$

이 성립한다. 따라서 $\boldsymbol{a}$와 $\boldsymbol{b}$의 내적은 다음과 같다.

$$\boldsymbol{a} \cdot \boldsymbol{b} = a_1b_1 + a_2b_2 + a_3b_3$$

한편, 내적의 성분표현을 이용하면 두 벡터가 이루는 사잇각을 계산할 수 있다.

$$\boldsymbol{a} \cdot \boldsymbol{b} = a_1b_1 + a_2b_2 + a_3b_3 = \|\boldsymbol{a}\|\|\boldsymbol{b}\|\cos\theta$$

$$\therefore \cos\theta = \frac{a_1b_1 + a_2b_2 + a_3b_3}{\|\boldsymbol{a}\|\|\boldsymbol{b}\|} \tag{17}$$

예제 8.6

$\boldsymbol{a}=(2, 1, 0)$, $\boldsymbol{b}=(1, 1, 1)$에 대하여 다음 물음에 답하라.

(1) $\boldsymbol{a}$와 $\boldsymbol{b}$가 이루는 사잇각 θ를 구하라.

(2) 다음과 같이 정의된 $\boldsymbol{c}$는 $\boldsymbol{a}$와 수직임을 증명하라.

$$\boldsymbol{c} \triangleq \boldsymbol{b}-\frac{\boldsymbol{a}\cdot\boldsymbol{b}}{\|\boldsymbol{a}\|^2}\boldsymbol{a}$$

풀이

(1) $\boldsymbol{a}\cdot\boldsymbol{b}=2+1+0=3$

$$\|\boldsymbol{a}\|=\sqrt{5},\ \|\boldsymbol{b}\|=\sqrt{3}$$

$$\therefore \cos\theta=\frac{\boldsymbol{a}\cdot\boldsymbol{b}}{\|\boldsymbol{a}\|\|\boldsymbol{b}\|}=\frac{3}{\sqrt{5}\cdot\sqrt{3}}=\frac{3}{\sqrt{15}}$$

$$\therefore \theta=\cos^{-1}\left(\frac{3}{\sqrt{15}}\right)$$

(2) $\boldsymbol{c}$와 $\boldsymbol{a}$의 내적을 계산해 보면

$$\begin{aligned}\boldsymbol{c}\cdot\boldsymbol{a}&=\left(\boldsymbol{b}-\frac{\boldsymbol{a}\cdot\boldsymbol{b}}{\|\boldsymbol{a}\|^2}\boldsymbol{a}\right)\cdot\boldsymbol{a}\\&=\boldsymbol{a}\cdot\boldsymbol{b}-\frac{\boldsymbol{a}\cdot\boldsymbol{b}}{\|\boldsymbol{a}\|^2}(\boldsymbol{a}\cdot\boldsymbol{a})\\&=\boldsymbol{a}\cdot\boldsymbol{b}-\frac{\boldsymbol{a}\cdot\boldsymbol{b}}{\|\boldsymbol{a}\|^2}\|\boldsymbol{a}\|^2=0\end{aligned}$$

이므로 $\boldsymbol{c}$와 $\boldsymbol{a}$는 서로 수직이다.

(2) 벡터의 외적

다음으로 벡터의 외적(Outer Product)에 대하여 살펴본다. 외적은 연산결과가 벡터이기 때문에 벡터적(Vector Product)이라고도 부르며, 기호로는 $\boldsymbol{a}\times\boldsymbol{b}$로 표현한다.

정의 8.2 벡터의 외적

두 벡터 $\boldsymbol{a}$와 $\boldsymbol{b}$의 외적 $\boldsymbol{a}\times\boldsymbol{b}$는 다음과 같이 정의된다.

$$\boldsymbol{a}\times\boldsymbol{b} \triangleq \underbrace{(\|\boldsymbol{a}\|\|\boldsymbol{b}\|\sin\theta)}_{\text{크기}}\ \underbrace{\boldsymbol{n}}_{\text{방향}}$$

여기서 θ는 두 벡터의 사잇각이며, $\boldsymbol{n}$은 $\boldsymbol{a}$와 $\boldsymbol{b}$가 이루는 평면에 수직인 단위벡터로서 오른나사의 법칙에 따라 결정된다.

[정의 8.2]에서 오른나사의 법칙(Right-handed Screw Rule)은 벡터 $\boldsymbol{a}$에서 벡터 $\boldsymbol{b}$ 방향으로 오른나사를 돌릴 때 나사가 진행하는 방향이 벡터 $\boldsymbol{n}$의 방향이라는 것을 의미한다. 두 벡터의 외적 $\boldsymbol{a}\times\boldsymbol{b}$에서 $\boldsymbol{n}$의 방향을 결정하는 방법을 [그림 8.15]에 나타내었다.

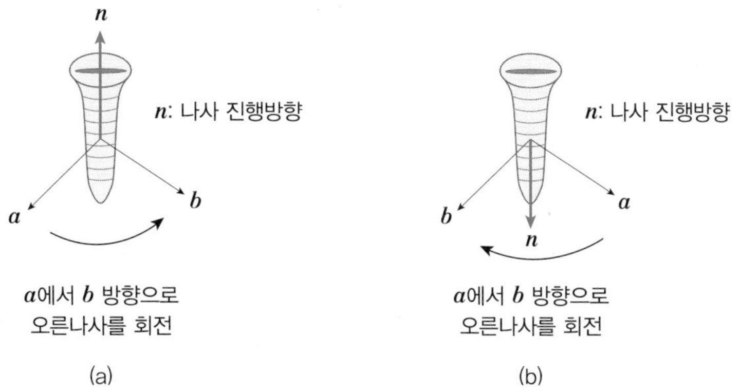

[그림 8.15] $\boldsymbol{a}\times\boldsymbol{b}$ 에서 $\boldsymbol{n}$의 방향 결정

여기서 잠깐! 오른나사와 왼나사

나사(Screw)는 일반적으로 오른쪽(시계방향)으로 돌릴 때 조여지는 오른나사(Right-handed Screw)와 왼쪽(반시계방향)으로 돌릴 때 조여지는 왼나사(Left-handed Screw)가 있다. 보통 오른나사가 많이 이용되지만 특수한 용도에는 왼쪽으로 돌릴 때 조여지는 왼나사가 사용되기도 한다.

왼나사는 어떤 곳에 사용될까? 가장 쉽게 볼 수 있는 것이 자전거의 왼쪽 페달이다. 오른쪽 페달은 오른쪽(시계방향)으로 회전하기 때문에 항상 나사가 조여지는 방향으로 회전하므로 안전하다. 그러나 왼쪽 페달은 왼쪽(반시계방향)으로 회전하기 때문에 오른나사를 사용할 경우 나사가 풀어질 수 있다. 따라서 자전거의 왼쪽 페달을 고정할 때는 왼나사를 사용한다.

[정의 8.2]에서 $\boldsymbol{a}\times\boldsymbol{b}$의 크기인 $\|\boldsymbol{a}\|\|\boldsymbol{b}\|\sin\theta$는 [그림 8.16]에서 나타낸 것처럼 $\boldsymbol{a}$와 $\boldsymbol{b}$가 만드는 평형사변형의 면적과 동일하다.

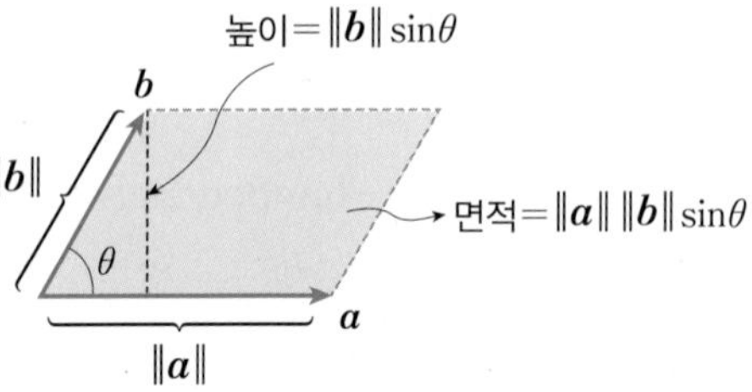

[그림 8.16] $\boldsymbol{a}\times\boldsymbol{b}$의 크기

결론적으로 이야기하면, 두 벡터 $\boldsymbol{a}$와 $\boldsymbol{b}$의 외적 $\boldsymbol{a}\times\boldsymbol{b}$는 다음과 같이 결정되는 벡터이다.

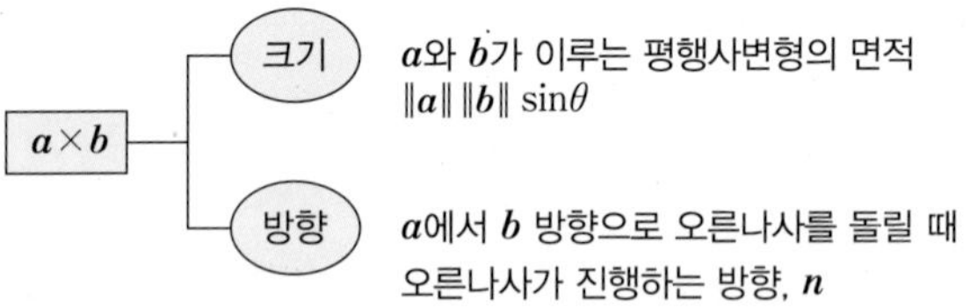

만일, $\boldsymbol{a}$와 $\boldsymbol{b}$가 서로 평행이라면 $\theta=0^\circ$ 또는 180°이므로 다음의 관계가 성립한다.

$$\boldsymbol{a}\times\boldsymbol{b}=(\|\boldsymbol{a}\|\|\boldsymbol{b}\|\sin\theta)\boldsymbol{n}=0$$

한편, 벡터의 외적은 내적에서와는 달리 교환법칙이 성립되지 않음을 알 수 있다. 즉,

$$\boldsymbol{a}\times\boldsymbol{b}=-(\boldsymbol{b}\times\boldsymbol{a}) \tag{18}$$

가 되므로 벡터의 외적을 계산할 때는 외적의 순서에 유의해야 한다.

또한 벡터의 외적에 대한 배분법칙은 내적에서와 마찬가지로 성립되지만 곱의 순서에 유의해야 한다.

$$\boldsymbol{a}\times(\boldsymbol{b}+\boldsymbol{c})=(\boldsymbol{a}\times\boldsymbol{b})+(\boldsymbol{a}\times\boldsymbol{c}) \tag{19}$$

$$(\boldsymbol{a}+\boldsymbol{b})\times\boldsymbol{c}=(\boldsymbol{a}\times\boldsymbol{c})+(\boldsymbol{b}\times\boldsymbol{c}) \tag{20}$$

예제 8.7

공간좌표계에서 각 축 방향의 단위벡터를 $\boldsymbol{a}_x$, $\boldsymbol{a}_y$, $\boldsymbol{a}_z$ 라고 할 때 다음을 구하라.

(1) $\boldsymbol{a}_x\times\boldsymbol{a}_y$, $\boldsymbol{a}_y\times\boldsymbol{a}_z$, $\boldsymbol{a}_z\times\boldsymbol{a}_x$

(2) $\boldsymbol{a}_x\times\boldsymbol{a}_x$, $\boldsymbol{a}_y\times\boldsymbol{a}_y$, $\boldsymbol{a}_z\times\boldsymbol{a}_z$

풀이

(1) $\|\boldsymbol{a}_x\times\boldsymbol{a}_y\|=\|\boldsymbol{a}_x\|\|\boldsymbol{a}_y\|\sin 90^\circ=1$

$\boldsymbol{n}=\boldsymbol{a}_z$

$\therefore\ \boldsymbol{a}_x\times\boldsymbol{a}_y=\boldsymbol{a}_z$

$\|\boldsymbol{a}_y\times\boldsymbol{a}_z\|=\|\boldsymbol{a}_y\|\|\boldsymbol{a}_z\|\sin 90^\circ=1$

$\boldsymbol{n}=\boldsymbol{a}_x$

$\therefore\ \boldsymbol{a}_y\times\boldsymbol{a}_z=\boldsymbol{a}_x$

$\|\boldsymbol{a}_z\times\boldsymbol{a}_x\|=\|\boldsymbol{a}_z\|\|\boldsymbol{a}_x\|\sin 90^\circ=1$

$\boldsymbol{n}=\boldsymbol{a}_y$

$\therefore\ \boldsymbol{a}_z\times\boldsymbol{a}_x=\boldsymbol{a}_y$

(2) $\boldsymbol{a}_x\times\boldsymbol{a}_x$는 평면이 형성되지 않으므로 크기가 0인 영벡터가 된다.
$\boldsymbol{a}_y\times\boldsymbol{a}_y$와 $\boldsymbol{a}_z\times\boldsymbol{a}_z$도 마찬가지로 영벡터이다.

한편, [정의 8.2]의 벡터 외적을 배분법칙을 이용하여 벡터 $\boldsymbol{a}$와 $\boldsymbol{b}$의 성분으로 표시해 보자.

$$\begin{aligned}
\boldsymbol{a} &= a_1\boldsymbol{a}_x + a_2\boldsymbol{a}_y + a_3\boldsymbol{a}_z \\
\boldsymbol{b} &= b_1\boldsymbol{a}_x + b_2\boldsymbol{a}_y + b_3\boldsymbol{a}_z \\
\boldsymbol{a}\times\boldsymbol{b} &= (a_1\boldsymbol{a}_x + a_2\boldsymbol{a}_y + a_3\boldsymbol{a}_z)\times(b_1\boldsymbol{a}_x + b_2\boldsymbol{a}_y + b_3\boldsymbol{a}_z) \\
&= a_1b_1(\boldsymbol{a}_x\times\boldsymbol{a}_x) + a_1b_2(\boldsymbol{a}_x\times\boldsymbol{a}_y) + a_1b_3(\boldsymbol{a}_x\times\boldsymbol{a}_z) \\
&\quad + a_2b_1(\boldsymbol{a}_y\times\boldsymbol{a}_x) + a_2b_2(\boldsymbol{a}_y\times\boldsymbol{a}_y) + a_2b_3(\boldsymbol{a}_y\times\boldsymbol{a}_z) \\
&\quad + a_3b_1(\boldsymbol{a}_z\times\boldsymbol{a}_x) + a_3b_2(\boldsymbol{a}_z\times\boldsymbol{a}_y) + a_3b_3(\boldsymbol{a}_z\times\boldsymbol{a}_z)
\end{aligned}$$

〈예제 8.7〉의 결과를 이용하면 다음의 결과를 얻는다.

$$\begin{aligned}
\boldsymbol{a}\times\boldsymbol{b} &= a_1b_2\boldsymbol{a}_z - a_1b_3\boldsymbol{a}_y - a_2b_1\boldsymbol{a}_z + a_2b_3\boldsymbol{a}_x + a_3b_1\boldsymbol{a}_y - a_3b_2\boldsymbol{a}_x \\
&= (a_2b_3 - a_3b_2)\boldsymbol{a}_x + (a_3b_1 - a_1b_3)\boldsymbol{a}_y + (a_1b_2 - a_2b_1)\boldsymbol{a}_z \qquad (21)
\end{aligned}$$

식(21)의 결과는 기억하기 복잡한 형태로 되어 있으나 행렬식(Determinant)을 이용하면 다음과 같이 간단한 형태로 표현된다.

$$\boldsymbol{a}\times\boldsymbol{b} = \begin{vmatrix} \boldsymbol{a}_x & \boldsymbol{a}_y & \boldsymbol{a}_z \\ a_1 & a_2 & a_3 \\ b_1 & b_2 & b_3 \end{vmatrix} \qquad (22)$$

식(22)를 계산해 보면 식(21)의 결과와 동일함을 알 수 있다.

예제 8.8

다음 두 벡터들의 외적을 계산하라.

(1) $\boldsymbol{a}=(4,\ -2,\ 5)$, $\boldsymbol{b}=(3,\ 1,\ -1)$

(2) $\boldsymbol{a}=\boldsymbol{a}_x-\boldsymbol{a}_y+3\boldsymbol{a}_z$, $\boldsymbol{b}=\boldsymbol{a}_y+2\boldsymbol{a}_z$

풀이

(1) 식(22)를 이용하면

$$\boldsymbol{a}\times\boldsymbol{b} = \begin{vmatrix} \boldsymbol{a}_x & \boldsymbol{a}_y & \boldsymbol{a}_z \\ 4 & -2 & 5 \\ 3 & 1 & -1 \end{vmatrix} = 2\boldsymbol{a}_x + 15\boldsymbol{a}_y + 4\boldsymbol{a}_z + 6\boldsymbol{a}_z - 5\boldsymbol{a}_x + 4\boldsymbol{a}_y$$

$$\therefore\ \boldsymbol{a}\times\boldsymbol{b}=-3\boldsymbol{a}_x+19\boldsymbol{a}_y+10\boldsymbol{a}_z=(-3,\ 19,\ 10)$$

(2) 식(22)를 이용하면

$$\boldsymbol{a}\times\boldsymbol{b}=\begin{vmatrix}\boldsymbol{a}_x & \boldsymbol{a}_y & \boldsymbol{a}_z\\ 1 & -1 & 3\\ 0 & 1 & 2\end{vmatrix}=-2\boldsymbol{a}_x+\boldsymbol{a}_z-3\boldsymbol{a}_x-2\boldsymbol{a}_y$$

$$\therefore\ \boldsymbol{a}\times\boldsymbol{b}=-5\boldsymbol{a}_x-2\boldsymbol{a}_y+\boldsymbol{a}_z=(-5,\ -2,\ 1)$$

여기서 잠깐! 행렬식의 계산

3×3 행렬 $\boldsymbol{A}$의 행렬식을 다음과 같이 정의한다.

$$\boldsymbol{A}=\begin{pmatrix}a_{11} & a_{12} & a_{13}\\ a_{21} & a_{22} & a_{23}\\ a_{31} & a_{32} & a_{33}\end{pmatrix}\in\boldsymbol{R}^{3\times3}$$

$$\det(\boldsymbol{A})=\begin{vmatrix}a_{11} & a_{12} & a_{13}\\ a_{21} & a_{22} & a_{23}\\ a_{31} & a_{32} & a_{33}\end{vmatrix}$$
$$=a_{11}a_{22}a_{33}+a_{12}a_{23}a_{31}+a_{21}a_{32}a_{13}-a_{13}a_{22}a_{31}-a_{12}a_{21}a_{33}-a_{23}a_{32}a_{11}$$

윗 식은 다음 그림을 이용하여 기억하면 편리하다.

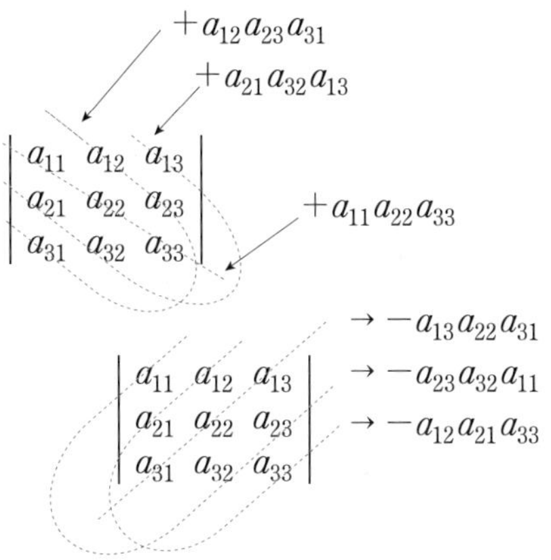

다음 〈예제 8.9〉에서 스칼라 삼중적(Scalar Triple Product)에 대해 살펴본다.

예제 8.9

공간벡터 $\boldsymbol{a}=(a_1,\ a_2,\ a_3)$, $\boldsymbol{b}=(b_1,\ b_2,\ b_3)$, $\boldsymbol{c}=(c_1,\ c_2,\ c_3)$에 대하여 $\boldsymbol{a}\cdot(\boldsymbol{b}\times\boldsymbol{c})$가 $\boldsymbol{a}$, $\boldsymbol{b}$, $\boldsymbol{c}$로 이루어지는 평행육면체의 체적이 됨을 증명하라.

$$V=\text{평행육면체의 체적}=\boldsymbol{a}\cdot(\boldsymbol{b}\times\boldsymbol{c})$$

풀이

다음 그림에 나타낸 것처럼 $\boldsymbol{a}$, $\boldsymbol{b}$, $\boldsymbol{c}$를 각 변으로 하는 평행육면체를 고려하자. 평행육면체의 체적 V는 다음과 같다.

$$V=(\text{밑면적})\times(\text{높이})$$

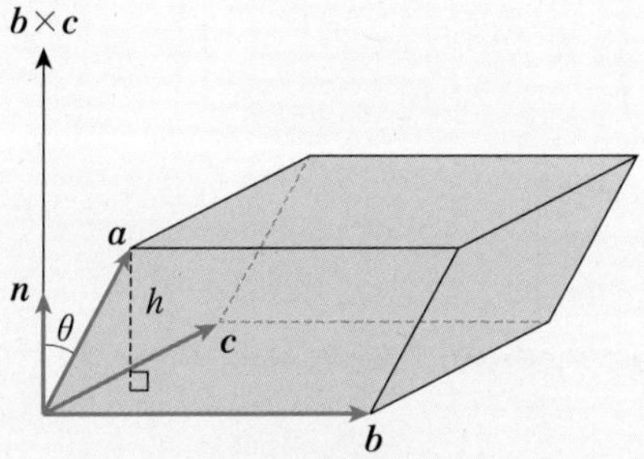

그림에서 밑면적은 $\boldsymbol{b}$와 $\boldsymbol{c}$가 이루는 평행사변형의 면적이므로

$$\text{밑면적}=\|\boldsymbol{b}\times\boldsymbol{c}\|$$

가 된다. 그런데 높이 h는 벡터 $\boldsymbol{a}$를 벡터 $(\boldsymbol{b}\times\boldsymbol{c})$ 위에 투영시킨 것이므로 θ를 $\boldsymbol{a}$와 $(\boldsymbol{b}\times\boldsymbol{c})$가 이루는 각이라고 정의하면 다음과 같다.

$$\text{높이}=h=\|\boldsymbol{a}\|\cos\theta$$

한편, $\boldsymbol{n}$을 $\boldsymbol{b}\times\boldsymbol{c}$ 방향의 단위벡터라고 하면

$$\boldsymbol{n}=\frac{\boldsymbol{b}\times\boldsymbol{c}}{\|\boldsymbol{b}\times\boldsymbol{c}\|}$$

가 되므로, $\boldsymbol{a}$와 $\boldsymbol{n}$의 내적을 계산하면 다음과 같다.

$$\boldsymbol{a}\cdot\boldsymbol{n}=\|\boldsymbol{a}\|\|\boldsymbol{n}\|\cos\theta=\|\boldsymbol{a}\|\cos\theta$$

$$\text{높이}=h=\boldsymbol{a}\cdot\boldsymbol{n}=\boldsymbol{a}\cdot\frac{\boldsymbol{b}\times\boldsymbol{c}}{\|\boldsymbol{b}\times\boldsymbol{c}\|}$$

따라서 평행육면체의 체적 V는 다음과 같이 계산된다.

$$\begin{aligned}V&=(\text{밑면적})\times(\text{높이})\\&=(\|\boldsymbol{b}\times\boldsymbol{c}\|)\cdot\left(\boldsymbol{a}\cdot\frac{\boldsymbol{b}\times\boldsymbol{c}}{\|\boldsymbol{b}\times\boldsymbol{c}\|}\right)\\&=\boldsymbol{a}\cdot(\boldsymbol{b}\times\boldsymbol{c})\end{aligned}$$

$\boldsymbol{a}\cdot(\boldsymbol{b}\times\boldsymbol{c})$와 같이 벡터의 내적과 외적이 결합된 연산을 스칼라 삼중적이라고 부르며, 공간벡터 $\boldsymbol{a}=(a_1,\ a_2,\ a_3)$, $\boldsymbol{b}=(b_1,\ b_2,\ b_3)$, $\boldsymbol{c}=(c_1,\ c_2,\ c_3)$에 대하여 다음과 같이 행렬식으로 계산이 가능하다.

$$\boldsymbol{a}\cdot(\boldsymbol{b}\times\boldsymbol{c})=\begin{vmatrix}a_1 & a_2 & a_3\\ b_1 & b_2 & b_3\\ c_1 & c_2 & c_3\end{vmatrix} \tag{23}$$

만일, 세 벡터 $\boldsymbol{a}$, $\boldsymbol{b}$, $\boldsymbol{c}$가 동일한 평면 위에 위치한다면 스칼라 삼중적 $\boldsymbol{a}\cdot(\boldsymbol{b}\times\boldsymbol{c})=0$이 됨이 자명하다. 이유는 동일한 평면 위에 놓인 세 개의 벡터는 평행육면체를 형성하지 못하므로 체적이 0이 되기 때문이다.

위의 사실로부터 다음의 조건을 세 개의 벡터가 동일한 평면 위에 놓여 있다는 조건으로 이용할 수 있다. 즉,

$$\boldsymbol{a}\cdot(\boldsymbol{b}\times\boldsymbol{c})=0 \Longleftrightarrow \boldsymbol{a},\ \boldsymbol{b},\ \boldsymbol{c}\text{는 동일한 평면 위에 있다.}$$

요약 **벡터의 내적과 외적**

- 두 벡터 $\boldsymbol{a}$와 $\boldsymbol{b}$의 내적은 다음과 같이 정의되며 $\boldsymbol{a}\cdot\boldsymbol{b}$로 표시한다.

$$\boldsymbol{a}\cdot\boldsymbol{b} \triangleq \|\boldsymbol{a}\|\|\boldsymbol{b}\|\cos\theta$$

θ : 벡터 $\boldsymbol{a}$와 $\boldsymbol{b}$가 이루는 사잇각 $(0\le\theta\le\pi)$

- 벡터의 내적은 연산 결과가 스칼라이며, 벡터의 성분을 이용하여 다음과 같이 계산한다.

$$\boldsymbol{a}=(a_1,\ a_2,\ a_3),\ \boldsymbol{b}=(b_1,\ b_2,\ b_3)$$

$$\boldsymbol{a}\cdot\boldsymbol{b}=a_1b_1+a_2b_2+a_3b_3$$

- 두 벡터 $\boldsymbol{a}$와 $\boldsymbol{b}$의 외적 $\boldsymbol{a}\times\boldsymbol{b}$는 다음과 같이 정의된다.

$$\boldsymbol{a}\times\boldsymbol{b} \triangleq \underbrace{(\|\boldsymbol{a}\|\|\boldsymbol{b}\|\sin\theta)}_{\text{크기}}\ \underbrace{\boldsymbol{n}}_{\text{방향}}$$

여기서 θ는 두 벡터의 사잇각이며, $\boldsymbol{n}$은 $\boldsymbol{a}$와 $\boldsymbol{b}$가 이루는 평면에 수직인 단위벡터로서 오른나사의 법칙에 따라 결정된다.

- $\boldsymbol{a}\times\boldsymbol{b}$의 크기는 벡터 $\boldsymbol{a}$와 $\boldsymbol{b}$가 만드는 평행사변형의 면적과 동일하며, $\boldsymbol{a}\times\boldsymbol{b}$의 방향은 $\boldsymbol{a}$에서 $\boldsymbol{b}$ 방향으로 오른나사를 돌릴 때 오른나사가 진행하는 방향이다.
- $\boldsymbol{a}=(a_1,\ a_2,\ a_3)$, $\boldsymbol{b}=(b_1,\ b_2,\ b_3)$일 때 $\boldsymbol{a}\times\boldsymbol{b}$는 행렬식으로 표현된다.

$$\boldsymbol{a}\times\boldsymbol{b}=\begin{vmatrix} \boldsymbol{a}_x & \boldsymbol{a}_y & \boldsymbol{a}_z \\ a_1 & a_2 & a_3 \\ b_1 & b_2 & b_3 \end{vmatrix}$$

- $\boldsymbol{a}\cdot(\boldsymbol{b}\times\boldsymbol{c})$와 같이 벡터의 내적과 외적이 결합된 연산을 스칼라 삼중적이라고 정의한다.

$\boldsymbol{a}\cdot(\boldsymbol{b}\times\boldsymbol{c})=\boldsymbol{a},\ \boldsymbol{b},\ \boldsymbol{c}$로 이루어지는 평행육면체의 체적

8.4* 공간에서의 직선과 평면

지금까지 학습한 벡터의 덧셈과 뺄셈, 내적 및 외적을 활용하여 3차원 공간에서의 직선과 평면을 수학적으로 표현해 본다.

(1) 직선의 벡터방정식

2차원 평면에서의 직선의 방정식에 대해서는 3장에서 이미 학습하였다. 평면에서 하나의 직선을 결정하기 위해서는 최소한 두 점이 주어져야 하는데, 이는 3차원 공간에서도 마찬가지이다. 두 점이 주어지는 조건 대신에 다른 유사한 조건으로 주어질 수도 있다. 예를 들어, 평면에서 직선을 결정하기 위해 주어지는 두 점의 좌표 대신에 한 점과 기울기가 주어져도 마찬가지로 직선의 방정식을 결정할 수 있다.

[그림 8.17]에 나타낸 것과 같이 3차원 공간에 놓여 있는 직선은 임의의 두 점에 대한 정보가 주어진다면 직선의 방정식을 결정할 수 있다.

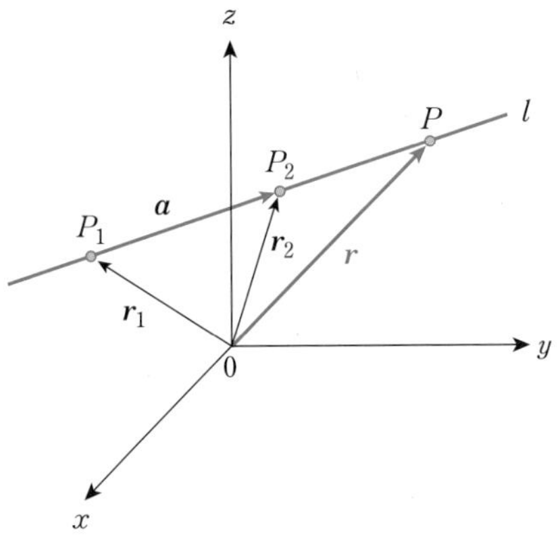

[그림 8.17] 직선의 방정식의 결정

[그림 8.17]에서 직선 l이 두 점 $P_1(x_1,\ y_1,\ z_1)$과 $P_2(x_2,\ y_2,\ z_2)$를 지난다고 하자. 점 $P_1(x_1,\ y_1,\ z_1)$은 종점의 좌표가 P_1인 위치벡터 $\boldsymbol{r}_1$으로, 점 $P_2(x_2,\ y_2,\ z_2)$는 종점의 좌표가 P_2인 위치벡터 $\boldsymbol{r}_2$로 표현하여도 마찬가지이다. 직선 l의 방정식을 결정한다는 것은 직선상에 놓여 있는 임의의 점 $P(x,\ y,\ z)$가 직선 l 위에서만 움직이도록 하는 조건을 찾는다는 것과 같은 의미이다. 즉, 직선 위를 움직이는 임의의 점 $P(x,\ y,\ z)$의 자취를 수학적으로 표현하는 것이다.

벡터 $\boldsymbol{a}=\boldsymbol{r}_2-\boldsymbol{r}_1=(a_1,\ a_2,\ a_3)$로 정의하면 $\boldsymbol{a}$와 $\boldsymbol{r}-\boldsymbol{r}_1$(또는 $\boldsymbol{r}-\boldsymbol{r}_2$)는 동일 직선상에 있는 벡터들이므로 t를 임의의 스칼라라고 하면, 스칼라 곱의 정의에 따라 다음과 같이 표현할 수 있다.

$$\boldsymbol{a} /\!/ (\boldsymbol{r}-\boldsymbol{r}_1) \Rightarrow \boldsymbol{r}-\boldsymbol{r}_1 = t\boldsymbol{a} \tag{24}$$

$$\boldsymbol{a} /\!/ (\boldsymbol{r}-\boldsymbol{r}_2) \Rightarrow \boldsymbol{r}-\boldsymbol{r}_2 = t\boldsymbol{a} \tag{25}$$

식(24)와 식(25)는 동일한 직선 l의 수학적인 표현이므로 어떤 것을 사용해도 무관하다. 즉,

$$\boldsymbol{r}=\boldsymbol{r}_1+t\boldsymbol{a} \quad \text{또는} \quad \boldsymbol{r}=\boldsymbol{r}_2+t\boldsymbol{a} \tag{26}$$

이며, 벡터 $\boldsymbol{a}$는 직선 l의 방향(Direction)을 나타내는 개념이므로 방향벡터(Directional Vector)라고 부른다. 이는 평면 위에서 정의되는 직선의 기울기(Slope)와 유사한 개념으로 이해하면 된다. 식(26)을 직선 l의 벡터방정식(Vector Equation)이라 부른다. 식(26)에서 알 수 있듯이 한 점과 방향벡터만으로 3차원 공간에서 직선의 방정식이 결정되며, 이를 [정리 8.1]에 나타내었다.

정리 8.1 직선의 벡터방정식

3차원 공간의 한 점 $P_1(x_1,\ y_1,\ z_1)$을 지나고 방향벡터 $\boldsymbol{a}=(a_1,\ a_2,\ a_3)$인 직선의 벡터방정식은 P_1의 위치벡터를 $\boldsymbol{r}_1$이라고 할 때 다음과 같다.

$$\boldsymbol{r}=\boldsymbol{r}_1+t\boldsymbol{a}$$

단, t는 임의의 스칼라이며, $\boldsymbol{r}$은 직선상에 놓여 있는 임의의 점 $P(x,\ y,\ z)$에 대한 위치벡터이다.

결과적으로 직선 l이 두 점 P_1과 P_2를 지난다고 하면 두 점의 위치벡터 $\boldsymbol{r}_1$과 $\boldsymbol{r}_2$를 이용하여 방향벡터 $\boldsymbol{a}=\boldsymbol{r}_2-\boldsymbol{r}_1$(또는 $\boldsymbol{r}_1-\boldsymbol{r}_2$)를 구하여 직선의 방정식을 구할 수 있다.

[정리 8.1]에서 $\boldsymbol{r}=\boldsymbol{r}_1+t\boldsymbol{a}$를 위치벡터의 성분으로 표현하면

$$\boldsymbol{r}=\boldsymbol{r}_1+t\boldsymbol{a}$$

$$(x,\ y,\ z)=(x_1,\ y_1,\ z_1)+t(a_1,\ a_2,\ a_3)$$

$$\begin{cases} x = x_1 + ta_1 \\ y = y_1 + ta_2 \\ z = z_1 + ta_3 \end{cases} \tag{27}$$

를 얻을 수 있는데, 이 방정식은 매개변수 t로 표현되어 있기 때문에 직선 l의 매개변수방정식(Parametric Equation)이라고 부른다.

정리 8.2 직선의 매개변수방정식

3차원 공간의 한 점 $P_1(x_1,\ y_1,\ z_1)$을 지나고 방향벡터 $\boldsymbol{a} = (a_1,\ a_2,\ a_3)$인 직선의 매개변수방정식은 다음과 같다. 단 t는 임의의 스칼라이며, $(x,\ y,\ z)$는 직선상에 놓인 임의의 점에 대한 좌표를 나타낸다.

$$\begin{cases} x = x_1 + ta_1 \\ y = y_1 + ta_2 \\ z = z_1 + ta_3 \end{cases}$$

또한 [정리 8.2]의 매개변수방정식에서 t를 소거해 보면

$$t = \frac{x - x_1}{a_1} = \frac{y - y_1}{a_2} = \frac{z - z_1}{a_3} \tag{28}$$

이 얻어지는데, 식(28)에서 t를 소거하여 얻은 다음 방정식을 직선 l의 대칭방정식(Symmetric Equation)이라고 부른다.

$$\frac{x - x_1}{a_1} = \frac{y - y_1}{a_2} = \frac{z - z_1}{a_3} \tag{29}$$

정리 8.3 직선의 대칭방정식

3차원 공간의 한 점 $P_1(x_1,\ y_1,\ z_1)$을 지나고 방향벡터 $\boldsymbol{a} = (a_1,\ a_2,\ a_3)$인 직선의 대칭방정식은 다음과 같다.

$$\frac{x - x_1}{a_1} = \frac{y - y_1}{a_2} = \frac{z - z_1}{a_3}$$

여기서 $(x,\ y,\ z)$는 직선상에 놓인 임의의 점에 대한 좌표를 나타낸다.

만일 직선의 대칭방정식에서 a_1, a_2, a_3 중에서 어느 하나가 0이라면 나머지 두 개의 방정식으로부터 t를 소거하면 된다. 예를 들어, $a_2=0$ 이고 $a_1\neq 0$, $a_3\neq 0$ 이라면 식(29)는 다음과 같이 표현된다.

$$\frac{x-x_1}{a_1}=\frac{z-z_1}{a_3},\ y=y_1 \tag{30}$$

지금까지 논의한 것을 정리해 보면, 3차원 공간에서 직선은 벡터방정식 [정리 8.1], 매개변수방정식 [정리 8.2], 대칭방정식 [정리 8.3] 등의 여러 가지 수학적인 표현이 가능하다. 결국 3차원 공간에서의 직선의 방정식은 직선 위에 있는 두 점이 주어지거나 또는 직선 위에 있는 한 점과 방향벡터가 주어지면 구할 수 있다는 것에 주목하라.

예제 8.10

3차원 공간에 놓여 있는 직선 중에서 다음의 조건을 만족하는 직선의 대칭방정식을 각각 구하라.

(1) 두 점 $P_1(1,\ 2,\ 3)$과 $P_2(-1,\ 2,\ 4)$를 지난다.

(2) 한 점 $P_1(1,\ 0,\ 3)$을 지나고 방향벡터 $\boldsymbol{a}=(1,\ 4,\ -1)$이다.

풀이

(1) 주어진 두 점으로부터 방향벡터 $\boldsymbol{a}$를 구하면

$$\boldsymbol{a}=\boldsymbol{r}_2-\boldsymbol{r}_1=(-1,\ 2,\ 4)-(1,\ 2,\ 3)=(-2,\ 0,\ 1)$$

이므로 직선의 대칭방정식은 다음과 같다.

$$\frac{x-1}{-2}=\frac{z-3}{1},\ y=2\ \ (\text{점 } P_1)$$

$$\text{또는}\ \ \frac{x+1}{-2}=\frac{z-4}{1},\ y=2\ \ (\text{점 } P_2)$$

앞의 두 방정식은 궁극적으로 동일한 방정식임을 간단한 대수에 의해 알 수 있다. 확인해 보기 바란다.

(2) 한 점 $P_1(1,\ 0,\ 3)$은 위치벡터 $\boldsymbol{r}_1=(1,\ 0,\ 3)$에 대응되므로 직선의 벡터방정식은

$$\boldsymbol{r}=\boldsymbol{r}_1+t\boldsymbol{a}=(1,\ 0,\ 3)+t(1,\ 4,\ -1)$$

이 된다. 대칭방정식으로 변환하기 위해 t를 소거하면 다음과 같다.

$$\frac{x-1}{1}=\frac{y}{4}=\frac{z-3}{-1}$$

예제 8.11

한 점 (1, 2, 4)를 지나고 벡터 $\boldsymbol{b}=5\boldsymbol{a}_x+3\boldsymbol{a}_y-\boldsymbol{a}_z$에 평행한 직선의 벡터방정식, 매개변수방정식, 대칭방정식을 각각 구하라.

풀이

직선과 벡터 $\boldsymbol{b}=(5,\ 3,\ -1)$가 서로 평행하다고 하였기 때문에 벡터 $\boldsymbol{b}$를 방향벡터로 설정할 수 있다. 즉,

$$\boldsymbol{a}=(5,\ 3,\ -1)$$

이고, 주어진 점에 대응되는 $\boldsymbol{r}_1=(1,\ 2,\ 4)$이므로 직선의 벡터방정식은 다음과 같다.

$$\boldsymbol{r}=\boldsymbol{r}_1+t\boldsymbol{a}=(1,\ 2,\ 4)+t(5,\ 3,\ -1)$$

위의 벡터방정식에 대한 매개변수방정식은

$$(x,\ y,\ z)=(1,\ 2,\ 4)+t(5,\ 3,\ -1)$$

$$\begin{cases} x=1+5t \\ y=2+3t \\ z=4-t \end{cases}$$

이며, 대칭방정식은 다음과 같다.

$$\frac{x-1}{5}=\frac{y-2}{3}=\frac{z-4}{-1}$$

(2) 평면의 벡터방정식

한 점 $P_1(x_1,\ y_1,\ z_1)$을 지나는 평면은 무수히 많은데 3차원 공간에서 평면은 어떻게 결정될 수 있을까?

만일, 한 점 P_1을 지나면서 어떤 벡터 $\boldsymbol{n}$에 수직인 평면은 유일하게 하나가 존재한다. 따라서 평면을 3차원 공간에서 수학적으로 표현하기 위해서는 평면을 지나는 한 점과 그 평면에 수직한 벡터에 대한 정보가 필요함을 알 수 있다. 이와 같이 평면에 수직한 벡터를 법선벡터(Normal Vector)라고 부른다.

[그림 8.18]에서 한 점 $P_1(x_1,\ y_1,\ z_1)$을 지나면서 법선벡터가 $\boldsymbol{n}$으로 주어진 경우 평면의 벡터방정식을 구해 본다.

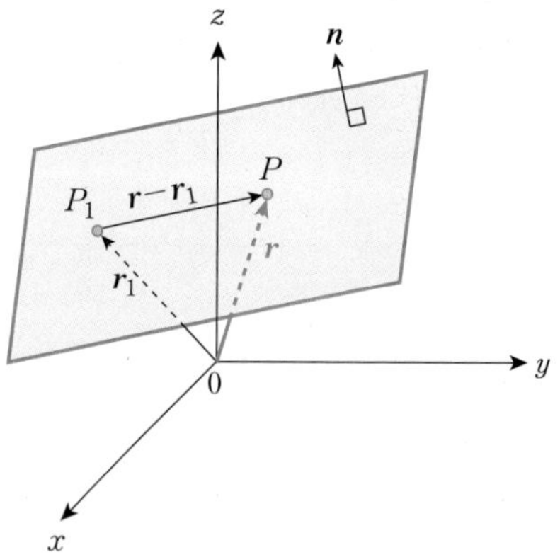

[그림 8.18] 평면의 벡터방정식 결정

평면의 방정식을 결정한다는 것은 평면상에 놓인 임의의 점 P가 평면 위에서만 움직이도록 하는 조건을 찾는다는 것과 같은 의미이다. 즉, 평면 위를 움직이는 임의의 점의 자취를 수학적으로 표현하는 것이다.

점 $P_1(x_1,\ y_1,\ z_1)$과 점 $P(x,\ y,\ z)$에 대응되는 위치벡터를 각각 $\boldsymbol{r}_1$과 $\boldsymbol{r}$이라고 하면 $\boldsymbol{r}-\boldsymbol{r}_1$은 평면 위에 놓여 있는 벡터이다. 따라서 $\boldsymbol{r}-\boldsymbol{r}_1$과 평면의 법선벡터는 항상 수직이므로 두 벡터의 내적은 0이 된다.

$$(\boldsymbol{r}-\boldsymbol{r}_1)\cdot\boldsymbol{n}=0 \tag{31}$$

식(31)을 평면의 벡터방정식이라고 한다.

정리 8.4 평면의 벡터방정식

3차원 공간의 한 점 $P_1(x_1,\ y_1,\ z_1)$을 지나고 법선벡터가 $\boldsymbol{n}=(a,\ b,\ c)$인 평면의 벡터방정식은 P_1의 위치벡터를 $\boldsymbol{r}_1$이라고 할 때 다음과 같다.

$$(\boldsymbol{r}-\boldsymbol{r}_1)\cdot\boldsymbol{n}=0$$

여기서 $\boldsymbol{r}$은 평면 위에 놓인 임의의 점 $P(x,\ y,\ z)$에 대한 위치벡터를 나타낸다.

한편, 법선벡터 $\boldsymbol{n}=(a,\ b,\ c)$와 $\boldsymbol{r}_1=(x_1,\ y_1,\ z_1)$을 [정리 8.4]에 언급된 평면의 벡터방정식에 대입하면 다음과 같이 표현된다.

$$\boldsymbol{r}-\boldsymbol{r}_1=(x-x_1,\ y-y_1,\ z-z_1)$$
$$\boldsymbol{n}=(a,\ b,\ c)$$
$$(\boldsymbol{r}-\boldsymbol{r}_1)\cdot\boldsymbol{n}=a(x-x_1)+b(y-y_1)+c(z-z_1)=0 \tag{32}$$

식(32)를 데카르트 방정식(Cartesian Equation)이라고도 부르며, $ax_1+by_1+cz_1 \triangleq d$라 정의하면 평면을 다음과 같이 일반적으로 표현할 수 있다.

$$ax+by+cz=d \tag{33}$$

여기서 x, y, z의 각 계수는 평면의 법선벡터의 성분이라는 것에 주목하라.

정리 8.5 평면의 데카르트 방정식

3차원 공간의 한 점 $P_1(x_1,\ y_1,\ z_1)$을 지나고 법선벡터 $\boldsymbol{n}=(a,\ b,\ c)$인 평면의 데카르트 방정식은 다음과 같다.

$$a(x-x_1)+b(y-y_1)+c(z-z_1)=0$$

여기서 $(x,\ y,\ z)$는 평면 위에 놓인 임의의 점에 대한 좌표를 나타낸다.

예제 8.12

3차원 공간의 한 점 $P_1(1,\ 2,\ 3)$을 지나고 벡터 $\boldsymbol{n}=3\boldsymbol{a}_x+4\boldsymbol{a}_y-2\boldsymbol{a}_z$에 수직인 평면의 방정식을 구하라.

풀이

한 점 $P_1(1,\ 2,\ 3)$에 대응되는 위치벡터 $\boldsymbol{r}_1=(1,\ 2,\ 3)$이고 법선벡터 $\boldsymbol{n}=(3,\ 4,\ -2)$이므로 [정리 8.5]로부터 평면의 방정식은 다음과 같다.

$$3(x-1)+4(y-2)-2(z-3)=0$$
$$\therefore\ 3x+4y-2z=5$$

앞에서 평면을 결정하기 위해서는 한 점과 법선벡터가 주어져야 한다는 것을 학습하였다. 3차원 공간에 놓여 있는 직선은 두 점이 주어지면 유일하게 결정되지만, 평면은 몇 개의 점이 주어져야 유일하게 결정될 수 있을까?

[그림 8.19]에서 알 수 있는 것처럼 한 점 또는 두 점을 지나는 평면은 무수히 많다.

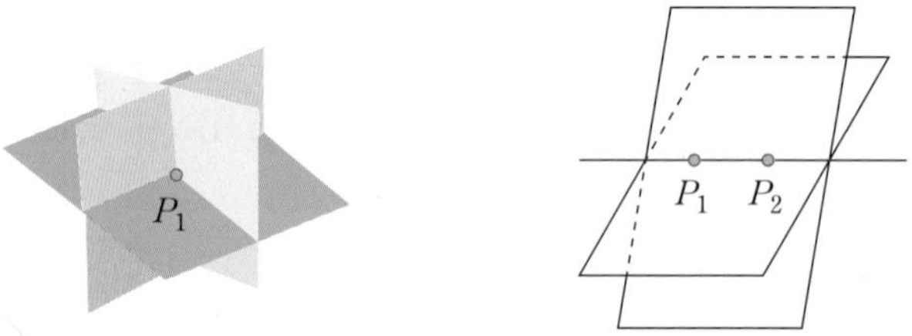

(a) 한 점을 지나는 평면　　(b) 두 점을 지나는 평면

[그림 8.19] 평면의 결정조건

모두 동일한 직선 위에 위치하지 않은 세 점을 지나는 평면은 유일하게 하나로 결정될 수 있을까? 세 점 중 두 점으로는 평면에 수직한 법선벡터를 얻을 수 있으므로 한 점과 법선벡터가 주어진 경우와 동일하다. 따라서 [그림 8.20]에서처럼 평면 위에 주어진 세 점 P_1, P_2, P_3가 모두 동일한 직선 위에 위치하지 않은 경우, 세 점을 지나는 평면은 유일하게 하나가 결정된다.

[그림 8.20]에서 점 P_1, P_2, P_3에 각각 대응되는 위치벡터를 $\boldsymbol{r}_1$, $\boldsymbol{r}_2$, $\boldsymbol{r}_3$라 하고 평면 위에 놓인 임의의 한 점 $P(x, y, z)$에 대응되는 위치벡터를 $\boldsymbol{r}$이라 가정하자. 평면의 법선벡터 $\boldsymbol{n}$을 결정하기 위하여 벡터 $\boldsymbol{u}$와 $\boldsymbol{v}$를 다음과 같이 정의한다.

$$\boldsymbol{u} \triangleq \boldsymbol{r}_2 - \boldsymbol{r}_1, \quad \boldsymbol{v} \triangleq \boldsymbol{r}_3 - \boldsymbol{r}_2 \tag{34}$$

$\boldsymbol{u}$와 $\boldsymbol{v}$는 평면 위에 위치한 두 벡터이므로 외적의 정의로부터 $\boldsymbol{u} \times \boldsymbol{v}$는 평면에 수직이므로 법선벡터 $\boldsymbol{n}$으로 선정할 수 있다.

$$\boldsymbol{n} \triangleq \boldsymbol{u} \times \boldsymbol{v} = (\boldsymbol{r}_2 - \boldsymbol{r}_1) \times (\boldsymbol{r}_3 - \boldsymbol{r}_2) \tag{35}$$

따라서 [정리 8.4]로부터 세 점 P_1, P_2, P_3를 지나는 평면의 벡터방정식은 다음과 같이 표현할 수 있다.

$$(\boldsymbol{r} - \boldsymbol{r}_1) \cdot \boldsymbol{n} = 0 \tag{36}$$

식(36)에서 $\boldsymbol{r}_1$ 대신에 $\boldsymbol{r}_2$ 또는 $\boldsymbol{r}_3$를 대입하여도 동일한 평면의 벡터방정식을 얻을 수 있음에 유의하라.

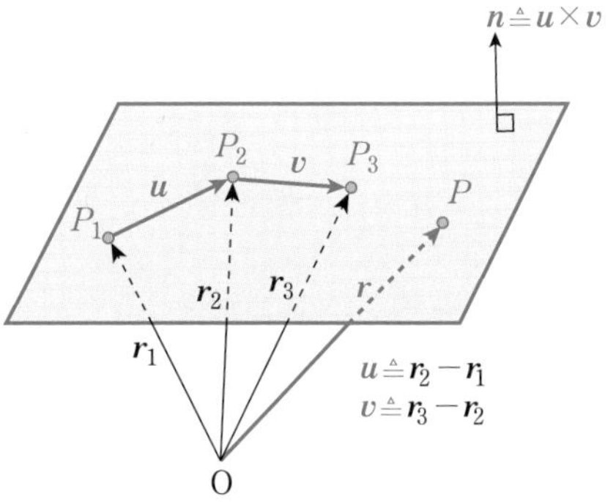

[그림 8.20] 세 점을 지나는 평면

예제 8.13

세 점 $P_1(1,\ 0,\ -1)$, $P_2(2,\ 1,\ 0)$, $P_3(1,\ 4,\ 1)$을 지나는 평면의 방정식을 구하라.

풀이

점 P_1, P_2, P_3에 각각 대응되는 위치벡터를 $\boldsymbol{r}_1$, $\boldsymbol{r}_2$, $\boldsymbol{r}_3$라 하고 평면 위에 놓인 임의의 한 점 $P(x,\ y,\ z)$에 대응되는 위치벡터를 $\boldsymbol{r}$이라 가정한다.
$\boldsymbol{u}$와 $\boldsymbol{v}$를 각각 다음과 같이 정의한다.

$$\boldsymbol{u} \triangleq \boldsymbol{r}_2 - \boldsymbol{r}_1 = (2,\ 1,\ 0) - (1,\ 0,\ -1) = (1,\ 1,\ 1)$$
$$\boldsymbol{v} \triangleq \boldsymbol{r}_3 - \boldsymbol{r}_2 = (1,\ 4,\ 1) - (2,\ 1,\ 0) = (-1,\ 3,\ 1)$$

$\boldsymbol{u}$와 $\boldsymbol{v}$는 평면 위에 위치한 두 벡터이므로 $\boldsymbol{u} \times \boldsymbol{v}$를 평면의 법선벡터로 선정할 수 있다.

$$\boldsymbol{n} = \boldsymbol{u} \times \boldsymbol{v} = \begin{vmatrix} \boldsymbol{a}_x & \boldsymbol{a}_y & \boldsymbol{a}_z \\ 1 & 1 & 1 \\ -1 & 3 & 1 \end{vmatrix} = -2\boldsymbol{a}_x - 2\boldsymbol{a}_y + 4\boldsymbol{a}_z = (-2,\ -2,\ 4)$$

한편, $\boldsymbol{r} - \boldsymbol{r}_3$는 평면 위에 위치하는 또 다른 벡터이므로 법선벡터 $\boldsymbol{n}$과 항상 수직이 된다.

$$\boldsymbol{r} - \boldsymbol{r}_3 = (x,\ y,\ z) - (1,\ 4,\ 1) = (x-1,\ y-4,\ z-1)$$
$$(\boldsymbol{r} - \boldsymbol{r}_3) \cdot \boldsymbol{n} = (x-1,\ y-4,\ z-1) \cdot (-2,\ -2,\ 4) = 0$$

따라서 평면의 벡터방정식은 다음과 같이 구해진다.

$$-2(x-1) - 2(y-4) + 4(z-1) = 0$$

예제 8.14

3차원 공간에서 주어진 다음 평면과 직선의 교점을 구하라.
평면: $2x - 3y + 2z = -7$
직선: $x = 1 + 2t,\ y = 2 - t,\ z = -3t$

풀이

평면과 직선이 만나는 교점을 $P_0(x_0,\ y_0,\ z_0)$라 하면

① $2x_0 - 3y_0 + 2z_0 = -7$

② $\dfrac{x_0 - 1}{2} = \dfrac{y_0 - 2}{-1} = \dfrac{z_0}{-3}$

가 성립한다. ②에서 x_0와 z_0를 y_0의 함수로 표현하면

③ $x_0 = -2y_0 + 5,\ z_0 = 3y_0 - 6$

이 얻어지므로 ③을 ①에 대입하여 정리하면 다음과 같다.

$$2(-2y_0 + 5) - 3y_0 + 2(3y_0 - 6) = -7$$
$$\therefore\ y_0 = 5$$

y_0를 ③에 대입하면 $x_0 = -5,\ z_0 = 9$가 얻어지므로 교점 P_0는 $P_0(-5,\ 5,\ 9)$가 된다.

요약 | 공간에서의 직선과 평면

- 3차원 공간의 한 점 $P_1(x_1,\ y_1,\ z_1)$을 지나고 방향벡터 $\boldsymbol{a} = (a_1,\ a_2,\ a_3)$인 직선의 벡터방정식은 P_1의 위치벡터를 $\boldsymbol{r}_1$이라고 할 때 다음과 같다.

$$\boldsymbol{r} = \boldsymbol{r}_1 + t\boldsymbol{a} \quad (\text{단, } t\text{는 스칼라})$$

여기서 $\boldsymbol{r}$은 직선 위에 놓인 임의의 한 점 $P(x,\ y,\ z)$에 대한 위치벡터를 나타낸다.

- 3차원 공간의 한 점 $P_1(x_1,\ y_1,\ z_1)$을 지나고 방향벡터 $\boldsymbol{a} = (a_1,\ a_2,\ a_3)$인 직선의 매개변수방정식은 다음과 같다.

$$\begin{cases} x = x_1 + ta_1 \\ y = y_1 + ta_2 \\ z = z_1 + ta_3 \end{cases}$$

여기서 $(x,\ y,\ z)$는 직선상에 놓인 임의의 점에 대한 좌표를 나타낸다.

- 3차원 공간의 한 점 $P_1(x_1,\ y_1,\ z_1)$을 지나고 방향벡터 $\boldsymbol{a} = (a_1,\ a_2,\ a_3)$인 직선의 대칭방정식은 다음과 같다.

$$\frac{x - x_1}{a_1} = \frac{y - y_1}{a_2} = \frac{z - z_1}{a_3}$$

여기서 $(x,\ y,\ z)$는 직선상에 놓인 임의의 점에 대한 좌표를 나타낸다.

- 3차원 공간의 한 점 $P_1(x_1,\ y_1,\ z_1)$을 지나고 법선벡터 $\boldsymbol{n}=(a,\ b,\ c)$인 평면의 벡터 방정식은 P_1의 위치벡터를 $\boldsymbol{r}_1$이라고 할 때 다음과 같다.

$$(\boldsymbol{r}-\boldsymbol{r}_1)\cdot\boldsymbol{n}=0$$

여기서 $\boldsymbol{r}$은 평면 위에 놓인 임의의 점 $P(x,\ y,\ z)$에 대한 위치벡터를 나타낸다.

- 3차원 공간의 한 점 $P_1(x_1,\ y_1,\ z_1)$을 지나고 법선벡터 $\boldsymbol{n}=(a,\ b,\ c)$인 평면의 데카르트 방정식은 다음과 같다.

$$a(x-x_1)+b(y-y_1)+c(z-z_1)=0$$

여기서 $(x,\ y,\ z)$는 평면 위에 놓인 임의의 점에 대한 좌표를 나타낸다.

- 3차원 공간에 놓여 있는 평면은 평면 위에 주어진 세 점이 모두 동일한 직선 위에 위치하지 않는 경우 유일하게 결정될 수 있으며, 3차원 공간에 놓여 있는 직선은 두 점에 대한 정보가 주어지면 유일하게 결정된다.

8.5* 공간직교좌표계

3차원 공간의 한 점을 수학적으로 표현하기 위한 장치를 좌표계(Coordinate System)라 한다. 3차원 공간에서의 좌표계는 각 축이 서로 수직인 직교좌표계(Orthogonal Coordinate System)가 주로 이용되고 있으며, 다음의 세 가지 직교좌표계가 일반적으로 공학 문제에 많이 사용된다.

① 직각좌표계(Rectangular Coordinate System)
② 원통좌표계(Cylindrical Coordinate System)
③ 구좌표계(Spherical Coordinate System)

(1) 직각좌표계

직각좌표계에서 한 점 $P(P_x,\ P_y,\ P_z)$는 $x=P_x$, $y=P_y$, $z=P_z$인 세 평면의 교차점을 표시한다. 여기서 $x=P_x$는 yz-평면에 평행하면서 $x=P_x$를 지나는 평면, $y=P_y$는 xz-평면과 평행하면서 $y=P_y$를 지나는 평면, $z=P_z$는 xy-평면과 평행하면서 $z=P_z$를 지나는 평면을 각각 나타낸다.

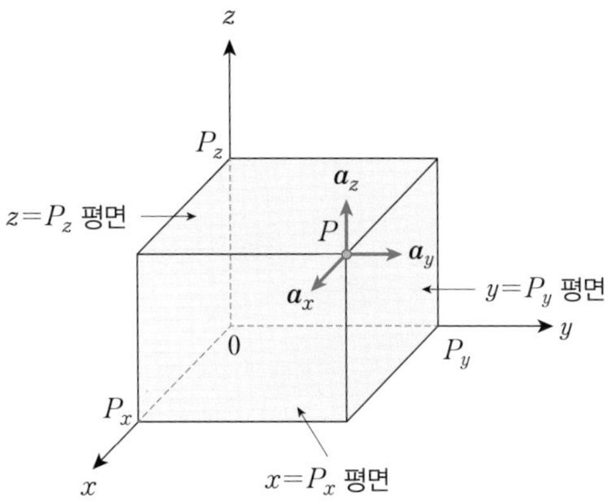

[그림 8.21] 직각좌표계

[그림 8.21]에서 3개의 평면 $x=P_x$, $y=P_y$, $z=P_z$는 한 점 P에서 만나는데 이 교차점이 직각좌표계에서 점 P의 위치를 나타낸다는 것에 유의하라.

다음으로 직각좌표계의 한 점 P에서 각 축 방향의 단위벡터들을 결정하도록 한다. x축 단위벡터는 평면 $x=P_x$와 수직이면서 x좌표가 증가하는 방향을 $\boldsymbol{a}_x$라고 정한다. y축 단위벡터 $\boldsymbol{a}_y$는 평면 $y=P_y$와 수직이면서 y좌표가 증가하는 방향으로 정하고, z축 단위벡터 $\boldsymbol{a}_z$는 평면 $z=P_z$와 수직이면서 z좌표가 증가하는 방향으로 정한다.

직각좌표계에서 단위벡터의 방향을 결정하는 방법은 다른 직교좌표계에서도 동일한 방법으로 결정하기 때문에 충분히 숙지해야 한다.

정의 8.3 **직각좌표계에서 $\boldsymbol{a}_x$, $\boldsymbol{a}_y$, $\boldsymbol{a}_z$의 방향**

직각좌표계에서 한 점 $P(P_x, P_y, P_z)$에서 각 축 방향 단위벡터는 다음과 같이 정의한다.

① $\boldsymbol{a}_x$는 평면 $x=P_x$와 수직이면서 x좌표가 증가하는 방향으로 정의한다.
② $\boldsymbol{a}_y$는 평면 $y=P_y$와 수직이면서 y좌표가 증가하는 방향으로 정의한다.
③ $\boldsymbol{a}_z$는 평면 $z=P_z$와 수직이면서 z좌표가 증가하는 방향으로 정의한다.

[그림 8.22]에 3차원 공간에 놓인 두 점 P, Q에 대한 단위벡터를 표시하였다. 그림에서도 알 수 있듯이 P와 Q에서 정의된 축 방향 단위벡터는 모두 동일한 방향을 가지게 되며, 다음과 같이 일반화하여 표현할 수 있다.

3차원 공간의 모든 점을 직각좌표계로 나타낼 때, 각 점에서의 축 방향 단위벡터 $\boldsymbol{a}_x$, $\boldsymbol{a}_y$, $\boldsymbol{a}_z$는 모두 동일한 방향을 가진다.

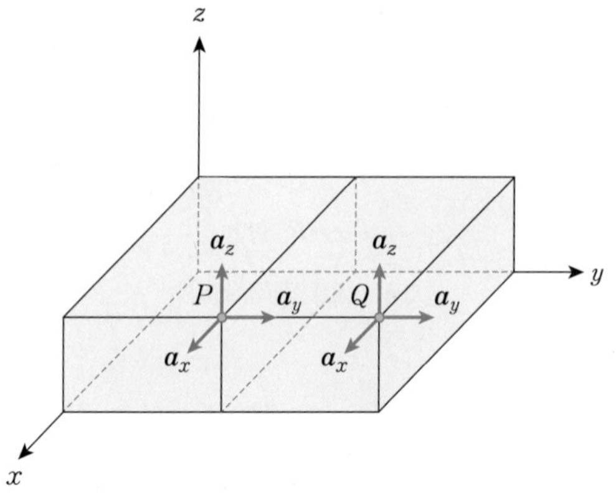

[그림 8.22] 직각좌표계에서의 단위벡터

직각좌표계를 이용하여 공간상의 한 점 $P(P_x, P_y, P_z)$를 위치벡터로 표현하면 다음과 같다.

$$\overrightarrow{OP} = \boldsymbol{p} = P_x\boldsymbol{a}_x + P_y\boldsymbol{a}_y + P_z\boldsymbol{a}_z = (P_x, P_y, P_z) \tag{37}$$

(2) 원통좌표계

원통좌표계는 3차원 공간의 한 점을 수학적으로 표현하는데 있어 ρ, ϕ, z의 세 개의 파라미터로 표현하는 좌표계로서 [그림 8.23]에 ρ, ϕ, z의 의미를 나타내었다. 만일 파라미터 z가 없다면 원통좌표계는 잘 알려진 2차원 평면에서의 극좌표(Polar Coordinate)와 동일하게 됨에 유의하라.

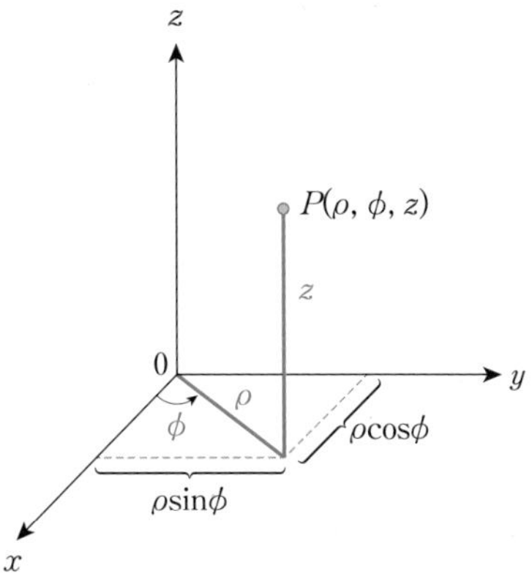

[그림 8.23] 원통좌표계의 세 파라미터의 정의

원통좌표계에서 한 점 $P(P_\rho,\ P_\phi,\ P_z)$는 기하학적으로는 $\rho=P_\rho$, $\phi=P_\phi$, $z=P_z$의 교차점을 나타낸다. $\rho=P_\rho$는 반지름이 P_ρ인 원통(Cylinder)을 나타내며 $\phi=P_\phi$는 xy-평면에 수직한 평면을 나타낸다. 그리고 $z=P_z$는 xy-평면에 평행한 평면을 나타낸다. 이를 [그림 8.24]에 도시하였다. 결국 원통과 xy-평면에 수직한 평면, xy-평면에 평행한 평면이 한 점에서 교차되는 교차점이 $P(P_\rho,\ P_\phi,\ P_z)$의 위치를 나타내는 것에 주의하라.

다음으로 원통좌표계의 한 점 P에서 각 축 방향의 단위벡터들을 결정하도록 한다. 직각좌표계에서 결정했던 방법과 동일한 방법으로 결정하면 된다. ρ축 단위벡터는 원통 $\rho=P_\rho$와 수직이면서 ρ의 좌표가 증가하는 방향을 $\boldsymbol{a}_\rho$라고 정한다. [그림 8.24]에 나타낸 것처럼 원통면에서 수직으로 밖으로 향하는 방향이 $\boldsymbol{a}_\rho$의 방향이 된다.

ϕ축 단위벡터 $\boldsymbol{a}_\phi$는 평면 $\phi=P_\phi$와 수직이면서 ϕ의 좌표가 증가하는 방향이며, z축 단위벡터 $\boldsymbol{a}_z$는 직각좌표계에서와 마찬가지로 평면 $z=P_z$와 수직이면서 z의 좌표가 증가하는 방향이다.

정의 8.4 원통좌표계에서 $\boldsymbol{a}_\rho$, $\boldsymbol{a}_\phi$, $\boldsymbol{a}_z$의 방향

원통좌표계에서 한 점 $P(P_\rho,\ P_\phi,\ P_z)$에서 각 축 방향 단위벡터는 다음과 같이 정의한다.

① $\boldsymbol{a}_\rho$는 원통 $\rho=P_\rho$와 수직하면서 ρ좌표가 증가하는 방향으로 정의한다.

② $\boldsymbol{a}_\phi$ 는 평면 $\phi=P_\phi$ 와 수직하면서 ϕ 좌표가 증가하는 방향으로 정의한다.
③ $\boldsymbol{a}_z$ 는 평면 $z=P_z$ 와 수직하면서 z좌표가 증가하는 방향으로 정의한다.

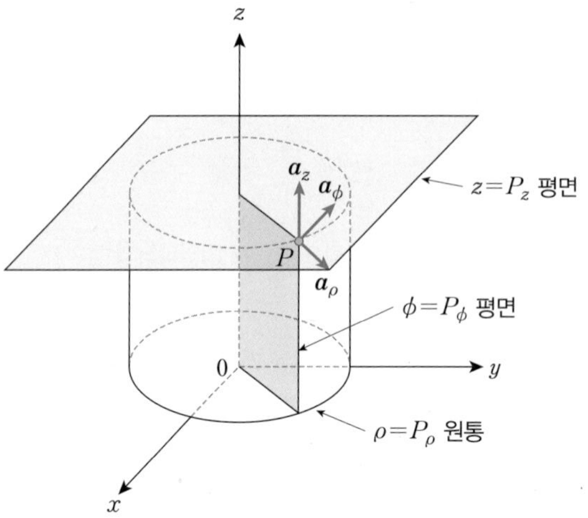

[그림 8.24] 원통좌표계에서 $P(P_\rho,\ P_\phi,\ P_z)$ 의 표시

그런데 한 가지 주의할 점은 직각좌표계에서는 모든 점에서 축 방향 단위벡터의 방향이 동일하였는데 반해, 원통좌표계에서는 $\boldsymbol{a}_z$ 를 제외하고 $\boldsymbol{a}_\rho$ 와 $\boldsymbol{a}_\phi$ 는 3차원 공간에 놓인 점의 위치가 달라지면 방향이 변한다는 것에 유의하라. 결론적으로 말하면, 3차원 공간의 모든 점을 원통좌표계로 나타낼 때 각 점에서 정의되는 축 방향 단위벡터는 점의 위치에 따라 방향이 변화한다는 것을 알 수 있다.

한편, 원통좌표계와 직각좌표계 사이의 좌표변환에 대해 살펴보자. [그림 8.23]에서 $(x,\ y,\ z)$와 $(\rho,\ \phi,\ z)$ 사이에는 다음의 관계가 성립함을 알 수 있다.

$$\begin{cases} x=\rho\cos\phi \\ y=\rho\sin\phi \\ z=z \end{cases} \tag{38}$$

원통좌표계를 이용하여 3차원 공간의 한 점 $P(P_\rho,\ P_\phi,\ P_z)$를 위치벡터로 표현하면 다음과 같다.

$$\overrightarrow{OP} = \boldsymbol{p} = P_\rho \boldsymbol{a}_\rho + P_\phi \boldsymbol{a}_\phi + P_z \boldsymbol{a}_z = (P_\rho,\ P_\phi,\ P_z) \quad (39)$$

여기서 잠깐! **직각좌표를 원통좌표로 변환**

식(38)에서 x와 y를 각각 제곱하여 더하면 다음과 같다.

$$\begin{array}{rl} & x^2 = \rho^2 \cos^2\phi \\ +) & \underline{y^2 = \rho^2 \sin^2\phi} \\ & x^2 + y^2 = \rho^2(\cos^2\phi + \sin^2\phi) = \rho^2 \end{array}$$

$$\therefore\ \rho = \sqrt{x^2 + y^2}$$

또한 x와 y의 비를 구하면 다음과 같다.

$$\frac{y}{x} = \frac{\rho \sin\phi}{\rho \cos\phi} = \tan\phi$$

$$\therefore\ \phi = \tan^{-1}\left(\frac{y}{x}\right)$$

한편, 원통좌표계와 직각좌표계는 동일한 방법으로 z좌표를 결정하므로 직각좌표를 다음과 같이 원통좌표로 변환할 수 있다.

$$\begin{cases} \rho = \sqrt{x^2 + y^2} \\ \phi = \tan^{-1}\left(\frac{y}{x}\right) \\ z = z \end{cases}$$

(3) 구좌표계

구좌표계는 3차원 공간의 한 점을 수학적으로 표현하는 데 있어 r, θ, ϕ의 세 개의 파라미터로 표현하는 좌표계로서, [그림 8.25]에 r, θ, ϕ의 의미를 나타내었다.

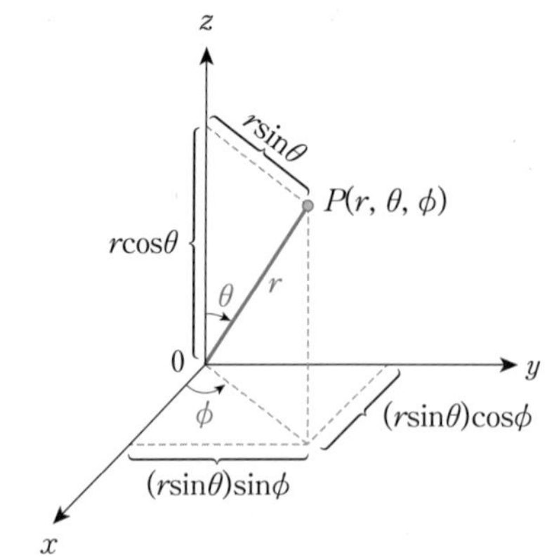

[그림 8.25] 구좌표계의 세 파라미터 정의

구좌표계에서 한 점 $P(P_r,\ P_\theta,\ P_\phi)$는 기하학적으로는 $r=P_r$, $\theta=P_\theta$, $\phi=P_\phi$의 교차점을 나타낸다. $r=P_r$은 반지름이 P_r인 구면(Sphere)을 나타내며, $\theta=P_\theta$는 아이스크림 콘과 같은 원추면(Cone)을 나타낸다. 그리고 $\phi=P_\phi$는 원통좌표계에서 이미 정의된 파라미터이며, 평면을 나타낸다. 이를 [그림 8.26]에 도시하였다.

결국 구면, 원추면, 평면이 한 점에서 교차되는 교차점이 $P(P_r,\ P_\theta,\ P_\phi)$의 위치를 나타낸다는 것에 주의하라.

구좌표계의 한 점 $P(P_r,\ P_\theta,\ P_\phi)$에서 각 축 방향의 단위벡터들을 결정하도록 한다. 앞에서 논의한 두 개의 좌표계에서 결정했던 방법과 동일한 방법으로 결정하면 된다. r축 단위벡터는 구면 $r=P_r$과 수직이면서 r의 좌표가 증가하는 방향을 $\boldsymbol{a}_r$로 정한다. [그림 8.26]에 나타낸 것처럼 구면에서 수직으로 밖으로 향하는 방향이 $\boldsymbol{a}_r$의 방향이 된다.

θ축 단위벡터 $\boldsymbol{a}_\theta$는 원추면 $\theta=P_\theta$와 수직이면서 θ의 좌표가 증가하는 방향이며, ϕ축 단위벡터 $\boldsymbol{a}_\phi$는 원통좌표계에서와 마찬가지로 평면 $\phi=P_\phi$와 수직이면서 ϕ의 좌표가 증가하는 방향이다.

정의 8.5 구좌표계에서 a_r, a_θ, a_ϕ의 방향

구좌표계에서 한 점 $P(P_r,\ P_\theta,\ P_\phi)$에서 각 축 방향 단위벡터는 다음과 같이 정의한다.

① $\boldsymbol{a}_r$은 구 $r=P_r$과 수직이면서 r좌표가 증가하는 방향으로 정의한다.

② $\boldsymbol{a}_\theta$는 원추 $\theta=P_\theta$와 수직이면서 θ좌표가 증가하는 방향으로 정의한다.

③ $\boldsymbol{a}_\phi$는 평면 $\phi=P_\phi$와 수직이면서 ϕ좌표가 증가하는 방향으로 정의한다.

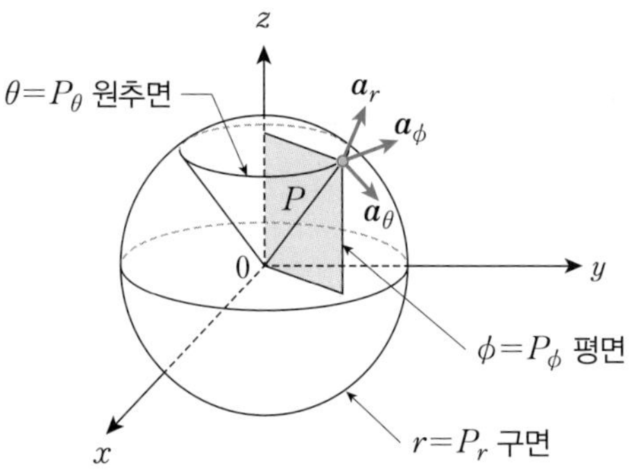

[그림 8.26] 구좌표계에서 $P(P_r,\ P_\theta,\ P_\phi)$의 표시

그런데 여기서 한 가지 주의할 점은 구좌표계에서도 원통좌표계와 마찬가지로 3차원 공간에 놓인 점의 위치에 따라 모든 단위벡터의 방향이 변화한다는 것이다. [그림 8.26]을 살펴보면 점의 위치에 따라 각 점에서 정의되는 단위벡터의 방향이 모두 다르다는 것을 알 수 있다.

다음으로 구좌표계와 직각좌표계 간의 좌표변환에 대해 살펴보자. [그림 8.25]에서 $(x,\ y,\ z)$와 $(r,\ \theta,\ \phi)$ 사이에는 다음의 관계가 성립함을 알 수 있다.

$$\begin{cases} x = r\sin\theta\cos\phi \\ y = r\sin\theta\sin\phi \\ z = r\cos\theta \end{cases} \tag{40}$$

구좌표계를 이용하여 3차원 공간의 한 점 $P(P_r,\ P_\theta,\ P_\phi)$를 위치벡터로 표현하면 다음과 같다.

$$\overrightarrow{OP} = \boldsymbol{p} = P_r\boldsymbol{a}_r + P_\theta\boldsymbol{a}_\theta + P_\phi\boldsymbol{a}_\phi = (P_r,\ P_\theta,\ P_\phi) \tag{41}$$

여기서 잠깐! | 직각좌표를 구좌표로 변환

식(40)의 관계로부터 x, y, z를 각각 제곱하여 더하면

$$\begin{aligned} & x^2=r^2\sin^2\theta\cos^2\phi \\ & y^2=r^2\sin^2\theta\sin^2\phi \\ +) \; & z^2=r^2\cos^2\theta \\ \hline & x^2+y^2+z^2=r^2\sin^2\theta\,(\cos^2\phi+\sin^2\phi)+r^2\cos^2\theta \end{aligned}$$

$$\therefore\ x^2+y^2+z^2=r^2 \Rightarrow r=\sqrt{x^2+y^2+z^2}$$

또한 x와 y의 비를 취하면 다음의 관계가 얻어진다.

$$\frac{y}{x}=\frac{r\sin\theta\sin\phi}{r\sin\theta\cos\phi}=\tan\phi$$

$$\therefore\ \phi=\tan^{-1}\left(\frac{y}{x}\right)$$

$z=r\cos\theta$ 의 관계식에서 다음의 관계가 얻어진다.

$$\cos\theta=\frac{z}{r}=\frac{z}{\sqrt{x^2+y^2+z^2}}$$

$$\therefore\ \theta=\cos^{-1}\left(\frac{z}{\sqrt{x^2+y^2+z^2}}\right)$$

예제 8.15

(1) 원통좌표계에서 표현된 $P(8,\ \pi/3,\ 7)$를 직각좌표계로 변환하라.

(2) 직각좌표계에서 표현된 $Q(-\sqrt{2},\ \sqrt{2},\ 1)$를 원통좌표계로 변환하라.

(3) 구좌표계에서 표현된 $R(6,\ \pi/4,\ \pi/3)$을 직각좌표계로 변환하라.

풀이

(1) 식(38)의 관계로부터

$$x=\rho\cos\phi=8\cos\frac{\pi}{3}=4$$

$$y=\rho\sin\phi=8\sin\frac{\pi}{3}=4\sqrt{3}$$

$$z=z=7$$

이므로 원통좌표 $P(8,\ \pi/3,\ 7)$는 직각좌표 $(4,\ 4\sqrt{3},\ 7)$로 변환된다.

(2) 식(38)의 관계로부터 x와 y를 제곱하여 더하면

$$x^2+y^2=\rho^2\cos^2\phi+\rho^2\sin^2\phi=\rho^2$$

$$\therefore\ \rho=\sqrt{x^2+y^2}$$

이 된다. 또한 x와 y의 비를 취하면 다음과 같다.

$$\frac{y}{x}=\frac{\rho\sin\phi}{\rho\cos\phi}=\tan\phi$$

따라서 직각좌표 $Q(-\sqrt{2},\ \sqrt{2},\ 1)$에 대한 원통좌표는 다음과 같이 계산된다.

$$\rho=\sqrt{2+2}=2$$
$$\phi=\tan^{-1}\left(\frac{\sqrt{2}}{-\sqrt{2}}\right)=\tan^{-1}(-1)=\frac{3}{4}\pi$$
$$z=1$$

ϕ의 계산에서 $x<0,\ y>0$이라는 사실과 $0\leq\phi\leq 2\pi$라는 것을 고려하여 계산한 것임에 유의하라.

(3) 식(40)으로부터

$$x=r\sin\theta\cos\phi=6\sin\frac{\pi}{4}\cos\frac{\pi}{3}=\frac{3\sqrt{2}}{2}$$
$$y=r\sin\theta\sin\phi=6\sin\frac{\pi}{4}\sin\frac{\pi}{3}=\frac{3\sqrt{6}}{2}$$
$$z=r\cos\theta=6\cos\frac{\pi}{4}=3\sqrt{2}$$

이므로, 구좌표 $R(6,\ \pi/4,\ \pi/3)$은 직각좌표 $(3\sqrt{2}/2,\ 3\sqrt{6}/2,\ 3\sqrt{2})$로 변환된다.

여기서 잠깐! **사분면에 따른 $\phi=\tan^{-1}\left(\frac{y}{x}\right)$의 계산**

$\phi=\tan^{-1}\left(\frac{y}{x}\right)$는 x와 y의 부호에 따라 ϕ의 범위가 달라진다는 사실에 유의하면서 ϕ를 계산해야 한다.

① $x>0,\ y>0$일 때 $0<\phi<\frac{\pi}{2}$

② $x<0,\ y>0$일 때 $\frac{\pi}{2}<\phi<\pi$

③ $x<0,\ y<0$일 때 $\pi<\phi<\frac{3}{2}\pi$

④ $x>0,\ y<0$일 때 $\frac{3}{2}\pi<\phi<2\pi$

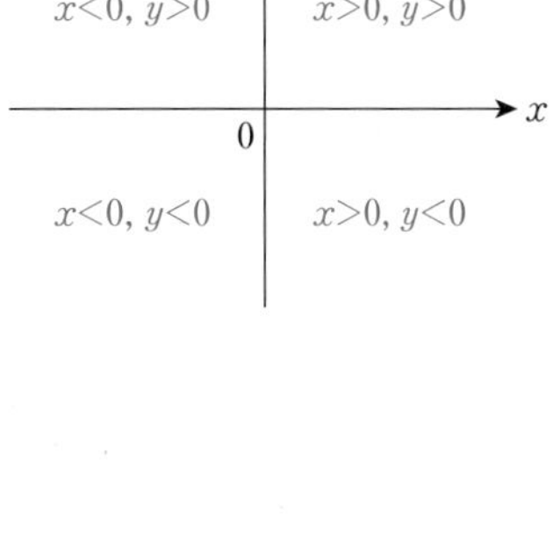

예를 들어, 다음의 값을 계산해보자.

① $\phi_1 = \tan^{-1}\left(\frac{\sqrt{3}}{1}\right)$

x와 y가 모두 양수이므로 ϕ_1은 제1사분면에 위치한 각이므로 다음 그림 (a)로부터 $\phi_1 = \frac{\pi}{3}$ rad이 된다는 것을 알 수 있다.

② $\phi_2 = \tan^{-1}\left(\frac{-\sqrt{3}}{-1}\right)$

x와 y가 모두 음수이므로 ϕ_2은 제3사분면에 위치한 각이므로 다음 그림 (b)로부터 $\phi_2 = \frac{4}{3}\pi$ rad이 된다는 것을 알 수 있다.

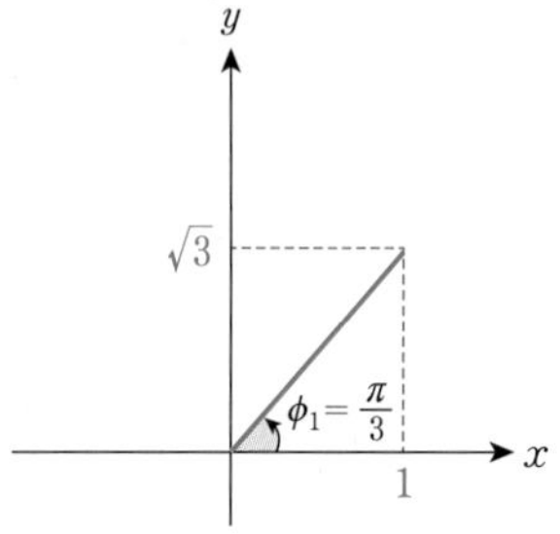

(a) ϕ_1의 계산

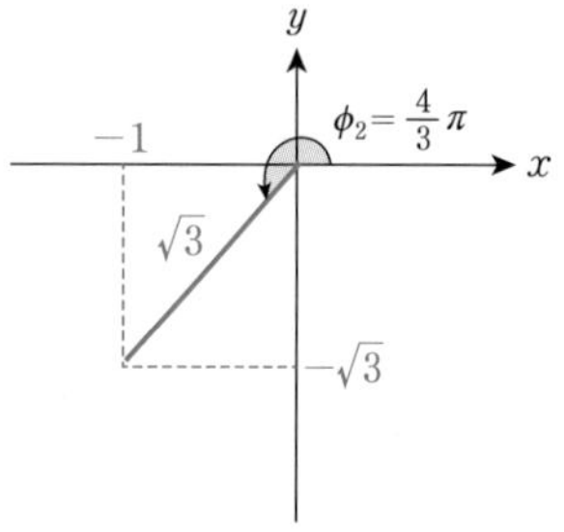

(b) ϕ_2의 계산

마찬가지 방법으로 그림 (c)와 그림 (d)로부터 ϕ_3와 ϕ_4를 계산하면 다음과 같다.

$$\phi_3 = \tan^{-1}\left(\frac{\sqrt{3}}{-1}\right) = \frac{2}{3}\pi$$

$$\phi_4 = \tan^{-1}\left(\frac{-\sqrt{3}}{1}\right) = \frac{5}{3}\pi = -\frac{\pi}{3}$$

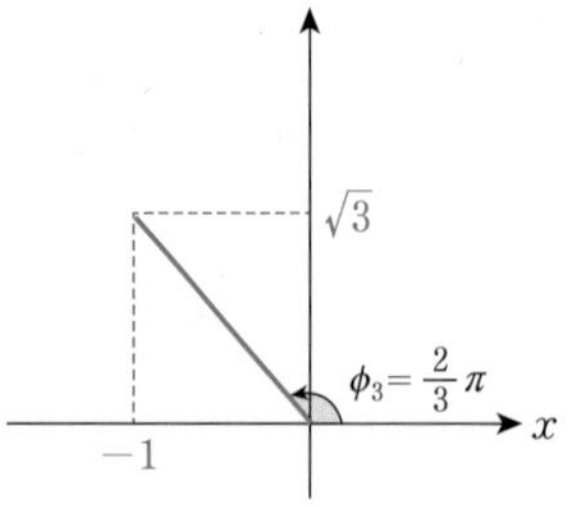

(c) ϕ_3의 계산

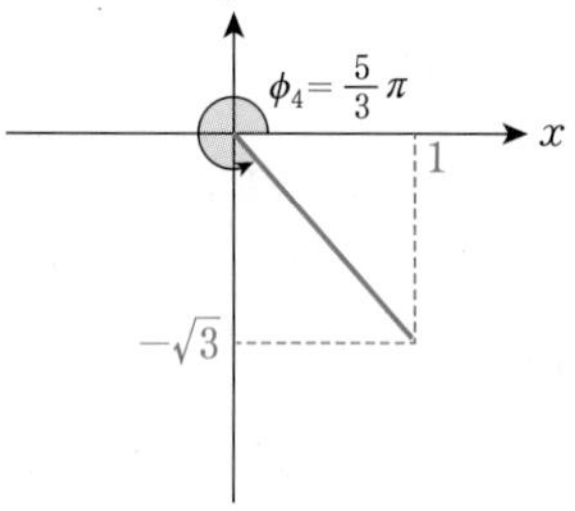

(d) ϕ_4의 계산

이와 같이 $\phi = \tan^{-1}\left(\frac{y}{x}\right)$를 계산할 때는 x와 y의 부호에 따라 ϕ가 위치하는 사분면이 달라지기 때문에 주의해야 하며, ϕ_4의 경우는 $\phi_4 = \frac{5}{3}\pi$이므로 음의 값으로 표현하면 $\phi_4 = -\frac{\pi}{3}$로도 표현할 수 있다.

요약 공간직교좌표계

- 직각좌표계에서 각 축 방향 단위벡터의 방향에 대한 정의는 매우 중요하며, 모든 점에서 축 방향 단위벡터의 방향이 동일하다.
- 원통좌표계는 3차원 공간의 한 점을 수학적으로 표현하는데 있어 ρ, ϕ, z의 세 개의 파라미터로 표현한다. 만일 파라미터 z가 없다면 원통좌표계는 2차원 평면에서의 극좌표와 동일하다.
- 원통좌표계에서는 $\boldsymbol{a}_z$를 제외하고 $\boldsymbol{a}_\rho$와 $\boldsymbol{a}_\phi$는 3차원 공간에 놓인 점의 위치가 달라지면 방향이 변한다.
- 원통좌표계와 직각좌표계 사이의 좌표변환은 다음과 같다.

① 원통좌표계 → 직각좌표계

$$\begin{cases} x=\rho\cos\phi \\ y=\rho\sin\phi \\ z=z \end{cases}$$

② 직각좌표계 → 원통좌표계

$$\begin{cases} \rho=\sqrt{x^2+y^2} \\ \phi=\tan^{-1}\left(\dfrac{y}{x}\right) \\ z=z \end{cases}$$

- 구좌표계는 3차원 공간의 한 점을 수학적으로 표현하는데 있어 r, θ, ϕ의 세 개의 파라미터로 표현한다.
- 구좌표계에서 $\boldsymbol{a}_r$, $\boldsymbol{a}_\theta$, $\boldsymbol{a}_\phi$는 3차원 공간에 놓인 점의 위치가 달라지면 변한다.
- 구좌표계와 직각좌표계 사이의 좌표변환은 다음과 같다.

① 구좌표계 → 직각좌표계

$$\begin{cases} x=r\sin\theta\cos\phi \\ y=r\sin\theta\sin\phi \\ z=r\cos\theta \end{cases}$$

② 직각좌표계 → 구좌표계

$$\begin{cases} r=\sqrt{x^2+y^2+z^2} \\ \theta=\cos^{-1}\left(\dfrac{z}{\sqrt{x^2+y^2+z^2}}\right) \\ \phi=\tan^{-1}\left(\dfrac{y}{x}\right) \end{cases}$$

연습문제

01 다음 조건을 만족하는 벡터 $\boldsymbol{b}$와 $\boldsymbol{c}$를 구하라.

(1) 벡터 $\boldsymbol{a}=(1,\ 2)$와 방향이 반대이며 크기가 $\boldsymbol{a}$의 2배인 벡터 $\boldsymbol{b}$

(2) 벡터 $\boldsymbol{a}=(1,\ 1)$, $\boldsymbol{b}=(-1,\ 0)$일 때, $\boldsymbol{a}+2\boldsymbol{b}$와 방향이 같고 크기가 5배인 벡터 $\boldsymbol{c}$

02 각 변의 길이가 2인 정육면체에 대하여 물음에 답하라.

(1) 벡터 $\overrightarrow{AD}$ 와 벡터 $\overrightarrow{AB}$ 가 이루는 각 θ

(2) 벡터 $\overrightarrow{AD}$ 와 벡터 $\overrightarrow{AC}$ 가 이루는 각 γ

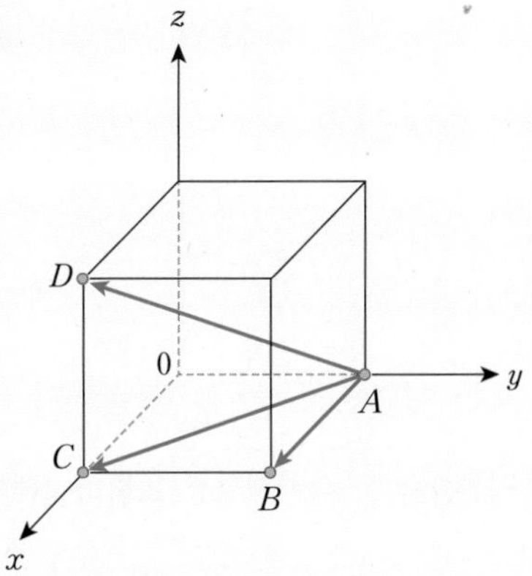

03 세 개의 벡터 $\boldsymbol{a}=(1,\ 2,\ 3)$, $\boldsymbol{b}=(1,\ 0,\ -1)$, $\boldsymbol{c}=(0,\ 1,\ 3)$에 대하여 다음을 계산하라.

(1) $\boldsymbol{a}\cdot(\boldsymbol{b}\times\boldsymbol{c})$ (2) $\dfrac{\boldsymbol{c}\times\boldsymbol{a}}{\boldsymbol{b}\cdot(\boldsymbol{c}\times\boldsymbol{a})}$ (3) $\boldsymbol{a}\cdot\boldsymbol{b}+\boldsymbol{b}\cdot\boldsymbol{c}$

04 다음 조건을 만족하는 직선의 방정식을 각각 구하라.

(1) $(4,\ -11,\ -7)$을 지나고 직선 $x=2+5t,\ y=-1+\dfrac{1}{3}t,\ z=9-2t$에 평행인 직선의 대칭방정식

(2) $(1,\ 2,\ 8)$을 지나고 xy 평면에 수직인 직선의 매개방정식

05 다음 조건을 만족하는 평면의 방정식을 각각 구하라.

(1) 세 점 $(0,\ 0,\ 0)$, $(1,\ 1,\ 1)$, $(3,\ 2,\ -1)$을 지나는 평면

(2) 한 점 $(-1,\ 1,\ 0)$을 지나고 벡터 $\boldsymbol{a}=(-1,\ 1,\ -1)$에 수직인 평면

(3) 원점을 지나며 평면 $5x-y+z=6$에 평행인 평면

06 $(-4,\ 1,\ 7)$을 지나며 평면 $-7x+2y+3z=1$에 수직인 직선의 매개방정식을 구하라.

07 다음의 벡터 $\boldsymbol{a}$가 벡터 $\boldsymbol{b}$와 $\boldsymbol{c}$에 각각 수직이라고 할 때 상수 k_1과 k_2를 구하라.

$$\boldsymbol{a}=(k_1,\ k_2,\ 1),\ \boldsymbol{b}=(1,\ 2,\ 3),\ \boldsymbol{c}=(1,\ 1,\ 1)$$

08 직각좌표로 주어진 점 $P(1,\ 2,\ 7)$를 원통좌표와 구좌표로 변환하라. 또한 원통좌표 $Q\left(10,\ \frac{3}{4}\pi,\ 5\right)$와 구좌표 $R\left(\frac{2}{3},\ \frac{\pi}{2},\ \frac{\pi}{6}\right)$을 직각좌표로 변환하라.

09 벡터 $\boldsymbol{a}=(1,\ 1,\ 0)$, $\boldsymbol{b}=(2,\ 0,\ 1)$ 일 때 $\boldsymbol{a}$와 $\boldsymbol{b}$에 모두 수직인 단위벡터 $\boldsymbol{u}$를 구하라. 단, 단위벡터의 모든 성분은 양수라고 가정한다.

10 다음 세 벡터로부터 결정되는 평행육면체의 체적을 구하라.

$$\boldsymbol{a}=(1,\ 2,\ 3),\ \boldsymbol{b}=(1,\ 0,\ -1),\ \boldsymbol{c}=(2,\ 3,\ 0)$$

11 벡터 $\boldsymbol{a}=(1,\ -2,\ 3)$, $\boldsymbol{b}=(2,\ -1,\ -1)$일 때 $\boldsymbol{a}\times\boldsymbol{b}$와 $\boldsymbol{b}\times\boldsymbol{a}$를 각각 구하라.

12 두 벡터 $\boldsymbol{a}$와 $\boldsymbol{b}$가 이루는 사잇각을 θ라 할 때 다음 관계가 성립함을 증명하라.

$$\|\boldsymbol{a}+\boldsymbol{b}\|^2=\|\boldsymbol{a}\|^2+\|\boldsymbol{b}\|^2+2\|\boldsymbol{a}\|\|\boldsymbol{b}\|\cos\theta$$

13 다음의 세 벡터 $\boldsymbol{a}$, $\boldsymbol{b}$, $\boldsymbol{c}$에 대하여 $k_1\boldsymbol{a}+k_2\boldsymbol{b}+k_3\boldsymbol{c}=(1,\ -1,\ 2)$가 되도록 상수 k_1, k_2, k_3를 구하라.

$$\boldsymbol{a}=(1,\ -1,\ 0),\ \boldsymbol{b}=(0,\ 2,\ -1),\ \boldsymbol{c}=(-3,\ 0,\ 1)$$

14 두 점 $P_1(2,\ -1,\ 8)$과 $P_2(5,\ 6,\ -3)$를 지나는 직선의 벡터방정식과 매개변수방정식을 각각 구하라.

15 다음의 두 벡터 $\boldsymbol{a}$와 $\boldsymbol{b}$에 대하여 물음에 답하라.

$$\boldsymbol{a} = (1,\ 0,\ 1),\ \boldsymbol{b} = (0,\ 1,\ 1)$$

(1) $\boldsymbol{a}$와 $\boldsymbol{b}$가 이루는 사잇각 θ를 구하라.

(2) $\boldsymbol{a} \times \boldsymbol{b}$와 $\|\boldsymbol{a} \times \boldsymbol{b}\|$를 각각 구하라.

CHAPTER 09

행렬과 행렬식

행렬과 행렬식

$$\begin{pmatrix} a_{11} & a_{12} & a_{13} \\ a_{21} & a_{22} & a_{23} \\ a_{31} & a_{32} & a_{33} \end{pmatrix} \qquad \begin{vmatrix} a_{11} & a_{12} & a_{13} \\ a_{21} & a_{22} & a_{23} \\ a_{31} & a_{32} & a_{33} \end{vmatrix}$$

행렬

- 행렬의 정의와 기본 연산
- 특수한 정방행렬
- 역행렬의 정의와 성질
- 역행렬의 계산법

행렬식

- 행렬식의 정의
- 행렬식의 성질
- 행렬식의 전개

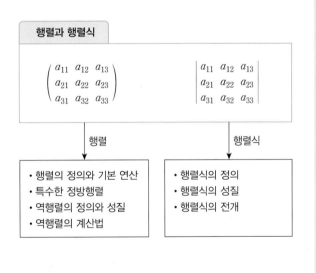

CHAPTER 09

행렬과 행렬식

▶ 단원 개요

많은 공학적인 문제를 표현하는데 있어 체계적인 접근 방법을 제공하는 것이 바로 행렬을 이용하는 것이다. 본 장에서는 행렬과 행렬식을 정의하고 이를 이용하여 선형연립방정식의 해를 구할 수 있도록 기초 개념을 학습한다. 또한 행렬식의 여러 가지 중요한 성질들과 특수한 정방행렬을 소개하고 행렬의 역행렬을 계산하는 방법에 대하여 다룬다. 행렬은 벡터의 개념과 함께 선형대수학에 있어서 매우 중요한 주제이므로 정확한 이해가 필수적이다.

9.1 행렬의 정의와 기본 연산

행렬(Matrix)은 공학의 여러 분야에서 흔히 접하게 되는 매우 중요한 수학적인 도구로서 영국의 유명한 수학자 A. Cayley가 창안하였다. 행렬을 이용하게 되면 수학적인 표현의 간결성은 물론이거니와 해석과정을 체계화하는데 많은 도움을 주기 때문에 행렬과 관련된 중요한 수학적인 기법에 대해 충분히 이해하는 것이 필요하다.

(1) 행렬의 정의

행렬이란 수 또는 함수들을 직사각형 모양으로 배열하여 괄호로 묶어 놓은 것이며, 행렬을 구성하는 수 또는 함수를 행렬의 요소(Element)라고 한다. 행렬에서 가로로 배열되어 있는 것을 행(Row), 세로로 배열되어 있는 것을 열(Column)이라고 부르며, 행의 개수와 열의 개수로 행렬의 크기를 표시한다. 예를 들어, 어떤 행렬 $\boldsymbol{A}$가 행의 개수가 m개, 열의 개수가 n이면 $\boldsymbol{A}$는 $m\times n$(m by n) 행렬이라고 하며, 특히 $m=n$인 경우를 n차 또는 m차 정방행렬(Square Matrix)이라고 부른다.

일반적으로 $m\times n$ 행렬 $\boldsymbol{A}$는 다음과 같이 표시한다.

$$\boldsymbol{A}=\begin{pmatrix} a_{11} & a_{12} & \cdots & a_{1n} \\ a_{21} & a_{22} & \cdots & a_{2n} \\ \vdots & \vdots & & \vdots \\ a_{m1} & a_{m2} & \cdots & a_{mn} \end{pmatrix} \tag{1}$$

또는

$$\boldsymbol{A} = (a_{ij}) \quad i=1,\ 2,\ \cdots,\ m, \quad j=1,\ 2,\ \cdots,\ n \tag{2}$$

식(2)의 표현은 행렬을 간결하게 표현할 수 있다는 장점이 있어 많이 사용된다. 특별한 경우로서, 행이 하나인 행렬이 공학문제에 많이 나타날 수 있는데, $1\times n$ 행렬

$$\boldsymbol{a} = (a_1\ \ a_2\ \ \cdots\ \ a_n) \quad \text{또는} \quad \boldsymbol{a} = (a_j) \quad j=1,\ 2,\ \cdots,\ n \tag{3}$$

를 행 벡터(Row Vector)라고 부른다. 또한 열이 하나인 $n\times 1$ 행렬

$$\boldsymbol{b} = \begin{pmatrix} b_1 \\ b_2 \\ \vdots \\ b_n \end{pmatrix} \quad \text{또는} \quad \boldsymbol{b} = (b_j) \quad j=1,\ 2,\ \cdots,\ n \tag{4}$$

를 열 벡터(Column Vector)라고 부른다. 식(3)과 식(4)에서 나타낸 것과 같이 행 벡터와 열 벡터는 볼드체 소문자 $\boldsymbol{a},\ \boldsymbol{b},\ \boldsymbol{c}\ \cdots$ 형태로 표기한다.

정의 9.1 행 벡터와 열 벡터

행 벡터 $\boldsymbol{a}$는 행이 하나인 특수한 $1\times n$ 행렬로 정의하며 다음과 같이 나타낸다.

$$\boldsymbol{a} = (a_1\ \ a_2\ \ \cdots\ \ a_n) \quad \text{또는} \quad \boldsymbol{a} = (a_j) \quad j=1,\ 2,\ \cdots,\ n$$

열 벡터 $\boldsymbol{b}$는 열이 하나인 특수한 $n\times 1$ 행렬로 정의하며 다음과 같이 나타낸다.

$$\boldsymbol{b} = \begin{pmatrix} b_1 \\ b_2 \\ \vdots \\ b_n \end{pmatrix} \quad \text{또는} \quad \boldsymbol{b} = (b_j) \quad j=1,\ 2,\ \cdots,\ n$$

한편, $m\times m$ 정방행렬 $\boldsymbol{A}$에서 대각선에 위치한 요소 $a_{ii}(i=1,\ 2,\ \cdots,\ m)$를 주대각요소(Main Diagonal Element)라고 부른다. 예를 들어, 다음의 2×2 행렬 $\boldsymbol{A}$의

주대각요소는 대각선에 위치한 요소 −3, 4를 의미한다.

$$\boldsymbol{A}=\begin{pmatrix}-3 & 2\\ -1 & 4\end{pmatrix}$$

$m\times n$ 행렬들을 모두 모아 놓은 집합을 $\boldsymbol{R}^{m\times n}$이라고 표기하면, $m\times n$ 행렬 $\boldsymbol{A}$는 다음과 같이 집합에서의 원소 개념으로 표현할 수 있다.

$$\boldsymbol{A}\in\boldsymbol{R}^{m\times n} \tag{5}$$

(2) 행렬의 상등

동일한 크기를 가지는 두 행렬 $\boldsymbol{A}=(a_{ij})$와 $\boldsymbol{B}=(b_{ij})$가 모든 i와 j에 대하여 $a_{ij}=b_{ij}$가 성립하는 경우 $\boldsymbol{A}$와 $\boldsymbol{B}$는 상등이라고 정의하고 다음과 같이 나타낸다.

$$\boldsymbol{A}=\boldsymbol{B} \tag{6}$$

예를 들어, 2×2 행렬 $\boldsymbol{A}$와 $\boldsymbol{B}$가 상등이면 다음의 관계가 성립해야 한다.

$$\boldsymbol{A}=\begin{pmatrix}a_{11} & a_{12}\\ a_{21} & a_{22}\end{pmatrix},\quad \boldsymbol{B}=\begin{pmatrix}b_{11} & b_{12}\\ b_{21} & b_{22}\end{pmatrix}$$

$$\boldsymbol{A}=\boldsymbol{B}\Longleftrightarrow a_{11}=b_{11},\ a_{12}=b_{12},\ a_{21}=b_{21},\ a_{22}=b_{22} \tag{7}$$

행렬의 상등은 두 행렬의 크기가 같다는 것을 기본 전제로 하여 정의할 수 있는 개념이라는 사실에 유의하라.

예제 9.1

다음의 각 행렬이 상등이 되도록 x와 y 값을 결정하라.

$$\boldsymbol{A}=\begin{pmatrix}1 & x\\ y & -3\end{pmatrix},\quad \boldsymbol{B}=\begin{pmatrix}1 & y-2\\ 3x-2 & -3\end{pmatrix}$$

풀이

행렬의 상등 정의에 의해 $\boldsymbol{A}$와 $\boldsymbol{B}$의 각 요소가 같아야 하므로 다음의 관계가 성립해야 한다.

$$x = y - 2,\ \ y = 3x - 2$$

따라서 위의 연립방정식을 풀면 $x=2,\ y=4$ 이다.

여기서 잠깐! **행 벡터와 열 벡터의 명칭**

행 또는 열이 하나인 특별한 행렬을 행 벡터 또는 열 벡터로 정의한다는 것을 학습하였다. 그런데 왜 형렬의 이름에 벡터라는 용어를 사용하는 이유는 무엇일까?
8장에서 위치벡터 $\boldsymbol{a}$의 성분표시를 생각해 보자.

$$\boldsymbol{a} = (a_1,\ a_2,\ a_3)$$

위치벡터 $\boldsymbol{a}$의 성분표시가 마치 행 벡터와 유사한 형태이므로 행렬의 명칭에 벡터라는 용어를 함께 사용하는 것이다.

(3) 행렬의 기본 연산

다음으로 행렬의 기본 연산인 덧셈, 스칼라 곱, 곱셈에 대해 정의한다. 행렬도 8장에서 다루었던 벡터의 덧셈과 스칼라 곱과 유사하게 행렬의 덧셈과 행렬의 스칼라 곱을 정의할 수 있다.

① 행렬의 덧셈

먼저, 행렬의 덧셈은 크기가 같은 두 행렬 $\boldsymbol{A} \in \boldsymbol{R}^{m \times n},\ \boldsymbol{B} \in \boldsymbol{R}^{m \times n}$에 대해 대응되는 요소들의 합으로 정의한다.

$$\boldsymbol{A} + \boldsymbol{B} \triangleq (a_{ij} + b_{ij}) \quad i=1,\ 2,\ \cdots,\ m, \quad j=1,\ 2,\ \cdots,\ n \tag{8}$$

단, $\boldsymbol{A} = (a_{ij}),\ \boldsymbol{B} = (b_{ij})$

예를 들어, 행렬 $\boldsymbol{A}$와 $\boldsymbol{B}$가 다음과 같을 때 $\boldsymbol{A}+\boldsymbol{B}$는 다음과 같다.

$$\boldsymbol{A}=\begin{pmatrix} 1 & 2 \\ 3 & 4 \end{pmatrix},\ \boldsymbol{B}=\begin{pmatrix} 1 & 1 \\ 2 & -1 \end{pmatrix},\ \boldsymbol{A}+\boldsymbol{B}=\begin{pmatrix} 1+1 & 2+1 \\ 3+2 & 4-1 \end{pmatrix}=\begin{pmatrix} 2 & 3 \\ 5 & 3 \end{pmatrix} \tag{9}$$

② 행렬의 스칼라 곱

다음으로 행렬의 스칼라 곱을 정의한다. 8장에서 다루었던 위치벡터의 스칼라 곱과 유사하게 행렬의 스칼라 곱은 행렬의 모든 요소에 스칼라를 곱한 것으로 정의된다.

k가 실수이면, $\boldsymbol{A} \in \boldsymbol{R}^{m \times n}$의 스칼라 곱 $k\boldsymbol{A}$는 다음과 같이 정의된다.

$$k\boldsymbol{A} \triangleq (ka_{ij}) \quad i=1,\ 2,\ \cdots,\ m, \quad j=1,\ 2,\ \cdots,\ n \tag{10}$$

예를 들어, 식(9)의 $\boldsymbol{A}$와 $\boldsymbol{B}$에 대해 $3\boldsymbol{A}$와 $-2\boldsymbol{B}$는 다음과 같다.

$$3\boldsymbol{A}=\begin{pmatrix} 3\times1 & 3\times2 \\ 3\times3 & 3\times4 \end{pmatrix}=\begin{pmatrix} 3 & 6 \\ 9 & 12 \end{pmatrix}$$

$$-2\boldsymbol{B}=\begin{pmatrix} -2\times1 & -2\times1 \\ -2\times2 & -2\times(-1) \end{pmatrix}=\begin{pmatrix} -2 & -2 \\ -4 & 2 \end{pmatrix}$$

행렬의 덧셈과 스칼라 곱을 정의하게 되면 행렬의 뺄셈은 이미 정의한 두 기본 연산으로부터 자연스럽게 정의될 수 있다.

$$\boldsymbol{A}-\boldsymbol{B} \triangleq \boldsymbol{A}+(-\boldsymbol{B})=(a_{ij}-b_{ij}) \quad i=1,\ 2,\ \cdots,\ m, \quad j=1,\ 2,\ \cdots,\ n \tag{11}$$

여기서, $-\boldsymbol{B}=(-1)\boldsymbol{B}$로서 $\boldsymbol{B}$의 스칼라 곱이다.

행렬의 덧셈과 스칼라 곱의 정의로부터 덧셈에 대하여 교환법칙과 결합법칙이 성립되고 덧셈과 스칼라 곱에 대한 배분법칙이 성립된다는 것이 자명하므로 증명은 생략한다. 이를 [정리 9.1]에 나열하였다.

정리 9.1 행렬의 덧셈과 스칼라 곱에 대한 기본 성질

(1) $\boldsymbol{A}+\boldsymbol{B}=\boldsymbol{B}+\boldsymbol{A}$ (덧셈의 교환법칙)

(2) $\boldsymbol{A}+(\boldsymbol{B}+\boldsymbol{C})=(\boldsymbol{A}+\boldsymbol{B})+\boldsymbol{C}$ (덧셈의 결합법칙)

(3) $(k_1k_2)\boldsymbol{A}=k_1(k_2\boldsymbol{A})$

(4) $1\boldsymbol{A}=\boldsymbol{A}$

(5) $k_1(\boldsymbol{A}+\boldsymbol{B})=k_1\boldsymbol{A}+k_1\boldsymbol{B}$ (배분법칙)

(6) $(k_1+k_2)\boldsymbol{A}=k_1\boldsymbol{A}+k_2\boldsymbol{A}$ (배분법칙)

③ 행렬의 곱셈

마지막으로 행렬의 곱에 대한 연산에 대해 정의한다. 행렬의 곱은 얼핏 보기에도 조금 복잡하게 정의된 것처럼 생각되지만, 매우 체계적으로 정의된 연산으로 공학분야의 많은 문제에 활용된다.

행렬 $\boldsymbol{A}\in\boldsymbol{R}^{m\times p}$, $\boldsymbol{B}\in\boldsymbol{R}^{p\times n}$일 때 두 행렬의 곱 $\boldsymbol{C}=\boldsymbol{AB}\in\boldsymbol{R}^{m\times n}$는 다음과 같이 정의된다.

$$\underbrace{\begin{pmatrix} & & & \\ a_{i1} & a_{i2} & \dots & a_{ip} \\ & & & \end{pmatrix}}_{\boldsymbol{A}} \underbrace{\begin{pmatrix} & b_{1j} & \\ & b_{2j} & \\ & \vdots & \\ & b_{pj} & \end{pmatrix}}_{\boldsymbol{B}} = \underbrace{\begin{pmatrix} & & \\ & c_{ij} & \\ & & \end{pmatrix}}_{\boldsymbol{C}} \tag{12}$$

(i번째 행, j번째 열, $(i,\ j)$－요소)

$$c_{ij}\triangleq a_{i1}b_{1j}+a_{i2}b_{2j}+\cdots+a_{ip}b_{pj}=\sum_{k=1}^{p}a_{ik}b_{kj} \tag{13}$$

식(13)의 정의에서 알 수 있듯이 두 행렬의 곱 $\boldsymbol{C}=\boldsymbol{AB}$는 $\boldsymbol{A}$의 i번째 행과 $\boldsymbol{B}$의 j번째 열에 대응되는 요소들의 곱을 합하여 행렬 $\boldsymbol{C}$의 c_{ij}를 결정하며, 행렬 $\boldsymbol{A}$의 열의 개수와 행렬 $\boldsymbol{B}$의 행의 개수가 같아야만 곱이 정의된다는 것을 알 수 있다. 행렬 $\boldsymbol{AB}$의 크기는 다음과 같이 결정된다.

$$\underbrace{\boldsymbol{A}}_{\textcircled{m}\times p}\ \underbrace{\boldsymbol{B}}_{p\times\textcircled{n}}=\underbrace{\boldsymbol{C}}_{m\times n} \tag{14}$$

행렬의 덧셈에 대해서는 교환법칙(Commutative Law)이 성립하지만, 행렬의 곱셈에 대해서는 일반적으로 교환법칙이 성립되지 않으며 심지어는 곱셈 자체가 정의되지 않을 수도 있다. 즉,

$$\boldsymbol{AB} \neq \boldsymbol{BA} \tag{15}$$

예를 들어, 다음의 2×2 행렬 $\boldsymbol{A}$, $\boldsymbol{B}$에 대하여 $\boldsymbol{AB}$와 $\boldsymbol{BA}$를 각각 계산해 보자.

$$\boldsymbol{A}=\begin{pmatrix} 1 & 2 \\ 3 & 4 \end{pmatrix} \quad \boldsymbol{B}=\begin{pmatrix} -1 & 5 \\ 6 & -2 \end{pmatrix}$$

$$\boldsymbol{AB}=\begin{pmatrix} 1 & 2 \\ 3 & 4 \end{pmatrix}\begin{pmatrix} -1 & 5 \\ 6 & -2 \end{pmatrix}=\begin{pmatrix} 1\cdot(-1)+2\cdot6 & 1\cdot5+2\cdot(-2) \\ 3\cdot(-1)+4\cdot6 & 3\cdot5+4\cdot(-2) \end{pmatrix}=\begin{pmatrix} 11 & 1 \\ 21 & 7 \end{pmatrix}$$

$$\boldsymbol{BA}=\begin{pmatrix} -1 & 5 \\ 6 & -2 \end{pmatrix}\begin{pmatrix} 1 & 2 \\ 3 & 4 \end{pmatrix}=\begin{pmatrix} (-1)\cdot1+5\cdot3 & (-1)\cdot2+5\cdot4 \\ 6\cdot1+(-2)\cdot3 & 6\cdot2+(-2)\cdot4 \end{pmatrix}=\begin{pmatrix} 14 & 18 \\ 0 & 4 \end{pmatrix}$$

따라서 위의 결과로부터 $\boldsymbol{AB} \neq \boldsymbol{BA}$ 임을 알 수 있다. 또한 $\boldsymbol{A} \in \boldsymbol{R}^{3\times4}$, $\boldsymbol{B} \in \boldsymbol{R}^{4\times2}$ 라고 가정하면 $\boldsymbol{AB} \in \boldsymbol{R}^{3\times2}$ 가 되지만, $\boldsymbol{BA}$는 곱셈을 정의조차 할 수 없다는 것에 유의하라.

행렬의 곱셈에 대해서는 교환법칙이 성립되지 않지만, 다음과 같이 행렬의 곱셈에 대하여 결합법칙(Associative Law)이 성립한다는 것에 주목하라.

$$\boldsymbol{A}(\boldsymbol{BC}) = (\boldsymbol{AB})\boldsymbol{C} \tag{16}$$

또한 다음과 같이 배분법칙(Distributive Law)도 성립한다.

$$\boldsymbol{A}(\boldsymbol{B}+\boldsymbol{C}) = \boldsymbol{AB}+\boldsymbol{AC} \tag{17}$$

여기서 잠깐! | **$\boldsymbol{AB} \neq \boldsymbol{BA}$ 에서 주의할 점**

행렬의 덧셈과는 달리 곱셈에 대해 교환법칙이 성립되지 않는다는 사실은 곱에 대한 연산을 하는 데 있어 곱하는 순서에 주의해야 한다는 것을 의미한다.

예를 들어, 두 행렬 $\boldsymbol{A}$와 $\boldsymbol{B}$가 같다고 가정하고 양변에 $\boldsymbol{C}$라는 행렬을 곱해 본다.

$$CA = CB$$

위의 식에서 알 수 있듯이 $\boldsymbol{C}$를 모두 $\boldsymbol{A}$와 $\boldsymbol{B}$의 왼쪽에 곱했다는 것은 교환법칙이 곱셈에 대해 성립하지 않기 때문이다. 이러한 사실은 행렬로 이루어진 방정식을 풀 때 주의해야 한다.
다음과 같이 양변에 $\boldsymbol{C}$를 곱하면 등호는 성립하지 않는다는 것에 주의하라.

$$CA \neq BC$$

예제 9.2

행렬 $\boldsymbol{A}=\begin{pmatrix} 2 & -3 \\ -5 & 4 \end{pmatrix}$, $\boldsymbol{B}=\begin{pmatrix} 1 & 0 \\ 3 & 4 \end{pmatrix}$, $\boldsymbol{I}=\begin{pmatrix} 1 & 0 \\ 0 & 1 \end{pmatrix}$에 대해 다음 물음에 답하라.

(1) $\boldsymbol{AB}$와 $\boldsymbol{BA}$를 계산하라.

(2) $\boldsymbol{B}^2=\boldsymbol{BB}$라 정의할 때 다음 행렬을 계산하라.

$$\boldsymbol{B}^2-5\boldsymbol{B}+4\boldsymbol{I}$$

(3) 문제(2)의 결과를 이용하여 $\boldsymbol{B}^5$을 계산하라.

풀이

(1) $\boldsymbol{AB}=\begin{pmatrix} 2 & -3 \\ -5 & 4 \end{pmatrix}\begin{pmatrix} 1 & 0 \\ 3 & 4 \end{pmatrix}=\begin{pmatrix} -7 & -12 \\ 7 & 16 \end{pmatrix}$

$\boldsymbol{BA}=\begin{pmatrix} 1 & 0 \\ 3 & 4 \end{pmatrix}\begin{pmatrix} 2 & -3 \\ -5 & 4 \end{pmatrix}=\begin{pmatrix} 2 & -3 \\ -14 & 7 \end{pmatrix}$

(2) $\boldsymbol{B}^2-5\boldsymbol{B}+4\boldsymbol{I}=\begin{pmatrix} 1 & 0 \\ 3 & 4 \end{pmatrix}\begin{pmatrix} 1 & 0 \\ 3 & 4 \end{pmatrix}-5\begin{pmatrix} 1 & 0 \\ 3 & 4 \end{pmatrix}+4\begin{pmatrix} 1 & 0 \\ 0 & 1 \end{pmatrix}$

$=\begin{pmatrix} 1 & 0 \\ 15 & 16 \end{pmatrix}-\begin{pmatrix} 5 & 0 \\ 15 & 20 \end{pmatrix}+\begin{pmatrix} 4 & 0 \\ 0 & 4 \end{pmatrix}=\begin{pmatrix} 0 & 0 \\ 0 & 0 \end{pmatrix}=\boldsymbol{O}$

(3) $\boldsymbol{B}^2-5\boldsymbol{B}+4\boldsymbol{I}=\boldsymbol{O}$에서 $\boldsymbol{B}^2=5\boldsymbol{B}-4\boldsymbol{I}$이므로 이를 이용하여 $\boldsymbol{B}^4$를 계산해 보면 다음과 같다.

$$\begin{aligned}\boldsymbol{B}^4=\boldsymbol{B}^2\cdot\boldsymbol{B}^2&=(5\boldsymbol{B}-4\boldsymbol{I})(5\boldsymbol{B}-4\boldsymbol{I})\\&=25\boldsymbol{B}^2-20\boldsymbol{BI}-20\boldsymbol{IB}+16\boldsymbol{I}^2\end{aligned}$$

그런데 $\boldsymbol{BI}=\boldsymbol{B}$, $\boldsymbol{IB}=\boldsymbol{B}$, $\boldsymbol{I}^2=\boldsymbol{I}$이므로 다음의 관계가 성립한다.

$$\begin{aligned} B^4 &= 25B^2 - 40B + 16I \\ &= 25(5B - 4I) - 40B + 16I \\ &= 125B - 100I - 40B + 16I = 85B - 84I \end{aligned}$$

따라서

$$\begin{aligned} B^5 &= B \cdot B^4 = B(85B - 84I) = 85B^2 - 84BI \\ &= 85(5B - 4I) - 84B = 425B - 340I - 84B \\ &\therefore\ B^5 = 341B - 340I \\ &= 341\begin{pmatrix} 1 & 0 \\ 3 & 4 \end{pmatrix} - 340\begin{pmatrix} 1 & 0 \\ 0 & 1 \end{pmatrix} = \begin{pmatrix} 1 & 0 \\ 1023 & 1024 \end{pmatrix} \end{aligned}$$

여기서 잠깐! **행렬의 거듭제곱**

〈예제 9.2〉에서 언급된 행렬의 거듭제곱(Power)에 대해 정의한다. n차 정방행렬 $\boldsymbol{A} \in \boldsymbol{R}^{n \times n}$에 대하여 $\boldsymbol{A}^n$은 다음과 같이 정의된다.

$$\boldsymbol{A}^n \triangleq \underbrace{\boldsymbol{A} \cdot \boldsymbol{A} \cdots \boldsymbol{A}}_{n\text{개}} \quad (n\text{은 양의 정수}) \tag{18}$$

예를 들어, $\boldsymbol{A}$가 다음과 같을 때 $\boldsymbol{A}^2 = \boldsymbol{AA}$와 $\boldsymbol{A}^3 = \boldsymbol{AAA}$를 계산해 보자.

$$\begin{aligned} \boldsymbol{A} &= \begin{pmatrix} 1 & 2 \\ 0 & 1 \end{pmatrix} \\ \boldsymbol{A}^2 = \boldsymbol{AA} &= \begin{pmatrix} 1 & 2 \\ 0 & 1 \end{pmatrix}\begin{pmatrix} 1 & 2 \\ 0 & 1 \end{pmatrix} = \begin{pmatrix} 1 & 4 \\ 0 & 1 \end{pmatrix} \\ \boldsymbol{A}^3 = \boldsymbol{A}^2\boldsymbol{A} &= \begin{pmatrix} 1 & 4 \\ 0 & 1 \end{pmatrix}\begin{pmatrix} 1 & 2 \\ 0 & 1 \end{pmatrix} = \begin{pmatrix} 1 & 6 \\ 0 & 1 \end{pmatrix} \end{aligned}$$

(4) 단위행렬과 행렬다항식

한편, 주대각요소만이 1이고 나머지 요소의 값이 0인 정방행렬을 단위행렬(Identity Matrix)이라고 정의한다.

$$I_n \triangleq \begin{pmatrix} 1 & 0 & 0 & \cdots & 0 \\ 0 & 1 & 0 & \cdots & 0 \\ \vdots & \vdots & \vdots & & \vdots \\ 0 & 0 & 0 & \cdots & 1 \end{pmatrix} \tag{19}$$

단위행렬은 실수의 집합에서 실수 1과 같은 역할을 한다고 이해하는 것이 좋다. 어떤 실수와 실수 1과의 곱은 그 어떤 실수 자신이 결과로 주어지는 것처럼 정방행렬 $\boldsymbol{A} \in \boldsymbol{R}^{n \times n}$와 단위행렬 $\boldsymbol{I}_n$과의 곱은 언제나 $\boldsymbol{A}$와 같다.

$$\boldsymbol{A}\boldsymbol{I}_n = \boldsymbol{I}_n\boldsymbol{A} = \boldsymbol{A} \tag{20}$$

식(18)의 행렬의 거듭제곱에서 $n=0$인 경우 $\boldsymbol{A}^0 \triangleq \boldsymbol{I}_n$으로 정의한다는 것에 유의하자.

정방행렬 $\boldsymbol{A} \in \boldsymbol{R}^{n \times n}$의 거듭제곱을 앞에서와 같이 정의하면 행렬다항식(Matrix Polynomial)을 정의할 수 있다.

n차 다항식 $p(x)$가 다음과 같다고 가정하자.

$$p(x) = a_n x^n + a_{n-1} x^{n-1} + \cdots + a_1 x + a_0 x^0 \tag{21}$$

만일 식(21)에 형식적으로 x 대신에 정방행렬 $\boldsymbol{A} \in \boldsymbol{R}^{n \times n}$를 대입하면

$$p(\boldsymbol{A}) = a_n \boldsymbol{A}^n + a_{n-1} \boldsymbol{A}^{n-1} + \cdots + a_1 \boldsymbol{A} + a_0 \boldsymbol{A}^0 \tag{22}$$

가 되는데, $\boldsymbol{A}^0 \triangleq \boldsymbol{I}_n$으로 정의하였기 때문에 $p(\boldsymbol{A})$는 다음과 같다.

$$p(\boldsymbol{A}) \triangleq a_n \boldsymbol{A}^n + a_{n-1} \boldsymbol{A}^{n-1} + \cdots + a_1 \boldsymbol{A} + a_0 \boldsymbol{I} \tag{23}$$

식(23)을 행렬다항식이라 부르며 수학적으로 많은 분야에 응용된다.

예제 9.3

행렬 $\boldsymbol{A}=\begin{pmatrix}1 & 0\\ 0 & 3\end{pmatrix}$에 대해 행렬다항식 $\boldsymbol{A}^4+2\boldsymbol{A}^2+3\boldsymbol{A}+\boldsymbol{I}$를 계산하라.

또한 $\boldsymbol{A}+\boldsymbol{A}^2+\cdots+\boldsymbol{A}^n$을 구하라.

풀이

$\boldsymbol{A}$의 거듭제곱에 대한 규칙을 발견하기 위하여 $\boldsymbol{A}^2$과 $\boldsymbol{A}^3$을 계산해보자.

$$\boldsymbol{A}^2=\begin{pmatrix}1 & 0\\ 0 & 3\end{pmatrix}\begin{pmatrix}1 & 0\\ 0 & 3\end{pmatrix}=\begin{pmatrix}1 & 0\\ 0 & 9\end{pmatrix}=\begin{pmatrix}1^2 & 0\\ 0 & 3^2\end{pmatrix}$$

$$\boldsymbol{A}^3=\boldsymbol{A}^2\boldsymbol{A}=\begin{pmatrix}1 & 0\\ 0 & 9\end{pmatrix}\begin{pmatrix}1 & 0\\ 0 & 3\end{pmatrix}=\begin{pmatrix}1 & 0\\ 0 & 27\end{pmatrix}=\begin{pmatrix}1^3 & 0\\ 0 & 3^3\end{pmatrix}$$

따라서 $\boldsymbol{A}$의 거듭제곱 $\boldsymbol{A}^n$은 일반적으로 다음과 같다.

$$\boldsymbol{A}^n=\begin{pmatrix}1 & 0\\ 0 & 3^n\end{pmatrix}$$

$$\begin{aligned}\boldsymbol{A}^4+2\boldsymbol{A}^2+3\boldsymbol{A}+\boldsymbol{I}&=\begin{pmatrix}1 & 0\\ 0 & 3^4\end{pmatrix}+2\begin{pmatrix}1 & 0\\ 0 & 3^2\end{pmatrix}+3\begin{pmatrix}1 & 0\\ 0 & 3\end{pmatrix}+\begin{pmatrix}1 & 0\\ 0 & 1\end{pmatrix}\\ &=\begin{pmatrix}7 & 0\\ 0 & 109\end{pmatrix}\end{aligned}$$

또한 $\boldsymbol{A}^n$으로부터 $\boldsymbol{A}+\boldsymbol{A}^2+\cdots+\boldsymbol{A}^n$을 구하면 다음과 같다.

$$\begin{aligned}\boldsymbol{A}+\boldsymbol{A}^2+\boldsymbol{A}^3+\cdots+\boldsymbol{A}^n&=\begin{pmatrix}1 & 0\\ 0 & 3\end{pmatrix}+\begin{pmatrix}1 & 0\\ 0 & 3^2\end{pmatrix}+\cdots+\begin{pmatrix}1 & 0\\ 0 & 3^n\end{pmatrix}\\ &=\begin{pmatrix}n & 0\\ 0 & 3+3^2+3^3+\cdots+3^n\end{pmatrix}\\ &=\begin{pmatrix}n & 0\\ 0 & \dfrac{3(3^n-1)}{2}\end{pmatrix}\end{aligned}$$

여기서 잠깐! **등비급수의 합**

유한 개의 항을 가지는 등비급수는 다음과 같이 주어지는데 이에 대한 합을 계산해 보자.

$$S_n=a+ar+ar^2+\cdots+ar^{n-1}$$

앞 식의 양변에 공비 r을 곱하면

$$rS_n = ar + ar^2 + \cdots + ar^{n-1} + ar^n$$

이 얻어지는데, 이 두 식의 차 $S_n - rS_n$ 을 계산하면

$$(1-r)S_n = a - ar^n$$

$$\therefore\ S_n = \frac{a(1-r^n)}{1-r}$$

이 되며, 이 S_n 을 부분합(Partial Sum)이라고 한다.
만일 부분합에서 $n \to \infty$ 이 되면 무한등비급수의 합은 어떻게 될까?
일반적으로 무한급수의 합 S는 부분합 S_n 을 먼저 구한 다음, $n \to \infty$ 로 할 때의 극한값으로 정의한다. 즉,

$$S = \lim_{n \to \infty} S_n$$

따라서 무한등비급수의 합은 다음과 같이 구해진다.

$$S = \lim_{n \to \infty} S_n = \lim_{n \to \infty} \frac{a(1-r^n)}{1-r}$$

위의 극한에서 $\lim_{n \to \infty} r^n$ 은 r의 범위에 따라 다음과 같은 극한값을 가진다.

$$\lim_{n \to \infty} r^n = \begin{cases} 0 & -1<r<1 \\ 1 & r=1 \\ \text{진동(발산)} & r=-1 \\ \text{발산} & r>1 \text{ 또는 } r<-1 \end{cases}$$

r^n 의 극한값으로부터 무한등비급수의 합 S는 공비 r 의 값이 $-1<r<1$ 의 범위에서만 합이 존재하며, 그 값은 다음과같다.

$$S = \frac{a}{1-r},\ -1<r<1$$

결과적으로 무한등비급수의 합 S는 $-1<r<1$ 범위에서만 극한값이 $\frac{a}{1-r}$ 로 존재하고 그 외의 경우는 모두 진동하거나 발산한다는 것을 알 수 있다.

예제 9.4

다음의 행렬 $\boldsymbol{A}$에 대하여 $\boldsymbol{A}^2-2\boldsymbol{A}+\boldsymbol{I}=\boldsymbol{O}$이 됨을 보여라. 단, $\boldsymbol{O}$는 영행렬이다.

$$\boldsymbol{A}=\begin{pmatrix}1 & 2\\ 0 & 1\end{pmatrix}$$

풀이

$\boldsymbol{A}^2=\boldsymbol{A}\boldsymbol{A}=\begin{pmatrix}1 & 2\\ 0 & 1\end{pmatrix}\begin{pmatrix}1 & 2\\ 0 & 1\end{pmatrix}=\begin{pmatrix}1 & 4\\ 0 & 1\end{pmatrix}$이므로

$$\boldsymbol{A}^2-2\boldsymbol{A}+\boldsymbol{I}=\begin{pmatrix}1 & 4\\ 0 & 1\end{pmatrix}-2\begin{pmatrix}1 & 2\\ 0 & 1\end{pmatrix}+\begin{pmatrix}1 & 0\\ 0 & 1\end{pmatrix}=\begin{pmatrix}0 & 0\\ 0 & 0\end{pmatrix}=\boldsymbol{O}$$

이 된다.

요약 | 행렬의 정의와 기본 연산

- 행렬은 수 또는 함수들을 직사각형 모양으로 배열하여 괄호로 묶어 놓은 것이며, 가로로 배열되어 있는 것을 행, 세로로 배열되어 있는 것을 열이라고 부른다. 행과 열의 개수로 행렬의 크기를 표시한다.
- 행이 하나인 특수한 행렬을 행 벡터, 열이 하나인 특수한 행렬을 열 벡터라고 정의하며, 위치벡터의 좌표를 표현하는데 많이 사용된다.
- 동일한 크기를 가지는 두 행렬 $\boldsymbol{A}=(a_{ij})$와 $\boldsymbol{B}=(b_{ij})$가 $\boldsymbol{A}=\boldsymbol{B}$일 때, 모든 i와 j에 대하여 $a_{ij}=b_{ij}$가 성립하며 이를 행렬의 상등이라고 한다.
- 행렬의 덧셈과 스칼라 곱은 벡터의 덧셈과 스칼라 곱과 유사하게 다음과 같이 정의하며, 이를 행렬의 기본 연산이라고 한다.

$$\boldsymbol{A}=(a_{ij}),\ \ \boldsymbol{B}=(b_{ij})$$
$$\boldsymbol{A}+\boldsymbol{B}\triangleq(a_{ij}+b_{ij})$$
$$k\boldsymbol{A}\triangleq(ka_{ij})$$

- 행렬의 덧셈에 대하여 교환법칙과 결합법칙이 성립하며, 덧셈과 스칼라 곱에 대한 분배법칙이 성립한다.
- 행렬의 곱셈 $\boldsymbol{AB}$는 $\boldsymbol{A}$의 i번째 행과 $\boldsymbol{B}$의 j번째 열에 대응되는 요소들의 곱을 합하여 계산한다. 즉,

$$\boldsymbol{C}=\boldsymbol{AB},\quad \boldsymbol{A}\in\boldsymbol{R}^{m\times p},\quad \boldsymbol{B}\in\boldsymbol{R}^{p\times n}$$
$$c_{ij}=\sum_{k=1}^{p}a_{ik}b_{kj},\quad \boldsymbol{C}\in\boldsymbol{R}^{m\times n}$$

- 행렬의 곱셈에 대해서는 교환법칙은 성립되지 않지만, 결합법칙과 배분법칙은 성립한다.

$$\begin{aligned}&\boldsymbol{AB} \neq \boldsymbol{BA}\\&\boldsymbol{A}(\boldsymbol{BC}) = \boldsymbol{A}(\boldsymbol{BC})\\&\boldsymbol{A}(\boldsymbol{B}+\boldsymbol{C}) = \boldsymbol{AB}+\boldsymbol{AC}\end{aligned}$$

- 단위행렬은 주대각요소만이 1이고 나머지 요소의 값이 0인 정방행렬이다.
- 행렬의 거듭제곱 $\boldsymbol{A}^n$ 은 다음과 같이 정방행렬 $\boldsymbol{A}$에 대해서만 정의된다.

$$\boldsymbol{A}^n \triangleq \underbrace{\boldsymbol{A}\cdot\boldsymbol{A}\cdots\boldsymbol{A}}_{n\text{개}} \quad \text{단, } n\text{은 양의 정수}$$

$n=0$ 인 경우 $\boldsymbol{A}^0 \triangleq \boldsymbol{I}$ (단위행렬)로 정의한다.

- 행렬의 거듭제곱과 단위행렬 $\boldsymbol{I}$를 이용하여 행렬다항식 $p(\boldsymbol{A})$를 다음과 같이 정의한다.

$$\begin{aligned}&p(x) = a_n x^n + a_{n-1}x^{n-1} + \cdots + a_1 x + a_0 x^0\\&p(\boldsymbol{A}) \triangleq a_n \boldsymbol{A}^n + a_{n-1}\boldsymbol{A}^{n-1} + \cdots + a_1\boldsymbol{A} + a_0\boldsymbol{I}\end{aligned}$$

9.2 특수한 정방행렬

9.1절에서는 행렬의 기본적인 연산에 대해 설명하였다. 본 절에서는 공학분야에서 자주 접하는 특수한 정방행렬(Square Matrix)을 소개한다.

(1) 전치행렬

전치행렬(Transpose Matrix)은 주어진 행렬 $\boldsymbol{A} \in \boldsymbol{R}^{m\times n}$ 에서 행과 열을 바꾸어 놓은 것으로 $\boldsymbol{A}^T$ 로 표기한다. $\boldsymbol{A}^T$ 는 다음과 같이 표현할 수 있다.

$$\begin{aligned}&\boldsymbol{A} = (a_{ij}) \in \boldsymbol{R}^{m\times n} \quad i=1,\ 2,\ \cdots,\ m,\ j=1,\ 2,\ \cdots,\ n\\&\boldsymbol{A}^T = (a_{ji}) \in \boldsymbol{R}^{n\times m}\end{aligned} \tag{24}$$

예를 들어, $\boldsymbol{A} \in \boldsymbol{R}^{2\times 3}$ 와 $\boldsymbol{B} \in \boldsymbol{R}^{1\times 3}$ 에 대한 전치행렬은 다음과 같다.

$$A=\begin{pmatrix}1&2&3\\4&5&6\end{pmatrix},\ A^T=\begin{pmatrix}1&4\\2&5\\3&6\end{pmatrix}$$

$$B=\begin{pmatrix}1&2&8\end{pmatrix},\ B^T=\begin{pmatrix}1\\2\\8\end{pmatrix}$$

예제 9.5

$A,\ B\in R^{m\times n}$이고 k가 스칼라일 때 전치행렬에 대한 다음의 성질이 만족됨을 보여라.

(1) $(A^T)^T=A$ (전치의 전치) (2) $(A+B)^T=A^T+B^T$ (합의 전치)

(3) $(AB)^T=B^TA^T$ (곱의 전치) (4) $(kA)^T=kA^T$ (스칼라 곱의 전치)

풀이

(1) 전치행렬 A^T를 또다시 전치를 하면 원래의 행렬이 되는 것은 전치행렬의 정의로부터 명백하다.

(2) 행렬 $A=(a_{ij})$, $B=(b_{ij})$라고 가정하면 $A+B=(a_{ij}+b_{ij})$가 되므로 $(A+B)^T$는 다음과 같이 표현할 수 있다.

$$(A+B)^T=(a_{ji}+b_{ji})=A^T+B^T$$

결국, 두 행렬의 합의 전치는 각 행렬을 전치시킨 후 합한 것과 동일하다.

(3) $A\in R^{m\times p}$, $B\in R^{p\times n}$이라 가정하면 $(AB)^T\in R^{n\times m}$이고 $B^TA^T\in R^{n\times m}$이 되므로 양변의 행렬의 크기는 같다. 이제 남은 일은 좌변 $(AB)^T$와 우변 B^TA^T의 $(i,\ j)-$요소가 같다는 것을 보이는 것이다.

$$\begin{aligned}B^TA^T\text{의 }(i,\ j)-\text{요소}&=\sum_{k=1}^{p}\{B^T\text{의 }(i,\ k)-\text{요소}\}\{A^T\text{의 }(k,\ j)-\text{요소}\}\\&=\sum_{k=1}^{p}b_{ki}a_{jk}=\sum_{k=1}^{p}a_{jk}b_{ki}=AB\text{의 }(j,\ i)-\text{요소}\\&=(AB)^T\text{의 }(i,\ j)-\text{요소}\end{aligned}$$

따라서 $(AB)^T$와 B^TA^T의 크기가 같고, 두 행렬의 $(i,\ j)-$요소가 서로 같으므로 $(AB)^T=B^TA^T$가 성립한다.

(4) $kA=(ka_{ij})$이므로 $(kA)^T=(ka_{ji})=kA^T$가 성립함이 명백하다.

예제 9.6

다음 행렬 $\boldsymbol{A}$에 대하여 $\boldsymbol{A}^T\boldsymbol{A}$와 $\boldsymbol{A}\boldsymbol{A}^T$를 각각 구하라.

$$\boldsymbol{A}=\begin{pmatrix} 1 \\ 2 \\ -3 \end{pmatrix}$$

풀이

$$\boldsymbol{A}^T\boldsymbol{A}=(\,1\ \ 2\ \ -3\,)\begin{pmatrix} 1 \\ 2 \\ -3 \end{pmatrix}=1+4+9=14$$

$$\boldsymbol{A}\boldsymbol{A}^T=\begin{pmatrix} 1 \\ 2 \\ -3 \end{pmatrix}(\,1\ \ 2\ \ -3\,)=\begin{pmatrix} 1 & 2 & -3 \\ 2 & 4 & -6 \\ -3 & -6 & 9 \end{pmatrix}$$

여기서 잠깐! **1×1 행렬**

1×1 행렬은 요소가 하나인 행렬이므로 $\boldsymbol{A}$가 1×1 행렬인 경우 다음과 같이 표현한다.

$$\boldsymbol{A}=(a_{11})\quad \text{또는}\quad \boldsymbol{A}=a_{11}$$

행렬의 요소가 하나이므로 스칼라처럼 $\boldsymbol{A}=a_{11}$으로 표현하는 것이다.

(2) 대칭행렬과 교대행렬

① 대칭행렬

n차 정방행렬 $\boldsymbol{A}\in\boldsymbol{R}^{n\times n}$에 대하여 전치한 행렬 $\boldsymbol{A}^T$와 그 자신이 서로 같아지는 행렬을 대칭행렬(Symmetric Matrix)이라고 한다. 즉,

$$\boldsymbol{A}^T=\boldsymbol{A} \tag{25}$$

식(25)에서 $a_{ji}=a_{ij}$가 항상 성립하므로 대칭행렬은 주대각요소를 기준으로 하였을 때 대칭인 구조로 되어 있다. 즉, 주대각요소를 기준으로 접는다면 정확하게 일치

한다는 의미이다.

예를 들어, 다음의 행렬 $\boldsymbol{A} \in \boldsymbol{R}^{3\times3}$에 대해 살펴보면 주대각요소를 기준으로 대칭인 형태로 되어 있으므로 $\boldsymbol{A}$는 대칭행렬이다.

$$\boldsymbol{A}=\begin{pmatrix} 1 & 4 & -1 \\ 4 & 2 & 7 \\ -1 & 7 & 3 \end{pmatrix} \quad a_{12}=a_{21},\ a_{13}=a_{31},\ a_{32}=a_{23}$$

② 교대행렬

n차 정방행렬 $\boldsymbol{A} \in \boldsymbol{R}^{n\times n}$에 대하여 전치한 행렬 $\boldsymbol{A}^T$와 $-\boldsymbol{A}$와 같아지는 행렬을 교대행렬(Skew-Symmetric Matrix)이라고 한다. 즉,

$$\boldsymbol{A}^T=-\boldsymbol{A} \tag{26}$$

식(26)에서 $a_{ji}=-a_{ij}$가 $1\leq i\leq n$, $1\leq j\leq n$에 대하여 성립하므로 주대각요소에 대해 고려해 보면, 즉 $j=i$를 대입해 보면 다음과 같다.

$$a_{ii}=-a_{ii} \quad i=1,\ 2,\ \cdots,\ n \tag{27}$$

식(27)은 모든 i에 대하여 $a_{ii}=-a_{ii}$이라는 것을 의미하므로 교대행렬은 주대각요소 a_{ii}가 모두 0이라는 것을 알 수 있다.

예를 들어, 다음의 행렬 $\boldsymbol{A} \in \boldsymbol{R}^{3\times3}$에 대해 살펴보면 주대각요소가 모두 0이 되고 주대각요소를 기준으로 양쪽이 음의 부호만 차이가 난다는 것을 알 수 있다. 따라서 $\boldsymbol{A}$는 교대행렬이다.

$$\boldsymbol{A}=\begin{pmatrix} 0 & -1 & 2 \\ 1 & 0 & 3 \\ -2 & -3 & 0 \end{pmatrix} \quad \begin{matrix} a_{11}=a_{22}=a_{33}=0 \\ a_{12}=-a_{21},\ a_{13}=-a_{31},\ a_{32}=-a_{23} \end{matrix}$$

정의 9.2 **대칭행렬과 교대행렬**

(1) n차 정방행렬 $\boldsymbol{A}\in\boldsymbol{R}^{n\times n}$에 대하여 전치한 행렬 $\boldsymbol{A}^T$와 그 자신이 같아지는 행렬을 대칭행렬이라고 정의한다.

$$\boldsymbol{A}^T=\boldsymbol{A} \Longleftrightarrow a_{ji}=a_{ij}, \quad i,\ j=1,\ 2,\ \cdots,\ n$$

(2) n차 정방행렬 $\boldsymbol{A}\in\boldsymbol{R}^{n\times n}$에 대하여 전치한 행렬 $\boldsymbol{A}^T$와 $-\boldsymbol{A}$가 같아지는 행렬을 교대행렬이라고 정의한다.

$$\boldsymbol{A}^T=-\boldsymbol{A} \Longleftrightarrow a_{ji}=-a_{ij}, \quad i,\ j=1,\ 2,\ \cdots,\ n$$

예제 9.7

다음 두 행렬 $\boldsymbol{A}$와 $\boldsymbol{B}$가 대칭행렬일 때 상수 a, b, c를 각각 구하라.

(1) $\boldsymbol{A}=\begin{pmatrix} 1 & a & 2 \\ 4 & 5 & b \\ c & 1 & 3 \end{pmatrix}$ (2) $\boldsymbol{B}=\begin{pmatrix} 7 & -4 & 2a \\ b & c & -3 \\ a-1 & -3 & 1 \end{pmatrix}$

풀이

(1) $\boldsymbol{A}$를 전치하면

$$\boldsymbol{A}^T=\begin{pmatrix} 1 & 4 & c \\ a & 5 & 1 \\ 2 & b & 3 \end{pmatrix}=\boldsymbol{A}=\begin{pmatrix} 1 & a & 2 \\ 4 & 5 & b \\ c & 1 & 3 \end{pmatrix}$$

$\therefore\ a=4,\ b=1,\ c=2$

(2) $\boldsymbol{B}$를 전치하면

$$\boldsymbol{B}^T=\begin{pmatrix} 7 & b & a-1 \\ -4 & c & -3 \\ 2a & -3 & 1 \end{pmatrix}=\boldsymbol{B}=\begin{pmatrix} 7 & -4 & 2a \\ b & c & -3 \\ a-1 & -3 & 1 \end{pmatrix}$$

$2a=a-1 \quad \therefore\ a=-1,\ b=-4$

$c=c$이므로 c는 임의의 실수이다.

예제 9.8

$\boldsymbol{A}$가 n차 정방행렬이라고 할 때 $\boldsymbol{A}\boldsymbol{A}^T$와 $\boldsymbol{A}^T\boldsymbol{A}$는 대칭행렬임을 증명하라.

풀이

$(\boldsymbol{A}\boldsymbol{A}^T)^T=(\boldsymbol{A}^T)^T\boldsymbol{A}^T=\boldsymbol{A}\boldsymbol{A}^T$
$(\boldsymbol{A}^T\boldsymbol{A})^T=\boldsymbol{A}^T(\boldsymbol{A}^T)^T=\boldsymbol{A}^T\boldsymbol{A}$
가 되므로 $\boldsymbol{A}\boldsymbol{A}^T$와 $\boldsymbol{A}^T\boldsymbol{A}$는 각각 대칭행렬이다.

③ 행렬의 분해

임의의 행렬 $\boldsymbol{A}\in\boldsymbol{R}^{n\times n}$에 대하여 다음과 같이 대칭행렬과 교대행렬의 합으로 임의의 행렬을 분해할 수 있다는 것을 보인다. 행렬 $\boldsymbol{A}$를 다음과 같이 두 부분으로 나누어 표현해 보면 다음과 같다.

$$\boldsymbol{A}=\underbrace{\frac{1}{2}(\boldsymbol{A}+\boldsymbol{A}^T)}_{\triangleq\boldsymbol{S}_1}+\underbrace{\frac{1}{2}(\boldsymbol{A}-\boldsymbol{A}^T)}_{\triangleq\boldsymbol{S}_2} \tag{28}$$

식(28)에서 $\boldsymbol{S}_1\triangleq\frac{1}{2}(\boldsymbol{A}+\boldsymbol{A}^T)$로 정의하였는데 $\boldsymbol{S}_1$의 전치행렬 $\boldsymbol{S}_1^T$를 계산하면

$$\begin{aligned}\boldsymbol{S}_1^T&=\left\{\frac{1}{2}(\boldsymbol{A}+\boldsymbol{A}^T)\right\}^T=\frac{1}{2}(\boldsymbol{A}+\boldsymbol{A}^T)^T\\&=\frac{1}{2}(\boldsymbol{A}^T+\boldsymbol{A})=\boldsymbol{S}_1\end{aligned} \tag{29}$$

이 성립하므로 $\boldsymbol{S}_1$은 대칭행렬이다. 또한 $\boldsymbol{S}_2\triangleq\frac{1}{2}(\boldsymbol{A}-\boldsymbol{A}^T)$로 정의하였으므로 전치행렬 $\boldsymbol{S}_2^T$를 구해보면

$$\begin{aligned}\boldsymbol{S}_2^T&=\left\{\frac{1}{2}(\boldsymbol{A}-\boldsymbol{A}^T)\right\}^T=\frac{1}{2}(\boldsymbol{A}-\boldsymbol{A}^T)^T=\frac{1}{2}(\boldsymbol{A}^T-\boldsymbol{A})\\&=-\frac{1}{2}(\boldsymbol{A}-\boldsymbol{A}^T)=-\boldsymbol{S}_2\end{aligned} \tag{30}$$

가 성립하므로 $\boldsymbol{S}_2$는 교대행렬이다.

따라서 임의의 행렬 $\boldsymbol{A}\in\boldsymbol{R}^{n\times n}$는 항상 대칭행렬과 교대행렬의 합으로 분해할 수 있으며, 이를 [정리 9.2]에 나타내었다.

정리 9.2 행렬의 분해

임의의 정방행렬 $\boldsymbol{A} \in \boldsymbol{R}^{n \times n}$는 다음의 대칭행렬 $\boldsymbol{S}_1$과 교대행렬 $\boldsymbol{S}_2$의 합으로 분해될 수 있다. 즉,

$$\boldsymbol{A} = \boldsymbol{S}_1 + \boldsymbol{S}_2$$

여기서 $\boldsymbol{S}_1 \triangleq \frac{1}{2}(\boldsymbol{A}+\boldsymbol{A}^T)$이며, $\boldsymbol{S}_2 \triangleq \frac{1}{2}(\boldsymbol{A}-\boldsymbol{A}^T)$이다.

예제 9.9

다음의 3차 정방행렬 $\boldsymbol{A}$를 대칭행렬 $\boldsymbol{S}_1$과 교대행렬 $\boldsymbol{S}_2$의 합으로 분해할 때 $\boldsymbol{S}_1$과 $\boldsymbol{S}_2$를 각각 구하라.

$$A = \begin{pmatrix} 1 & 2 & 3 \\ -1 & 4 & 0 \\ 0 & -1 & 3 \end{pmatrix}$$

풀이

식(28)로부터 $\boldsymbol{S}_1$과 $\boldsymbol{S}_2$는 다음과 같이 계산된다.

$$\begin{aligned} \boldsymbol{S}_1 = \frac{1}{2}(\boldsymbol{A}+\boldsymbol{A}^T) &= \frac{1}{2}\left\{\begin{pmatrix} 1 & 2 & 3 \\ -1 & 4 & 0 \\ 0 & -1 & 3 \end{pmatrix} + \begin{pmatrix} 1 & -1 & 0 \\ 2 & 4 & -1 \\ 3 & 0 & 3 \end{pmatrix}\right\} \\ &= \frac{1}{2}\begin{pmatrix} 2 & 1 & 3 \\ 1 & 8 & -1 \\ 3 & -1 & 6 \end{pmatrix} = \begin{pmatrix} 1 & \frac{1}{2} & \frac{3}{2} \\ \frac{1}{2} & 4 & -\frac{1}{2} \\ \frac{3}{2} & -\frac{1}{2} & 3 \end{pmatrix} \end{aligned}$$

$$\begin{aligned} \boldsymbol{S}_2 = \frac{1}{2}(\boldsymbol{A}-\boldsymbol{A}^T) &= \frac{1}{2}\left\{\begin{pmatrix} 1 & 2 & 3 \\ -1 & 4 & 0 \\ 0 & -1 & 3 \end{pmatrix} - \begin{pmatrix} 1 & -1 & 0 \\ 2 & 4 & -1 \\ 3 & 0 & 3 \end{pmatrix}\right\} \\ &= \frac{1}{2}\begin{pmatrix} 0 & 3 & 3 \\ -3 & 0 & 1 \\ -3 & -1 & 0 \end{pmatrix} = \begin{pmatrix} 0 & \frac{3}{2} & \frac{3}{2} \\ -\frac{3}{2} & 0 & \frac{1}{2} \\ -\frac{3}{2} & -\frac{1}{2} & 0 \end{pmatrix} \end{aligned}$$

(3) 삼각행렬

주대각선 아래의 모든 요소가 0이거나 주대각선 위의 모든 원소가 0이 되는 정방행렬을 삼각행렬(Triangular Matrix)이라 한다. 특히 주대각선 아래에 있는 요소가 모두 0인 행렬을 상삼각행렬(Upper Triangular Matrix)이라 하고, 주대각선 위에 있는 모든 요소가 0인 행렬을 하삼각행렬(Lower Triangular Matrix)이라 한다. 주대각선 요소를 제외한 나머지 요소가 모두 0인 행렬을 대각행렬(Diagonal Matrix)이라고 하며, 주대각선 요소까지도 모두 0인 행렬을 영행렬(Zero Matrix)이라고 한다. [그림 9.1]에 삼각행렬의 조건에 따른 분류를 그림으로 도시하였다.

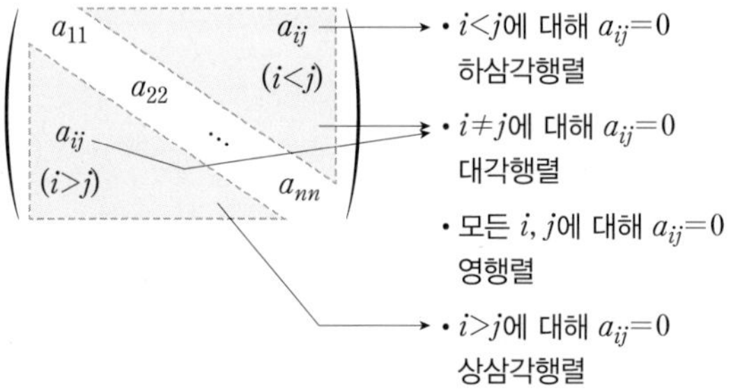

[그림 9.1] 삼각행렬의 분류

예를 들어, 다음에서 행렬 $\boldsymbol{A}$는 상삼각행렬, 행렬 $\boldsymbol{B}$는 하삼각행렬, 행렬 $\boldsymbol{C}$는 대각행렬, 행렬 $\boldsymbol{D}$는 영행렬이다.

$$\boldsymbol{A}=\begin{pmatrix}1&4&5\\0&2&6\\0&0&3\end{pmatrix},\ \boldsymbol{B}=\begin{pmatrix}1&0&0\\4&2&0\\5&6&3\end{pmatrix},\ \boldsymbol{C}=\begin{pmatrix}1&0&0\\0&2&0\\0&0&3\end{pmatrix},\ \boldsymbol{D}=\begin{pmatrix}0&0&0\\0&0&0\\0&0&0\end{pmatrix}$$

여기서 잠깐! **대각행렬에서 대각합(Trace)**

정방행렬 $\boldsymbol{A}\in\boldsymbol{R}^{n\times n}$에 대하여 주대각선 요소들을 모두 합한 것을 $\boldsymbol{A}$의 대각합(Trace)이라고 정의하며 $\mathrm{tr}(\boldsymbol{A})$로 표기한다. 즉,

$$\mathrm{tr}(\boldsymbol{A})\triangleq a_{11}+a_{22}+\cdots+a_{nn}=\sum_{k=1}^{n}a_{kk}$$

$\boldsymbol{A}$와 $\boldsymbol{B}$가 $n\times n$ 정방행렬일 때 다음의 관계가 성립한다.

① $\mathrm{tr}(\boldsymbol{A}^T)=\mathrm{tr}(\boldsymbol{A})$

② $\mathrm{tr}(k\boldsymbol{A})=k\,\mathrm{tr}(\boldsymbol{A})$

③ $\mathrm{tr}(\boldsymbol{A}\pm\boldsymbol{B})=\mathrm{tr}(\boldsymbol{A})\pm\mathrm{tr}(\boldsymbol{B})$

④ $\mathrm{tr}(\boldsymbol{AB})=\mathrm{tr}(\boldsymbol{BA})$

예제 9.10

상삼각행렬 $\boldsymbol{A}$가 다음과 같을 때 $\boldsymbol{A}^T$는 하삼각행렬이 됨을 보여라.

$$\boldsymbol{A}=\begin{pmatrix}1&4&5\\0&2&6\\0&0&3\end{pmatrix}$$

풀이

$\boldsymbol{A}^T=\begin{pmatrix}1&0&0\\4&2&0\\5&6&3\end{pmatrix}$이므로 $\boldsymbol{A}^T$는 주대각선 위에 있는 요소들이 모두 0이므로 정의에 의해 하삼각행렬이다.

여기서 잠깐! **삼각행렬의 성질**

상삼각행렬을 전치하면 하삼각행렬이 되고, 하삼각행렬을 전치하면 상삼각행렬이 된다. 또한 상삼각행렬 간에 곱셈을 하면 상삼각행렬이 되고, 하삼각행렬 간에 곱셈을 하면 하삼각행렬이 된다.

요약 **특수한 정방행렬**

- 전치행렬은 주어진 행렬의 행과 열을 바꾸어 놓은 행렬이며 $\boldsymbol{A}^T$로 표현한다.

$$\boldsymbol{A}=(a_{ij}),\quad \boldsymbol{A}^T=(a_{ji}),\quad i,\ j=1,\ 2,\ \cdots,\ n$$

- 전치행렬의 기본 성질

① $(\boldsymbol{A}^T)^T=\boldsymbol{A}$

② $(\boldsymbol{A}+\boldsymbol{B})^T=\boldsymbol{A}^T+\boldsymbol{B}^T$

③ $(\boldsymbol{AB})^T = \boldsymbol{B}^T \boldsymbol{A}^T$

④ $(k\boldsymbol{A})^T = k\boldsymbol{A}^T$ (단, k는 스칼라)

- n차 정방행렬 $\boldsymbol{A} \in \boldsymbol{R}^{n \times n}$가 다음을 만족할 때 대칭행렬이라고 정의한다.

$$\boldsymbol{A}^T = \boldsymbol{A}$$

- n차 정방행렬 $\boldsymbol{A} \in \boldsymbol{R}^{n \times n}$가 다음을 만족할 때 교대행렬이라고 정의한다.

$$\boldsymbol{A}^T = -\boldsymbol{A}$$

- 임의의 정방행렬 $\boldsymbol{A} \in \boldsymbol{R}^{n \times n}$는 대칭행렬 $\boldsymbol{S}_1$과 교대행렬 $\boldsymbol{S}_2$의 합으로 항상 분해될 수 있다.

$$\boldsymbol{A} = \boldsymbol{S}_1 + \boldsymbol{S}_2$$

여기서 $\boldsymbol{S}_1 \triangleq \frac{1}{2}(\boldsymbol{A} + \boldsymbol{A}^T)$, $\boldsymbol{S}_2 \triangleq \frac{1}{2}(\boldsymbol{A} - \boldsymbol{A}^T)$이다.

- 주대각선 아래의 모든 요소가 0인 행렬을 상삼각행렬, 주대각선 위의 모든 요소가 0인 행렬을 하삼각행렬이라고 부른다.

9.3 행렬식의 정의와 성질

행렬식(Determinant)은 원래 선형연립방정식의 해를 구하기 위해 소개되었으나, 행렬식의 차수가 큰 경우에는 계산하는 데 많은 노력과 시간이 소요되므로 그다지 실용적이지는 않지만 많은 공학적인 응용에서 여전히 사용되고 있다.

(1) 행렬식의 정의와 계산

행렬식은 정방행렬에 대해서만 정의할 수 있으며, 행렬 $\boldsymbol{A} \in \boldsymbol{R}^{n \times n}$에 대한 행렬식은 $\det(\boldsymbol{A})$ 또는 $|\boldsymbol{A}|$로 표기한다.

$$\boldsymbol{A}=\begin{pmatrix} a_{11} & a_{12} & \cdots & a_{1n} \\ a_{21} & a_{22} & \cdots & a_{2n} \\ \vdots & \vdots & & \vdots \\ a_{n1} & a_{n2} & \cdots & a_{nn} \end{pmatrix} \in \boldsymbol{R}^{n\times n}$$

$$\det(\boldsymbol{A})=|\boldsymbol{A}|=\begin{vmatrix} a_{11} & a_{12} & \cdots & a_{1n} \\ a_{21} & a_{22} & \cdots & a_{2n} \\ \vdots & \vdots & & \vdots \\ a_{n1} & a_{n2} & \cdots & a_{nn} \end{vmatrix} \tag{31}$$

식(31)에서 행렬식의 표기 $|\boldsymbol{A}|$는 절대값 기호와 같은 기호를 사용하지만 의미는 전혀 다르다는 것에 주의하라. 행렬식은 순열(Permutation)의 개념을 이용하여 정의할 수 있지만, 다분히 수학적이고 이 책의 범위를 벗어나므로 공학적인 목적을 위해 다음과 같이 간단히 정의하도록 한다.

① 1차 행렬식

먼저, 1×1 행렬 $\boldsymbol{A}=(a)$에 대하여 $\det(\boldsymbol{A})$는 다음과 같이 정의하는 것으로부터 시작한다.

$$\det(\boldsymbol{A})=|a|\triangleq a \tag{32}$$

예를 들어, 1×1 행렬 $\boldsymbol{A}=(-3)$이라면 $\det(\boldsymbol{A})=|-3|=-3$이 되며, 실수의 절댓값의 의미와는 전혀 다르다는 것에 주의하라.

② 2차 행렬식

다음으로, 2×2 행렬 $\boldsymbol{A}$의 행렬식은 다음과 같이 정의한다.

$$\boldsymbol{A}=\begin{pmatrix} a_{11} & a_{12} \\ a_{21} & a_{22} \end{pmatrix} \in \boldsymbol{R}^{2\times2}$$

$$\det(\boldsymbol{A})=|\boldsymbol{A}|=\begin{vmatrix} a_{11} & a_{12} \\ a_{21} & a_{22} \end{vmatrix} \triangleq a_{11}a_{22}-a_{12}a_{21} \tag{33}$$

예를 들어, 행렬 $A \in R^{2 \times 2}$ 가 다음과 같을 때 $\det(A)$는 다음과 같다.

$$A = \begin{pmatrix} 1 & 2 \\ 3 & 4 \end{pmatrix}, \ \det(A) = \begin{vmatrix} 1 & 2 \\ 3 & 4 \end{vmatrix} = 1 \cdot 4 - 2 \cdot 3 = -2$$

③ 3차 행렬식

3×3 행렬 A의 행렬식을 다음과 같이 정의한다.

$$A = \begin{pmatrix} a_{11} & a_{12} & a_{13} \\ a_{21} & a_{22} & a_{23} \\ a_{31} & a_{32} & a_{33} \end{pmatrix} \in R^{3 \times 3}$$

$$
\begin{aligned}
\det(A) = |A| &= \begin{vmatrix} a_{11} & a_{12} & a_{13} \\ a_{21} & a_{22} & a_{23} \\ a_{31} & a_{32} & a_{33} \end{vmatrix} \\
&\triangleq a_{11}a_{22}a_{33} + a_{12}a_{23}a_{31} + a_{21}a_{32}a_{13} \\
&\quad - a_{13}a_{22}a_{31} - a_{12}a_{21}a_{33} - a_{23}a_{32}a_{11}
\end{aligned}
\tag{34}
$$

식(34)는 식(35)와 식(36)을 이용하여 기억하면 편리하다.

$$
\begin{array}{l}
+ a_{12}a_{23}a_{31} \\
+ a_{21}a_{32}a_{13} \\
\begin{vmatrix} a_{11} & a_{12} & a_{13} \\ a_{21} & a_{22} & a_{23} \\ a_{31} & a_{32} & a_{33} \end{vmatrix} \quad + a_{11}a_{22}a_{33}
\end{array}
\tag{35}
$$

$$
\begin{array}{l}
\begin{vmatrix} a_{11} & a_{12} & a_{13} \\ a_{21} & a_{22} & a_{23} \\ a_{31} & a_{32} & a_{33} \end{vmatrix}
\begin{array}{l} - a_{13}a_{22}a_{31} \\ - a_{23}a_{32}a_{11} \\ - a_{12}a_{21}a_{33} \end{array}
\end{array}
$$

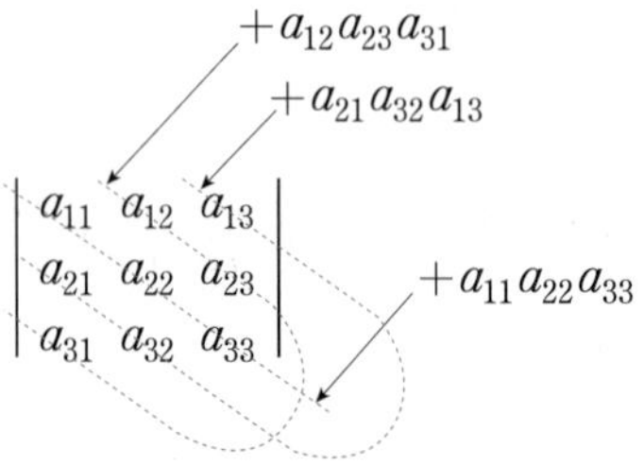

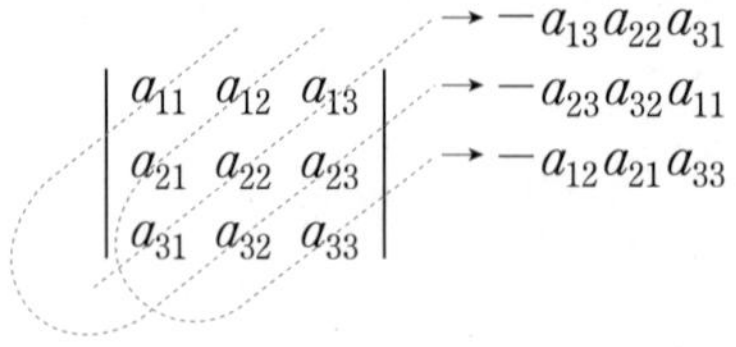

예제 9.11

다음 행렬식을 계산하라.

(1) $\begin{vmatrix} 2 & 4 \\ 3 & -1 \end{vmatrix}$　　　(2) $\begin{vmatrix} 1 & -1 & 0 \\ 2 & 3 & 3 \\ -1 & 0 & 1 \end{vmatrix}$

풀이

(1) $\begin{vmatrix} 2 & 4 \\ 3 & -1 \end{vmatrix} = 2\times(-1) - 4\times 3 = -14$

(2) $\begin{vmatrix} 1 & -1 & 0 \\ 2 & 3 & 3 \\ -1 & 0 & 1 \end{vmatrix} = 3+3+0-0-(-2)-0 = 8$

예제 9.12

다음 행렬식의 값이 1이 되도록 상수 a의 값을 구하라.

$$\begin{vmatrix} a-1 & 0 & 1 \\ 1 & 1 & 1 \\ 0 & 1 & a \end{vmatrix} = 1$$

풀이

먼저 행렬식을 계산하면

$$\begin{vmatrix} a-1 & 0 & 1 \\ 1 & 1 & 1 \\ 0 & 1 & a \end{vmatrix} = (a-1)a+1-(a-1) = a^2-2a+2$$

이므로 주어진 조건으로부터 다음 관계가 얻어진다.

$$a^2-2a+2=1$$
$$a^2-2a+1=0,\ (a-1)^2=0$$
$$\therefore\ a=1$$

그런데 3×3 행렬의 행렬식까지는 공식이 있어 행렬식을 계산할 수 있지만, 4차 이상의 행렬식은 기억하기 쉬운 공식이 없기 때문에 다른 방법으로 행렬식을 계산해야 한다. 이에 대해서는 9.4절에서 살펴본다.

(2) 행렬식의 성질

다음에 열거한 내용은 행렬식의 일반적인 성질을 나타낸 것이며, 이 성질들을 적절히 활용하면 쉽게 행렬식의 값을 구할 수 있다. 행렬식의 여러 가지 성질들에 대한 증명은 공학적인 관점에서는 그다지 필요한 내용이 아니기 때문에 그 결과만을 소개하도록 한다.

정리 9.3 행렬식의 성질 ①

$n\times n$ 정방행렬 $\boldsymbol{A}$에서 임의의 두 행(또는 열)이 같으면

$$\det(\boldsymbol{A})=0$$

이 된다.

예를 들어, 2행과 3행이 같은 행렬 $\boldsymbol{A}$의 행렬식 값을 구해보면 $\det(\boldsymbol{A})=0$이 되므로 [정리 9.3]이 성립한다는 것을 확인할 수 있다.

$$\det(\boldsymbol{A})=\begin{vmatrix} 1 & -1 & 3 \\ 1 & 3 & 4 \\ 1 & 3 & 4 \end{vmatrix}=12-4+9-9+4-12=0 \tag{37}$$

정리 9.4 행렬식의 성질 ②

$n\times n$ 정방행렬 $\boldsymbol{A}$에서 임의의 두 행(또는 열)을 서로 바꾸면, 행렬식 값은 같고 부호만 반대이다.

예를 들어, 행렬 $\boldsymbol{A}$의 1행과 2행을 서로 교환한 행렬 $\widetilde{\boldsymbol{A}}$의 행렬식을 구해보자.

$$\boldsymbol{A}=\begin{pmatrix} 1 & -1 & 0 \\ 2 & 0 & 1 \\ 3 & 2 & 2 \end{pmatrix},\ \widetilde{\boldsymbol{A}}=\begin{pmatrix} 2 & 0 & 1 \\ 1 & -1 & 0 \\ 3 & 2 & 2 \end{pmatrix}$$

$$\det(\boldsymbol{A})=-3+4-2=-1$$

$$\det(\widetilde{\boldsymbol{A}})=-4+2+3=1$$

$\det(\boldsymbol{A}) = -\,\text{dct}(\widetilde{\boldsymbol{A}})$이므로 [정리 9.4]가 성립한다는 것을 확인할 수 있다.

정리 9.5 **행렬식의 성질 ③**

$n \times n$ 행렬 $\boldsymbol{A}$와 전치행렬 $\boldsymbol{A}^T$의 행렬식 값은 서로 같다.

$$\det(\boldsymbol{A}) = \det(\boldsymbol{A}^T)$$

예를 들어, 행렬 $\boldsymbol{A}$와 전치행렬 $\boldsymbol{A}^T$의 행렬식 값을 각각 구해보자.

$$\boldsymbol{A} = \begin{pmatrix} 1 & -1 & 0 \\ 2 & 0 & 1 \\ 3 & 2 & 2 \end{pmatrix},\ \boldsymbol{A}^T = \begin{pmatrix} 1 & 2 & 3 \\ -1 & 0 & 2 \\ 0 & 1 & 2 \end{pmatrix}$$

$$\det(\boldsymbol{A}) = -3+4-2 = -1$$

$$\det(\boldsymbol{A}^T) = -3+4-2 = -1$$

$\det(\boldsymbol{A}) = \det(\boldsymbol{A}^T)$이므로 [정리 9.5]가 성립한다는 것을 확인할 수 있다.

정리 9.6 **행렬식의 성질 ④**

$\boldsymbol{A},\ \boldsymbol{B} \in \boldsymbol{R}^{n \times n}$이면 다음의 관계가 성립한다.

$$\det(\boldsymbol{AB}) = \det(\boldsymbol{A})\det(\boldsymbol{B})$$

예를 들어, 행렬 $\boldsymbol{A}$와 $\boldsymbol{B}$가 다음과 같을 때 $\boldsymbol{AB}$를 계산해본다.

$$\boldsymbol{A} = \begin{pmatrix} 1 & 2 \\ 3 & 2 \end{pmatrix},\ \boldsymbol{B} = \begin{pmatrix} -1 & 2 \\ 1 & 0 \end{pmatrix}$$

$$\boldsymbol{AB} = \begin{pmatrix} 1 & 2 \\ 3 & 2 \end{pmatrix}\begin{pmatrix} -1 & 2 \\ 1 & 0 \end{pmatrix} = \begin{pmatrix} 1 & 2 \\ -1 & 6 \end{pmatrix}$$

$$\det(\boldsymbol{AB}) = 6+2 = 8$$

$$\det(\boldsymbol{A}) = 2-6 = -4, \quad \det(\boldsymbol{B}) = -2$$

$\det(\boldsymbol{AB}) = \det(\boldsymbol{A}) \cdot \det(\boldsymbol{B})$이므로 [정리 9.6]이 성립한다는 것을 확인할 수 있다.

정리 9.7 행렬식의 성질 ⑤

행렬식의 한 행(또는 열)에 0이 아닌 스칼라 k를 곱하면, 행렬식 값은 원래 행렬식 값의 k 배가 된다.

예를 들어, 행렬 $\boldsymbol{A}$가 다음과 같을 때 행렬 $\boldsymbol{A}$의 1행에 스칼라 2를 곱한 행렬을 $\widetilde{\boldsymbol{A}}$ 라고 하자.

$$\boldsymbol{A}=\begin{pmatrix} 4 & 3 \\ -1 & 2 \end{pmatrix},\ \widetilde{\boldsymbol{A}}=\begin{pmatrix} 4\times 2 & 3\times 2 \\ -1 & 2 \end{pmatrix}=\begin{pmatrix} 8 & 6 \\ -1 & 2 \end{pmatrix}$$

$$\det(\boldsymbol{A})=8+3=11$$

$$\det(\widetilde{\boldsymbol{A}})=16+6=22$$

$\det(\widetilde{\boldsymbol{A}})=2\det(\boldsymbol{A})$이므로 [정리 9.7]이 성립한다는 것을 확인할 수 있다.

정리 9.8 행렬식의 성질 ⑥

$n\times n$ 행렬 $\boldsymbol{A}$의 한 행(또는 열)에 있는 모든 요소가 0이면 $\det(\boldsymbol{A})=0$이다.

예를 들어, 2행의 모든 요소가 0인 행렬 $\boldsymbol{A}$의 행렬식 값을 구해보자.

$$\det(\boldsymbol{A})=\begin{vmatrix} 1 & 2 & -1 \\ 0 & 0 & 0 \\ -1 & 3 & 1 \end{vmatrix}=0$$

$\det(\boldsymbol{A})=0$이므로 [정리 9.8]이 성립한다는 것을 확인할 수 있다.

정리 9.9 행렬식의 성질 ⑦

$n\times n$ 행렬 $\boldsymbol{A}$가 삼각행렬이면 $\boldsymbol{A}$의 행렬식 $\det(\boldsymbol{A})$는 다음과 같이 주대각요소들의 곱이 된다.

$$\det(\boldsymbol{A})=a_{11}a_{22}\cdots a_{nn}$$

예를 들어, 삼각행렬 $\boldsymbol{A}$가 다음과 같을 때 $\det(\boldsymbol{A})$를 구해보자.

$$\boldsymbol{A}=\begin{pmatrix} 1 & 2 & 3 \\ 0 & 4 & -1 \\ 0 & 0 & 2 \end{pmatrix},\ \det(\boldsymbol{A})=8$$

$\det(\boldsymbol{A})=1\times4\times2=8$이므로 [정리 9.9]가 성립된다는 것을 확인할 수 있다.

정리 9.10 행렬식의 성질 ⑧

행렬식의 한 행(또는 열)에 0이 아닌 스칼라 k를 곱하여 다른 행(또는 열)에 더하여도 행렬식의 값은 변하지 않는다.

예를 들어, 행렬 $\boldsymbol{A}$가 다음과 같을 때, 1행에 스칼라 3을 곱해 2행에 더한 행렬 $\widetilde{\boldsymbol{A}}$를 구해본다.

$$\boldsymbol{A}=\begin{pmatrix} 1 & -1 & 2 \\ 0 & 3 & 1 \\ 2 & 4 & 1 \end{pmatrix} \xrightarrow{1\text{행}\times3+2\text{ 행}} \widetilde{\boldsymbol{A}}=\begin{pmatrix} 1 & -1 & 2 \\ 3 & 0 & 7 \\ 2 & 4 & 1 \end{pmatrix}$$

$$\det(\boldsymbol{A})=3-2-12-4=-15$$

$$\det(\widetilde{\boldsymbol{A}})=-14+24+3-28=-15$$

$\det(\boldsymbol{A})=\det(\widetilde{\boldsymbol{A}})$이므로 [정리 9.10]이 성립한다는 것을 확인할 수 있다.

지금까지 행렬식의 중요한 성질에 대하여 살펴보았다. 특히 [정리 9.10]의 성질은 고차 행렬식의 값을 구하는데 매우 유용한 성질이므로 반드시 기억해두기 바란다.

예제 9.13

행렬 $\boldsymbol{A}$의 행렬식 값이 다음과 같다고 가정한다.

$$\det(\boldsymbol{A})=\begin{vmatrix} a & b & c \\ d & e & f \\ g & h & i \end{vmatrix}=5$$

이를 이용하여 다음 행렬식을 계산하라.

(1) $\begin{vmatrix} d & e & f \\ g & h & i \\ a & b & c \end{vmatrix}$ (2) $\begin{vmatrix} 2a & 2b & 2c \\ d & e & f \\ g-a & h-b & i-c \end{vmatrix}$

풀이

(1) $\begin{vmatrix} d & e & f \\ g & h & i \\ a & b & c \end{vmatrix} = -\begin{vmatrix} g & h & i \\ d & e & f \\ a & b & c \end{vmatrix} = -\left(-\begin{vmatrix} a & b & c \\ d & e & f \\ g & h & i \end{vmatrix} \right) = 5$

(2) [정리 9.10]으로부터 1행에 스칼라 (−1)을 곱하여 3행에 더하면 다음과 같다.

$$\begin{vmatrix} a & b & c \\ d & e & f \\ g & h & i \end{vmatrix} = \begin{vmatrix} a & b & c \\ d & e & f \\ g-a & h-b & i-c \end{vmatrix}$$

또한, 위의 행렬식에서 1행에 스칼라 2를 곱하면 다음과 같다.

$$\begin{vmatrix} 2a & 2b & 2c \\ d & e & f \\ g-a & h-b & i-c \end{vmatrix} = 2\begin{vmatrix} a & b & c \\ d & e & f \\ g-a & h-b & i-c \end{vmatrix} = 2\times5 = 10$$

여기서 잠깐! | 스칼라 삼중적의 계산

8장에서 다루었던 스칼라 삼중적 $\boldsymbol{a}\cdot(\boldsymbol{b}\times\boldsymbol{c})$를 계산해보자.
공간벡터 $\boldsymbol{a}$, $\boldsymbol{b}$, $\boldsymbol{c}$가 각각 다음과 같은 성분으로 표시된다고 가정한다.

$$\boldsymbol{a} = (a_1,\ a_2,\ a_3),\quad \boldsymbol{b} = (b_1,\ b_2,\ b_3),\quad \boldsymbol{c} = (c_1,\ c_2,\ c_3)$$

$\boldsymbol{a}\cdot(\boldsymbol{b}\times\boldsymbol{c})$를 계산하기 위하여 $\boldsymbol{b}\times\boldsymbol{c}$를 먼저 계산하면

$$\begin{aligned} \boldsymbol{b}\times\boldsymbol{c} &= \begin{vmatrix} \boldsymbol{a}_x & \boldsymbol{a}_y & \boldsymbol{a}_z \\ b_1 & b_2 & b_3 \\ c_1 & c_2 & c_3 \end{vmatrix} \\ &= (b_2c_3 - b_3c_2)\boldsymbol{a}_x + (b_3c_1 - b_1c_3)\boldsymbol{a}_y + (b_1c_2 - b_2c_1)\boldsymbol{a}_z \end{aligned}$$

이므로 $\boldsymbol{a}\cdot(\boldsymbol{b}\times\boldsymbol{c})$는 다음과 같다.

$$\begin{aligned}\boldsymbol{a}\cdot(\boldsymbol{b}\times\boldsymbol{c})&=a_1(b_2c_3-b_3c_2)+a_2(b_3c_1-b_1c_3)+a_3(b_1c_2-b_2c_1)\\&=a_1b_2c_3-a_1b_3c_2+a_2b_3c_1-a_2b_1c_3+a_3b_1c_2-a_3b_2c_1\\&=\begin{vmatrix}a_1 & a_2 & a_3\\ b_1 & b_2 & b_3\\ c_1 & c_2 & c_3\end{vmatrix}\end{aligned}$$

예를 들어, $\boldsymbol{a}=(1,\ 2,\ 3)$, $\boldsymbol{b}=(1,\ 0,\ -1)$, $\boldsymbol{c}=(0,\ 1,\ 1)$이라 하면

$$\boldsymbol{a}\cdot(\boldsymbol{b}\times\boldsymbol{c})=\begin{vmatrix}1 & 2 & 3\\ 1 & 0 & -1\\ 0 & 1 & 1\end{vmatrix}=3-2+1=2$$

가 된다.

8장에서 이미 살펴본 바와 같이 $\boldsymbol{a}\cdot(\boldsymbol{b}\times\boldsymbol{c})$는 벡터 $\boldsymbol{a}$, $\boldsymbol{b}$, $\boldsymbol{c}$가 만드는 평행육면체의 체적(Volume)이 된다는 것에 주목하라.

요약 행렬식의 정의와 성질

- 행렬식은 정방행렬에 대해서만 정의할 수 있으며, 행렬 $\boldsymbol{A}\in\boldsymbol{R}^{n\times n}$의 행렬식은 $\det(\boldsymbol{A})$ 또는 $|\boldsymbol{A}|$로 표기한다.
- 2차와 3차 행렬식은 다음과 같이 정의한다.

$$\begin{vmatrix}a_{11} & a_{12}\\ a_{21} & a_{22}\end{vmatrix}=a_{11}a_{22}-a_{12}a_{21}$$

$$\begin{vmatrix}a_{11} & a_{12} & a_{13}\\ a_{21} & a_{22} & a_{23}\\ a_{31} & a_{32} & a_{33}\end{vmatrix}=\begin{aligned}&a_{11}a_{22}a_{33}+a_{12}a_{23}a_{31}+a_{21}a_{32}a_{13}\\&-a_{13}a_{22}a_{31}-a_{12}a_{21}a_{33}-a_{23}a_{32}a_{11}\end{aligned}$$

- 행렬식의 성질
  ① $\boldsymbol{A}\in\boldsymbol{R}^{n\times n}$에서 임의의 두 행(또는 열)이 같으면 $\det(\boldsymbol{A})=0$이다.
  ② $\boldsymbol{A}\in\boldsymbol{R}^{n\times n}$에서 임의의 두 행(또는 열)을 서로 바꾸면, 행렬식 값은 같고 부호만 반대이다.
  ③ $\boldsymbol{A}\in\boldsymbol{R}^{n\times n}$에서 $\det(\boldsymbol{A})=\det(\boldsymbol{A}^T)$이다.
  ④ $\boldsymbol{A}$, $\boldsymbol{B}\in\boldsymbol{R}^{n\times n}$에서 $\det(\boldsymbol{AB})=\det(\boldsymbol{A})\det(\boldsymbol{B})$이다.
  ⑤ 행렬식의 한 행(또는 열)에 0이 아닌 스칼라 k를 곱하면, 행렬식 값은 원래 행렬식 값의 k배가 된다.

⑥ $\boldsymbol{A} \in \boldsymbol{R}^{n \times n}$ 에서 한 행(또는 열)에 있는 모든 요소가 0이면 $\det(\boldsymbol{A})=0$ 이다.

⑦ $\boldsymbol{A} \in \boldsymbol{R}^{n \times n}$ 에서 $\boldsymbol{A}$가 삼각행렬이면 $\det(\boldsymbol{A})$는 다음과 같이 $\boldsymbol{A}$의 주대각요소들의 곱이 된다.

$$\det(\boldsymbol{A})=a_{11}a_{22}\cdots a_{nn}$$

⑧ 행렬식의 한 행(또는 열)에 0이 아닌 스칼라 k를 곱하여 다른 행(또는 열)에 더하여도 행렬식의 값은 변하지 않는다.

9.4* 행렬식의 Laplace 전개

행렬식을 계산할 때 3×3 행렬의 행렬식은 공식이 있어서 대입하여 행렬식을 계산할 수 있으나 4차 이상의 행렬식에는 적용할 수가 없다.

본 절에서는 여인수(Cofactor)에 의하여 행렬식을 계산하는 일반적인 방법에 대하여 살펴본다. 이에 대하여 설명하기 전에 소행렬식(Minor)과 여인수에 대해 정의한다.

(1) 소행렬식과 여인수

소행렬식 M_{ij}는 주어진 행렬식에서 i번째 행과 j번째 열을 제외한 나머지 요소들로 구성된 한 차수가 낮은 행렬식을 의미한다. 예를 들어, 3차 행렬식에서 여러 개의 소행렬식을 정의해 보자.

$$\det(\boldsymbol{A})=\begin{vmatrix} a_{11} & a_{12} & a_{13} \\ a_{21} & a_{22} & a_{23} \\ a_{31} & a_{32} & a_{33} \end{vmatrix}$$

$$\begin{aligned} M_{11}&=\begin{vmatrix} a_{22} & a_{23} \\ a_{32} & a_{33} \end{vmatrix} \quad M_{12}=\begin{vmatrix} a_{21} & a_{23} \\ a_{31} & a_{33} \end{vmatrix} \quad M_{13}=\begin{vmatrix} a_{21} & a_{22} \\ a_{31} & a_{32} \end{vmatrix} \\ M_{21}&=\begin{vmatrix} a_{12} & a_{13} \\ a_{32} & a_{33} \end{vmatrix} \quad M_{22}=\begin{vmatrix} a_{11} & a_{13} \\ a_{31} & a_{33} \end{vmatrix} \quad M_{23}=\begin{vmatrix} a_{11} & a_{12} \\ a_{31} & a_{32} \end{vmatrix} \\ M_{31}&=\begin{vmatrix} a_{12} & a_{13} \\ a_{22} & a_{23} \end{vmatrix} \quad M_{32}=\begin{vmatrix} a_{11} & a_{13} \\ a_{21} & a_{23} \end{vmatrix} \quad M_{33}=\begin{vmatrix} a_{11} & a_{12} \\ a_{21} & a_{22} \end{vmatrix} \end{aligned} \tag{38}$$

또한, 여인수 C_{ij}는 소행렬식 M_{ij}에 i와 j의 합에 따라 부호를 붙인 행렬식으로 다음과 같이 정의된다.

$$C_{ij} \triangleq (-1)^{i+j} M_{ij} \tag{39}$$

예를 들어, 식(38)의 소행렬식은 다음과 같이 여인수를 결정하는 데 이용된다.

$$\begin{aligned} &C_{11}=M_{11},\ C_{12}=-M_{12},\ C_{13}=M_{13} \\ &C_{21}=-M_{21},\ C_{22}=M_{22},\ C_{23}=-M_{23} \\ &C_{31}=M_{31},\ C_{32}=-M_{32},\ C_{33}=M_{33} \end{aligned} \tag{40}$$

여기서 잠깐! **소행렬식의 정의**

다음의 3차 행렬식에 대하여 소행렬식을 구해본다.

$$\det(\boldsymbol{A}) = \begin{vmatrix} a_{11} & a_{12} & a_{13} \\ a_{21} & a_{22} & a_{23} \\ a_{31} & a_{32} & a_{33} \end{vmatrix}$$

예를 들어, 소행렬식 M_{11}, M_{12}을 구하면 다음과 같다.

M_{11} = 행렬식에서 1행과 1열을 제외한 나머지 요소들로 구성
M_{12} = 행렬식에서 1행과 2열을 제외한 나머지 요소들로 구성

$$\begin{vmatrix} a_{11} & a_{12} & a_{13} \\ a_{21} & a_{22} & a_{23} \\ a_{31} & a_{32} & a_{33} \end{vmatrix} \qquad \begin{vmatrix} a_{11} & a_{12} & a_{13} \\ a_{21} & a_{22} & a_{23} \\ a_{31} & a_{32} & a_{33} \end{vmatrix}$$

$$M_{11} = \begin{vmatrix} a_{22} & a_{23} \\ a_{32} & a_{33} \end{vmatrix} \qquad M_{12} = \begin{vmatrix} a_{21} & a_{23} \\ a_{31} & a_{33} \end{vmatrix}$$

(2) 행렬식의 Laplace 전개

지금까지 정의한 여인수를 이용하여 4차 이상의 행렬식을 계산할 수 있으며, 여인수를 이용한 행렬식 계산을 Laplace 전개(Laplace Expansion)라고 부른다.

행렬 $A \in R^{n\times n}$의 행렬식 $\det(A)$는 임의의 한 행을 선택하여 여인수 전개를 통해 다음과 같이 계산할 수 있다. Laplace 전개는 임의의 한 행을 i번째 행으로 선택하면 행렬식 $\det(A)$가

$$\begin{aligned}&\det(A)=a_{i1}C_{i1}+a_{i2}C_{i2}+\cdots+a_{in}C_{in}\\&\text{단, } C_{ij}=(-1)^{i+j}M_{ij}\end{aligned} \tag{41}$$

가 된다는 것이며, 어떠한 행을 선택한다고 하더라도 행렬식 값은 변하지 않는다는 사실에 주목하라.

한편, Laplace 전개를 할 때 임의의 한 행 대신에 임의의 한 열을 선택하여 여인수로 전개하여도 결과는 동일하다. 한 열을 j번째 열로 선택하면 행렬식 $\det(A)$는

$$\begin{aligned}&\det(A)=a_{1j}C_{1j}+a_{2j}C_{2j}+\cdots+a_{nj}C_{nj}\\&\text{단, } C_{ij}=(-1)^{i+j}M_{ij}\end{aligned} \tag{42}$$

가 되며, 어떠한 열을 선택한다고 하더라도 행렬식 값은 변화가 없다. 식(41)과 식(42)의 Laplace 전개에 대한 수학적인 증명은 공학적 관점에서 그다지 중요하지 않으므로 증명을 생략한다.

[그림 9.2]에 Laplace 전개를 그림으로 나타내었다.

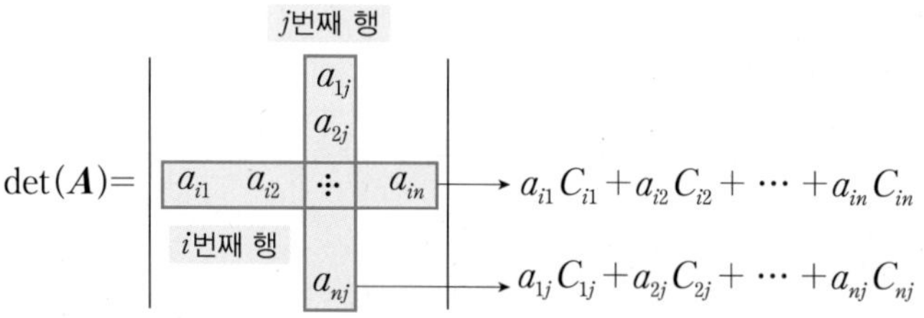

[그림 9.2] 행렬식의 Laplace 전개

행렬식의 Laplace 전개는 임의의 한 행이나 한 열을 선택하여 전개를 하게 되는데, 어떤 행이나 열을 선택하는가에 따라 계산량이 많이 줄어들게 된다. 행과 열을 선택하는 요령은 요소 중에 0이 많은 행이나 열을 선택하면 0에 해당되는 여인수는 계산할 필요가 없으므로 계산량을 줄일 수 있다는 사실에 주목하라.

예제 9.14

다음 행렬식의 값을 계산하라.

$$\det(\boldsymbol{A}) = \begin{vmatrix} 1 & 2 & -1 & 0 \\ 1 & 0 & 0 & 1 \\ -3 & 4 & 4 & 5 \\ 0 & 1 & 0 & 1 \end{vmatrix}$$

풀이

행렬식을 살펴보면 2행과 3열이 0을 2개 포함하고 있으므로 2행이나 3열 중 아무것이나 선택해서 여인수로 전개하면 된다. 여기서는 2행에 대해 여인수 전개를 한다.

$a_{21}=1$과 $a_{24}=1$에 대한 여인수만 계산하면

$$C_{21} = (-1)^{2+1} \begin{vmatrix} 2 & -1 & 0 \\ 4 & 4 & 5 \\ 1 & 0 & 1 \end{vmatrix} = -7$$

$$C_{24} = (-1)^{2+4} \begin{vmatrix} 1 & 2 & -1 \\ -3 & 4 & 4 \\ 0 & 1 & 0 \end{vmatrix} = -1$$

이 되므로 다음과 같다.

$$\det(\boldsymbol{A}) = (1)\cdot C_{21} + 0\cdot C_{22} + 0\cdot C_{23} + (1)C_{24} = -8$$

예제 9.15

다음 3차 행렬식의 값을 Laplace 전개를 이용하여 구하라.

$$\det(\boldsymbol{A}) = \begin{vmatrix} 1 & 2 & 0 \\ 1 & 0 & 3 \\ 4 & 1 & -1 \end{vmatrix}$$

풀이

1행에 대하여 Laplace 전개를 적용한다.

$$\det(\boldsymbol{A}) = a_{11}C_{11} + a_{12}C_{12} + a_{13}C_{13} = C_{11} + 2C_{12}$$

$$C_{11} = (-1)^2 M_{11} = M_{11} = \begin{vmatrix} 0 & 3 \\ 1 & -1 \end{vmatrix} = -3$$

$$C_{12} = (-1)^3 M_{12} = -M_{12} = -\begin{vmatrix} 1 & 3 \\ 4 & -1 \end{vmatrix} = -(-13) = 13$$

$$\therefore \det(\boldsymbol{A}) = C_{11} + 2C_{12} = -3 + 2 \times 13 = 23$$

예제 9.16

다음의 5차 행렬식의 값을 구하라.

$$\det(\boldsymbol{A}) = \begin{vmatrix} 3 & 2 & 0 & 1 & -1 \\ 0 & 1 & 4 & 2 & 3 \\ 0 & 0 & 2 & -1 & 1 \\ 0 & 0 & 0 & 4 & 3 \\ 0 & 0 & 0 & 0 & 2 \end{vmatrix}$$

풀이

행렬식에서 5번째 행에 가장 많은 0이 포함되어 있기 때문에 5번째 행을 선택하여 여인수 전개를 하고 순차적으로 여인수 전개를 반복하면 다음과 같다.

$$\det(\boldsymbol{A}) = 2C_{55}$$

$$= 2\begin{vmatrix} 3 & 2 & 0 & 1 \\ 0 & 1 & 4 & 2 \\ 0 & 0 & 2 & -1 \\ 0 & 0 & 0 & 4 \end{vmatrix} = 2\left\{ 4\begin{vmatrix} 3 & 2 & 0 \\ 0 & 1 & 4 \\ 0 & 0 & 2 \end{vmatrix} \right\}$$

$$= 2 \cdot 4 \cdot 2\begin{vmatrix} 3 & 2 \\ 0 & 1 \end{vmatrix} = 48$$

$$\therefore \det(\boldsymbol{A}) = 48$$

예제 9.17

다음 3차 행렬식의 값을 1열에 대하여 Laplace 전개를 적용하여 구하라.

$$\det(\boldsymbol{A}) = \begin{vmatrix} 3 & -1 & -2 \\ 0 & 4 & -3 \\ 2 & 1 & 2 \end{vmatrix}$$

풀이

1열에 대하여 Laplace 전개를 적용한다.

$$\det(\boldsymbol{A}) = a_{11}C_{11} + a_{21}C_{21} + a_{31}C_{31} = 3C_{11} + 2C_{31}$$

$$C_{11} = (-1)^2 M_{11} = M_{11} = \begin{vmatrix} 4 & -3 \\ 1 & 2 \end{vmatrix} = 11$$

$$C_{31} = (-1)^4 M_{31} = M_{31} = \begin{vmatrix} -1 & -2 \\ 4 & -3 \end{vmatrix} = 11$$

$$\therefore \det(\boldsymbol{A}) = 3C_{11} + 2C_{31} = 3 \times 11 + 2 \times 11 = 55$$

요약 행렬식의 Laplace 전개

- 소행렬식 M_{ij}는 주어진 행렬식에서 i번째 행과 j번째 열을 제외한 나머지 요소들로 구성된 한 차수가 낮은 행렬식을 의미한다.
- 여인수 C_{ij}는 소행렬식 M_{ij}에 i와 j의 합에 따라 부호를 붙인 행렬식이며 다음과 같이 정의한다.

$$C_{ij} \triangleq (-1)^{i+j} M_{ij}$$

- Laplace 전개는 4차 이상의 행렬식을 계산하는 일반적인 방법을 제공한다.
  ① $\boldsymbol{A}$의 i번째 행을 선택하여 Laplace 전개를 적용하면 $\det(\boldsymbol{A})$는 다음과 같다.

$$\det(\boldsymbol{A}) = a_{i1}C_{i1} + a_{i2}C_{i2} + \cdots + a_{in}C_{in}$$

  ② $\boldsymbol{A}$의 j번째 열을 선택하여 Laplace 전개를 적용하면 $\det(\boldsymbol{A})$는 다음과 같다.

$$\det(\boldsymbol{A}) = a_{1j}C_{1j} + a_{2j}C_{2j} + \cdots + a_{nj}C_{nj}$$

- Laplace 전개에서 행이나 열을 선택할 때 요소 중에 0이 많은 행이나 열을 선택하면 요소 0에 해당되는 여인수를 계산할 필요가 없으므로 계산량을 줄일 수 있다.

9.5 역행렬의 정의와 성질

실수 집합 $\boldsymbol{R}$에서 0이 아닌 실수 a에 대하여 다음의 관계를 만족하는 실수 x를 곱셈에 대한 역원(Inverse Element)이라고 정의하며 a^{-1}로 표시한다.

$$ax=xa=1 \tag{43}$$

여기서 잠깐! 항등원과 역원

기호 *를 실수 $\boldsymbol{R}$에서의 어떤 연산이라고 가정하고 항등원과 역원의 개념을 살펴보자.
연산 *에 대한 항등원(Identity Element)은 모든 실수 $a\in\boldsymbol{R}$에 대하여 다음의 관계를 만족하는 e로 정의한다.

$$a*e=e*a=a, \quad \forall a\in\boldsymbol{R}$$

연산 *가 실수의 덧셈(+)이면 덧셈에 대한 항등원은 다음과 같이 구할 수 있다.

$$a+e=e+a=a, \quad \forall a\in\boldsymbol{R}$$
$$\therefore\ e=0$$

연산 *가 실수의 곱셈(•)이면 곱셈에 대한 항등원은 다음과 같이 구할 수 있다.

$$a\cdot e=e\cdot a=a, \quad \forall a\in\boldsymbol{R}$$
$$\therefore\ e=1$$

다음으로 실수 a에 대하여 다음의 관계를 만족하는 x를 연산 *에 대한 a의 역원이라고 정의한다.

$$a*x=x*a=e$$

실수의 덧셈연산에 대하여 항등원 $e=0$이므로 덧셈에 대한 a의 역원은 다음과 같이 구할 수 있다.

$$a+x=x+a=0$$
$$\therefore\ x=-a$$

실수의 곱셈연산에 대하여 항등원 $e=1$이므로 곱셈에 대한 a의 역원은 다음과 같이 구할 수 있다.

$$a\cdot x=x\cdot a=1$$
$$\therefore\ x=\frac{1}{a}$$

(1) 역행렬의 정의

n차 정방행렬 $\boldsymbol{A} \in \boldsymbol{R}^{n \times n}$에 대해서도 실수의 집합 $\boldsymbol{R}$에서와 마찬가지로 행렬의 곱셈에 대한 역원(역행렬)을 정의할 수 있다.

정의 9.3 행렬의 곱셈에 대한 역행렬

n차 정방행렬 $\boldsymbol{A} \in \boldsymbol{R}^{n \times n}$에 대하여 다음의 관계를 만족하는 $\boldsymbol{X} \in \boldsymbol{R}^{n \times n}$를 $\boldsymbol{A}$의 역행렬(Inverse Matrix)이라 정의하고, $\boldsymbol{X} = \boldsymbol{A}^{-1}$로 표기한다.

$$\boldsymbol{AX} = \boldsymbol{XA} = \boldsymbol{I} \tag{44}$$

여기서 $\boldsymbol{I}$는 $n \times n$ 단위행렬이다.

행렬 $\boldsymbol{A}$의 역행렬 $\boldsymbol{A}^{-1}$는 결과적으로 행렬의 곱셈에 대한 역원임을 알 수 있다. 0이 아닌 모든 실수는 곱셈의 역원이 존재한다는 것과는 달리 영행렬이 아닌 모든 n차 정방행렬이 역행렬이 존재하는 것은 아니다. 역행렬이 존재하는 행렬을 정칙(Nonsingular)행렬이라고 하며, 역행렬이 존재하지 않는 행렬은 특이(Singular)행렬 또는 비정칙행렬이라고 부른다.

행렬 $\boldsymbol{A}$의 역행렬을 $\boldsymbol{A}^{-1}$와 같이 표기하는데, 여기서 -1은 지수(Power)가 아니므로 $\boldsymbol{A}^{-1}$는 역수의 개념이 아니라는 사실에 유의하라.

정의 9.4 정칙행렬과 특이행렬

n차 정방행렬 $\boldsymbol{A} \in \boldsymbol{R}^{n \times n}$에 대하여 역행렬이 존재하는 경우 $\boldsymbol{A}$를 가역적(Invertible)이라고 정의한다.
가역적인 행렬, 즉 역행렬이 존재하는 행렬을 정칙행렬이라고 하며, 역행렬이 존재하지 않는 행렬을 특이행렬 또는 비정칙행렬이라고 정의한다.

식(44)의 관계를 만족하는 또다른 역행렬 $\boldsymbol{Y}$가 존재한다고 가정하자. 즉, $\boldsymbol{AY} = \boldsymbol{YA} = \boldsymbol{I}$를 만족하는 또다른 역행렬이 존재한다고 가정하자.

$$\boldsymbol{Y} = \boldsymbol{YI} = \boldsymbol{Y}(\boldsymbol{AX}) = (\boldsymbol{YA})\boldsymbol{X} = \boldsymbol{IX} = \boldsymbol{X} \tag{45}$$

식(45)로부터 $\boldsymbol{Y}=\boldsymbol{X}$ 이므로 행렬 $\boldsymbol{A}$에 대한 역행렬이 존재한다면 그것은 오직 하나뿐이라는 것을 알 수 있다. 이것을 역행렬의 유일성 정리(Uniqueness Theorem)라고 한다.

예제 9.18

다음 2차 정방행렬 $\boldsymbol{A}$에 대한 역행렬을 정의에 의하여 구하라.

$$\boldsymbol{A} = \begin{pmatrix} 2 & 3 \\ 3 & 4 \end{pmatrix}$$

풀이

$\boldsymbol{A}$의 역행렬을 다음과 같이 가정한다.

$$\boldsymbol{A}^{-1} = \begin{pmatrix} x & y \\ z & w \end{pmatrix}$$

역행렬의 정의에 의하여

$$\boldsymbol{AA}^{-1} = \begin{pmatrix} 2 & 3 \\ 3 & 4 \end{pmatrix}\begin{pmatrix} x & y \\ z & w \end{pmatrix} = \begin{pmatrix} 1 & 0 \\ 0 & 1 \end{pmatrix}$$

$$\begin{pmatrix} 2x+3z & 2y+3w \\ 3x+4z & 3y+4w \end{pmatrix} = \begin{pmatrix} 1 & 0 \\ 0 & 1 \end{pmatrix}$$

$$\begin{cases} 2x+3z=1 \\ 3x+4z=0 \end{cases} \qquad \begin{cases} 2y+3w=0 \\ 3y+4w=1 \end{cases}$$

위의 방정식을 풀면 $x=-4,\ y=3,\ z=3,\ w=-2$ 이므로 구하는 역행렬은 다음과 같다.

$$\boldsymbol{A}^{-1} = \begin{pmatrix} x & y \\ z & w \end{pmatrix} = \begin{pmatrix} -4 & 3 \\ 3 & -2 \end{pmatrix}$$

2차 정방행렬 $\boldsymbol{A} \in \boldsymbol{R}^{2\times 2}$의 역행렬은 다음의 공식에 의하여 쉽게 계산할 수 있으며 자주 사용되므로 기억해 두는 것이 좋다.

정리 9.11　2차 정방행렬의 역행렬

2차 정방행렬 $\boldsymbol{A}$가 다음과 같을 때

$$\boldsymbol{A} = \begin{pmatrix} a & b \\ c & d \end{pmatrix}$$

$\boldsymbol{A}$의 역행렬은 다음과 같다.

$$\boldsymbol{A}^{-1} = \frac{1}{ad-bc}\begin{pmatrix} d & -b \\ -c & a \end{pmatrix}$$

단, $ad-bc \neq 0$이다.

〈예제 9.17〉에서 [정리 9.11]을 증명해 본다. [정리 9.11]에서 2차 정방행렬의 역행렬이 존재하기 위해서는 $\det(\boldsymbol{A}) = ad-bc \neq 0$의 조건을 만족해야 한다는 것에 유의하라.

예제 9.19

2차 정방행렬 $\boldsymbol{A} \in \boldsymbol{R}^{2\times 2}$에 대하여 $\boldsymbol{A}$의 역행렬이 존재할 조건을 제시하고, 그 조건에서 $\boldsymbol{A}$의 역행렬을 구하라.

$$\boldsymbol{A} = \begin{pmatrix} a & b \\ c & d \end{pmatrix}$$

풀이

$\boldsymbol{A}$의 역행렬을 다음과 같이 가정한다.

$$\boldsymbol{A}^{-1} = \begin{pmatrix} x_1 & x_2 \\ x_3 & x_4 \end{pmatrix}$$

역행렬의 정의에 의해

$$AA^{-1}=\begin{pmatrix} a & b \\ c & d \end{pmatrix}\begin{pmatrix} x_1 & x_2 \\ x_3 & x_4 \end{pmatrix}=\begin{pmatrix} 1 & 0 \\ 0 & 1 \end{pmatrix}$$

$$\begin{pmatrix} ax_1+bx_3 & ax_2+bx_4 \\ cx_1+dx_3 & cx_2+dx_4 \end{pmatrix}=\begin{pmatrix} 1 & 0 \\ 0 & 1 \end{pmatrix}$$

$$\begin{cases} ax_1+bx_3=1 \\ cx_1+dx_3=0 \end{cases} \qquad \begin{cases} ax_2+bx_4=0 \\ cx_2+dx_4=1 \end{cases}$$

$$\therefore\ x_1=\frac{d}{ad-bc} \qquad x_2=\frac{-b}{ad-bc}$$

$$x_3=\frac{-c}{ad-bc} \qquad x_4=\frac{a}{ad-bc}$$

가 얻어지므로 A^{-1}는 다음과 같다.

$$A^{-1}=\begin{pmatrix} \dfrac{d}{ad-bc} & \dfrac{-b}{ad-bc} \\ \dfrac{-c}{ad-bc} & \dfrac{a}{ad-bc} \end{pmatrix}=\frac{1}{ad-bc}\begin{pmatrix} d & -b \\ -c & a \end{pmatrix}$$

A^{-1}는 $ad-bc\neq 0$ 인 조건하에 유효하며 $ad-bc=0$ 이면 A의 역행렬은 존재하지 않는다는 것을 알 수 있다.

(2) 역행렬의 성질

역행렬에서 반드시 알아야 할 중요한 성질에 대하여 살펴본다. 많이 사용되는 성질이므로 기억해 두는 것이 좋다.

정리 9.12 역행렬의 성질

$n\times n$ 정칙행렬 A와 B에 대하여 다음의 관계가 성립한다.

(1) $(A^{-1})^{-1}=A$

(2) $(AB)^{-1}=B^{-1}A^{-1}$

(3) $(A^{T})^{-1}=(A^{-1})^{T}$

증명

(1) 먼저 (1)의 성질은 A^{-1}의 역행렬이 A라는 의미이므로 A^{-1}의 역행렬을 X라 하면 다음 관계를 만족하는 $X=A$임이 명확하다.

$$(A^{-1})X=X(A^{-1})=I$$

(2) 다음으로 (2)의 성질은 다음과 같이 증명할 수 있다. 먼저 AB의 역행렬을 Y라고 가정하면 다음의 관계가 성립된다.

$$(AB)Y=Y(AB)=I \Longrightarrow (AB)Y=I,\ Y(AB)=I$$

만일 $Y \triangleq B^{-1}A^{-1}$로 정의하여 윗 식에 각각 대입하면

$$(AB)Y=(AB)(B^{-1}A^{-1})=A(BB^{-1})A^{-1}=I$$
$$Y(AB)=B^{-1}A^{-1}(AB)=B^{-1}(A^{-1}A)B=I$$

가 성립하므로 $Y=B^{-1}A^{-1}$는 AB의 역행렬임을 알 수 있다.

(3) 마지막으로 (3)의 성질은 다음과 같이 증명할 수 있다. 먼저 A^T의 역행렬을 Z라고 가정하면 다음의 관계가 성립된다.

$$(A^T)Z=Z(A^T)=I \Longrightarrow (A^T)Z=I,\ Z(A^T)=I$$

만일 $Z \triangleq (A^{-1})^T$로 가정하여 윗 식에 각각 대입하면

$$(A^T)Z=A^T(A^{-1})^T=(A^{-1}A)^T=I^T=I$$
$$Z(A^T)=(A^{-1})^T A^T=(AA^{-1})^T=I^T=I$$

가 성립하므로 $Z=(A^{-1})^T$는 A^T의 역행렬임을 알 수 있다.

여기서 잠깐! $(ABC)^{-1}=C^{-1}B^{-1}A^{-1}$

$n\times n$ 정칙행렬 A, B, C의 곱 ABC의 역행렬을 구해 보자.

$$(ABC)^{-1}=[A(BC)]^{-1}=(BC)^{-1}A^{-1}=C^{-1}B^{-1}A^{-1}$$

또는

$$(\boldsymbol{ABC})^{-1} = [(\boldsymbol{AB})\boldsymbol{C}]^{-1} = \boldsymbol{C}^{-1}(\boldsymbol{AB})^{-1} = \boldsymbol{C}^{-1}\boldsymbol{B}^{-1}\boldsymbol{A}^{-1}$$

이므로 $(\boldsymbol{ABC})^{-1} = \boldsymbol{C}^{-1}\boldsymbol{B}^{-1}\boldsymbol{A}^{-1}$ 임을 알 수 있다.

예제 9.20

다음 2차 정방행렬 $\boldsymbol{A}$와 $\boldsymbol{A}^{-1}$가 다음과 같을 때 상수 a의 값을 구하라.

$$\boldsymbol{A} = \begin{pmatrix} a+1 & 2 \\ a & 2 \end{pmatrix}$$

$$\boldsymbol{A}^{-1} = \begin{pmatrix} 1 & -1 \\ -2 & \frac{5}{2} \end{pmatrix}$$

풀이

먼저, $\boldsymbol{A}$의 역행렬을 〈예제 9.17〉의 결과를 이용하여 구한다.

$$\begin{pmatrix} a+1 & 2 \\ a & 2 \end{pmatrix}^{-1} = \frac{1}{2(a+1)-2a}\begin{pmatrix} 2 & -2 \\ -a & a+1 \end{pmatrix} = \frac{1}{2}\begin{pmatrix} 2 & -2 \\ -a & a+1 \end{pmatrix}$$

$$= \begin{pmatrix} 1 & -1 \\ -\frac{a}{2} & \frac{a+1}{2} \end{pmatrix} = \begin{pmatrix} 1 & -1 \\ -2 & \frac{5}{2} \end{pmatrix}$$

$$-\frac{a}{2} = -2,\ \frac{a+1}{2} = \frac{5}{2} \qquad \therefore\ a=4$$

예제 9.21

다음의 두 정칙행렬 $\boldsymbol{A}$와 $\boldsymbol{B}$에 대하여 $(\boldsymbol{AB})^{-1} = \boldsymbol{B}^{-1}\boldsymbol{A}^{-1}$ 의 관계가 성립한다는 것을 보여라.

$$\boldsymbol{A} = \begin{pmatrix} 2 & 3 \\ 3 & 4 \end{pmatrix},\ \boldsymbol{B} = \begin{pmatrix} 1 & 3 \\ 0 & 1 \end{pmatrix}$$

풀이

$$AB=\begin{pmatrix}2&3\\3&4\end{pmatrix}\begin{pmatrix}1&3\\0&1\end{pmatrix}=\begin{pmatrix}2&9\\3&13\end{pmatrix}$$

$$(AB)^{-1}=\frac{1}{26-27}\begin{pmatrix}13&-9\\-3&2\end{pmatrix}=\begin{pmatrix}-13&9\\3&-2\end{pmatrix}$$

$$A^{-1}=\begin{pmatrix}2&3\\3&4\end{pmatrix}^{-1}=\frac{1}{8-9}\begin{pmatrix}4&-3\\-3&2\end{pmatrix}=\begin{pmatrix}-4&3\\3&-2\end{pmatrix}$$

$$B^{-1}=\begin{pmatrix}1&3\\0&1\end{pmatrix}^{-1}=\frac{1}{1-0}\begin{pmatrix}1&-3\\0&1\end{pmatrix}=\begin{pmatrix}1&-3\\0&1\end{pmatrix}$$

$$B^{-1}A^{-1}=\begin{pmatrix}1&-3\\0&1\end{pmatrix}\begin{pmatrix}-4&3\\3&-2\end{pmatrix}=\begin{pmatrix}-13&9\\3&-2\end{pmatrix}=(AB)^{-1}$$

요약 역행렬의 정의와 성질

- $A \in R^{n\times n}$에 대하여 다음의 관계를 만족하는 $X \in R^{n\times n}$를 A의 역행렬이라 정의하고 $X=A^{-1}$로 표기한다.

$$AX=XA=I$$

  여기서 I는 $n\times n$ 단위행렬이다.
- $A \in R^{n\times n}$에 대하여 A^{-1}가 존재하는 경우 A를 가역적이라 하며, 역행렬이 존재하는 행렬을 정칙행렬이라고 정의한다. 역행렬이 존재하지 않는 행렬을 특이행렬 또는 비정칙행렬이라고 정의한다.
- 행렬 A에 대한 역행렬이 존재하면 그것은 오직 하나뿐이다. → 유일성 정리
- $A \in R^{2\times 2}$에 대한 A^{-1}는 $ad-bc\neq 0$일 때 다음과 같다.

$$A=\begin{pmatrix}a&b\\c&d\end{pmatrix},\quad A^{-1}=\frac{1}{ad-bc}\begin{pmatrix}d&-b\\-c&a\end{pmatrix}$$

- $n\times n$ 정칙행렬 A와 B에 대하여 다음의 관계가 성립한다.
  ① $(A^{-1})^{-1}=A$
  ② $(AB)^{-1}=B^{-1}A^{-1}$
  ③ $(A^T)^{-1}=(A^{-1})^T$

9.6 역행렬의 계산법

일반적으로 $n \times n$ 정칙행렬의 역행렬을 구하는 방법은 여러 가지가 있지만 주로 다음의 방법들이 많이 이용된다.

① 정의에 의하여 역행렬 구하는 방법
② 수반행렬을 이용한 방법
③ Gauss-Jordan 소거법에 의한 방법

정의에 의하여 역행렬을 구하는 방법은 9.5절에서 이미 소개하였다. Gauss-Jordan 소거법을 이용하여 역행렬을 구하기 위해서는 기본행연산(Elementary Row Operation; ERO)에 대한 개념이 필요하며 10장에서 다룬다. 본 절에서는 수반행렬(Adjoint Matrix)을 이용한 방법을 소개한다.

(1) 여인수행렬과 수반행렬

n차 정방행렬 $\boldsymbol{A} \in \boldsymbol{R}^{n \times n}$에 대하여 $\boldsymbol{A}$의 역행렬을 구하기 위해서 먼저 여인수행렬(Cofactor Matrix)과 수반행렬(Adjoint Matrix)을 정의한다.

정의 9.5 여인수행렬과 수반행렬

여인수행렬은 여인수 C_{ij} 들을 행렬의 요소로 하는 행렬이며, $\boldsymbol{A} \in \boldsymbol{R}^{n \times n}$에 대한 여인수행렬 C_{ij}는 다음과 같이 정의한다.

$$\text{cof}(\boldsymbol{A}) \triangleq \begin{pmatrix} C_{11} & C_{12} & \cdots & C_{1n} \\ C_{21} & C_{22} & \cdots & C_{2n} \\ \vdots & \vdots & & \vdots \\ C_{n1} & C_{n2} & \cdots & C_{nn} \end{pmatrix}$$

또한 행렬 $\boldsymbol{A}$의 수반행렬 $\text{adj}(\boldsymbol{A})$는 여인수행렬을 전치시킨 행렬로 정의한다.

$$\text{adj}(\boldsymbol{A}) \triangleq [\text{cof}(\boldsymbol{A})]^T = \begin{pmatrix} C_{11} & C_{12} & \cdots & C_{1n} \\ C_{21} & C_{22} & \cdots & C_{2n} \\ \vdots & \vdots & & \vdots \\ C_{n1} & C_{n2} & \cdots & C_{nn} \end{pmatrix}^T$$

예제 9.22

행렬 $\boldsymbol{A} \in \boldsymbol{R}^{2 \times 2}$에 대하여 여인수행렬 $\mathrm{cof}(\boldsymbol{A})$와 수반행렬 $\mathrm{adj}(\boldsymbol{A})$를 각각 구하라.

$$\boldsymbol{A} = \begin{pmatrix} 1 & 2 \\ 3 & 4 \end{pmatrix}$$

풀이

행렬 $\boldsymbol{A}$에 대한 여인수들을 계산하면

$$C_{11} = 4,\ C_{12} = -3,\ C_{21} = -2,\ C_{22} = 1$$

이므로 여인수행렬과 수반행렬은 다음과 같다.

$$\mathrm{cof}(\boldsymbol{A}) = \begin{pmatrix} 4 & -3 \\ -2 & 1 \end{pmatrix},\quad \mathrm{adj}(\boldsymbol{A}) = \begin{pmatrix} 4 & -3 \\ -2 & 1 \end{pmatrix}^T = \begin{pmatrix} 4 & -2 \\ -3 & 1 \end{pmatrix}$$

(2) 수반행렬을 이용한 역행렬의 계산

앞 절에서 학습한 행렬식과 수반행렬을 이용하여 역행렬을 구하는 공식을 소개한다.

정리 9.13 역행렬 공식

$n \times n$ 정칙행렬 $\boldsymbol{A} \in \boldsymbol{R}^{n \times n}$의 역행렬은 다음과 같이 구할 수 있다.

$$\boldsymbol{A}^{-1} = \frac{\mathrm{adj}(\boldsymbol{A})}{\det(\boldsymbol{A})}$$

[정리 9.13]에서 $\boldsymbol{A}^{-1}$의 분모가 $\det(\boldsymbol{A})$이므로 $\det(\boldsymbol{A}) \neq 0$라는 조건을 만족해야 역행렬이 존재함을 알 수 있다. 앞 절에서 정의한 정칙행렬 $\boldsymbol{A} \in \boldsymbol{R}^{n \times n}$는 $\det(\boldsymbol{A}) \neq 0$인 행렬이라는 것을 알 수 있다.

정의 9.6 **정칙행렬**

$n \times n$ 정칙행렬 $\boldsymbol{A} \in \boldsymbol{R}^{n \times n}$에 대하여 $\det(\boldsymbol{A}) \neq 0$인 행렬을 정칙행렬이라고 정의한다. $\det(\boldsymbol{A})=0$인 행렬을 특이행렬 또는 비정칙행렬이라고 정의한다.

[정리 9.13]의 증명은 이 책의 범위를 벗어나므로 관심이 있는 독자들의 연습문제로 남겨둔다.

예제 9.23

다음의 2차 정방행렬 $\boldsymbol{A}$의 역행렬 $\boldsymbol{A}^{-1}$를 역행렬 공식을 이용하여 구하라. 단, $\det(\boldsymbol{A})=ad-bc \neq 0$이라고 가정한다.

$$\boldsymbol{A}=\begin{pmatrix} a & b \\ c & d \end{pmatrix}$$

풀이

먼저 $\boldsymbol{A}$의 수반행렬 $\text{adj}(\boldsymbol{A})$를 구하기 위하여 여인수들을 계산한다.

$$\begin{aligned} &C_{11}=M_{11}=d, \qquad C_{12}=-M_{12}=-c \\ &C_{21}=-M_{21}=-b, \quad C_{22}=M_{22}=a \end{aligned}$$

$$\text{adj}(\boldsymbol{A})=\begin{pmatrix} C_{11} & C_{12} \\ C_{21} & C_{22} \end{pmatrix}^T=\begin{pmatrix} d & -c \\ -b & a \end{pmatrix}^T=\begin{pmatrix} d & -b \\ -c & a \end{pmatrix}$$

역행렬의 공식에 의하여

$$\boldsymbol{A}^{-1}=\frac{\text{adj}(\boldsymbol{A})}{\det(\boldsymbol{A})}=\frac{1}{ad-bc}\begin{pmatrix} d & -b \\ -c & a \end{pmatrix}$$

를 얻는다.

예제 9.24

다음 3차 정방행렬 $\boldsymbol{A}$의 역행렬을 역행렬 공식을 이용하여 구하라.

$$\boldsymbol{A}=\begin{pmatrix} -1 & 1 & 2 \\ 3 & -1 & 1 \\ -1 & 3 & 4 \end{pmatrix}$$

풀이

$\boldsymbol{A}^{-1}=\dfrac{\text{adj}(\boldsymbol{A})}{\det(\boldsymbol{A})}$ 이므로 먼저 [정리 9.10]의 성질을 이용하여 $\det(\boldsymbol{A})$를 계산하면 다음과 같다.

$$\det(\boldsymbol{A})=\begin{vmatrix} -1 & 1 & 2 \\ 3 & -1 & 1 \\ -1 & 3 & 4 \end{vmatrix}=\begin{vmatrix} -1 & 1 & 2 \\ 0 & 2 & 7 \\ 0 & 2 & 2 \end{vmatrix}=-\begin{vmatrix} 2 & 7 \\ 2 & 2 \end{vmatrix}=10$$

다음으로, 행렬 $\boldsymbol{A}$의 여인수들을 구하면

$$C_{11}=\begin{vmatrix} -1 & 1 \\ 3 & 4 \end{vmatrix}=-7,\quad C_{12}=-\begin{vmatrix} 3 & 1 \\ -1 & 4 \end{vmatrix}=-13,\quad C_{13}=\begin{vmatrix} 3 & -1 \\ -1 & 3 \end{vmatrix}=8$$

$$C_{21}=-\begin{vmatrix} 1 & 2 \\ 3 & 4 \end{vmatrix}=2,\quad C_{22}=\begin{vmatrix} -1 & 2 \\ -1 & 4 \end{vmatrix}=-2,\quad C_{23}=-\begin{vmatrix} -1 & 1 \\ -1 & 3 \end{vmatrix}=2$$

$$C_{31}=\begin{vmatrix} 1 & 2 \\ -1 & 1 \end{vmatrix}=3,\quad C_{32}=-\begin{vmatrix} -1 & 2 \\ 3 & 1 \end{vmatrix}=7,\quad C_{33}=\begin{vmatrix} -1 & 1 \\ 3 & -1 \end{vmatrix}=-2$$

가 되므로 수반행렬 $\text{adj}(\boldsymbol{A})$는 다음과 같다.

$$\text{adj}(\boldsymbol{A})=\begin{pmatrix} C_{11} & C_{12} & C_{13} \\ C_{21} & C_{22} & C_{23} \\ C_{31} & C_{32} & C_{33} \end{pmatrix}^T=\begin{pmatrix} -7 & 2 & 3 \\ -13 & -2 & 7 \\ 8 & 2 & -2 \end{pmatrix}$$

따라서 역행렬 $\boldsymbol{A}^{-1}$는 다음과 같이 결정된다.

$$\boldsymbol{A}^{-1}=\frac{\text{adj}(\boldsymbol{A})}{\det(\boldsymbol{A})}=\frac{1}{10}\begin{pmatrix} -7 & 2 & 3 \\ -13 & -2 & 7 \\ 8 & 2 & -2 \end{pmatrix}$$

역행렬을 구하기 위하여 [정리 9.13]의 역행렬 공식을 사용하는 것은 행렬 $\boldsymbol{A}$의 크기가 큰 경우에 구해야 할 여인수의 개수가 n^2로 너무 많아지기 때문에 매우 지루한 작업이 된다는 것에 유의하라.

요약 | 역행렬의 계산법

- 여인수행렬은 여인수들을 행렬의 요소로 하는 행렬이며, $\boldsymbol{A} \in \boldsymbol{R}^{n \times n}$에 대한 여인수행렬 $\text{cof}(\boldsymbol{A})$는 다음과 같이 정의된다.

$$\text{cof}(\boldsymbol{A}) \triangleq \begin{pmatrix} C_{11} & C_{12} & \cdots & C_{1n} \\ C_{21} & C_{22} & \cdots & C_{2n} \\ \vdots & \vdots & & \vdots \\ C_{n1} & C_{n2} & \cdots & C_{nn} \end{pmatrix}$$

- 행렬 $\boldsymbol{A}$의 수반행렬 $\text{adj}(\boldsymbol{A})$는 여인수행렬을 전치시킨 행렬로 정의한다.

$$\text{adj}(\boldsymbol{A}) \triangleq [\text{cof}(\boldsymbol{A})]^T$$

- $n \times n$ 정칙행렬 $\boldsymbol{A}$의 역행렬 $\boldsymbol{A}^{-1}$는 다음 공식에 의하여 구할 수 있다.

$$\boldsymbol{A}^{-1} = \frac{\text{adj}(\boldsymbol{A})}{\det(\boldsymbol{A})}$$

- $\boldsymbol{A} \in \boldsymbol{R}^{n \times n}$에 대하여 $\det(\boldsymbol{A}) \neq 0$인 행렬을 정칙행렬이라고 정의하며, $\det(\boldsymbol{A}) = 0$인 행렬을 특이행렬 또는 비정칙행렬로 정의한다.
- 역행렬 공식에서 $\boldsymbol{A}^{-1}$는 $\det(\boldsymbol{A}) \neq 0$인 경우에만 존재한다는 것에 주목하라.

연습문제

01 다음의 각 행렬이 상등이 되도록 상수 a와 b의 값을 구하라.

$$\boldsymbol{A}=\begin{pmatrix} a^2 & 1 \\ 2 & 3 \end{pmatrix},\ \boldsymbol{B}=\begin{pmatrix} 5a-6 & 1 \\ 2 & b \end{pmatrix}$$

02 다음 행렬 $\boldsymbol{A}$에 대하여 행렬다항식 $p(\boldsymbol{A})=\boldsymbol{A}^3+3\boldsymbol{A}^2+\boldsymbol{I}$ 를 구하라.

$$\boldsymbol{A}=\begin{pmatrix} 1 & 4 \\ 0 & 5 \end{pmatrix}$$

03 다음 행렬 $\boldsymbol{A}\in\boldsymbol{R}^{2\times 2}$ 에 대하여 $\boldsymbol{A}^{50}$ 과 $\boldsymbol{A}^k$를 구하라. 단, k는 양의 정수이다.

$$\boldsymbol{A}=\begin{pmatrix} 1 & 3 \\ 0 & 1 \end{pmatrix}$$

04 다음 행렬 $\boldsymbol{A}$에 대하여 물음에 답하라.

$$\boldsymbol{A}=\begin{pmatrix} 1 & 2 \\ 3 & 4 \end{pmatrix}$$

(1) $\boldsymbol{A}^2-5\boldsymbol{A}-2\boldsymbol{I}=\boldsymbol{O}$ 이 됨을 보여라.
(2) (1)에서 얻은 결과를 이용하여 $\boldsymbol{A}^3$과 $\boldsymbol{A}^4$을 계산하라.

05 행렬 $\boldsymbol{A}=(a_{ij})\in\boldsymbol{R}^{n\times n}$ 에서 a_{ij} 가 다음과 같을 때 $\boldsymbol{A}$가 대칭행렬인지를 판별하라.
(1) $a_{ij}=i^2+j^2$
(2) $a_{ij}=i^2-j^2$

06 행렬 $\boldsymbol{A}\in\boldsymbol{R}^{n\times n}$ 에 대해 물음에 답하라.
(1) $\boldsymbol{A}$가 대칭행렬이면 $\boldsymbol{A}^2$도 대칭행렬임을 보여라.
(2) $\boldsymbol{A}$가 대칭행렬이면 $p(x)=ax^2+bx+c$ (a, b, c는 상수)에서 얻어진 행렬다항식 $p(\boldsymbol{A})$가 대칭행렬인지를 판별하라.

07 행렬 $\boldsymbol{A} \in \boldsymbol{R}^{3\times 3}$의 행렬식 값이 다음과 같다고 가정한다.

$$\det(\boldsymbol{A}) = \begin{vmatrix} a & b & c \\ d & e & f \\ g & h & i \end{vmatrix} = 5$$

이것을 이용하여 다음 행렬의 행렬식을 계산하라.

(1) $\boldsymbol{B} = \begin{pmatrix} d & e & f \\ g & h & i \\ a & b & c \end{pmatrix}$ (2) $\boldsymbol{C} = \begin{pmatrix} -3a & -3b & -3c \\ d & e & f \\ g-4d & h-4e & i-4f \end{pmatrix}$

08 함수 $f_1(x)$, $f_2(x)$, $g_1(x)$, $g_2(x)$가 모두 미분가능하고 W가 다음과 같다고 가정하자.

$$W = \begin{vmatrix} f_1(x) & f_2(x) \\ g_1(x) & g_2(x) \end{vmatrix}$$

W의 1차미분 $\dfrac{dW}{dx}$가 다음과 같이 표현됨을 보여라.

$$\frac{dW}{dx} = \begin{vmatrix} f_1'(x) & f_2'(x) \\ g_1(x) & g_2(x) \end{vmatrix} + \begin{vmatrix} f_1(x) & f_2(x) \\ g_1'(x) & g_2'(x) \end{vmatrix}$$

09 다음 행렬을 대칭행렬과 교대행렬의 합으로 분해하라.

$$\boldsymbol{A} = \begin{pmatrix} -1 & 1 & 2 \\ 3 & -1 & 1 \\ -1 & 3 & 4 \end{pmatrix}$$

10 다음 행렬식의 값을 구하라.

(1) $\begin{vmatrix} 1 & 2 & -1 & 4 \\ 0 & 0 & 3 & 1 \\ -1 & -2 & 4 & 0 \\ 0 & 1 & 1 & 4 \end{vmatrix}$ (2) $\begin{vmatrix} 1 & 1 & 1 \\ x & y & z \\ 2+x & 3+y & 4+z \end{vmatrix}$

11 $\boldsymbol{A} \in \boldsymbol{R}^{n\times n}$에 대하여 $\boldsymbol{A}^2 = \boldsymbol{I}$ (단, $\boldsymbol{I}$는 단위행렬)를 만족하는 행렬 $\boldsymbol{A}$의 행렬식의 값을 구하라.

12 다음 행렬의 역행렬을 역행렬 공식에 의하여 구하라.

$$\boldsymbol{A}=\begin{pmatrix} 1 & 0 & -1 \\ 0 & -2 & 1 \\ 2 & -1 & 3 \end{pmatrix}$$

13 다음 행렬식의 값을 구하라.

(1) $\begin{vmatrix} 1 & a & a^2 \\ 1 & b & b^2 \\ 1 & c & c^2 \end{vmatrix}$

(2) $\begin{vmatrix} \cos wt & -\sin wt & 0 \\ \sin wt & \cos wt & 0 \\ 0 & 0 & 1 \end{vmatrix}$

14 다음 행렬 $\boldsymbol{A}$가 교대행렬이 되기 위한 상수 a, b, c의 값을 구하라.

$$\boldsymbol{A}=\begin{pmatrix} 0 & a & 3 \\ 0 & 0 & c \\ b & -2 & 0 \end{pmatrix}$$

15 다음 행렬 $\boldsymbol{A}$에 대하여 $\boldsymbol{A}^{-1}=\boldsymbol{A}$를 만족하는 상수 a의 값을 구하라.

$$\boldsymbol{A}=\begin{pmatrix} 4 & a \\ -3 & -4 \end{pmatrix}$$

CHAPTER 10

선형연립방정식의 해법

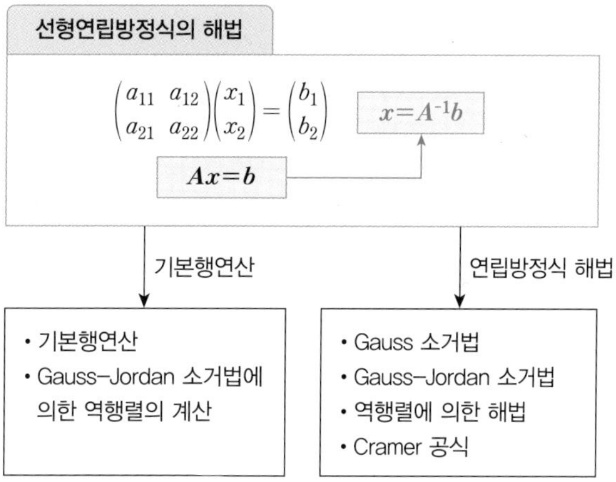

CHAPTER 10

선형연립방정식의 해법

▶ 단원 개요

본 장에서는 행렬을 이용하여 선형연립방정식의 해를 체계적으로 구할 수 있는 방법에 대해 다룬다. 선형연립방정식은 많은 공학문제에서 흔히 접하기 때문에 빠르고 정확하게 해를 구하는 방법을 충분히 숙지해야 한다. 기본행연산을 통하여 Gauss 소거법과 Gauss-Jordan 소거법을 학습하고, 역행렬을 이용한 선형연립방정식의 해법도 살펴본다.
마지막으로 행렬식을 이용한 Cramer 공식을 도입하여 선형연립방정식의 해를 구하는 방법에 대해서도 학습한다.

10.1 기본행연산

(1) 선형연립방정식의 풀이 과정

행렬과 관련된 가장 기본적이고도 중요한 응용은 선형연립방정식의 해를 구하는 데 있다. 본 절에서는 Gauss가 제안한 소거법을 소개하기 전에 기본행연산의 개념을 설명한다.

다음의 간단한 연립방정식을 살펴보자.

$$\begin{cases} 2x+y=4 \\ x-3y=1 \end{cases} \tag{1}$$

우리가 지금까지 식(1)의 연립방정식을 풀기 위해 어떤 대수적인 조작을 해 왔는지 기억을 더듬어 보자. 먼저 식(1)의 연립방정식에서 각 방정식의 순서를 변경하면, 즉

$$\begin{cases} x-3y=1 \\ 2x+y=4 \end{cases} \tag{2}$$

가 되는데, 식(1)과 식(2)의 해는 전혀 변함이 없음을 알 수 있다. 다음으로 식(1)의 첫 번째 방정식의 양변에 상수 2를 곱하면

$$\begin{cases} 4x+2y=8 \\ x-3y=1 \end{cases} \tag{3}$$

이 되는데, 식(1)과 식(3)의 해는 전혀 변함이 없음을 알 수 있다.

마지막으로 식(1)의 방정식에 상수를 곱하여 다른 방정식에 더하면(예를 들어, 두 번째 방정식에 −2를 곱하여 첫 번째 방정식에 더한다)

$$\begin{cases} 0x+7y=2 \\ x-3y=1 \end{cases} \tag{4}$$

이 되는데, 위의 두 경우와 마찬가지로 식(4)와 식(1)의 해는 전혀 변함이 없음을 알 수 있다.

지금까지 우리는 다음의 세 가지 대수적인 조작(경우에 따라서는 식(2)의 대수적인 조작은 불필요할 수 있다)을 통하여 원하는 변수를 소거함으로써 연립방정식의 해를 구하였다는 사실에 주목하라.

일반적으로 연립방정식의 해를 구하기 위한 기본적인 대수적 조작을 요약하면 다음과 같다.

① 임의의 두 방정식에서 순서를 서로 교환한다.

② 어떤 한 방정식에 상수를 곱한다.

③ 어떤 한 방정식에 상수를 곱하여 다른 방정식에 더한다.

(2) 기본행연산

지금까지 연립방정식의 해를 구하기 위해 수행한 세 가지 대수적인 조작을 좀 더 체계적이고 쉽게 할 수 있는 방법을 소개한다. 이 방법은 기본행연산(Elementary Row Operation; ERO)이라 부르며, 연립방정식을 행렬로 표현하여 동일한 대수적인 조작을 하는 것을 말한다.

식(1)의 연립방정식을 행렬로 표현하면 다음과 같다.

$$\begin{cases} 2x+y=4 \\ x-3y=1 \end{cases} \text{ 또는 } \begin{pmatrix} 2 & 1 \\ 1 & -3 \end{pmatrix}\begin{pmatrix} x \\ y \end{pmatrix}=\begin{pmatrix} 4 \\ 1 \end{pmatrix} \tag{5}$$

식(5)의 행렬 표현식을 계수만으로 표현하여 앞에서의 대수적인 조작을 반복해 보면 다음과 같다.

$$\begin{cases} 2x+y=4 \\ x-3y=1 \end{cases} \Leftrightarrow \left(\begin{array}{cc|c} 2 & 1 & 4 \\ 1 & -3 & 1 \end{array}\right) \tag{6}$$

① 두 방정식의 순서를 서로 교환한다. ⇔ 행렬의 두 행을 교환한다.

$$\begin{cases} x-3y=1 \\ 2x+y=4 \end{cases} \Leftrightarrow \left(\begin{array}{cc|c} 1 & -3 & 1 \\ 2 & 1 & 4 \end{array}\right) \tag{7}$$

② 첫 번째 방정식에 상수 2를 곱한다. ⇔ 1행에 상수 2를 곱한다.

$$\begin{cases} 4x+2y=8 \\ x-3y=1 \end{cases} \Leftrightarrow \left(\begin{array}{cc|c} 4 & 2 & 8 \\ 1 & -3 & 1 \end{array}\right) \tag{8}$$

③ 두 번째 방정식에 상수 −2를 곱해 첫 번째 방정식에 더한다. ⇔ 2행에 상수 −2를 곱하여 1행에 더한다.

$$\begin{cases} 0x+7y=2 \\ x-3y=1 \end{cases} \Leftrightarrow \left(\begin{array}{cc|c} 0 & 7 & 2 \\ 1 & -3 & 1 \end{array}\right) \tag{9}$$

결국, 주어진 연립방정식의 해를 구하기 위해 각 방정식에 대해 수행하던 대수적인 조작을 행렬의 각 행에 수행하는 것이 기본행연산인 것이다.

일반적으로 행렬에 대한 세 가지 기본행연산은 다음과 같다.

① 임의의 두 행을 서로 교환한다.

② 한 행에 0이 아닌 상수를 곱한다.

③ 한 행에 0이 아닌 상수를 곱하여 다른 행에 더한다.

정의 10.1 기본행연산

어떤 행렬 $\boldsymbol{A} \in \boldsymbol{R}^{m \times n}$의 행에 대한 다음 세 가지 연산을 기본행연산(Elementary Row Operation; ERO)이라고 정의한다.

(1) 임의의 두 행을 서로 교환한다.

(2) 한 행에 0이 아닌 상수를 곱한다.

(3) 한 행에 0이 아닌 상수를 곱하여 다른 행에 더한다.

여기서 잠깐! **기본행연산의 표기**

다음의 세 가지 기본행연산에 대하여 기호를 사용하면 간결한 표현을 얻을 수 있다. $R_i(i=1,\ 2,\ \cdots,\ n)$를 i번째 행을 나타내는 기호로 정의하여 기본행연산을 간결하게 표현해 보자. 예를 들어, R_1, R_2, R_3에 대하여 기본행연산을 표현해본다.

① 1행과 3행을 교환한다; $R_1 \leftrightarrow R_3$

② 3행에 상수 −5를 곱한다; $(-5)\times R_3$

③ 2행에 상수 −3을 곱하여 3행에 더한다; $(-3)\times R_2+R_3$

예제 10.1

다음 행렬 $\boldsymbol{A}$에 대하여 제시된 기본행연산을 수행하라.

$$\boldsymbol{A}=\begin{pmatrix} 1 & 2 & 3 \\ -1 & 3 & 4 \\ -2 & 1 & -1 \end{pmatrix}$$

(1) $R_1 \leftrightarrow R_2$

(2) $(-3)\times R_2$

(3) $(2)\times R_1+R_3$

풀이

(1) $R_1 \leftrightarrow R_2$ 이므로 1행과 2행을 서로 교환한다.

$$\begin{pmatrix} 1 & 2 & 3 \\ -1 & 3 & 4 \\ -2 & 1 & -1 \end{pmatrix} \xrightarrow{R_1 \leftrightarrow R_2} \begin{pmatrix} -1 & 3 & 4 \\ 1 & 2 & 3 \\ -2 & 1 & -1 \end{pmatrix}$$

(2) $(-3)\times R_2$ 이므로 2행에 상수 −3을 곱한다.

$$\begin{pmatrix} 1 & 2 & 3 \\ -1 & 3 & 4 \\ -2 & 1 & -1 \end{pmatrix} \xrightarrow{(-3)\times R_2} \begin{pmatrix} 1 & 2 & 3 \\ 3 & -9 & -12 \\ -2 & 1 & -1 \end{pmatrix}$$

(3) $(2)\times R_1+R_3$ 이므로 1행에 상수 2를 곱하여 3행에 더한다.

$$\begin{pmatrix} 1 & 2 & 3 \\ -1 & 3 & 4 \\ -2 & 1 & -1 \end{pmatrix} \xrightarrow{(2)\times R_1 + R_3} \begin{pmatrix} 1 & 2 & 3 \\ -1 & 3 & 4 \\ 0 & 5 & 5 \end{pmatrix}$$

예제 10.2

다음 행렬에 기본행연산을 수행하여 단위행렬로 변환하라.

$$\boldsymbol{A} = \begin{pmatrix} 2 & -1 \\ 4 & 3 \end{pmatrix}$$

풀이

행렬 $\boldsymbol{A}$를 단위행렬로 변환하기 위하여 기본행연산을 연속적으로 수행한다. 기본행연산은 다음과 같이 ① → ② → ③ → ④ → ⑤의 순서로 진행된다.

① $\boldsymbol{A} = \begin{pmatrix} 2 & -1 \\ 4 & 3 \end{pmatrix} \rightarrow \left(\frac{1}{2}\right)\times R_1$; 1행에 $\frac{1}{2}$을 곱한다.

② $\begin{pmatrix} 1 & -\frac{1}{2} \\ 4 & 3 \end{pmatrix} \rightarrow (-4)\times R_1 + R_2$; 1행에 −4를 곱하여 2행에 더한다.

③ $\begin{pmatrix} 1 & -\frac{1}{2} \\ 0 & 5 \end{pmatrix} \rightarrow \left(\frac{1}{5}\right)\times R_2$; 2행에 $\frac{1}{5}$을 곱한다.

④ $\begin{pmatrix} 1 & -\frac{1}{2} \\ 0 & 1 \end{pmatrix} \rightarrow \left(\frac{1}{2}\right)\times R_2 + R_1$; 2행에 $\frac{1}{2}$을 곱하여 1행에 더한다.

⑤ $\boldsymbol{I} = \begin{pmatrix} 1 & 0 \\ 0 & 1 \end{pmatrix}$

요약 | 기본행연산

- 기본행연산은 선형연립방정식의 해를 구하기 위하여 각 방정식에 대해 수행하던 대수적인 조작을 행렬의 각 행에 수행하는 것이다.
- 어떤 행렬 $\boldsymbol{A} \in \boldsymbol{R}^{m\times n}$의 행에 대한 다음 세 가지 연산을 기본행연산이라고 정의한다.
  ① i행과 j 행을 서로 교환한다. $R_i \leftrightarrow R_j$
  ② i행에 0이 아닌 상수 k를 곱한다. $(k)\times R_i$
  ③ i행에 0이 아닌 상수 k를 곱하여 j 행에 더한다. $(k)\times R_i + R_j$

다음 절에는 기본행연산을 이용하여 선형연립방정식의 해를 구하는 과정을 살펴본다. 이 과정은 독일의 천재 수학자 J. Gauss에 의하여 처음으로 제안되었다.

10.2 Gauss 소거법

앞 절에서 정의한 기본행연산을 이용하여 연립방정식의 해를 구하는 Gauss 소거법에 대해 설명한다.

다음의 선형연립방정식을 고려하자.

$$\begin{cases} a_{11}x_1 + a_{12}x_2 + \cdots + a_{1n}x_n = b_1 \\ a_{21}x_1 + a_{22}x_2 + \cdots + a_{2n}x_n = b_2 \\ \qquad\vdots \\ a_{m1}x_1 + a_{m2}x_2 + \cdots + a_{mn}x_n = b_m \end{cases} \tag{10}$$

식(10)은 미지수의 개수가 n개이고 방정식의 개수가 m개인 선형연립방정식이며, 행렬을 이용하면 다음과 같이 표현된다.

$$\underbrace{\begin{pmatrix} a_{11} & a_{12} & \cdots & a_{1n} \\ a_{21} & a_{22} & \cdots & a_{2n} \\ \vdots & \vdots & & \vdots \\ a_{m1} & a_{m2} & \cdots & a_{mn} \end{pmatrix}}_{\boldsymbol{A} \in \boldsymbol{R}^{m \times n}} \underbrace{\begin{pmatrix} x_1 \\ x_2 \\ \vdots \\ x_n \end{pmatrix}}_{\boldsymbol{x} \in \boldsymbol{R}^{n \times 1}} = \underbrace{\begin{pmatrix} b_1 \\ b_2 \\ \vdots \\ b_m \end{pmatrix}}_{\boldsymbol{b} \in \boldsymbol{R}^{m \times 1}} \tag{11}$$

$$\boldsymbol{A}\boldsymbol{x} = \boldsymbol{b} \tag{12}$$

식(12)에서 $\boldsymbol{A}$를 계수행렬이라고 부르며, $\boldsymbol{A}$에 $\boldsymbol{b}$를 첨가한 행렬 $\widetilde{\boldsymbol{A}}$를 확장행렬(Augmented Matrix)이라고 다음과 같이 정의한다. 즉,

$$\widetilde{\boldsymbol{A}} \triangleq \left(\begin{array}{cccc|c} a_{11} & a_{12} & \cdots & a_{1n} & b_1 \\ a_{21} & a_{22} & \cdots & a_{2n} & b_2 \\ \vdots & \vdots & & \vdots & \vdots \\ a_{m1} & a_{m2} & \cdots & a_{mn} & b_m \end{array}\right) = (\ \boldsymbol{A} \mid \boldsymbol{b}\ ) \tag{13}$$

이며, $\widetilde{\boldsymbol{A}}$ 는 연립방정식 식(10)의 모든 계수와 상수를 포함하고 있기 때문에 연립방정식과 관련된 정보를 완전히 표현한다는 것을 알 수 있다.

Gauss 소거법(Gauss Elimination)은 기본행연산을 통해 $\widetilde{\boldsymbol{A}}$ 의 계수행렬 $\boldsymbol{A}$ 를 상삼각행렬로 만들어 나가면서 연립방정식의 해를 구하는 방법이다. 결과적으로 Gauss 소거법은 주어진 선형연립방정식과 동치(Equivalence)인 간단한 선형연립방정식으로 변환시키는 과정이다. Gauss 소거법의 과정을 [정리 10.1]에 나타내었다.

정리 10.1 Gauss 소거법

다음과 같이 행렬로 표현되는 선형연립방정식

$$\boldsymbol{Ax}=\boldsymbol{b},\ \ \boldsymbol{A}\in\boldsymbol{R}^{m\times n},\ \ \boldsymbol{x}\in\boldsymbol{R}^{n\times 1},\ \ \boldsymbol{b}\in\boldsymbol{R}^{m\times 1}$$

에서 계수행렬 $\boldsymbol{A}$와 $\boldsymbol{b}$로 이루어진 확장행렬을 $\widetilde{\boldsymbol{A}} \triangleq (\boldsymbol{A} : \boldsymbol{b})$라고 정의하자. 확장행렬 $\widetilde{\boldsymbol{A}}$ 에 대하여 다음의 과정을 수행하면 주어진 선형연립방정식의 해를 체계적으로 구할 수 있다.

① 확장행렬 $\widetilde{\boldsymbol{A}}$ 의 주대각요소 $a_{11}\neq 0$ 을 피벗(Pivot)으로 선택한 다음, 기본행연산을 통하여 a_{11} 의 아래 요소들을 모두 0으로 만든다. 만일 $a_{11}=0$ 이면 행교환을 통해 a_{11} 이 0이 되지 않도록 한다.

② 단계 ①에서 얻어진 행렬에서 두 번째 주대각요소를 피벗으로 선택하여 피벗의 아래 요소들을 모두 0으로 만든다.

③ 단계 ②의 과정을 모든 주대각요소에 대하여 반복한 후 역방향대입(Backward Substitution)을 통하여 주어진 선형연립방정식의 해를 구한다.

다음의 예제들을 통하여 Gauss 소거법을 살펴본다.

예제 10.3

다음 연립방정식을 Gauss 소거법을 이용하여 풀어라.

$$\begin{cases} x_1+x_2+2x_3=9 \\ 2x_1+4x_2-3x_3=1 \\ 3x_1+6x_2-5x_3=0 \end{cases}$$

풀이

주어진 연립방정식을 행렬로 표현한 다음, 확장행렬 $\widetilde{A}$ 를 정의하면 다음과 같다.

$$\widetilde{A}=\left(\begin{array}{ccc|c} ① & 1 & 2 & 9 \\ 2 & 4 & -3 & 1 \\ 3 & 6 & -5 & 0 \end{array}\right)$$

먼저 $a_{11}=1$을 피벗으로 선택하여 a_{11}의 아래 요소를 0으로 만든다.

① 1행에 −2를 곱해서 2행에 더한다. $[(-2)\times R_1+R_2]$

$$\left(\begin{array}{ccc|c} 1 & 1 & 2 & 9 \\ 0 & 2 & -7 & -17 \\ 3 & 6 & -5 & 0 \end{array}\right)$$

② 1행에 −3을 곱해서 3행에 더한다. $[(-3)\times R_1+R_3]$

$$\left(\begin{array}{ccc|c} 1 & 1 & 2 & 9 \\ 0 & ② & -7 & -17 \\ 0 & 3 & -11 & -27 \end{array}\right)$$

③ 다음으로 위의 행렬의 두 번째 주대각요소를 피벗으로 선택하여 피벗의 아래 요소를 0으로 만든다. 즉, 2행에 $-\frac{3}{2}$를 곱하여 3행에 더한다. $\left[\left(-\frac{3}{2}\right)\times R_2+R_3\right]$

$$\left(\begin{array}{ccc|c} 1 & 1 & 2 & 9 \\ 0 & 2 & -7 & -17 \\ 0 & 0 & -\frac{1}{2} & -\frac{3}{2} \end{array}\right)$$

최종적으로 기본행연산을 $\widetilde{A}$ 에 적용하여 상삼각행렬이 만들어졌으므로 이로부터 다음의 방정식을 얻을 수 있다.

$$\begin{cases} x_1+x_2+2x_3=9 \\ 2x_2-7x_3=-17 \\ -\frac{1}{2}x_3=-\frac{3}{2} \end{cases}$$

역방향대입법을 이용하여 마지막 방정식에서 $x_3=3$이 구해지므로 x_3를 두 번째 방정식에 대입하면

$$2x_2 - 7 \times 3 = -17 \quad \therefore\ x_2 = 2$$

가 얻어진다. x_3와 x_2를 첫 번째 방정식에 대입하면 x_1이 구해진다.

$$x_1 + 2 + 6 = 9 \quad \therefore\ x_1 = 1$$

결과적으로 〈예제 10.3〉의 $\widetilde{\boldsymbol{A}}$에 기본행연산을 수행한다는 것은 주어진 선형연립방정식의 미지수 x_1, x_2, x_3를 소거해 나가는 과정임을 알 수 있다.

다음 〈예제 10.4〉에서 선형연립방정식의 해가 존재하지 않는 경우 Gauss 소거법의 과정이 어떻게 되는가를 살펴보자.

예제 10.4

다음 연립방정식의 해를 Gauss 소거법을 이용하여 구하라.

$$\begin{pmatrix} 3 & 2 & 1 \\ 2 & 1 & 1 \\ 6 & 2 & 4 \end{pmatrix}\begin{pmatrix} x_1 \\ x_2 \\ x_3 \end{pmatrix} = \begin{pmatrix} 3 \\ 0 \\ 6 \end{pmatrix}$$

풀이

먼저, 주어진 연립방정식의 확장행렬 $\widetilde{\boldsymbol{A}}$를 구성하여 기본행연산을 수행하면 다음과 같다.

$$\widetilde{\boldsymbol{A}} = \left(\begin{array}{ccc|c} \textcircled{3} & 2 & 1 & 3 \\ 2 & 1 & 1 & 0 \\ 6 & 2 & 4 & 6 \end{array}\right)$$

① 1행에 $-\frac{2}{3}$를 곱하여 2행에 더한다. $\left[\left(-\frac{2}{3}\right) \times R_1 + R_2\right]$

$$\left(\begin{array}{ccc|c} 3 & 2 & 1 & 3 \\ 0 & -\frac{1}{3} & \frac{1}{3} & -2 \\ 6 & 2 & 4 & 6 \end{array}\right)$$

② 1행에 −2를 곱하여 3행에 더한다. $[(-2) \times R_1 + R_3]$

$$\left(\begin{array}{ccc:c} 3 & 2 & 1 & 3 \\ 0 & -\frac{1}{3} & \frac{1}{3} & -2 \\ 0 & -2 & 2 & 0 \end{array}\right)$$

③ 2행에 −6을 곱하여 3행에 더한다. $[(-6)\times R_2+R_3]$

$$\left(\begin{array}{ccc:c} 3 & 2 & 1 & 2 \\ 0 & -\frac{1}{3} & \frac{1}{3} & -2 \\ 0 & 0 & 0 & 12 \end{array}\right)$$

③에서 얻어진 행렬의 세 번째 행을 방정식으로 써 보면

$$0x_1+0x_2+0x_3=12$$

이므로 어떠한 x_1, x_2, x_3도 해가 될 수 없음을 알 수 있다. 따라서 주어진 연립방정식의 해는 존재하지 않는다.

다음 〈예제 10.5〉에서 선형연립방정식의 해가 무수히 많은 경우 Gauss 소거법의 과정이 어떻게 되는지 살펴보자.

예제 10.5

다음 연립방정식의 해를 Gauss 소거법을 이용하여 구하라.

$$\begin{pmatrix} 1 & 2 & 3 \\ -1 & 0 & 1 \\ 1 & 4 & 7 \end{pmatrix}\begin{pmatrix} x_1 \\ x_2 \\ x_3 \end{pmatrix}=\begin{pmatrix} 1 \\ 2 \\ 4 \end{pmatrix}$$

풀이

먼저, 주어진 연립방정식의 확장행렬 $\widetilde{\boldsymbol{A}}$을 구성하여 기본행연산을 수행하면 다음과 같다.

$$\widetilde{\boldsymbol{A}}=\left(\begin{array}{ccc:c} ① & 2 & 3 & 1 \\ -1 & 0 & 1 & 2 \\ 1 & 4 & 7 & 4 \end{array}\right)$$

① 1행을 2행에 더한다. $[(1)\times R_1+R_2]$

$$\left(\begin{array}{ccc|c} 1 & 2 & 3 & 1 \\ 0 & 2 & 4 & 3 \\ 1 & 4 & 7 & 4 \end{array}\right)$$

② 1행에 -1을 곱하여 3행에 더한다. $[(-1)\times R_1+R_3]$

$$\left(\begin{array}{ccc|c} 1 & 2 & 3 & 1 \\ 0 & \textcircled{2} & 4 & 3 \\ 0 & 2 & 4 & 3 \end{array}\right)$$

③ 2행에 -1을 곱하여 3행에 더한다. $[(-1)\times R_2+R_3]$

$$\left(\begin{array}{ccc|c} 1 & 2 & 3 & 1 \\ 0 & 2 & 4 & 3 \\ 0 & 0 & 0 & 0 \end{array}\right)$$

③에서 얻어진 행렬의 3행의 모든 요소가 0이므로 〈예제 10.4〉와 같이 해가 존재하지 않는 경우는 아니다. 다만 미지수가 3개인데 유효한 방정식의 개수가 2개이므로 해가 무수히 많다. 단순히 해가 무수히 많다고 결론내리는 것도 정답이 될 수 있겠지만 다음과 같이 무수히 많은 해가 어떤 형태로 표현되는지를 제시한다면 더 좋은 답안이 될 수 있을 것이다.
③에서 얻어진 처음 두 개의 방정식으로부터

$$\begin{cases} x_1+2x_2+3x_3=1 \\ 2x_2+4x_3=3 \end{cases}$$

$$\therefore\ x_2=\frac{3}{2}-2x_3$$

$$x_1=1-2x_2-3x_3=1-2\left(\frac{3}{2}-2x_3\right)-3x_3=-2+x_3$$

가 얻어진다. 여기서 $x_3=c$ (임의의 상수)로 정하면

$$\begin{cases} x_1=-2+c \\ x_2=\dfrac{3}{2}-2c \\ x_3=c \end{cases} \quad \therefore \begin{pmatrix} x_1 \\ x_2 \\ x_3 \end{pmatrix}=\begin{pmatrix} -2 \\ \dfrac{3}{2} \\ 0 \end{pmatrix}+c\begin{pmatrix} 1 \\ -2 \\ 1 \end{pmatrix}$$

이 되므로 c의 값에 따라 무수히 많은 해가 존재함을 알 수 있다.

여기서 잠깐! **무수히 많은 해의 표현**

선형연립방정식에서 미지수의 개수보다 방정식의 개수가 적은 경우 해가 무수히 많다는 것은 자명하다. 해가 무수히 많은 경우를 '부정'이라고 하여 고등학교 과정에서 학습하였다.
그런데 해가 무수히 많으면 부정이라고만 하면 충분할까? 해가 무수히 많아도 그 해가 어떠한 형태로 표현되는지를 알 수 있다면 매우 유용할 것이다.
다음의 연립방정식을 살펴보자.

$$x+3y+z=0$$

미지수는 3개인데 방정식은 하나뿐이므로 해가 무수히 많아 부정(Undetermined)임을 알 수 있다. 주어진 연립방정식을 x에 대하여 풀어보면 다음과 같다.

$$x=-3y-z$$

여기에서 y와 z를 임의의 상수 c_1과 c_2로 가정하면

$$y=c_1, \quad z=c_2$$

이므로 x를 c_1과 c_2로 다음과 같이 표현할 수 있다.

$$x=-3c_1-c_2$$

x, y, z를 모두 모아 보면 다음과 같다.

$$\begin{cases} x=-3c_1-c_2 \\ y=c_1 \\ z=c_2 \end{cases} \quad \therefore \begin{pmatrix} x \\ y \\ z \end{pmatrix}=c_1\begin{pmatrix} -3 \\ 1 \\ 0 \end{pmatrix}+c_2\begin{pmatrix} -1 \\ 0 \\ 1 \end{pmatrix}$$

결국 주어진 연립방정식의 해가 무수히 많다고 해도 위의 표현과 같이 두 개의 열 벡터의 선형결합(Linear Combination)으로 표현할 수 있는 것이다.

여기서 잠깐! **선형결합**

n개의 벡터 $\{\boldsymbol{a}_1, \boldsymbol{a}_2, \cdots, \boldsymbol{a}_n\}$의 선형결합(Linear Combination)은 n개의 벡터에 대해 각각 스칼라 곱을 하여 더한 형태를 의미한다. 즉,

$$k_1\boldsymbol{a}_1 + k_2\boldsymbol{a}_2 + \cdots + k_n\boldsymbol{a}_n = \sum_{i=1}^{n} k_i\boldsymbol{a}_i$$

를 $\{\boldsymbol{a}_1, \boldsymbol{a}_2, \cdots, \boldsymbol{a}_n\}$의 선형결합이라 한다.
예를 들어, 직각좌표계에서 임의의 위치벡터에 대한 수학적 표현인

$$\boldsymbol{p} = P_x\boldsymbol{a}_x + P_y\boldsymbol{a}_y + P_z\boldsymbol{a}_z$$

는 $\boldsymbol{a}_x$, $\boldsymbol{a}_y$, $\boldsymbol{a}_z$의 선형결합이라고 할 수 있다.

지금까지 설명한 Gauss 소거법에 대한 개념도를 [그림 10.1]에 나타내었다.

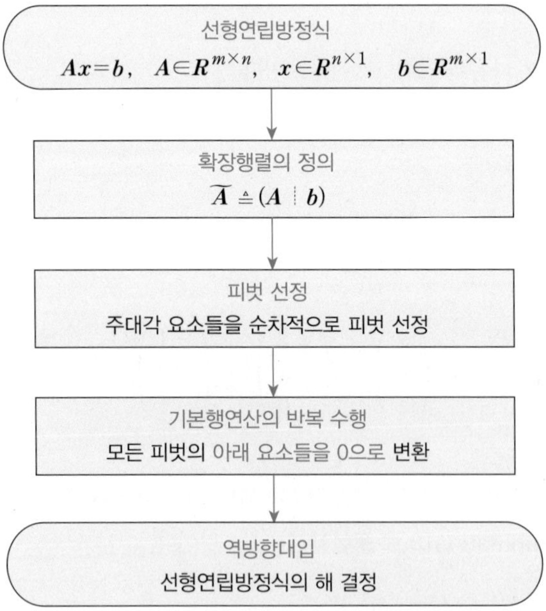

[그림 10.1] Gauss 소거법의 개념도

요약 Gauss 소거법

- Gauss 소거법은 주어진 선형연립방정식을 동치인 간단한 선형연립방정식으로 변환시키는 과정이다.
- 선형연립방정식 $\boldsymbol{Ax}=\boldsymbol{b}$의 확장행렬 $\widetilde{\boldsymbol{A}}=(\boldsymbol{A}:\boldsymbol{b})$에 대하여 다음의 과정을 수행하여 연립방정식의 해를 구하는 것이 Gauss 소거법이다.
  ① 확장행렬 $\widetilde{\boldsymbol{A}}$의 주대각요소 $a_{11}\neq 0$을 피벗(Pivot)으로 선택한 다음, 기본행연산을 통하여 a_{11}의 아래 요소들을 모두 0으로 만든다. 만일 $a_{11}=0$이면 행교환을 통해 a_{11}이 0이 되지 않도록 한다.
  ② 단계 ①에서 얻어진 행렬에서 두 번째 주대각요소를 피벗으로 선택하여 피벗의 아래 요소들을 모두 0으로 만든다.
  ③ 단계 ②의 과정을 모든 주대각요소에 대하여 반복한 후 역방향 대입을 통하여 주어진 선형연립방정식의 해를 구한다.
- 확장행렬 $\widetilde{\boldsymbol{A}}=(\boldsymbol{A}:\boldsymbol{b})$에서 계수행렬의 한 행의 요소가 모두 0인 경우, $\boldsymbol{b}$의 계수가 0이 아니면 선형연립방정식의 해는 존재하지 않는다. 만일 이 경우에 $\boldsymbol{b}$의 계수가 0이면 $\widetilde{\boldsymbol{A}}$의 한 행의 요소가 모두 0이 되므로 해가 무수히 많이 존재한다.

10.3* Gauss-Jordan 소거법

Gauss 소거법의 과정은 확장행렬 $\widetilde{\boldsymbol{A}}$의 주대각요소를 피벗으로 선택한 다음, 기본행연산을 통하여 피벗 아래 요소들을 모두 0으로 만들었으나 독일의 측지학자인 W. Jordan이 Gauss 소거법을 수정하였다. Jordan은 피벗을 선택한 다음, 기본행연산을 통하여 피벗의 아래 요소뿐만 아니라 위의 요소까지도 모두 0으로 만드는 이른바 Gauss-Jordan 소거법(Gauss-Jordan Elimination)을 제안하였다.

Gauss-Jordan 소거법을 사용하게 되면 선형연립방정식의 해를 Gauss 소거법보다 훨씬 간편하게 구할 수 있어 실제 많이 사용된다. Gauss-Jordan 소거법을 [정리 10.2]에 나타내었다.

정리 10.2 Gauss-Jordan 소거법

다음과 같이 행렬로 표현되는 선형연립방정식

$$\boldsymbol{Ax}=\boldsymbol{b},\ \boldsymbol{A}\in \boldsymbol{R}^{m\times n},\ \boldsymbol{x}\in \boldsymbol{R}^{n\times 1},\ \boldsymbol{b}\in \boldsymbol{R}^{m\times 1}$$

에서 계수행렬 $\boldsymbol{A}$와 $\boldsymbol{b}$로 이루어진 확장행렬을 $\widetilde{\boldsymbol{A}} \triangleq (\boldsymbol{A}:\boldsymbol{b})$라고 정의하자. 확장행렬 $\widetilde{\boldsymbol{A}}$에 대하여 다음의 과정을 수행하면 주어진 선형연립방정식의 해를 체계적으로 구할 수 있다.

① 확장행렬 $\widetilde{\boldsymbol{A}}$의 주대각요소 $a_{11}\neq 0$을 피벗(Pivot)으로 선택한 다음, 기본행연산을 통하여 a_{11}의 아래 요소들을 모두 0으로 만든다. 만일, $a_{11}=0$이면 행교환을 통해 a_{11}이 0이 되지 않도록 한다.

② 단계 ①에서 얻어진 행렬에서 두 번째 주대각요소를 피벗으로 선택하여 피벗의 위와 아래의 모든 요소들을 0으로 만든다.

③ 단계 ②의 과정을 모든 주대각요소에 대하여 반복함으로써 선형연립방정식의 해를 구한다.

다음의 예제들을 통하여 Gauss-Jordan 소거법을 살펴본다.

예제 10.6

다음 연립방정식의 해를 Gauss-Jordan 소거법을 이용하여 구하라.

$$\begin{pmatrix} 2 & 1 \\ 1 & 3 \end{pmatrix}\begin{pmatrix} x \\ y \end{pmatrix}=\begin{pmatrix} 4 \\ 7 \end{pmatrix}$$

풀이

주어진 연립방정식으로부터 확장행렬 $\widetilde{\boldsymbol{A}}=(\boldsymbol{A}:\boldsymbol{b})$를 구성하여 기본행연산을 수행하면 다음과 같다.

$$\widetilde{\boldsymbol{A}}=\left(\begin{array}{cc|c} 2 & 1 & 4 \\ 1 & 3 & 7 \end{array}\right)$$

① 1행에 $\frac{1}{2}$을 곱한다. $\left[\left(\frac{1}{2}\right)\times R_1\right]$

$$\left(\begin{array}{cc|c} ① & \frac{1}{2} & 2 \\ 1 & 3 & 7 \end{array}\right)$$

② 1행에 −1을 곱하여 2행에 더한다. $[(-1)\times R_1+R_2]$

$$\left(\begin{array}{cc|c} 1 & \frac{1}{2} & 2 \\ 0 & \frac{5}{2} & 5 \end{array}\right)$$

③ 2행에 $\frac{2}{5}$를 곱한다. $\left[\left(\frac{2}{5}\right)\times R_2\right]$

$$\left(\begin{array}{cc|c} 1 & \frac{1}{2} & 2 \\ 0 & ① & 2 \end{array}\right)$$

④ 2행에 $-\frac{1}{2}$을 곱하여 1행에 더한다. $\left[\left(-\frac{1}{2}\right)\times R_2+R_1\right]$

$$\left(\begin{array}{cc|c} 1 & 0 & 1 \\ 0 & 1 & 2 \end{array}\right)$$

위의 행렬로부터 $x=1$, $y=2$가 구해진다.

여기서 잠깐! Gauss-Jordan 소거법의 피벗

〈예제 10.6〉의 풀이 과정에서 알 수 있듯이 피벗(Pivot)을 정수로 만들어서 기본행연산을 적용하는 것이 계산 과정을 간단하게 만든다.

Gauss-Jordan 소거법의 최종 단계에서는 피벗의 위와 아래 요소들이 모두 0이 되기 때문에 방정식의 해를 구하는 과정에서 Gauss 소거법에서와 같이 역방향대입하는 과정이 필요없음을 알 수 있다.

Gauss-Jordan 소거법을 진행하는 과정에서 피벗이 0이 되면 Gauss-Jordan 소거법을 계속 진행할 수 없게 되는데, 이때는 연립방정식의 해가 존재하지 않거나 무수히 많은 경우이다.

예제 10.7

〈예제 10.3〉의 연립방정식을 Gauss-Jordan 소거법을 이용하여 해를 구하라.

$$\begin{pmatrix} 1 & 1 & 2 \\ 2 & 4 & -3 \\ 3 & 6 & -5 \end{pmatrix}\begin{pmatrix} x_1 \\ x_2 \\ x_3 \end{pmatrix} = \begin{pmatrix} 9 \\ 1 \\ 0 \end{pmatrix}$$

풀이

확장행렬 $\widetilde{A}$ 를 구성하여 기본행연산을 수행하면 다음과 같다.

$$\widetilde{A} = \left(\begin{array}{ccc|c} ① & 1 & 2 & 9 \\ 2 & 4 & -3 & 1 \\ 3 & 6 & -5 & 0 \end{array}\right)$$

① 1행에 -2를 곱하여 2행에 더한다. $[(-2)\times R_1 + R_2]$

$$\left(\begin{array}{ccc|c} 1 & 1 & 2 & 9 \\ 0 & 2 & -7 & -17 \\ 3 & 6 & -5 & 0 \end{array}\right)$$

② 1행에 -3을 곱하여 3행에 더한다. $[(-3)\times R_1 + R_3]$

$$\left(\begin{array}{ccc|c} 1 & 1 & 2 & 9 \\ 0 & ② & -7 & -17 \\ 0 & 3 & -11 & -27 \end{array}\right)$$

③ 2행에 $-\frac{1}{2}$ 을 곱하여 1행에 더한다. $\left[\left(-\frac{1}{2}\right)\times R_2 + R_1\right]$

$$\left(\begin{array}{ccc|c} 1 & 0 & \frac{11}{2} & \frac{35}{2} \\ 0 & 2 & -7 & -17 \\ 0 & 3 & -11 & -27 \end{array}\right)$$

④ 2행에 $-\frac{3}{2}$ 을 곱하여 3행에 더한다. $\left[\left(-\frac{3}{2}\right)\times R_2 + R_3\right]$

$$\left(\begin{array}{ccc|c} 1 & 0 & \frac{11}{2} & \frac{35}{2} \\ 0 & 2 & -7 & -17 \\ 0 & 0 & -\frac{1}{2} & -\frac{3}{2} \end{array}\right)$$

⑤ 3행에 −2를 곱한다. $[(-2)\times R_3]$

$$\left(\begin{array}{ccc|c} 1 & 0 & \frac{11}{2} & \frac{35}{2} \\ 0 & 2 & -7 & -17 \\ 0 & 0 & \textcircled{1} & 3 \end{array}\right)$$

⑥ 3행에 7을 곱하여 2행에 더한다. $[(7)\times R_3+R_2]$

$$\left(\begin{array}{ccc|c} 1 & 0 & \frac{11}{2} & \frac{35}{2} \\ 0 & 2 & 0 & 4 \\ 0 & 0 & 1 & 3 \end{array}\right)$$

⑦ 3행에 $-\frac{11}{2}$을 곱하여 1행에 더한다. $\left[\left(-\frac{11}{2}\right)\times R_3+R_1\right]$

$$\left(\begin{array}{ccc|c} 1 & 0 & 0 & 1 \\ 0 & 2 & 0 & 4 \\ 0 & 0 & 1 & 3 \end{array}\right)$$

따라서 $x_1=1$, $2x_2=4$로부터 $x_2=2$, $x_3=3$이다.

예제 10.8

다음 연립방정식의 해를 Gauss-Jordan 소거법을 이용하여 구하라.

(1) $\begin{pmatrix} 2 & 2 \\ -1 & -1 \end{pmatrix}\begin{pmatrix} x \\ y \end{pmatrix}=\begin{pmatrix} 10 \\ -5 \end{pmatrix}$

(2) $\begin{pmatrix} 1 & 1 \\ 2 & 2 \end{pmatrix}\begin{pmatrix} x \\ y \end{pmatrix}=\begin{pmatrix} 5 \\ 6 \end{pmatrix}$

풀이

(1) 확장행렬 $\widetilde{\boldsymbol{A}}$를 구성하여 기본행연산을 수행하면 다음과 같다.

$$\widetilde{\boldsymbol{A}}=\left(\begin{array}{cc|c} \textcircled{2} & 2 & 10 \\ -1 & -1 & -5 \end{array}\right)$$

① 1행에 $\frac{1}{2}$을 곱하여 2행에 더한다. $\left[\left(\frac{1}{2}\right)\times R_1+R_2\right]$

$$\left(\begin{array}{cc|c} 2 & 2 & 10 \\ 0 & 0 & 0 \end{array}\right)$$

2행에서 피벗으로 선택할 수 있는 요소가 없으므로 Gauss-Jordan 소거법은 더이상 진행되지 못한다. 위의 행렬을 방정식으로 표현해 보면

$$\begin{cases} 2x+2y=10 \\ 0x+0y=0 \end{cases} \longrightarrow 2x+2y=10$$

이므로 해가 무수히 많다. x에 대하여 정리하고 y를 상수 c로 놓으면 해를 다음과 같이 표현할 수 있다.

$$\begin{aligned} x&=5-y=5-c \\ y&=c \end{aligned} \qquad \therefore \begin{pmatrix} x \\ y \end{pmatrix}=\begin{pmatrix} 5 \\ 0 \end{pmatrix}+c\begin{pmatrix} -1 \\ 1 \end{pmatrix}$$

(2) 확장행렬 $\widetilde{A}$를 구성하여 기본행연산을 수행하면 다음과 같다.

$$\widetilde{A}=\left(\begin{array}{cc|c} 1 & 1 & 5 \\ 2 & 2 & 6 \end{array}\right)$$

① 1행에 −2를 곱하여 2행에 더한다. $[(-2)\times R_1+R_2]$

$$\left(\begin{array}{cc|c} 1 & 1 & 5 \\ 0 & 0 & -4 \end{array}\right)$$

2행에서 피벗으로 선택할 수 있는 요소가 없으므로 Gauss-Jordan 소거법은 더이상 진행되지 못한다. 위의 행렬을 방정식으로 표현해 보면

$$\begin{cases} x+y=5 \\ 0x+0y=-4 \end{cases}$$

이 되므로 해가 존재하지 않음을 알 수 있다.

예제 10.9

다음 연립방정식의 해를 Gauss–Jordan 소거법을 이용하여 구하라.

$$\begin{cases} x_1+x_2+2x_3=4 \\ 2x_1-3x_2+x_3=7 \\ -x_1+4x_2-3x_3=-11 \end{cases}$$

풀이

먼저 주어진 연립방정식을 행렬로 표현하고 확장행렬 $\widetilde{A}$ 를 구성하여 기본행연산을 수행하면 다음과 같다.

$$\widetilde{A}=\left(\begin{array}{ccc|c} \textcircled{1} & 1 & 2 & 4 \\ 2 & -3 & 1 & 7 \\ -1 & 4 & -3 & -11 \end{array}\right)$$

① 1행에 −2를 곱하여 2행에 더한다. $[(-2)\times R_1+R_2]$

$$\left(\begin{array}{ccc|c} 1 & 1 & 2 & 4 \\ 0 & -5 & -3 & -1 \\ -1 & 4 & -3 & -11 \end{array}\right)$$

② 1행을 3행에 더한다. $[(1)\times R_1+R_3]$

$$\left(\begin{array}{ccc|c} 1 & 1 & 2 & 4 \\ 0 & -5 & -3 & -1 \\ 0 & 5 & -1 & -7 \end{array}\right)$$

③ 2행에 $-\frac{1}{5}$을 곱한다. $\left[\left(-\frac{1}{5}\right)\times R_2\right]$

$$\left(\begin{array}{ccc|c} 1 & 1 & 2 & 4 \\ 0 & \textcircled{1} & \frac{3}{5} & \frac{1}{5} \\ 0 & 5 & -1 & -7 \end{array}\right)$$

④ 2행에 −5를 곱하여 3행에 더한다. $[(-5)\times R_2+R_3]$

$$\left(\begin{array}{ccc|c} 1 & 1 & 2 & 4 \\ 0 & 1 & \frac{3}{5} & \frac{1}{5} \\ 0 & 0 & -4 & -8 \end{array}\right)$$

⑤ 2행에 -1을 곱하여 1행에 더한다. $[(-1)\times R_2+R_1]$

$$\left(\begin{array}{ccc:c} 1 & 0 & \frac{7}{5} & \frac{19}{5} \\ 0 & 1 & \frac{3}{5} & \frac{1}{5} \\ 0 & 0 & -4 & -8 \end{array}\right)$$

⑥ 3행에 $-\frac{1}{4}$을 곱한다. $\left[\left(-\frac{1}{4}\right)\times R_3\right]$

$$\left(\begin{array}{ccc:c} 1 & 0 & \frac{7}{5} & \frac{19}{5} \\ 0 & 1 & \frac{3}{5} & \frac{1}{5} \\ 0 & 0 & \textcircled{1} & 2 \end{array}\right)$$

⑦ 3행에 $-\frac{3}{5}$을 곱하여 2행에 더한다. $\left[\left(-\frac{3}{5}\right)\times R_3+R_2\right]$

$$\left(\begin{array}{ccc:c} 1 & 0 & \frac{7}{5} & \frac{19}{5} \\ 0 & 1 & 0 & -1 \\ 0 & 0 & 1 & 2 \end{array}\right)$$

⑧ 3행에 $-\frac{7}{5}$을 곱하여 1행에 더한다. $\left[\left(-\frac{7}{5}\right)\times R_3+R_1\right]$

$$\left(\begin{array}{ccc:c} 1 & 0 & 0 & 1 \\ 0 & 1 & 0 & -1 \\ 0 & 0 & 1 & 2 \end{array}\right)$$

따라서 위의 행렬로부터 $x_1=1$, $x_2=-1$, $x_3=2$를 얻을 수 있다.

위의 예제들로부터 Gauss-Jordan 소거법은 Gauss 소거법에서 역방향 대입(Backward Substitution) 과정을 제거한 것으로 이해할 수 있으며, 역방향 대입이 제거된 대신에 기본행연산을 추가적으로 수행해야 한다는 것에 주목하라.

지금까지 설명한 Gauss-Jordan 소거법에 대한 개념도를 [그림 10.2]에 나타내었다.

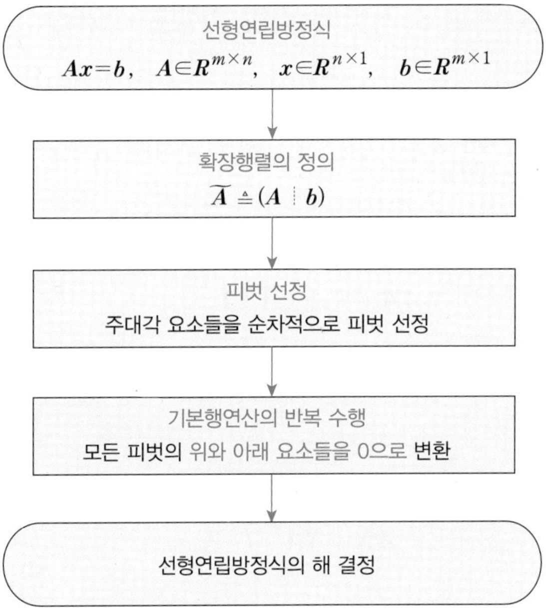

[그림 10.2] Gauss–Jordan 소거법의 개념도

요약 **Gauss–Jordan 소거법**

- Gauss–Jordan 소거법은 주대각요소를 피벗으로 선택한 다음, 기본행연산을 통하여 피벗의 아래 요소뿐만 아니라 위의 요소까지 모두 0으로 만들어 연립방정식의 해를 구하는 방법이다.
- 선형연립방정식 $\boldsymbol{Ax}=\boldsymbol{b}$의 확장행렬 $\widetilde{\boldsymbol{A}}=(\boldsymbol{A}:\boldsymbol{b})$에 대하여 다음의 과정을 수행하여 연립방정식의 해를 구하는 것이 Gauss–Jordan 소거법이다.
  ① 확장행렬 $\widetilde{\boldsymbol{A}}$의 주대각요소 $a_{11}\neq 0$을 피벗으로 선택한 다음, 기본행연산을 통하여 a_{11}의 아래 요소들을 모두 0으로 만든다.
  ② 단계 ①에서 얻어진 행렬에서 두 번째 주대각요소를 피벗으로 선택하여 피벗의 위와 아래의 모든 요소들을 0으로 만든다.
  ③ 단계 ②의 과정을 모든 주대각요소에 대하여 반복함으로써 선형연립방정식의 해를 구한다.

10.4* Gauss-Jordan 소거법에 의한 역행렬의 계산

지금까지 설명한 Gauss-Jordan 소거법을 역행렬을 구하는 데 사용할 수 있다. 역행렬의 정의로부터 행렬 $\boldsymbol{A} \in \boldsymbol{R}^{n \times n}$에 대하여 역행렬 $\boldsymbol{A}^{-1}$는 다음의 관계를 만족한다.

$$\boldsymbol{A}\boldsymbol{A}^{-1} = \boldsymbol{A}^{-1}\boldsymbol{A} = \boldsymbol{I} \tag{14}$$

구하려는 역행렬을 $\boldsymbol{X} \in \boldsymbol{R}^{n \times n}$라고 가정하면 $\boldsymbol{A}$의 역행렬을 구하는 문제는 다음 연립방정식

$$\boldsymbol{A}\boldsymbol{X} = \boldsymbol{X}\boldsymbol{A} = \boldsymbol{I} \tag{15}$$

의 해를 구하는 것과 동일한 문제가 된다.

따라서 식(15)로부터 확장행렬 $\widetilde{\boldsymbol{A}}$를 다음과 같이 구성한다.

$$\widetilde{\boldsymbol{A}} = (\boldsymbol{A} : \boldsymbol{I}) \tag{16}$$

식(16)으로 구성된 확장행렬 $\widetilde{\boldsymbol{A}}$에서 여러 번의 기본행연산을 통하여 $\boldsymbol{A}$를 단위행렬로 변환시키게 되는데, 이때 동일한 기본행연산을 $\widetilde{\boldsymbol{A}}$의 $\boldsymbol{I}$에도 적용하게 되면 $\boldsymbol{A}$의 역행렬 $\boldsymbol{A}^{-1}$를 얻을 수 있다. [그림 10.3]에 Gauss-Jordan 소거법을 이용하여 역행렬을 구하는 과정을 그림으로 도시하였다.

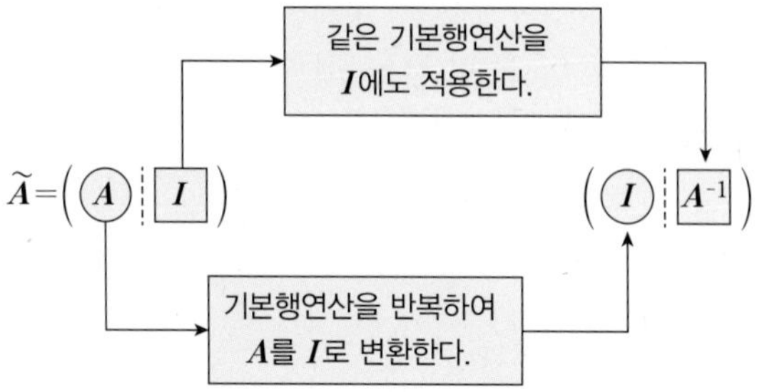

[그림 10.3] Gauss-Jordan 소거법에 의한 역행렬의 계산

그런데 확장행렬 $\widetilde{\boldsymbol{A}}$에 대해 Gauss-Jordan 소거법을 적용하는 과정에서 행렬 $\boldsymbol{A}$가 기본행연산에 의해 단위행렬 $\boldsymbol{I}$로 변환될 수 없다면, 행렬 $\boldsymbol{A}$의 역행렬은 존재하지 않는 것이다. 이와 같이 Gauss-Jordan 소거법은 선형연립방정식의 해를 구하는 것뿐만 아니라 역행렬의 존재 여부를 판별하는 데 이용될 수 있다는 것에 주목하라.

여기서 잠깐! 역행렬과 Gauss-Jordan 소거법의 관계

다음의 2차 정방행렬 $\boldsymbol{A}$의 역행렬 $\boldsymbol{A}^{-1}$를 구하기 위한 Gauss-Jordan 소거법의 과정을 이해해보자.

$$\boldsymbol{A}=\begin{pmatrix} a & b \\ c & d \end{pmatrix}$$

$\boldsymbol{A}$의 역행렬을 다음과 같이 가정한다.

$$\boldsymbol{A}^{-1}=\begin{pmatrix} x_1 & x_2 \\ x_3 & x_4 \end{pmatrix}$$

역행렬의 정의에 따라 $\boldsymbol{A}\boldsymbol{A}^{-1}=\boldsymbol{I}$가 성립하므로 다음의 연립방정식을 얻을 수 있다.

$$\boldsymbol{A}\boldsymbol{A}^{-1}=\begin{pmatrix} a & b \\ c & d \end{pmatrix}\begin{pmatrix} x_1 & x_2 \\ x_3 & x_4 \end{pmatrix}=\begin{pmatrix} 1 & 0 \\ 0 & 1 \end{pmatrix}$$

위의 연립방정식을 정리하면

$$① \begin{cases} ax_1+bx_3=1 \\ cx_1+dx_3=0 \end{cases} \longrightarrow \left(\begin{array}{cc|c} a & b & 1 \\ c & d & 0 \end{array}\right)$$

$$② \begin{cases} ax_2+bx_4=0 \\ cx_2+dx_4=1 \end{cases} \longrightarrow \left(\begin{array}{cc|c} a & b & 0 \\ c & d & 1 \end{array}\right)$$

이 얻어진다. 그런데 연립방정식 ①과 ②의 계수행렬이 동일하므로 Gauss-Jordan 소거법을 적용하는 데 있어 동일한 기본행연산이 수행된다는 것을 알 수 있다. 즉,

$$③ \left(\begin{array}{cc|c} a & b & 1 \\ c & d & 0 \end{array}\right) \xrightarrow{ERO} \left(\begin{array}{cc|c} 1 & 0 & x_1 \\ 0 & 1 & x_3 \end{array}\right)$$

$$④ \left(\begin{array}{cc|c} a & b & 0 \\ c & d & 1 \end{array}\right) \xrightarrow{ERO} \left(\begin{array}{cc|c} 1 & 0 & x_2 \\ 0 & 1 & x_4 \end{array}\right)$$

그런데 ③과 ④에서 동일한 기본행연산이 수행되므로 각각의 Gauss–Jordan 소거법의 과정을 다음과 같이 하나로 통합하여 수행할 수 있다.

$$\underbrace{\begin{pmatrix} a & b \\ c & d \end{pmatrix}}_{\boldsymbol{A}} \; \underbrace{\begin{matrix} 1 & 0 \\ 0 & 1 \end{matrix}}_{\boldsymbol{I}} \xrightarrow{ERO} \underbrace{\begin{matrix} 1 & 0 \\ 0 & 1 \end{matrix}}_{\boldsymbol{I}} \; \underbrace{\begin{pmatrix} x_1 & x_2 \\ x_3 & x_4 \end{pmatrix}}_{\boldsymbol{A}^{-1}}$$

[그림 10.3]에 나타낸 것이 지금까지 설명한 과정을 일반적으로 확장하여 표현한 것이라는 사실에 주목하라.

예제 10.10

다음 행렬의 역행렬을 Gauss–Jordan 소거법을 이용하여 구하라.

$$\boldsymbol{A} = \begin{pmatrix} 2 & 0 & 1 \\ -2 & 3 & 4 \\ -5 & 5 & 6 \end{pmatrix}$$

풀이

주어진 행렬 $\boldsymbol{A}$로부터 확장행렬 $\widetilde{\boldsymbol{A}} = (\boldsymbol{A} : \boldsymbol{I})$를 구성하여 Gauss–Jordan 소거법을 적용한다.

$$\widetilde{\boldsymbol{A}} = \left(\begin{array}{ccc|ccc} 2 & 0 & 1 & 1 & 0 & 0 \\ -2 & 3 & 4 & 0 & 1 & 0 \\ -5 & 5 & 6 & 0 & 0 & 1 \end{array}\right)$$

① 1행에 $\frac{1}{2}$을 곱한다. $\left[\left(\frac{1}{2}\right) \times R_1\right]$

$$\left(\begin{array}{ccc|ccc} ① & 0 & \frac{1}{2} & \frac{1}{2} & 0 & 0 \\ -2 & 3 & 4 & 0 & 1 & 0 \\ -5 & 5 & 6 & 0 & 0 & 1 \end{array}\right)$$

② 1행에 2를 곱하여 2행에 더한다. $[(2) \times R_1 + R_2]$

1행에 5를 곱하여 3행에 더한다. $[(5) \times R_1 + R_3]$

$$\left(\begin{array}{ccc|ccc} 1 & 0 & \frac{1}{2} & \frac{1}{2} & 0 & 0 \\ 0 & 3 & 5 & 1 & 1 & 0 \\ 0 & 5 & \frac{17}{2} & \frac{5}{2} & 0 & 1 \end{array}\right)$$

③ 2행에 $\frac{1}{3}$을 곱한다. $\left[\left(\frac{1}{3}\right)\times R_2\right]$

$$\left(\begin{array}{ccc|ccc} 1 & 0 & \frac{1}{2} & \frac{1}{2} & 0 & 0 \\ 0 & \textcircled{1} & \frac{5}{3} & \frac{1}{3} & \frac{1}{3} & 0 \\ 0 & 5 & \frac{17}{2} & \frac{5}{2} & 0 & 1 \end{array}\right)$$

④ 2행에 −5를 곱하여 3행에 더한다. $[(-5)\times R_2+R_3]$

$$\left(\begin{array}{ccc|ccc} 1 & 0 & \frac{1}{2} & \frac{1}{2} & 0 & 0 \\ 0 & 1 & \frac{5}{3} & \frac{1}{3} & \frac{1}{3} & 0 \\ 0 & 0 & \frac{1}{6} & \frac{5}{6} & -\frac{5}{3} & 1 \end{array}\right)$$

⑤ 3행에 6을 곱한다. $[(6)\times R_3]$

$$\left(\begin{array}{ccc|ccc} 1 & 0 & \frac{1}{2} & \frac{1}{2} & 0 & 0 \\ 0 & 1 & \frac{5}{3} & \frac{1}{3} & \frac{1}{3} & 0 \\ 0 & 0 & \textcircled{1} & 5 & -10 & 6 \end{array}\right)$$

⑥ 3행에 $-\frac{5}{3}$를 곱하여 2행에 더한다. $\left[\left(-\frac{5}{3}\right)\times R_3+R_2\right]$

3행에 $-\frac{1}{2}$을 곱하여 1행에 더한다. $\left[\left(-\frac{1}{2}\right)\times R_3+R_1\right]$

$$\left(\begin{array}{ccc|ccc} 1 & 0 & 0 & -2 & 5 & -3 \\ 0 & 1 & 0 & -8 & 17 & -10 \\ 0 & 0 & 1 & 5 & -10 & 6 \end{array}\right)$$

$$\underbrace{\qquad\qquad}_{\boldsymbol{I}} \qquad \underbrace{\qquad\qquad\qquad}_{\boldsymbol{A}^{-1}}$$

따라서 $(\boldsymbol{A}:\boldsymbol{I}) \to (\boldsymbol{I}:\boldsymbol{A}^{-1})$ 관계로부터 $\boldsymbol{A}^{-1}$는 다음과 같다.

$$\boldsymbol{A}^{-1}=\begin{pmatrix} -2 & 5 & -3 \\ -8 & 17 & -10 \\ 5 & -10 & 6 \end{pmatrix}$$

예제 10.11

다음 행렬의 역행렬을 Gauss-Jordan 소거법을 이용하여 구하라.

$$\boldsymbol{B}=\begin{pmatrix} 1 & -1 & -2 \\ 2 & 4 & 5 \\ 6 & 0 & -3 \end{pmatrix}$$

풀이

주어진 행렬 $\boldsymbol{B}$로부터 확장행렬 $\widetilde{\boldsymbol{B}}=(\boldsymbol{B}:\boldsymbol{I})$를 구성하여 Gauss-Jordan 소거법을 적용한다.

$$\widetilde{\boldsymbol{B}}=\left(\begin{array}{ccc|ccc} 1 & -1 & -2 & 1 & 0 & 0 \\ 2 & 4 & 5 & 0 & 1 & 0 \\ 6 & 0 & -3 & 0 & 0 & 1 \end{array}\right)$$

① 1행에 −2를 곱하여 2행에 더한다. $[(-2)\times R_1+R_2]$
1행에 −6을 곱하여 3행에 더한다. $[(-6)\times R_1+R_3]$

$$\left(\begin{array}{ccc|ccc} 1 & -1 & -2 & 1 & 0 & 0 \\ 0 & 6 & 9 & -2 & 1 & 0 \\ 0 & 6 & 9 & -6 & 0 & 1 \end{array}\right)$$

② 2행에 −1을 곱하여 3행에 더한다. $[(-1)\times R_2+R_3]$

$$\left(\begin{array}{ccc|ccc} 1 & -1 & -2 & 1 & 0 & 0 \\ 0 & 6 & 9 & -2 & 1 & 0 \\ 0 & 0 & \textcircled{0} & -4 & -1 & 1 \end{array}\right)$$

앞의 행렬에서 3행의 주대각요소가 0이므로 더 이상 기본행연산 과정을 진행할 수 없다. 따라서 행렬 $\boldsymbol{B}$는 역행렬이 존재하지 않는다.

예제 10.12

3×3 대각행렬 $\boldsymbol{A}$가 다음과 같을 때 $\boldsymbol{A}$의 역행렬을 Gauss-Jordan 소거법에 의해 구하라. 단, a, b, c는 모두 0이 아니다.

$$\boldsymbol{A}=\text{diag}(a,\ b,\ c)=\begin{pmatrix} a & 0 & 0 \\ 0 & b & 0 \\ 0 & 0 & c \end{pmatrix}$$

풀이

주어진 행렬 $\boldsymbol{A}$로부터 확장행렬 $\widetilde{\boldsymbol{A}}=(\boldsymbol{A}:\boldsymbol{I})$를 구성하여 Gauss-Jordan 소거법을 적용한다.

$$\widetilde{\boldsymbol{A}}=\left(\begin{array}{ccc:ccc} a & 0 & 0 & 1 & 0 & 0 \\ 0 & b & 0 & 0 & 1 & 0 \\ 0 & 0 & c & 0 & 0 & 1 \end{array}\right)$$

① 1행에 $\frac{1}{a}$을 곱한다. $\left[\left(\frac{1}{a}\right)\times R_1\right]$
2행에 $\frac{1}{b}$을 곱한다. $\left[\left(\frac{1}{b}\right)\times R_2\right]$
3행에 $\frac{1}{c}$을 곱한다. $\left[\left(\frac{1}{c}\right)\times R_3\right]$

$$\left(\begin{array}{ccc:ccc} 1 & 0 & 0 & \frac{1}{a} & 0 & 0 \\ 0 & 1 & 0 & 0 & \frac{1}{b} & 0 \\ 0 & 0 & 1 & 0 & 0 & \frac{1}{c} \end{array}\right)$$

따라서 $\boldsymbol{A}$의 역행렬은 다음과 같다.

$$\boldsymbol{A}^{-1}=\begin{pmatrix} \frac{1}{a} & 0 & 0 \\ 0 & \frac{1}{b} & 0 \\ 0 & 0 & \frac{1}{c} \end{pmatrix}=\text{diag}\left(\frac{1}{a},\ \frac{1}{b},\ \frac{1}{c}\right)$$

〈예제 10.12〉로부터 대각행렬의 역행렬은 주대각요소를 역수를 취하여 구한다는 것을 알 수 있다. 따라서 대각행렬의 주대각요소 중에 하나라도 0이 된다면 역수는 존재하지 않으므로 역행렬이 존재하지 않게 된다는 것에 유의하라.

예제 10.13

2×2 행렬 $\boldsymbol{A}$가 다음과 같을 때 $\boldsymbol{A}$의 역행렬을 Gauss–Jordan 소거법에 의해 구하라.

$$\boldsymbol{A}=\begin{pmatrix} 2 & -1 \\ 4 & 3 \end{pmatrix}$$

풀이

주어진 행렬 $\boldsymbol{A}$로부터 확장행렬 $\widetilde{\boldsymbol{A}}=(\boldsymbol{A}:\boldsymbol{I})$를 구성하여 Gauss–Jordan 소거법을 적용한다.

$$\widetilde{\boldsymbol{A}}=(\boldsymbol{A}:\boldsymbol{I})=\left(\begin{array}{cc|cc} 2 & -1 & 1 & 0 \\ 4 & 3 & 0 & 1 \end{array}\right)$$

① 1행에 $\frac{1}{2}$을 곱한다. $\left[\left(\frac{1}{2}\right)\times R_1\right]$

$$\left(\begin{array}{cc|cc} ① & -\frac{1}{2} & \frac{1}{2} & 0 \\ 4 & 3 & 0 & 1 \end{array}\right)$$

② 1행에 −4를 곱하여 2행에 더한다. $[(-4)\times R_1+R_2]$

$$\left(\begin{array}{cc|cc} 1 & -\frac{1}{2} & \frac{1}{2} & 0 \\ 0 & 5 & -2 & 1 \end{array}\right)$$

③ 2행에 $\frac{1}{5}$을 곱한다. $\left[\left(\frac{1}{5}\right)\times R_2\right]$

$$\left(\begin{array}{cc|cc} 1 & -\frac{1}{2} & \frac{1}{2} & 0 \\ 0 & ① & -\frac{2}{5} & \frac{1}{5} \end{array}\right)$$

④ 2행에 $\frac{1}{2}$을 곱하여 1행에 더한다. $\left[\left(\frac{1}{2}\right)\times R_2+R_1\right]$

$$\left(\begin{array}{cc|cc} 1 & 0 & \frac{3}{10} & \frac{1}{10} \\ 0 & 1 & -\frac{2}{5} & \frac{1}{5} \end{array}\right)$$

따라서 $\boldsymbol{A}$의 역행렬은 다음과 같다.

$$\boldsymbol{A}^{-1}=\begin{pmatrix} \frac{3}{10} & \frac{1}{10} \\ -\frac{2}{5} & \frac{1}{5} \end{pmatrix}$$

9.5절~9.6절에서 학습한 내용과 본 절의 내용을 종합하여 역행렬을 구하는 방법을 [그림 10.4]에 요약하여 정리하였다.

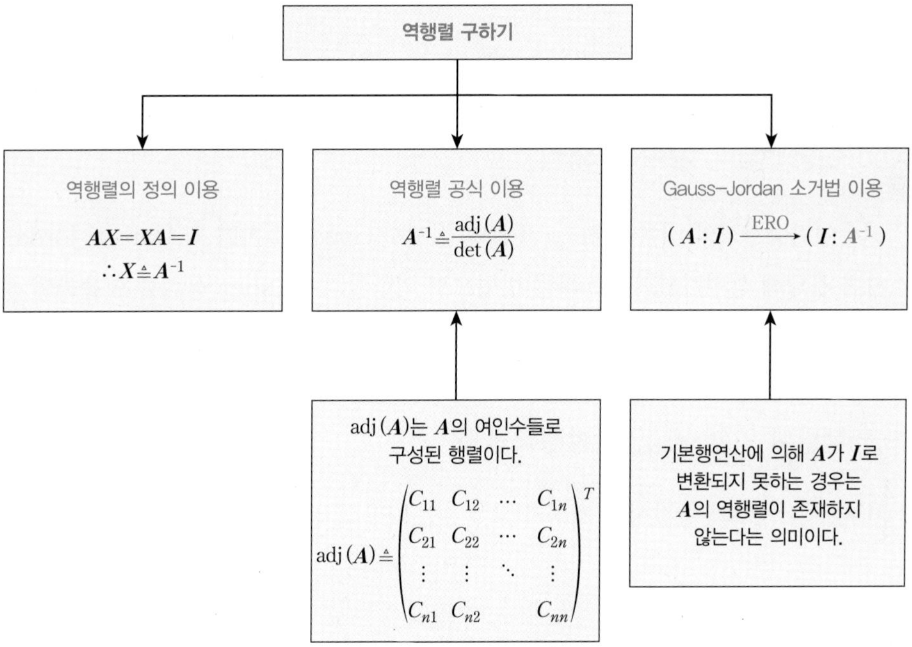

[그림 10.4] 역행렬 구하는 방법

역행렬을 구하는 방법 중에서 가장 많이 사용되는 방법은 Gauss-Jordan 소거법을 이용하여 역행렬을 구하는 방법이다.

요약 Gauss–Jordan 소거법에 의한 역행렬의 계산

- 확장행렬 $\widetilde{A}=(\boldsymbol{A}:\boldsymbol{I})$에서 여러 번의 기본행연산을 통하여 $\boldsymbol{A}$를 단위행렬로 변환시키게 되는데, 이때 동일한 기본행연산을 $\widetilde{A}$ 의 $\boldsymbol{I}$에도 적용하게 되면 $\boldsymbol{A}$의 역행렬 $\boldsymbol{A}^{-1}$를 얻을 수 있다.
- $\widetilde{A}=(\boldsymbol{A}:\boldsymbol{I})$에 대해 Gauss–Jordan 소거법을 적용하는 과정에서 행렬 $\boldsymbol{A}$가 기본행연산에 의해 단위행렬 $\boldsymbol{I}$로 변환될 수 없다면, 행렬 $\boldsymbol{A}$의 역행렬은 존재하지 않는 것이다.
- 역행렬을 구하는 방법 중에서 Gauss–Jordan 소거법을 이용하여 역행렬을 구하는 방법을 가장 많이 사용한다.

10.5 선형연립방정식의 해법

선형연립방정식의 해를 구하기 위해 앞 절에서 Gauss 소거법 및 Gauss–Jordan 소거법에 대해 설명하였다. 또 다른 방법으로 역행렬과 Cramer 공식을 이용하여 선형연립방정식의 해를 구하는 방법을 소개한다.

(1) 역행렬에 의한 선형연립방정식의 해

미지수의 개수와 방정식의 개수가 모두 n인 다음의 선형연립방정식을 고려하자.

$$\begin{cases} a_{11}x_1+a_{12}x_2+\cdots+a_{1n}x_n=b_1 \\ a_{21}x_1+a_{22}x_2+\cdots+a_{2n}x_n=b_2 \\ \qquad\qquad\vdots \\ a_{n1}x_1+a_{n2}x_2+\cdots+a_{nn}x_n=b_n \end{cases} \tag{17}$$

식(17)을 행렬을 이용하여 표현하면 다음과 같다.

$$\underbrace{\begin{pmatrix} a_{11} & a_{12} & \cdots & a_{1n} \\ a_{21} & a_{22} & \cdots & a_{2n} \\ \vdots & \vdots & & \vdots \\ a_{n1} & a_{n2} & \cdots & a_{nn} \end{pmatrix}}_{\boldsymbol{A}} \underbrace{\begin{pmatrix} x_1 \\ x_2 \\ \vdots \\ x_n \end{pmatrix}}_{\boldsymbol{x}} = \underbrace{\begin{pmatrix} b_1 \\ b_2 \\ \vdots \\ b_n \end{pmatrix}}_{\boldsymbol{b}} \tag{18}$$

$$\boldsymbol{Ax}=\boldsymbol{b},\ \ \boldsymbol{A}\in\boldsymbol{R}^{n\times n},\ \ \boldsymbol{x}\in\boldsymbol{R}^{n\times 1},\ \ \boldsymbol{b}\in\boldsymbol{R}^{n\times 1} \tag{19}$$

식(19)에서 계수행렬 $\boldsymbol{A}\in\boldsymbol{R}^{n\times n}$의 역행렬이 존재한다고 가정하고, 곱의 순서에 유의하여 양변에 $\boldsymbol{A}^{-1}$를 좌측으로 곱하면 다음과 같다.

$$\begin{aligned}&\boldsymbol{A}^{-1}(\boldsymbol{Ax})=\boldsymbol{A}^{-1}\boldsymbol{b}\\ &\therefore\ \boldsymbol{x}=\boldsymbol{A}^{-1}\boldsymbol{b}\end{aligned} \tag{20}$$

따라서 $\boldsymbol{A}$의 역행렬과 상수행렬 $\boldsymbol{b}$를 곱함으로써 선형연립방정식의 해를 구할 수 있으며, 그 해는 유일하게 결정된다.

예제 10.14

다음 연립방정식의 해를 역행렬을 이용하여 구하라.

$$\begin{pmatrix}3 & 1\\ -1 & 2\end{pmatrix}\begin{pmatrix}x\\ y\end{pmatrix}=\begin{pmatrix}5\\ 3\end{pmatrix}$$

풀이

[정리 9.11]로부터 계수행렬의 역행렬을 먼저 구하면

$$\begin{pmatrix}3 & 1\\ -1 & 2\end{pmatrix}^{-1}=\frac{1}{6+1}\begin{pmatrix}2 & -1\\ 1 & 3\end{pmatrix}=\begin{pmatrix}\frac{2}{7} & -\frac{1}{7}\\ \frac{1}{7} & \frac{3}{7}\end{pmatrix}$$

이므로 식(20)을 이용하면 다음과 같다.

$$\begin{aligned}\begin{pmatrix}x\\ y\end{pmatrix}&=\begin{pmatrix}3 & 1\\ -1 & 2\end{pmatrix}^{-1}\begin{pmatrix}5\\ 3\end{pmatrix}\\ &=\begin{pmatrix}\frac{2}{7} & -\frac{1}{7}\\ \frac{1}{7} & \frac{3}{7}\end{pmatrix}\begin{pmatrix}5\\ 3\end{pmatrix}=\begin{pmatrix}1\\ 2\end{pmatrix}\end{aligned}$$

$$\therefore\ x=1,\ y=2$$

예제 10.15

다음 연립방정식의 해를 역행렬을 이용하여 구하라.

$$\begin{cases} 2x_1 + x_3 = 1 \\ -2x_1 + 3x_2 + 4x_3 = -1 \\ -5x_1 + 5x_2 + 6x_3 = 0 \end{cases}$$

풀이

주어진 연립방정식의 계수행렬 $\boldsymbol{A}$와 상수행렬 $\boldsymbol{b}$는 다음과 같다.

$$\boldsymbol{A} = \begin{pmatrix} 2 & 0 & 1 \\ -2 & 3 & 4 \\ -5 & 5 & 6 \end{pmatrix}, \quad \boldsymbol{b} = \begin{pmatrix} 1 \\ -1 \\ 0 \end{pmatrix}$$

〈예제 10.10〉의 결과로부터 다음을 얻을 수 있다.

$$\boldsymbol{x} = \boldsymbol{A}^{-1}\boldsymbol{b} = \begin{pmatrix} -2 & 5 & -3 \\ -8 & 17 & -10 \\ 5 & -10 & 6 \end{pmatrix}\begin{pmatrix} 1 \\ -1 \\ 0 \end{pmatrix} = \begin{pmatrix} -7 \\ -25 \\ 15 \end{pmatrix}$$

만일 선형연립방정식의 계수행렬 $\boldsymbol{A}$의 역행렬이 존재하지 않는다면, 역행렬을 이용하여 해를 구할 수 없으므로 Gauss-Jordan 소거법이나 Gauss 소거법을 이용하여 해를 구해야 한다. 선형연립방정식의 계수행렬 $\boldsymbol{A}$의 역행렬이 존재하지 않는 경우는 해가 무수히 많거나 해가 존재하지 않는 경우이다.

(2) Cramer 공식

스위스 수학자인 G. Cramer에 의해 제안된 Cramer 공식(Cramer's Rule)은 선형연립방정식의 해를 행렬식 연산만으로 계산할 수 있는 유용한 공식이다.

방정식의 개수와 미지수의 개수가 n인 다음 선형연립방정식을 고려하자.

$$\boldsymbol{Ax} = \boldsymbol{b}, \ \boldsymbol{A} \in \boldsymbol{R}^{n \times n}, \ \boldsymbol{x} \in \boldsymbol{R}^{n \times 1}, \ \boldsymbol{b} \in \boldsymbol{R}^{n \times 1} \tag{21}$$

계수행렬 $\boldsymbol{A}$의 행렬식 $\det(\boldsymbol{A}) \neq 0$이라 가정하면 역행렬 정의에 의해 다음과 같이

$\boldsymbol{x}$를 구할 수 있다.

$$\boldsymbol{x}=\boldsymbol{A}^{-1}\boldsymbol{b}=\frac{1}{\det(\boldsymbol{A})}\text{adj}(\boldsymbol{A})\boldsymbol{b}=\frac{1}{\det(\boldsymbol{A})}\begin{pmatrix} C_{11} & C_{21} & \cdots & C_{n1} \\ C_{12} & C_{22} & \cdots & C_{n2} \\ \vdots & \vdots & & \vdots \\ C_{1n} & C_{2n} & \cdots & C_{nn} \end{pmatrix}\begin{pmatrix} b_1 \\ b_2 \\ \vdots \\ b_n \end{pmatrix} \tag{22}$$

여기서 C_{ij}는 $\boldsymbol{A}$의 여인수이다.

식(22)에서 $\boldsymbol{x}$의 j 번째 요소 x_j를 구해 보면 다음과 같다.

$$x_j=\frac{C_{1j}b_1+C_{2j}b_2+\cdots+C_{nj}b_n}{\det(\boldsymbol{A})} \tag{23}$$

한편, 계수행렬 $\boldsymbol{A}$의 j 번째 열을 $\boldsymbol{b}$의 성분으로 대체한 행렬을 $\boldsymbol{A}_j(j=1, 2, \cdots, n)$로 정의하면 다음과 같이 표현할 수 있다.

$$\boldsymbol{A}_j \triangleq \begin{pmatrix} a_{11} & a_{12} & \cdots & \boxed{b_1} & \cdots & a_{1n} \\ a_{21} & a_{22} & \cdots & b_2 & \cdots & a_{2n} \\ \vdots & \vdots & & \vdots & & \vdots \\ a_{n1} & a_{n2} & \cdots & b_n & \cdots & a_{nn} \end{pmatrix} \in \boldsymbol{R}^{n\times n} \tag{24}$$

j 번째 열

위에서 정의한 행렬 $\boldsymbol{A}_j$의 행렬식 $\det(\boldsymbol{A}_j)$를 구하기 위해 $\boldsymbol{A}_j$의 j 번째 열을 선택하여 Laplace 전개를 해 보자. 계수행렬 $\boldsymbol{A}$와 $\boldsymbol{A}_j$는 j 번째 열을 제외하고는 모두 동일한 요소를 가지므로 j 번째 열에 대한 여인수는 두 행렬 $\boldsymbol{A}$와 $\boldsymbol{A}_j$가 동일하다는 사실로부터 다음을 얻을 수 있다.

$$\det(\boldsymbol{A}_j)=b_1C_{1j}+b_2C_{2j}+\cdots+b_nC_{nj} \tag{25}$$

따라서 식(23)에 식(25)의 결과를 대입하면

$$x_j=\frac{\det(\boldsymbol{A}_j)}{\det(\boldsymbol{A})} \quad j=1,\ 2,\ \cdots,\ n \tag{26}$$

를 얻게 되는데 이를 Cramer 공식이라 한다. Cramer 공식은 선형연립방정식의 해를 행렬식 연산만으로 구할 수 있다는 장점이 있지만, 계수행렬의 크기가 커지면 행렬식 연산에 대한 부담이 커지게 된다는 것에 유의하라.

예제 10.16

〈예제 10.15〉의 선형연립방정식을 Cramer 공식을 이용하여 풀어라

$$\begin{cases} 2x_1 + x_3 = 1 \\ -2x_1 + 3x_2 + 4x_3 = -1 \\ -5x_1 + 5x_2 + 6x_3 = 0 \end{cases}$$

풀이

먼저, 계수행렬 $\boldsymbol{A}$의 행렬식을 계산한다.

$$\det(\boldsymbol{A}) = \begin{vmatrix} 2 & 0 & 1 \\ -2 & 3 & 4 \\ -5 & 5 & 6 \end{vmatrix} = 2C_{11} + C_{13} = 2\begin{vmatrix} 3 & 4 \\ 5 & 6 \end{vmatrix} + \begin{vmatrix} -2 & 3 \\ -5 & 5 \end{vmatrix} = 1$$

식(24)에서 정의된 행렬 $\boldsymbol{A}_j (j=1,\ 2,\ 3)$를 각각 구하면 다음과 같다.

$$\boldsymbol{A}_1 = \begin{pmatrix} 1 & 0 & 1 \\ -1 & 3 & 4 \\ 0 & 5 & 6 \end{pmatrix},\ \boldsymbol{A}_2 = \begin{pmatrix} 2 & 1 & 1 \\ -2 & -1 & 4 \\ -5 & 0 & 6 \end{pmatrix},\ \boldsymbol{A}_3 = \begin{pmatrix} 2 & 0 & 1 \\ -2 & 3 & -1 \\ -5 & 5 & 0 \end{pmatrix}$$

위의 각 행렬에 대해 행렬식을 계산하면

$$\det(\boldsymbol{A}_1) = \begin{vmatrix} 1 & 0 & 1 \\ -1 & 3 & 4 \\ 0 & 5 & 6 \end{vmatrix} = \begin{vmatrix} 3 & 4 \\ 5 & 6 \end{vmatrix} + \begin{vmatrix} -1 & 3 \\ 0 & 5 \end{vmatrix} = -7$$

$$\det(\boldsymbol{A}_2) = \begin{vmatrix} 2 & 1 & 1 \\ -2 & -1 & 4 \\ -5 & 0 & 6 \end{vmatrix} = -5\begin{vmatrix} 1 & 1 \\ -1 & 4 \end{vmatrix} + 6\begin{vmatrix} 2 & 1 \\ -2 & -1 \end{vmatrix} = -25$$

$$\det(\boldsymbol{A}_3) = \begin{vmatrix} 2 & 0 & 1 \\ -2 & 3 & -1 \\ -5 & 5 & 0 \end{vmatrix} = 2\begin{vmatrix} 3 & -1 \\ 5 & 0 \end{vmatrix} + \begin{vmatrix} -2 & 3 \\ -5 & 5 \end{vmatrix} = 15$$

이므로 Cramer 공식에 의해 주어진 연립방정식의 해는 다음과 같다.

$$x_1 = \frac{\det(\boldsymbol{A}_1)}{\det(\boldsymbol{A})} = -7$$

$$x_2 = \frac{\det(\boldsymbol{A}_2)}{\det(\boldsymbol{A})} = -25$$

$$x_3 = \frac{\det(\boldsymbol{A}_3)}{\det(\boldsymbol{A})} = 15$$

예제 10.17

Cramer 공식을 이용하여 다음 연립방정식의 해를 구하라.

$$\begin{cases} (2-k)x_1 + kx_2 = 4 \\ kx_1 + (3-k)x_2 = 3 \end{cases}$$

또한 위의 연립방정식이 해를 가지지 않을 상수 k의 값을 결정하라.

풀이

계수행렬 $\boldsymbol{A}$의 행렬식을 구하면 다음과 같다.

$$\det(\boldsymbol{A}) = \begin{vmatrix} 2-k & k \\ k & 3-k \end{vmatrix} = (2-k)(3-k) - k^2 = 6-5k$$

식(24)에서 정의된 행렬 $\boldsymbol{A}_j (j=1,\ 2)$의 행렬식을 구하면

$$\det(\boldsymbol{A}_1) = \begin{vmatrix} 4 & k \\ 3 & 3-k \end{vmatrix} = 12-7k$$

$$\det(\boldsymbol{A}_2) = \begin{vmatrix} 2-k & 4 \\ k & 3 \end{vmatrix} = 6-7k$$

이므로 Cramer 공식에 의하여 x_1과 x_2는 다음과 같다.

$$x_1 = \frac{\det(\boldsymbol{A}_1)}{\det(\boldsymbol{A})} = \frac{12-7k}{6-5k}$$

$$x_2 = \frac{\det(\boldsymbol{A}_2)}{\det(\boldsymbol{A})} = \frac{6-7k}{6-5k}$$

한편, $\det(\boldsymbol{A})=0$인 경우는 연립방정식의 해가 존재하지 않으므로 $6-5k=0$, 즉 $k=\frac{6}{5}$일 때 해를 가지지 않는다.

지금까지 선형연립방정식의 해를 구하기 위해 Gauss 소거법, Gauss–Jordan 소거법, 역행렬을 이용한 방법, Cramer 공식을 이용하는 방법에 대해 학습하였다. 어떤 방법이 더 좋고 나쁜 것을 떠나 여러 가지 방법 중에서 주어진 상황에 가장 적합하고 간편하게 해를 구할 수 있는 방법을 선택하면 된다.

예제 10.18

〈예제 10.14〉의 연립방정식에 대한 해를 Cramer 공식을 이용하여 구하라.

$$\begin{pmatrix} 3 & 1 \\ -1 & 2 \end{pmatrix}\begin{pmatrix} x \\ y \end{pmatrix}=\begin{pmatrix} 5 \\ 3 \end{pmatrix}$$

풀이

식(24)에서 정의된 행렬 $\boldsymbol{A}_j(j=1,\ 2)$의 행렬식을 구하면

$$\det(\boldsymbol{A}_1)=\begin{vmatrix} 5 & 1 \\ 3 & 2 \end{vmatrix}=10-3=7$$

$$\det(\boldsymbol{A}_2)=\begin{vmatrix} 3 & 5 \\ -1 & 3 \end{vmatrix}=9+5=14$$

$$\det(\boldsymbol{A})=\begin{vmatrix} 3 & 1 \\ -1 & 2 \end{vmatrix}=6+1=7$$

이므로 Cramer의 공식에 의하여 x_1과 x_2는 다음과 같다.

$$x_1=\frac{\det(\boldsymbol{A}_1)}{\det(\boldsymbol{A})}=\frac{7}{7}=1$$

$$x_2=\frac{\det(\boldsymbol{A}_2)}{\det(\boldsymbol{A})}=\frac{14}{7}=2$$

여기서 잠깐! **$\boldsymbol{Ax}=\boldsymbol{0}$의 해**

$\boldsymbol{Ax}=\boldsymbol{b}$로 표현되는 선형연립방정식에서 상수행렬 $\boldsymbol{b}=\boldsymbol{0}$인 경우를 제차연립방정식이라 부른다.

$$\boldsymbol{Ax}=\boldsymbol{0},\ \ \boldsymbol{A}\in\boldsymbol{R}^{n\times n},\ \ \boldsymbol{x}\in\boldsymbol{R}^{n\times 1}$$

제차연립방정식은 $\boldsymbol{Ax}=\boldsymbol{0}$의 형태이므로 $\boldsymbol{x}=\boldsymbol{0}$은 언제나 해가 된다. 왜냐하면 $\boldsymbol{x}=\boldsymbol{0}$을 주어진 방정식에 대입하면 $\boldsymbol{A0}=\boldsymbol{0}$이 만족되므로 $\boldsymbol{x}=\boldsymbol{0}$은 항상 해가 된다. 그런데 우리의 관심은

$\boldsymbol{Ax}=\mathbf{0}$을 만족하는 $\mathbf{0}$이 아닌 해가 존재하는가의 여부이다. $\mathbf{0}$이 아닌 해가 존재한다면 어떤 조건하에서 $\mathbf{0}$이 아닌 해가 존재하는가? 이에 대한 답을 찾아보자.

계수행렬의 행렬식 $\det(\boldsymbol{A})\neq 0$ 이면 역행렬이 존재하기 때문에 $\boldsymbol{Ax}=\mathbf{0}$ 에서 왼쪽으로 $\boldsymbol{A}^{-1}$ 를 곱하면

$$\boldsymbol{A}^{-1}(\boldsymbol{Ax})=\boldsymbol{A}^{-1}\mathbf{0}$$
$$(\boldsymbol{A}^{-1}\boldsymbol{A})\boldsymbol{x}=\boldsymbol{A}^{-1}\mathbf{0} \qquad \therefore\ \boldsymbol{x}=\mathbf{0}$$

이 되므로 $\boldsymbol{x}=\mathbf{0}$만의 유일한 해를 가진다. 다시 말해서, $\det(\boldsymbol{A})\neq 0$ 이면 $\boldsymbol{Ax}=\mathbf{0}$은 $\boldsymbol{x}=\mathbf{0}$만이 유일한 해가 된다.

결론적으로 말하면, 제차연립방정식이 $\mathbf{0}$이 아닌 해를 갖기 위한 조건은 $\det(\boldsymbol{A})=0$ 이라는 것을 유추할 수 있다. 공학문제를 해결하는데 많이 사용되는 조건이므로 꼭 기억해두도록 하자.

요약 **선형연립방정식의 해법**

- 선형연립방정식 $\boldsymbol{Ax}=\boldsymbol{b}$, $\boldsymbol{A}\in\boldsymbol{R}^{n\times n}$, $\boldsymbol{x}\in\boldsymbol{R}^{n\times 1}$, $\boldsymbol{b}\in\boldsymbol{R}^{n\times 1}$ 에서 $\boldsymbol{A}$의 역행렬이 존재한다고 가정하면 선형연립방정식의 해 $\boldsymbol{x}$는 다음과 같다.

$$\boldsymbol{x}=\boldsymbol{A}^{-1}\boldsymbol{b}$$

- Cramer 공식은 선형연립방정식의 해를 행렬식만으로 계산할 수 있는 매우 유용한 공식이며, 다음과 같이 표현할 수 있다.

$$\boldsymbol{Ax}=\boldsymbol{b},\ \boldsymbol{A}\in\boldsymbol{R}^{n\times n},\ \boldsymbol{x}\in\boldsymbol{R}^{n\times 1},\ \boldsymbol{b}\in\boldsymbol{R}^{n\times 1}$$

$\boldsymbol{A}_j$: 계수행렬 $\boldsymbol{A}$의 j 번째 열을 $\boldsymbol{b}$의 성분으로 대체한 행렬 $(j=1,\ 2,\ \cdots,n)$

$$\boldsymbol{A}_j\triangleq\begin{pmatrix} a_{11} & a_{12} & \cdots & b_1 & \cdots & a_{1n} \\ a_{21} & a_{22} & \cdots & b_2 & \cdots & a_{2n} \\ \vdots & \vdots & & \vdots & & \vdots \\ a_{n1} & a_{n2} & \cdots & b_n & \cdots & a_{nn} \end{pmatrix}\in\boldsymbol{R}^{n\times n}$$

j 번째 열

$$x_j=\frac{\det(\boldsymbol{A}_j)}{\det(\boldsymbol{A})},\quad j=1,2,\cdots,n$$

여기서 x_j는 $\boldsymbol{x}$의 j 번째 요소를 나타낸다.

- Cramer 공식은 계수행렬 $\boldsymbol{A}$의 크기가 커지면 행렬식 연산에 대한 부담이 커지게 된다는 것에 유의하라.

연습문제

01 다음 행렬에 기본행연산을 수행하여 단위행렬로 변환하라.

(1) $\boldsymbol{A}=\begin{pmatrix} 2 & 1 \\ -3 & 4 \end{pmatrix}$ (2) $\boldsymbol{B}=\begin{pmatrix} a & 0 \\ 1 & a \end{pmatrix}$ 단, a는 상수

02 다음 선형연립방정식을 Gauss 소거법을 이용하여 풀어라.

$$\begin{pmatrix} 1 & 1 & 1 \\ 2 & -1 & 3 \\ -1 & 2 & -1 \end{pmatrix}\begin{pmatrix} x_1 \\ x_2 \\ x_3 \end{pmatrix}=\begin{pmatrix} 2 \\ 3 \\ 1 \end{pmatrix}$$

03 문제 2의 선형연립방정식을 Gauss-Jordan 소거법을 이용하여 풀어라.

04 다음 선형연립방정식의 해를 역행렬을 이용하여 구하라.

$$\begin{pmatrix} 2 & 2 & -1 \\ 1 & 1 & -1 \\ 3 & 2 & -3 \end{pmatrix}\begin{pmatrix} x_1 \\ x_2 \\ x_3 \end{pmatrix}=\begin{pmatrix} 1 \\ 0 \\ 1 \end{pmatrix}$$

05 Cramer 공식을 이용하여 다음 선형연립방정식의 해를 구하라.

$$\begin{cases} 3x_1+2x_2+x_3=7 \\ x_1-x_2+3x_3=3 \\ 5x_1+4x_2-2x_3=1 \end{cases}$$

06 다음 선형연립방정식에 대하여 물음에 답하라.

$$\begin{cases} 2x_1+4x_2=14 \\ x_1-3x_2=-8 \end{cases}$$

(1) Gauss-Jordan 소거법을 이용하여 해를 구하라.

(2) 계수행렬의 역행렬을 이용하여 해를 구하라.

(3) Cramer 공식을 이용하여 해를 구하라.

07 다음 3×3 행렬 $\boldsymbol{A}$의 역행렬을 Gauss–Jordan 소거법에 의해 구하라.

$$\boldsymbol{A}=\begin{pmatrix}1 & 0 & -1\\ 0 & -2 & 1\\ 2 & -1 & 3\end{pmatrix}$$

08 다음 선형연립방정식의 해를 Cramer 공식을 이용하여 구하라.

$$\begin{pmatrix}1 & -1 & 1\\ 1 & 1 & -2\\ 1 & 2 & 1\end{pmatrix}\begin{pmatrix}x_1\\ x_2\\ x_3\end{pmatrix}=\begin{pmatrix}0\\ 1\\ 6\end{pmatrix}$$

09 다음 선형연립방정식의 해를 Gauss–Jordan 소거법에 의하여 구하라.

$$\begin{pmatrix}1 & 1\\ 2 & -3\end{pmatrix}\begin{pmatrix}x_1\\ x_2\end{pmatrix}=\begin{pmatrix}5\\ -5\end{pmatrix}$$

10 문제 9의 선형연립방정식의 해를 역행렬을 이용하여 구하라.

11 다음 선형연립방정식의 해가 존재하지 않도록 상수 a의 값을 구하라.

$$\begin{pmatrix}a & -5\\ 2 & a-7\end{pmatrix}\begin{pmatrix}x_1\\ x_2\end{pmatrix}=\begin{pmatrix}a\\ 2a\end{pmatrix}$$

12 다음 선형연립방정식의 해를 Gauss 소거법을 이용하여 구하라.

$$\begin{pmatrix}2 & 2 & -1\\ 1 & 1 & -1\\ 3 & 2 & -3\end{pmatrix}\begin{pmatrix}x_1\\ x_2\\ x_3\end{pmatrix}=\begin{pmatrix}1\\ 0\\ 1\end{pmatrix}$$

13 다음 선형연립방정식의 해를 Cramer 공식을 이용하여 구하라.

$$\begin{pmatrix}1 & 1 & 2\\ 1 & -1 & -2\\ 1 & 1 & 1\end{pmatrix}\begin{pmatrix}x_1\\ x_2\\ x_3\end{pmatrix}=\begin{pmatrix}3\\ -1\\ 2\end{pmatrix}$$

14 기본행연산을 이용하여 다음 행렬의 역행렬을 구하라.

$$\boldsymbol{A}=\begin{pmatrix}1 & 2\\ 2 & 5\end{pmatrix}$$

15 다음 선형연립방정식의 해를 Gauss-Jordan 소거법을 이용하여 구하라.

$$\begin{pmatrix} 1 & -1 & 3 \\ 3 & -3 & 9 \\ -1 & 1 & -3 \end{pmatrix}\begin{pmatrix} x_1 \\ x_2 \\ x_3 \end{pmatrix}=\begin{pmatrix} 2 \\ 6 \\ -2 \end{pmatrix}$$

부록

- 미분공식
- 적분공식
- Greece 문자표
- 벡터연산
- SI 단위계와 접두사
- 참고문헌
- 연습문제 해답

미분공식

$(cu)' = cu'$ (c는 상수)

$(u+v)' = u' + v'$

$(uv)' = u'v + v'u$

$\left(\frac{u}{v}\right)' = \frac{u'v - v'u}{v^2}$

$\frac{du}{dx} = \frac{du}{dy} \cdot \frac{dy}{dx}$ (Chain Rule)

$(x^n)' = nx^{n-1}$

$(e^x)' = e^x$

$(a^x)' = a^x \ln a$

$(\sin x)' = \cos x$

$(\cos x)' = -\sin x$

$(\tan x)' = \sec^2 x$

$(\cot x)' = -\operatorname{cosec}^2 x$

$(\sinh x)' = \cosh x$

$(\cosh x)' = \sinh x$

$(\ln x)' = \frac{1}{x}$

$(\log_a x)' = \frac{\log_a e}{x}$

적분공식

$\int uv'\,dx = uv - \int u'v\,dx$

$\int x^n\,dx = \frac{x^{n+1}}{n+1} + c \quad (n \neq -1)$

$\int \frac{1}{x}\,dx = \ln|x| + c$

$\int e^{ax}\,dx = \frac{1}{a}e^{ax} + c$

$\int \sin x\,dx = -\cos x + c$

$\int \cos x\,dx = \sin x + c$

$\int \tan x\,dx = -\ln|\cos x| + c$

$\int \cot x\,dx = \ln|\sin x| + c$

$\int \sec x\,dx = \ln|\sec x + \tan x| + c$

$\int \operatorname{cosec} x\,dx = \ln|\operatorname{cosec} x - \cot x| + c$

$\int \frac{dx}{x^2 + a^2} = \frac{1}{a}\tan^{-1}\frac{x}{a} + c$

$\int \frac{dx}{\sqrt{a^2 - x^2}} = \sin^{-1}\frac{x}{a} + c$

$\int \frac{dx}{\sqrt{x^2 + a^2}} = \sinh^{-1}\frac{x}{a} + c$

$\int \frac{dx}{\sqrt{x^2 - a^2}} = \cosh^{-1}\frac{x}{a} + c$

$\int \sin^2 x\,dx = \frac{1}{2}x - \frac{1}{4}\sin 2x + c$

$\int \cos^2 x\,dx = \frac{1}{2}x + \frac{1}{4}\sin 2x + c$

$\int \tan^2 x\,dx = \tan x - x + c$

$\int \cot^2 x\,dx = -\cot x - x + c$

$\int \ln x\,dx = x\ln x - x + c$

단, c는 상수

Greece 문자표

α	Alpha
β	Beta
γ, Γ	Gamma
δ, Δ	Delta
ϵ, ε	Epsilon
ζ	Zeta
η	Eta
θ, ϑ	Theta
ι	Iota
κ	Kapa
λ, Λ	Lambda
μ	Mu
ν	Nu
ξ	Xi
o	Omicron
π	Pi
ρ	Rho
σ, Σ	Sigma
τ	Tau
υ, Υ	Upsilon
ϕ, φ	Phi
χ	Chi
ψ, Ψ	Psi
ω, Ω	Omega

벡터연산

- $\boldsymbol{a}=(a_1, a_2, a_3)$, $\boldsymbol{b}=(b_1, b_2, b_3)$일 때

$\boldsymbol{a}+\boldsymbol{b}=(a_1+b_1, a_2+b_2, a_3+b_3)$

$\boldsymbol{a}-\boldsymbol{b}=(a_1-b_1, a_2-b_2, a_3-b_3)$

$k\boldsymbol{a}=(ka_1, ka_2, ka_3)$ 단, k는 상수

$\boldsymbol{a}\cdot\boldsymbol{b}=\|\boldsymbol{a}\|\|\boldsymbol{b}\|\cos\theta=a_1b_1+a_2b_2+a_3b_3$

$\cos\theta=\dfrac{\boldsymbol{a}\cdot\boldsymbol{b}}{\|\boldsymbol{a}\|\|\boldsymbol{b}\|}$, 단, θ는 $\boldsymbol{a}$와 $\boldsymbol{b}$의 사잇각

$\|\boldsymbol{a}\|=\sqrt{a_1^2+a_2^2+a_3^2}$

$\boldsymbol{a}\times\boldsymbol{b}=(\|\boldsymbol{a}\|\|\boldsymbol{b}\|\sin\theta)\boldsymbol{n}$

$$\boldsymbol{a}\times\boldsymbol{b}=\begin{vmatrix}\boldsymbol{a}_x & \boldsymbol{a}_y & \boldsymbol{a}_z \\ a_1 & a_2 & a_3 \\ b_1 & b_2 & b_3\end{vmatrix}$$

- $\boldsymbol{c}=(c_1, c_2, c_3)$일 때

$$\boldsymbol{a}\times(\boldsymbol{b}\cdot\boldsymbol{c})=\begin{vmatrix}a_1 & a_2 & a_3 \\ b_1 & b_2 & b_3 \\ c_1 & c_2 & c_3\end{vmatrix}$$

SI 단위계와 접두사

Quantity	SI unit	Symbol
length	meter	m
mass	kilogram	kg
time	second	s
frequency	hertz	Hz
electric current	ampere	A
temperature	kelvin	K
energy	joule	J
force	newton	N
power	watt	W
electric charge	coulomb	C
potential difference	volt	V
resistance	ohm	Ω
capacitance	farad	F
inductance	henry	H

Prefix	Symbol
tera	T
giga	G
mega	M
kilo	k
hecto	h
deca	da
deci	d
centi	c
milli	m
micro	μ
nano	n
pico	p

참고문헌

1. Erwin Kreyszig, *Advanced Engineering Mathematics*, 5th Edition, Wiley& Son, 1983.
2. Serge Lang, *Introduction to Linear Algebra*, 2nd Edition, Springer-Verlag, New York, 1986.
3. 김동식, *공업수학 Express*, 생능출판사, 2011.
4. 고형준 외 5인(공역), *최신 선형대수*, 교보문고, 2008.
5. Anthony Croft et al., *Engineering Mathematics*, Prentice Hall, 2003.
6. Robert Smith, *Calculus*, McGraw-Hill Company, 2000.
7. 함남우, *공학 핵심수학*, 한빛아카데미, 2015.
8. 이재원, 박성욱, *기초수학*, 한빛아카데미, 2014.
9. Gilbert Strang, *Linear Algebra and Its Application*, 4th Edition, Cengage Learning, 2006.
10. James Stewart, 수학교재편찬위원회 역, *대학미적분학*, 경문사, 2014.
11. James Stewart, *Calculus*, 8th Edition, Cengage Learning, 2015.
12. 함남우, *기초 미적분학*, 한빛아카데미, 2014.
13. 홍성대, *기본 수학의 정석*, 성지출판, 2017.
14. 홍성대, *실력 수학의 정석*, 성지출판, 2017.
15. 김홍철, 김병도, *다변수함수와 벡터해석학*, 경문사, 2005.
16. Kenneth Hoffman, Ray Kunze, *Linear Algebra*, Pearson, 2015.

연습문제 해답

CHAPTER 01 실수와 복소수

01 $A \leq B$ 이고 등호는 $a=b$ 일 때 성립한다.

02 최댓값 10, 최솟값 6

03 $q(a)=-2a+9$

04 (1) $\dfrac{z^{-3}}{x^{-1}y^{-2}}$

(2) $\dfrac{y^{-5}z^{-2}}{x^{-6}w^{-1}}$

05 (1) $\dfrac{y^2}{x^3z^4}$

(2) $\dfrac{1}{xy^2z^3}$

06 (1) $\dfrac{1}{9xy^2}$ 또는 $\dfrac{1}{9}x^{-1}y^{-2}$

(2) ab^4c^2

(3) $\dfrac{y^{\frac{7}{3}}z^{\frac{4}{3}}}{x}$ 또는 $x^{-1}y^{\frac{7}{3}}z^{\frac{4}{3}}$

(4) $a^{\frac{2}{3}}b^{\frac{1}{3}}$

07 (1) $2-i1$

(2) $-i$

08 $f\left(\dfrac{1-i}{1+i}\right)=-i$

09 (1) $1-i2$

(2) $-3-i4$

(3) $1+i2$

10 (1) $32\angle\frac{\pi}{6}$ 또는 $32e^{i\frac{\pi}{6}}$

(2) $\frac{1}{2}\angle\frac{1}{2}\pi$ 또는 $\frac{1}{2}e^{i\frac{1}{2}\pi}$

11 $\frac{1}{z}=z^{-1}=\cos\theta-i\sin\theta$ 를 이용하면 증명할 수 있다(풀이 과정 생략).

12 $f\left(\frac{1+i}{\sqrt{2}}\right)=i5$

13 0

14 2

15 $e^{-i\theta}=\cos(-\theta)+i\sin(-\theta)=\cos\theta-i\sin\theta$ 로부터 증명할 수 있다(풀이 과정 생략).

CHAPTER 02 함수

01 (1) $f(X)=\{b,\ c,\ d\}$

(2) $f(1)=b,\ f(3)=c$

(3) 단사함수도 아니고 전사함수도 아니다.

(4) $G=\{(1,\ b),\ (2,\ d),\ (3,\ c),\ (4,\ b)\}$

02 (1) 함수이다. 치역 $=\{1,\ 2,\ 4,\ 5\}$

(2) 함수가 아니다.

03 $f(2)=-5,\ f(3)=-3$

04

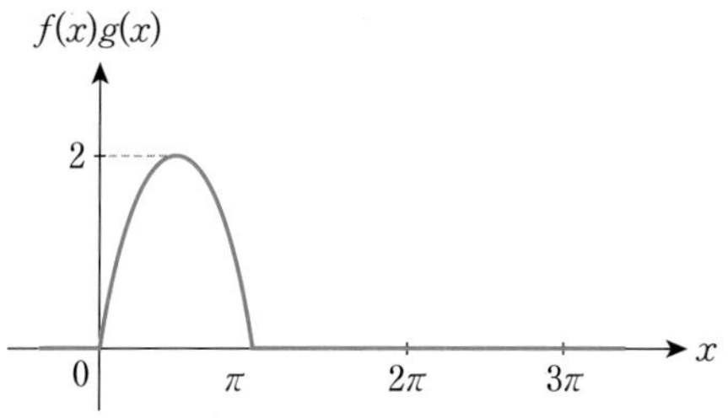

05 (1) 전사함수가 아니다. 단사함수도 아니다.

(2) 전사함수이고 단사함수이므로 전단사함수이다.

06 (1) $(f\circ g\circ h)(x)=\frac{1}{x^2}-1$

(2) $[(f\circ f)+(g\circ g)+(h\circ h)](x)=x^4+2x-2$

07 $(f\circ f)(x)=x+6$, $(f\circ f\circ f)(x)=x+9$

08 (1) $f^{-1}(1)=0$

(2) $g^{-1}(2)=1$

(3) $(f\circ g)^{-1}(3)=1$

(4) $(f\circ f\circ f)(1)=4$

09 $a\leq -4$

10 $a=-1$, $b=2$, $c=1$, $d=1$

11 (1) $f^{-1}(x)=\frac{1}{3}(x-2)$

(2) $g^{-1}(x)=2-x$

12 $(f\circ g)^{-1}=g^{-1}\circ f^{-1}$ 의 관계를 이용하여 증명할 수 있다(풀이 과정 생략).

13 $f\left(\frac{5}{2}\right)=2$, $f\left(-\frac{3}{2}\right)=-2$

f 의 치역 $=\{-2, -1, 0, 1, 2, 3\}$

14 $a=2$

15 정의역 $X=\{-1, 3\}$

CHAPTER 03 공학적으로 유용한 함수

01 (1) $y=4x-2$

x축 절편 $\frac{1}{2}$, y축 절편 -2

(2) $y=3x-7$

x축 절편 $\frac{7}{3}$, y축 절편 -7

02 $a+b=\frac{2}{3}$

03 (1) $y=x^2+5x+8=\left(x+\frac{5}{2}\right)^2+\frac{7}{4}$

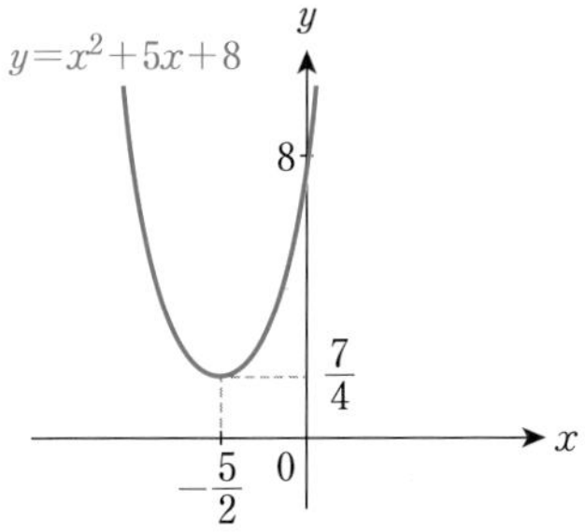

(2) $y=-x^2+3x+3=-\left(x-\frac{3}{2}\right)^2+\frac{21}{4}$

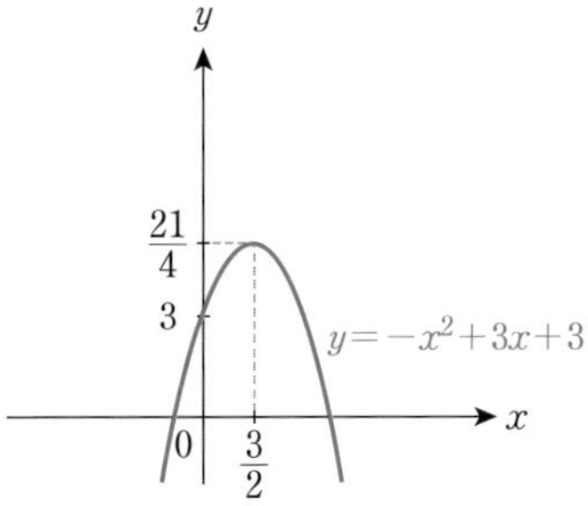

04 (1) $\cos\frac{7}{3}\pi=\frac{1}{2}$

(2) $\sin\frac{\pi}{3}=\frac{\sqrt{3}}{2}$

05 (1) $\sin(x+y)=\frac{-4+6\sqrt{2}}{15}$

(2) $\tan(x-y)=\frac{6\sqrt{2}+4}{8\sqrt{2}-3}$

06 $3\sin 2x+4\cos 2x=5\sin(x+\phi)$

$\phi=\tan^{-1}\left(\frac{4}{3}\right)$

$3\sin 2x+4\cos 2x=5\cos(x-\theta)$

$\theta=\tan^{-1}\left(\frac{3}{4}\right)$

07 $g(t)=2u(t)-u(t-1)-2u(t-2)+u(t-3)$

08 $f(t)=r(t)-r(t-1)-u(t-3)$

09 최댓값 0, 최솟값 −1

10 $h_e(x)$와 $h_o(x)$가 각각 우함수와 기함수가 된다는 것으로부터 증명할 수 있다(풀이 과정 생략).

11 (1) 기함수이다.

(2) 우함수도 기함수도 아니다.

(3) 기함수이다.

12 (1) $h(x)$는 기함수이다.

(2) $p(x)$는 기함수이다.

13 $a+b=7$

14

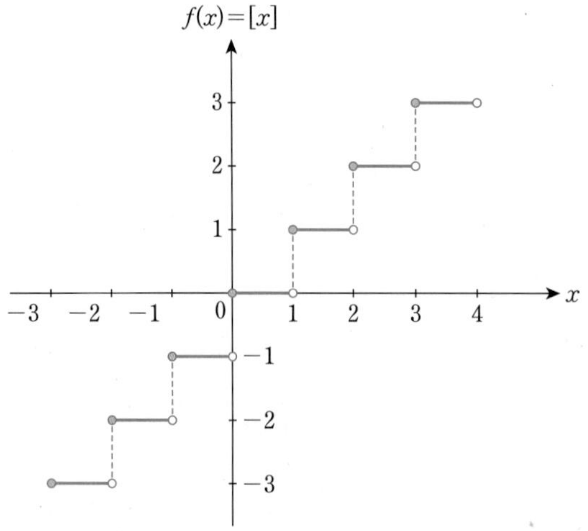

$f(x)$는 우함수도 아니고 기함수도 아니다.

15 $l=r\theta$

θ가 2θ가 되면, 호의 길이는 $2r\theta$가 되어 2배 증가한다.

CHAPTER 04 함수의 극한과 연속성

01 (1) 4

(2) 2

(3) 1

02 (1) $\frac{1}{2\sqrt{2}}$

(2) 4

03 $a=2,\ b=1$

04 (1) 6

(2) ∞

(3) 0

(4) 3

05 2

06 (1) e^a

(2) $\ln 2$

07 (1) e^2

(2) $e^{-\frac{3}{2}}$

08 (1) $\frac{1}{2}$

(2) $\frac{5}{2}$

09 $a=3,\ b=0$

10 π

11 $a=-5,\ f(1)=4$

12 중간값의 정리를 이용하여 증명할 수 있다(풀이 과정 생략).

13 $a=2$

14 $a=2$

15 0

CHAPTER 05 미분법

01 (1) 9

(2) $x=1$ 에서의 순간변화율$=5$

$x=3$ 에서의 순간변화율$=13$

(3) $f'(x)=4x+1$

02 (1) $y'=10x^4-3x^2+2$

(2) $y'=4x^3+6x^2+8x+2$

(3) $y'=\dfrac{7}{(2x+1)^2}$

03 (1) $y'=6(x+1)\sin^2(x^2+2x+6)\cos(x^2+2x+6)$

(2) $y'=-\sin(\tan x)\sec^2 x$

(3) $y'=e^{x+1}\{\sin(x+1)+\cos(x+1)\}$

(4) $y'=-\sin x\cos(\cos x)$

04 $a=1,\ b=0$

05 (1) $y''=(x^2+4x+2)e^x$

(2) $y''=-2e^x\sin x$

06 $\dfrac{dy}{dx}=\dfrac{1}{\cos y}=\dfrac{1}{\sqrt{1-x^2}}$

07 (1) $y'=\dfrac{x}{\sqrt{1-x^2}}\sin\sqrt{1-x^2}$

(2) $y'=-\cos x\ \sin(\sin x)$

(3) $y'=e^{-x}\left(\dfrac{1}{x}-\ln x\right)$

08 $y'=\dfrac{1}{x}+\cot x$

09 (1) $\dfrac{dy}{dx}=-\dfrac{y+\cos x}{x-\sin y}$

(2) $\dfrac{dy}{dx}=-\dfrac{3\cos\theta+2\theta}{3\sin\theta}$

10 $\dfrac{dy}{dx}=\dfrac{t^2-1}{t^2+1}$

11 (1) $e^a(2a-a^2)$

(2) 0

12 $y=-x+\sqrt{2}$

13 $h(x)=\dfrac{\sin 2x}{\sin^2 x},\ h\left(\dfrac{\pi}{6}\right)=2\sqrt{3}$

14 $y'=\dfrac{1}{\cosh^2 x}$

15 $a=1$

CHAPTER 06 적분법

01 (1) $\sin 3x - e^{-x} + c$, c는 상수

(2) $\frac{1}{2}x + \frac{1}{4}\sin 2x + c$, c는 상수

(3) $e^{x} + \ln x + c$, c는 상수

02 (1) $\frac{1}{33}(3x-1)^{11} + c$, c는 상수

(2) $\ln|e^{x}-1| + c$, c는 상수

(3) $\frac{1}{2}e^{x^2+3} + c$, c는 상수

(4) $-\frac{1}{2(x-1)^2} + c$, c는 상수

03 (1) $\frac{1}{2}x^2 \ln x - \frac{1}{4}x^2 + c$, c는 상수

(2) $\frac{1}{3}\sin^3 x + c$, c는 상수

04 $\frac{1}{2}\sin^{-1}x + \frac{1}{2}x\sqrt{1-x^2} + c$, c는 상수

05 $\frac{1}{3}(5\sqrt{5} - 2\sqrt{2})$

06 4

07 $\frac{1}{3}\ln\frac{28}{25}$

08 $\frac{5}{2}\ln 2 - \frac{3}{2}\ln 3$

09 (1) 0

(2) 0

10 $a=3,\ b=-2$

11 $\ln 2$

12 $a=0$, $f(x)=e^x+1$

13 $\frac{1}{2}\left(1+e^{-\frac{\pi}{2}}\right)$

14 $\ln 2$

15 30

CHAPTER 07 다변수함수의 편미분과 다중적분

01 (1) $f(1,\ 0,\ -1)=0$, $f(1,\ 1,\ 1)=3$

(2) $\frac{\partial f}{\partial x}=3x^2$, $\frac{\partial f}{\partial y}=3y^2$, $\frac{\partial f}{\partial z}=3z^2$

02 (1) $\frac{\partial z}{\partial x}=\frac{1}{2\sqrt{x}}$, $\frac{\partial z}{\partial y}=-\frac{1}{2\sqrt{y}}$

(2) $\frac{\partial z}{\partial x}=4x^3+2xy^3$

$\frac{\partial z}{\partial y}=3x^2y^2+4y^3$

03 $\frac{\partial w}{\partial x}=-6xyz^4\sin(3x^2yz^4)$

$\frac{\partial w}{\partial y}=-3x^2z^4\sin(3x^2yz^4)$

$\frac{\partial w}{\partial z}=-12x^2yz^3\sin(3x^2yz^4)$

04 $\frac{\partial^2 z}{\partial x^2}=-\sin x\cos y+e^x$

$\frac{\partial^2 z}{\partial y^2}=-\sin x\cos y$

$\frac{\partial^2 z}{\partial x\,\partial y}=-\cos x\sin y$

$\frac{\partial^2 z}{\partial y\,\partial x}=-\cos x\sin y$

05 (1) $dz = 2x\tan y\,dx + x^2\sec^2 y\,dy$

(2) $dz = -e^{\cos x}\sin x\,dx + 2y\cos(y^2)\,dy$

06 (1) $\dfrac{dz}{dt} = 2e^{2t} + \sin 2t$

(2) $\dfrac{dz}{dt} = 4\cos^3 t - 12t\cos^2 t\sin t$

07 (1) $\dfrac{\partial z}{\partial t} = e^{t+s}(\sin ts + s\cos ts)$

(2) $\dfrac{\partial z}{\partial s} = e^{t+s}(\sin ts + t\cos ts)$

08 $\dfrac{\partial^2 u}{\partial x^2} = 25e^{5x}\cos 5y$, $\dfrac{\partial^2 u}{\partial y^2} = -25e^{5x}\cos 5y$ 이므로 주어진 방정식의 해가 된다는 것을 증명할 수 있다(풀이 과정 생략).

09 (1) $\dfrac{2}{3}$

(2) $\dfrac{2}{3}$

10 $\dfrac{7}{6}$

11 3

12 $\dfrac{3}{2}$

13 $\dfrac{9}{2}$

14 $\dfrac{\partial^3 w}{\partial z\,\partial y^2} = 2x$

$\dfrac{\partial^3 w}{\partial x\,\partial y\,\partial z} = 2(x+y+z)$

15 $\left.\dfrac{\partial f}{\partial x}\right|_{P(1,\ 1)} = -1$

$\left.\dfrac{\partial f}{\partial y}\right|_{P(1,\ 1)} = -8$

CHAPTER 08 벡터와 공간직교좌표계

01 (1) $\boldsymbol{b}=(-2,\ 4)$
(2) $\boldsymbol{c}=(-5,\ 5)$

02 (1) $\theta=\cos^{-1}\left(\frac{1}{\sqrt{3}}\right)$
(2) $\gamma=\cos^{-1}\left(\frac{2}{\sqrt{6}}\right)$

03 (1) -2
(2) $\left(\frac{3}{2},\ -\frac{3}{2},\ \frac{1}{2}\right)$ 또는 $\frac{1}{2}(3\boldsymbol{a}_x-3\boldsymbol{a}_y+\boldsymbol{a}_z)$
(3) -5

04 (1) $\frac{x-4}{5}=3(y+11)=\frac{z+7}{-2}$
(2) $\begin{cases} x=1 \\ y=2 \\ z=8+t \end{cases}$

05 (1) $-3(x-3)+4(y-2)-(z+1)=0$ 또는 $-3x+4y-z=0$
(2) $-x+y-z=2$
(3) $5x-y+z=0$

06 $\begin{cases} x=-4-7t \\ y=1+2t \\ z=7+3t \end{cases}$

07 $k_1=1,\ k_2=-2$

08 직각좌표 $P(1,\ 2,\ 7)$ → 원통좌표 $P(\rho,\ \phi,\ z)=P(\sqrt{5},\ \tan^{-1}2,\ 7)$
→ 구좌표 $P(r,\ \theta,\ \phi)=P\left(3\sqrt{6},\ \cos^{-1}\frac{7\sqrt{6}}{18},\ \tan^{-1}2\right)$
원통좌표 $Q\left(10,\ \frac{3}{4}\pi,\ 5\right)$ → 직각좌표 $Q(x,\ y,\ z)=Q(-5\sqrt{2},\ 5\sqrt{2},\ 5)$
구좌표 $R\left(\frac{2}{3},\ \frac{\pi}{2},\ \frac{\pi}{6}\right)$ → 직각좌표 $R(x,\ y,\ z)=R\left(\frac{\sqrt{3}}{3},\ \frac{1}{3},\ 0\right)$

09 $\boldsymbol{u}=\frac{1}{\sqrt{6}}(1,\ -1,\ -2)$

10 $\boldsymbol{a}\cdot(\boldsymbol{b}\times\boldsymbol{c})=10$

11 $\boldsymbol{a}\times\boldsymbol{b}=(5,\ 7,\ 3)=5\boldsymbol{a}_x+7\boldsymbol{a}_y+3\boldsymbol{a}_z$
$\boldsymbol{b}\times\boldsymbol{a}=(-5,\ -7,\ -3)=-5\boldsymbol{a}_x-7\boldsymbol{a}_y-3\boldsymbol{a}_z$

12 $\|\boldsymbol{a}+\boldsymbol{b}\|^2=(\boldsymbol{a}+\boldsymbol{b})\cdot(\boldsymbol{a}+\boldsymbol{b})$로부터 증명할 수 있다.

13 $k_1=-11,\ k_2=-6,\ k_3=-4$

14 $\boldsymbol{r}=(x,\ y,\ z)=(2,\ -1,\ 8)+t(-3,\ -7,\ 11)$

$$\begin{cases} x=2-3t \\ y=-1-7t \\ z=8+11t \end{cases}$$

15 (1) $\theta=\frac{\pi}{3}$

(2) $\boldsymbol{a}\times\boldsymbol{b}=(-1,\ -1,\ 1)=-\boldsymbol{a}_x-\boldsymbol{a}_y+\boldsymbol{a}_z$
$\|\boldsymbol{a}\times\boldsymbol{b}\|=\sqrt{3}$

CHAPTER 09 행렬과 행렬식

01 (1) $a=2$ 또는 $b=3$

02 $\begin{pmatrix} 5 & 196 \\ 0 & 201 \end{pmatrix}$

03 $\boldsymbol{A}^{50}=\begin{pmatrix} 1 & 150 \\ 0 & 1 \end{pmatrix},\ \boldsymbol{A}^k=\begin{pmatrix} 1 & 3k \\ 0 & 1 \end{pmatrix}$

04 (1) $\boldsymbol{A}^2-5\boldsymbol{A}-2\boldsymbol{I}=\boldsymbol{O}$

(2) $\boldsymbol{A}^3=\begin{pmatrix} 37 & 54 \\ 81 & 118 \end{pmatrix},\quad \boldsymbol{A}^4=\begin{pmatrix} 199 & 290 \\ 435 & 634 \end{pmatrix}$

05 (1) 대칭행렬이다.
(2) 대칭행렬이 아니다.

06 (1) 대칭행렬이다.
(2) $p(\boldsymbol{A})$는 대칭행렬이다.

07 (1) $\det(\boldsymbol{B})=5$
(2) $\det(\boldsymbol{C})=-15$

08 W를 계산하여 곱의 미분법칙을 이용하면 증명할 수 있다(풀이과정 생략).

09 대칭행렬 $\boldsymbol{S}_1=\begin{pmatrix} -1 & 2 & \frac{1}{2} \\ 2 & -1 & 2 \\ \frac{1}{2} & 2 & 4 \end{pmatrix}$

교대행렬 $\boldsymbol{S}_2=\begin{pmatrix} 0 & -1 & \frac{3}{2} \\ 1 & 0 & -1 \\ -\frac{3}{2} & 1 & 0 \end{pmatrix}$

10 (1) 9
(2) $-x+2y-z$

11 $\det(\boldsymbol{A})=\pm 1$

12 $\boldsymbol{A}^{-1}=\frac{1}{9}\begin{pmatrix} 5 & -1 & 2 \\ -2 & -5 & 1 \\ -4 & -1 & 2 \end{pmatrix}$

13 (1) $(a-b)(b-c)(c-a)$
(2) 1

14 $a=0,\ b=-3,\ c=2$

15 $a=5$

CHAPTER 10 선형연립방정식의 해법

01 (1) 행렬 $\boldsymbol{A}$에 기본행연산을 반복하여 적용하면 단위행렬로 변환이 가능하다(풀이 과정 생략).

(2) 행렬 $\boldsymbol{B}$에 기본행연산을 반복하여 적용하면 단위행렬로 변환이 가능하다(풀이 과정 생략).

02 $x_1=-1,\ x_2=1,\ x_3=2$

03 $x_1=-1,\ x_2=1,\ x_3=2$

04 $\boldsymbol{A}^{-1}=\begin{pmatrix} 1 & -4 & 1 \\ 0 & 3 & -1 \\ 1 & -2 & 0 \end{pmatrix}$

$x_1=2,\ x_2=-1,\ x_3=1$

05 $x_1=-3,\ x_2=6,\ x_3=4$

06 (1) $x_1=1,\ x_2=3$

(2) $\boldsymbol{A}^{-1}=\frac{1}{10}\begin{pmatrix} 3 & 4 \\ 1 & -2 \end{pmatrix}$

$x_1=1,\ x_2=3$

(3) $x_1=1,\ x_2=3$

07 $\boldsymbol{A}^{-1}=\frac{1}{9}\begin{pmatrix} 5 & -1 & 2 \\ -2 & -5 & 1 \\ -4 & -1 & 2 \end{pmatrix}$

08 $x_1=1,\ x_2=2,\ x_3=1$

09 $x_1=2,\ x_2=3$

10 $\boldsymbol{A}^{-1}=\frac{1}{5}\begin{pmatrix} 3 & 1 \\ 2 & -1 \end{pmatrix}$

$x_1=2,\ x_2=3$

11 $a=2$ 또는 $a=5$

12 $x_1=2,\ x_2=-1,\ x_3=1$

13 $x_1=1,\ x_2=0,\ x_3=1$

14 $\boldsymbol{A}^{-1}=\begin{pmatrix} 5 & -2 \\ -2 & 1 \end{pmatrix}$

15 해가 무수히 많다(부정).

$$\begin{pmatrix} x_1 \\ x_2 \\ x_3 \end{pmatrix}=c_1\begin{pmatrix} 1 \\ 1 \\ 0 \end{pmatrix}+c_2\begin{pmatrix} -3 \\ 0 \\ 1 \end{pmatrix}+\begin{pmatrix} 2 \\ 0 \\ 0 \end{pmatrix}$$

찾아보기